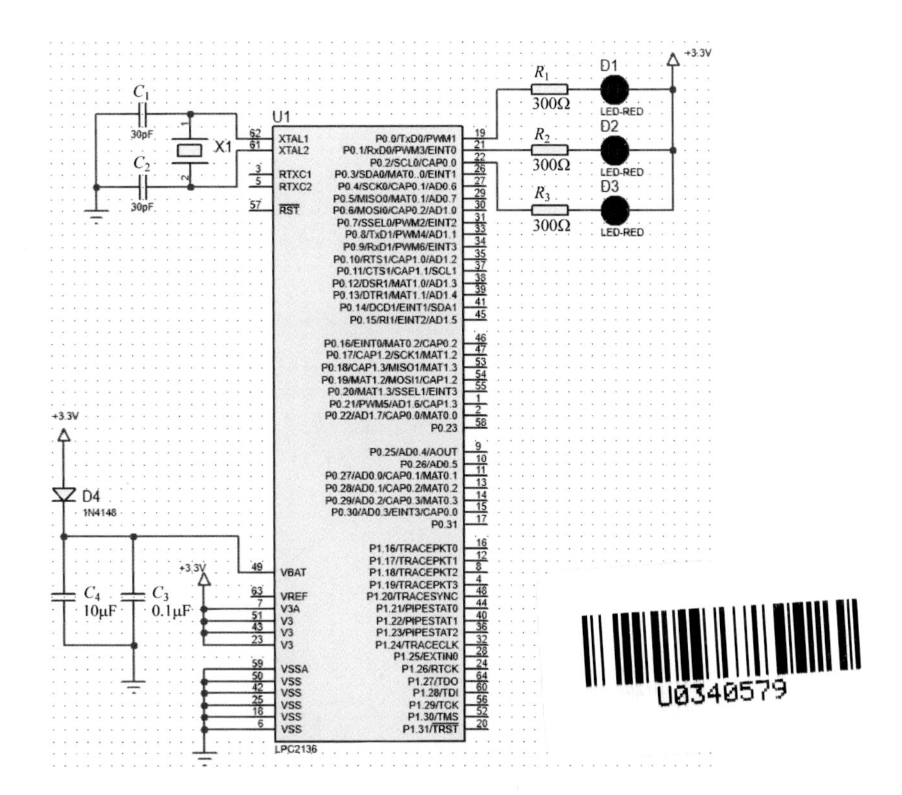

图 9.8　电路原理图

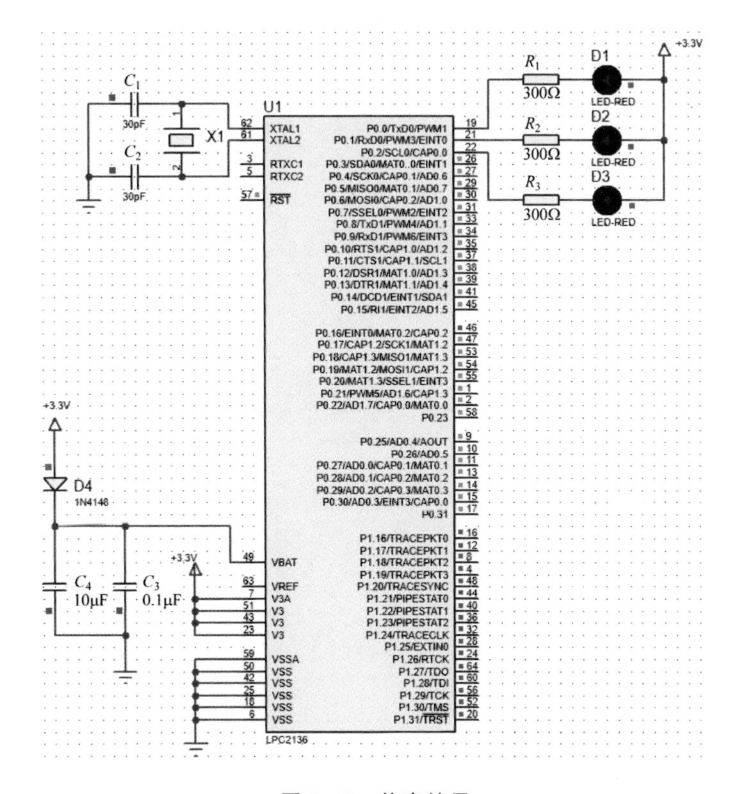

图 9.12　仿真结果

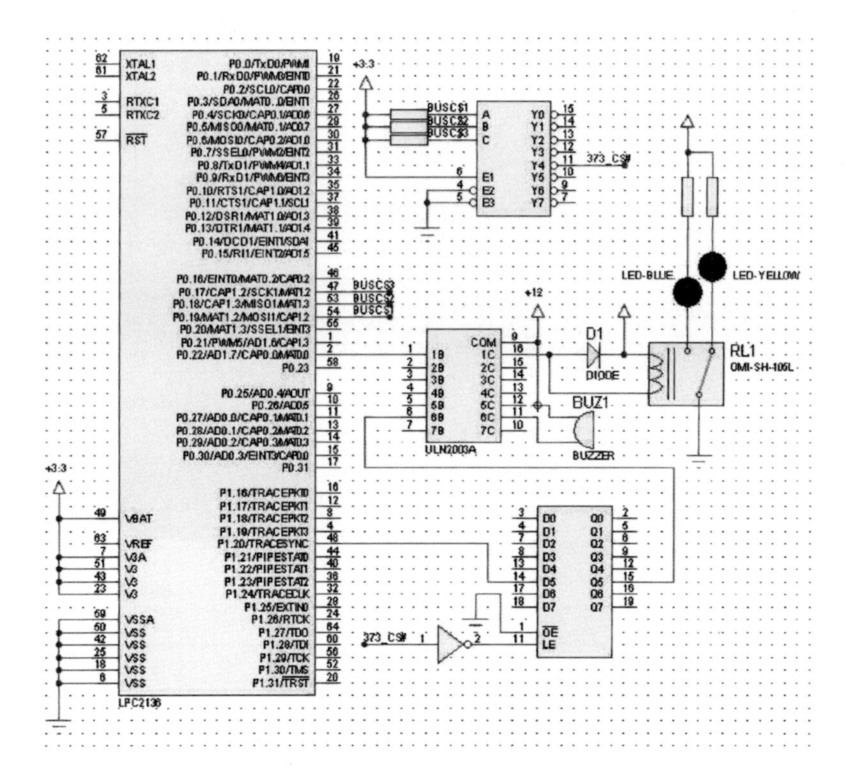

图 10.1 电路连接图

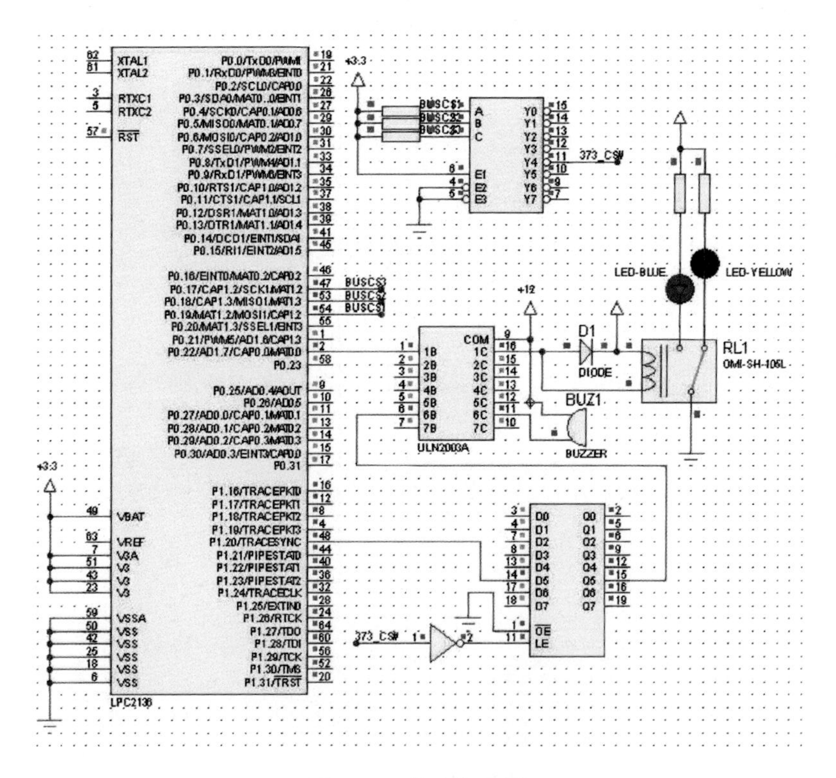

图 10.2 仿真结果图

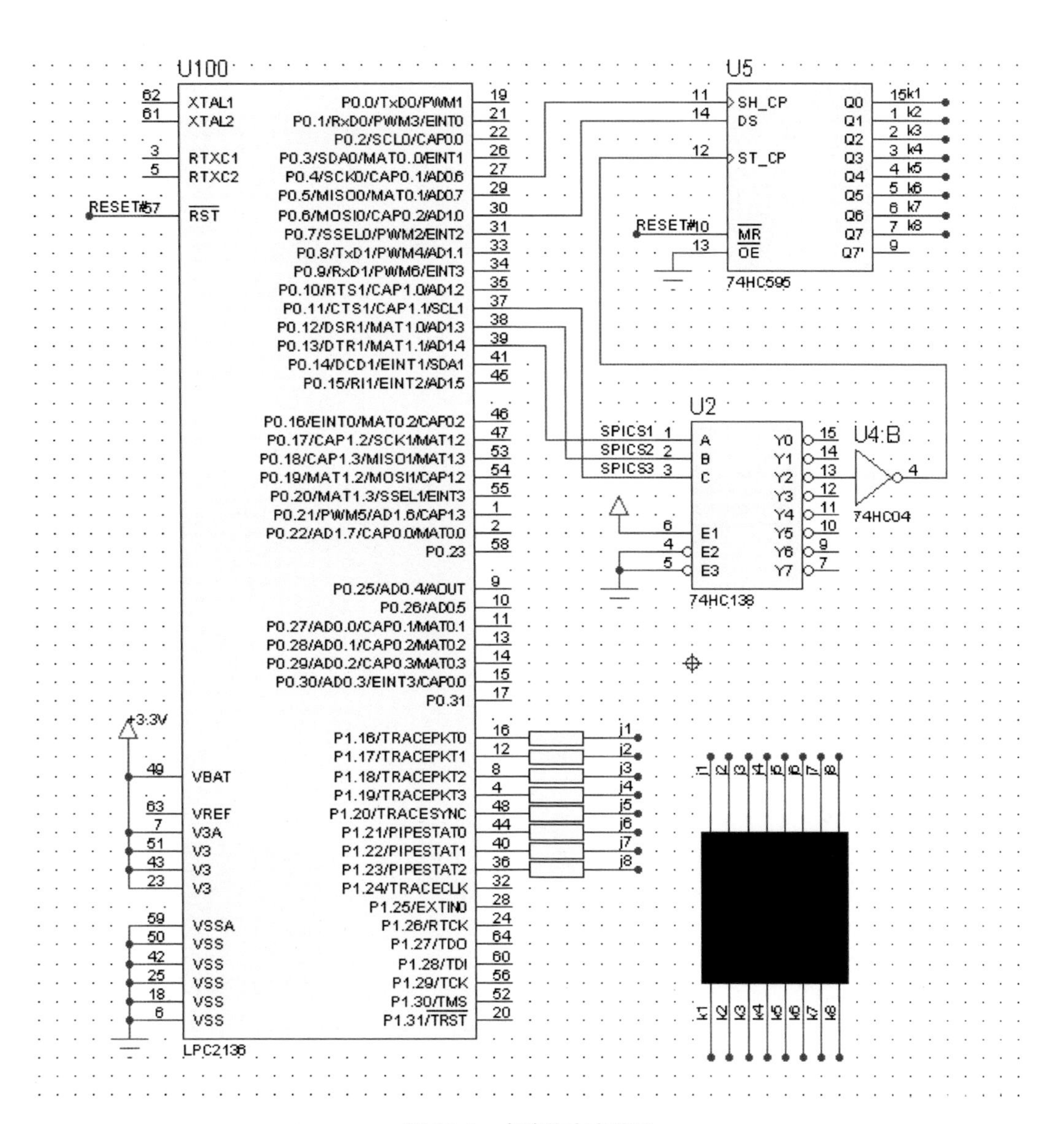

图 10.9　点阵仿真电路图

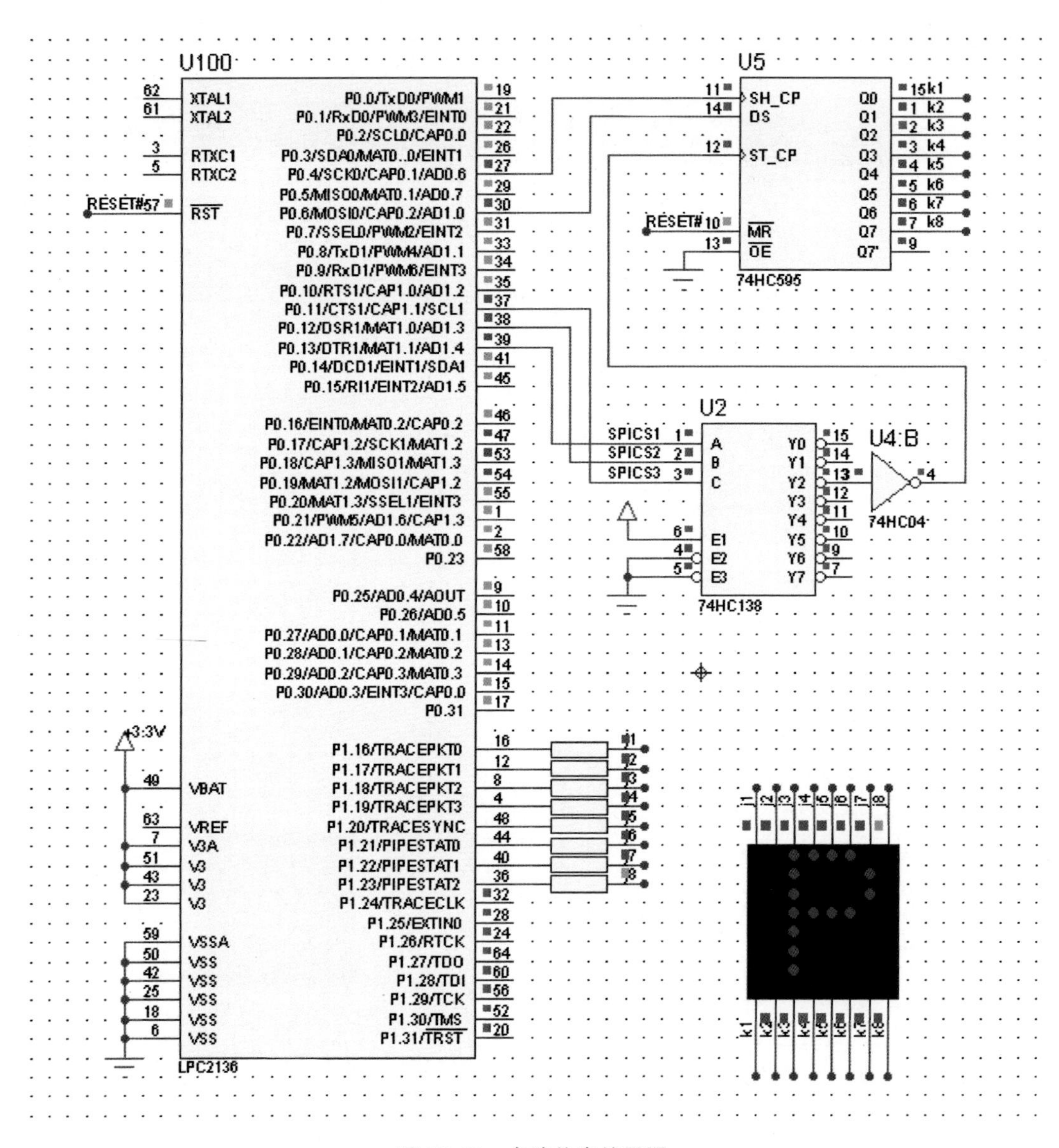

图 10.10　点阵仿真结果图

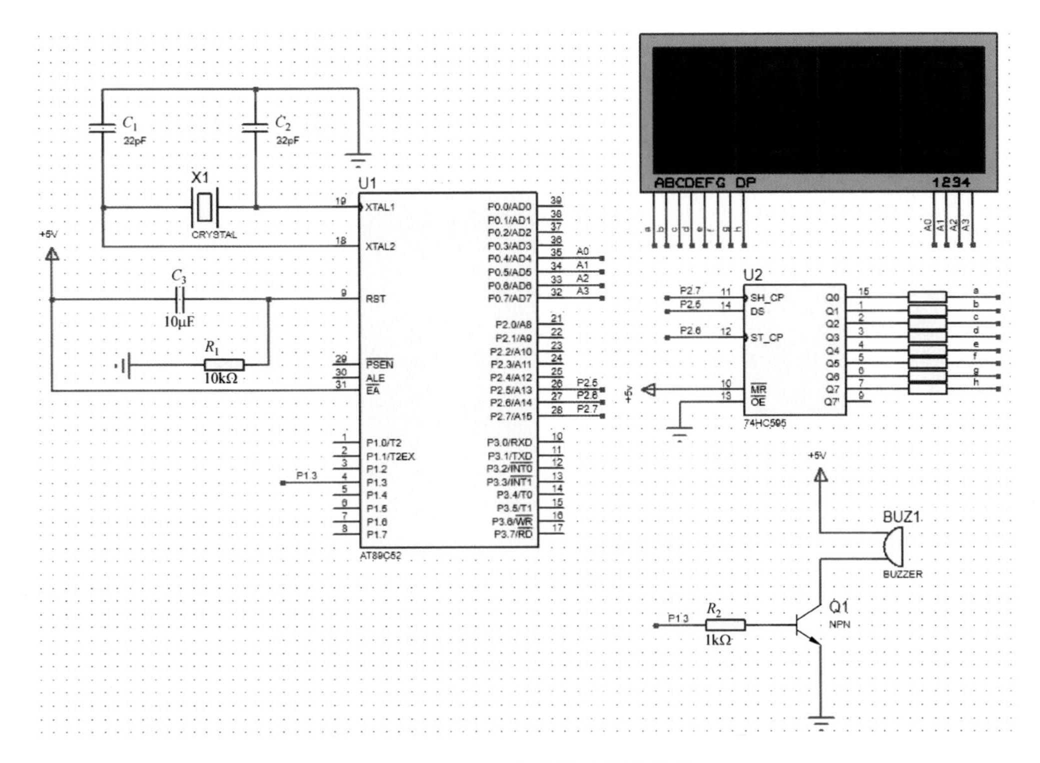

图 11.1　CRC 校验码仿真电路图

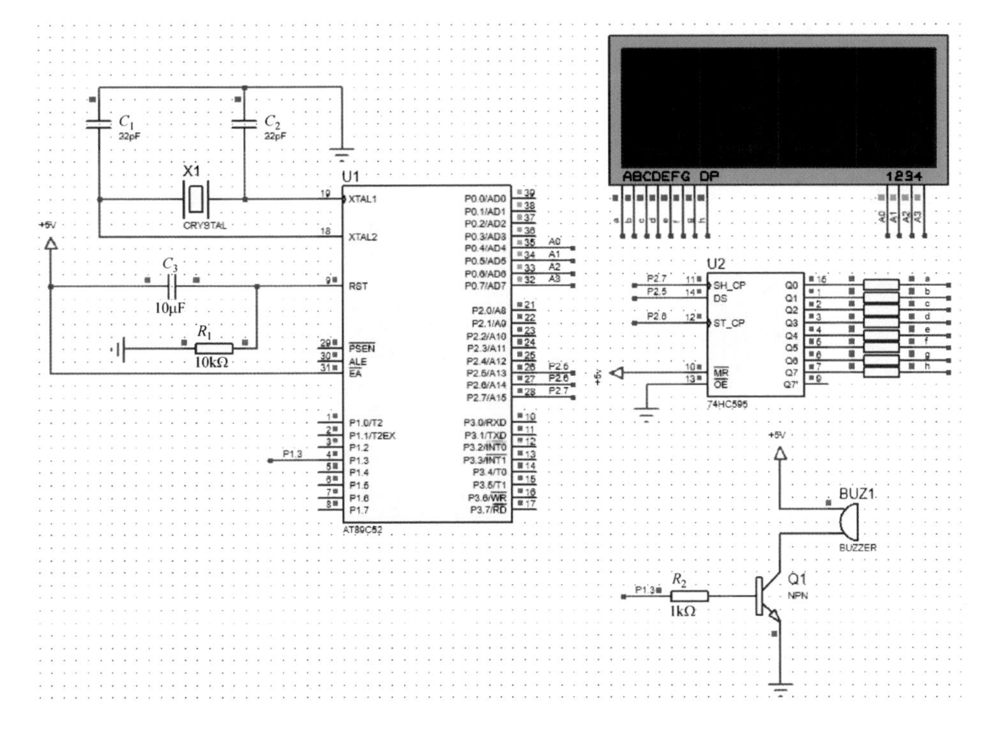

图 11.3　仿真结果图

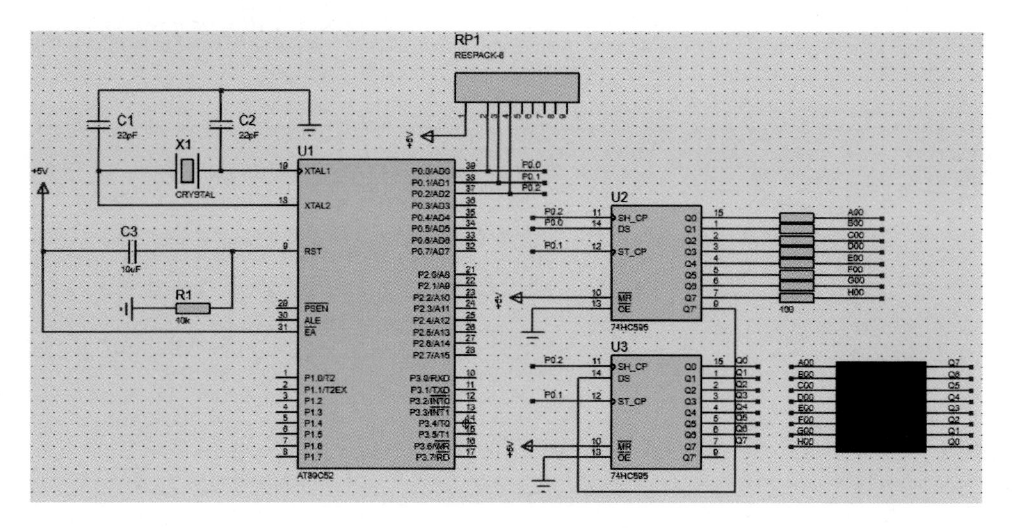

图 11.14　点阵仿真电路连接图

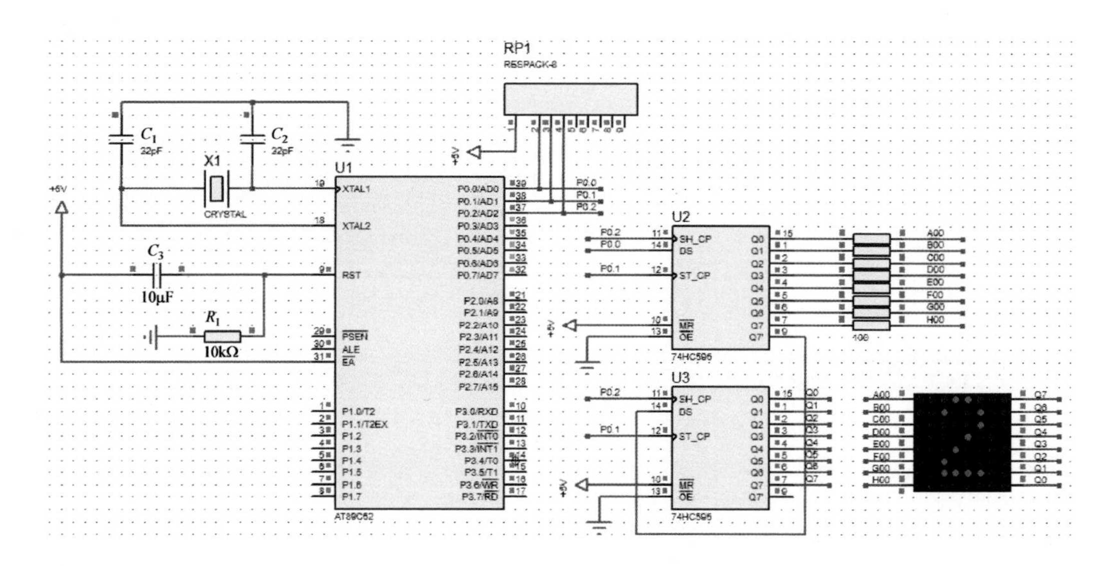

图 11.15　仿真结果图

21世纪高等学校嵌入式系统专业规划教材

嵌入式系统案例设计教程

赖晓晨 迟宗正 张立勇 韩璐瑶 编著

清华大学出版社
北京

内容简介

本书从工程实践角度出发，以多核心嵌入式教学科研平台和多核心单片机教学实验平台为例，介绍了嵌入式系统的完整设计流程、基于 Proteus 的硬件仿真技术以及典型模块软硬件设计等内容，希望能为读者展现出嵌入式系统设计的全貌。本书涉及的嵌入式系统采用 4 种处理器：LPC2136、MSP430、AT89S51、ATmega32，其中，LPC2136 为 ARM 处理器，其余 3 种为应用十分广泛的单片机。本书涉及的硬件模块和硬件接口，均配有完整的代码，并全部调试通过，读者可根据自己的实际需求，将各个硬件模块和代码直接引入自己设计的系统中。此外，本书还介绍了基于 LPC2136 和 AT89S52 处理器的 Proteus 仿真技术，内容新颖，实用性较强。通过本书的学习，希望读者可以完成从书本知识学习到具备基本工程实践能力的转变。

图书在版编目(CIP)数据

嵌入式系统案例设计教程/赖晓晨等编著. —北京：清华大学出版社，2018（2020.2重印）
（21 世纪高等学校嵌入式系统专业规划教材）
ISBN 978-7-302-48204-8

Ⅰ. ①嵌…　Ⅱ. ①赖…　Ⅲ. ①微型计算机－系统设计－高等学校－教材　Ⅳ. ①TP360.21

中国版本图书馆 CIP 数据核字(2017)第 209722 号

责任编辑：梁　颖　梅栾芳
封面设计：常雪影
责任校对：焦丽丽
责任印制：刘海龙

出版发行：清华大学出版社
　网　　址：http://www.tup.com.cn，http://www.wqbook.com
　地　　址：北京清华大学学研大厦 A 座　　**邮　　编**：100084
　社 总 机：010-62770175　　**邮　　购**：010-62786544
　投稿与读者服务：010-62776969，c-service@tup.tsinghua.edu.cn
　质量反馈：010-62772015，zhiliang@tup.tsinghua.edu.cn
　课件下载：http://www.tup.com.cn，010-83470236
印 装 者：北京建宏印刷有限公司
经　　销：全国新华书店
开　　本：185mm×260mm　　**印　张**：25　　**彩　插**：3　　**字　　数**：606 千字
版　　次：2018 年 1 月第 1 版　　**印　　次**：2020 年 2 月第 2 次印刷
定　　价：59.00 元

产品编号：075324-01

前　言

当前，嵌入式系统设计已经形成一个规模庞大的产业，嵌入式产品在我们身边随处可见，与此相对应，学习嵌入式系统的开发设计也已成为计算机应用领域的热点。一般嵌入式系统的学习方法为购买一套嵌入式开发板，按照开发板附带光盘中的实例调试所有代码，以便加深对嵌入式处理器的认识。但是，由这种纯软件调试方式获得的经验是极其有限的。一方面，学习者一般仅针对教程中的代码框架来调试，没有自己探索完整软件设计的机会；另一方面，由于硬件平台已经完成，学习者不会获得硬件电路设计的经验；更为关键的是，从工程角度而言，嵌入式开发板是一个完整的嵌入式系统，这个系统的完成已依次经历了需求分析、任务提取、概要设计、原理图设计、模块仿真、PCB设计、硬件调试、软件编程等环节，而学习者接触到的仅仅是最后一个环节——软件编程——的一部分，不可能学习到嵌入式系统的完整设计流程。

本书介绍了两套嵌入式系统的完整开发流程，同时介绍了目前比较流行的基于Proteus的嵌入式系统仿真过程。两套嵌入式系统分别为多核心嵌入式教学科研平台和多核心单片机教学实验平台，这两种平台均采用“主板＋核心板”的设计模式，主要的硬件模块和接口设计在主板上。其中，前者的核心板分别基于ARM7处理器和MSP430单片机，任意一种核心板都通过主板上的处理器接口控制主板的全部资源。与此类似，后者也采用“主板＋核心板”的设计模式，支持8051单片机和AVR单片机两种处理器。本书还采用嵌入式仿真软件Proteus，介绍了基于ARM7处理器和8051单片机的典型电路仿真设计，通过硬件仿真，可大幅度节省项目开发时间，降低开发成本。

本书从工程角度来介绍嵌入式系统的完整设计与实现流程，从零开始带领读者一步步完成独立的嵌入式系统，内容涵盖从需求分析到方案设计、从硬件仿真到系统测试等各个环节，从设计的高度带给读者嵌入式系统开发的整体印象。本书还对涉及的每一部分硬件模块做出详细说明，包括相关协议说明、器件工作原理简介、硬件运行机制分析以及实例代码解释等方面，力求为读者建立起嵌入式系统设计的完整概念，帮助读者掌握常见嵌入式模块的设计方法。如果读者具备开发条件，那么可以按照本书介绍的步骤，构建出完全相同的嵌入式系统及仿真案例。

本书着眼于工程实践，主要内容分为4篇。第1篇主要介绍嵌入式系统的基础内容，包括绪论、处理器与开发环境、嵌入式系统设计流程；第2篇介绍多核心嵌入式教学科研平台的设计过程，包括系统需求分析与总体设计、开发框架和公共模块、电路设计与软件分析；第3篇介绍多核心单片机教学实验平台的设计过程，包括系统需求分析与总体设计、模块设计与软件分析；第4篇分别以ARM和8051为例，介绍基于Proteus的嵌入式系统仿真。本书还设计了3个附录，介绍书中涉及的3个EDA工具的安装过程，分别为Keil安装简介、Altium Designer安装简介和Proteus安装简介。

在本书的撰写过程中，力求使其具有以下特点。

(1) 工程性。从工程实践角度出发，引导读者完成嵌入式系统设计的全部流程，从需求分析到编码测试都有详尽介绍，力求使读者对嵌入式系统设计形成完整认识。

(2) 新颖性。用一篇内容专门介绍电路设计仿真软件 Proteus 的使用方法，并将其与应用广泛的 ARM 处理器和单片机的典型电路相结合，介绍软硬件设计及联调方法。

(3) 典型性。本书涉及的处理器为应用最广泛的 ARM 处理器及 MPS430、8051 和 AVR 单片机，这几种处理器具有功能强大、技术成熟、市场占有率高等特点。

(4) 实用性。本书所有模块都附有硬件原理图、完整的代码及代码分析介绍，读者可将这些实例直接应用到自己设计的电路中。此外，本书还介绍了各种 EDA 软件，例如 Keil、Proteus、Altium Designer 等，非常实用。

(5) 广泛性。本书硬件部分涉及二十余种常用电路设计和十余种典型接口，覆盖到常用的硬件模块。

(6) 易用性。读者只要有单片机或者 ARM 处理器的基础，就可以看懂此书。本书的设计思路是从零开始，手把手地教读者设计完成完整的嵌入式系统，包括其中每个典型电路，以及代码编写。

本书的读者为以下对象群体：了解嵌入式系统基本概念的本科生、研究生；希望了解基于 ARM 处理器或 MSP430、8051、AVR 等单片机进行嵌入式系统设计的学习者；希望掌握嵌入式工程设计思想，进一步提高系统设计能力的学习者；希望学习嵌入式系统仿真设计的学习者；在嵌入式领域，希望学习典型硬件模块设计和软件编程的学习者；其他对嵌入式系统设计感兴趣的学习者。

在本书的编写过程中，陈鑫、王亚坤、宋莉莉等在硬件设计方面做了大量工作；张晓彤、魏铁、吴国信、张逸群在软件设计和书稿撰写方面付出了艰苦的努力；杜春明完成了部分课件制作工作。在此向以上同仁表示由衷的感谢！同时，感谢清华大学出版社及梁颖编辑，是你们的辛勤工作让本书的面世成为可能；感谢大连理工大学软件学院的同事们提供的宝贵意见；最后，也是最重要的，感谢我曾经的和将来的学生们，是你们带给了我工作的乐趣和动力！

由于作者经验有限，加之时间仓促，书中不可避免会有不足之处，请读者不吝批评指正。所有关于本书的意见，请发送电子邮件到 laixiaochen@dlut.edu.cn 信箱，希望在和读者交流的过程中能有所裨益。

编　者

2017 年 9 月

目　　录

第1篇　嵌入式系统开发概述

第1章　绪论…… 3

1.1　嵌入式系统概述 …… 3
1.1.1　嵌入式系统的定义…… 3
1.1.2　嵌入式系统的特点…… 3
1.1.3　嵌入式系统的应用与发展…… 4
1.2　嵌入式系统硬件设计 …… 5
1.2.1　概述…… 5
1.2.2　设计流程…… 5
1.3　嵌入式系统软件设计 …… 9
1.3.1　嵌入式系统软件架构…… 9
1.3.2　嵌入式系统软件设计流程 …… 10
1.3.3　软硬件协同设计 …… 12
1.4　嵌入式系统开发形式…… 13

第2章　处理器与开发环境 …… 15

2.1　LPC2136 处理器 …… 15
2.1.1　ARM7 体系结构 …… 15
2.1.2　LPC2136 片上资源 …… 18
2.2　8051 单片机 …… 20
2.2.1　8051 单片机概述 …… 21
2.2.2　AT89S51 系列单片机…… 22
2.3　Keil 集成开发环境 …… 24
2.3.1　Keil 开发环境 …… 24
2.3.2　基于 LPC2136 的系统开发流程…… 26
2.4　MSP430 单片机…… 32
2.4.1　MSP430 单片机概述 …… 32
2.4.2　MSP430F161X 系列单片机 …… 35
2.5　AVR 单片机 …… 38
2.5.1　AVR 单片机概述…… 38
2.5.2　ATmega32 系列单片机 …… 40
2.6　JTAG 工作原理…… 42

2.7 Altium Designer 介绍 …… 45
2.7.1 Altium Designer 工具简介 …… 45
2.7.2 PCB 设计入门 …… 46
2.8 工具软件 …… 55
2.8.1 H-JTAG …… 55
2.8.2 串口通信工具 …… 60
2.8.3 USB 调试工具 …… 64
2.8.4 图像转换工具 …… 66
2.8.5 MP3 音频转换工具 …… 69
2.8.6 PROGISP …… 70

第3章 嵌入式系统设计流程 …… 73

3.1 需求分析的主要问题 …… 73
3.2 嵌入式处理器选型 …… 75
3.3 系统软硬件功能分配 …… 76
3.4 系统结构设计 …… 76
3.5 嵌入式系统工艺设计 …… 78
3.6 抗干扰设计 …… 78
3.7 嵌入式系统工业设计 …… 79

第2篇 多核心嵌入式教学科研平台设计

第4章 嵌入式平台系统需求分析与总体设计 …… 83

4.1 系统概述 …… 83
4.2 系统需求分析 …… 84
4.2.1 硬件需求分析 …… 85
4.2.2 软件需求分析 …… 87
4.3 总体设计 …… 88
4.3.1 核心板设计 …… 88
4.3.2 主板硬件模块设计 …… 90
4.3.3 主板跳线器设计 …… 94
4.4 LPC2136 核心板设计与实现 …… 95
4.4.1 LPC2136 核心板设计 …… 95
4.4.2 LPC2136 核心板原理说明 …… 96
4.4.3 LPC2136 核心板跳线说明 …… 98
4.5 MSP430 核心板设计与实现 …… 103
4.5.1 MSP430 核心板设计 …… 103
4.5.2 MSP430 核心板原理说明 …… 104
4.5.3 MSP430 核心板跳线说明 …… 105

4.6　仿真器设计与实现 …… 108
4.6.1　JTAG 仿真器 …… 108
4.6.2　H-JTAG 仿真器 …… 108
4.6.3　仿真器的使用 …… 111
第5章　开发框架和公共模块 …… 112
5.1　开发框架 …… 112
5.2　GPIO 介绍 …… 113
5.2.1　LPC2136 处理器 GPIO 介绍 …… 113
5.2.2　MSP430F1611 处理器 GPIO 介绍 …… 115
5.3　SPI 模块介绍 …… 117
5.3.1　LPC2136 的 SPI 接口 …… 118
5.3.2　MSP430F1611 的 SPI 接口 …… 123
5.4　模拟总线介绍 …… 126
第6章　电路设计与软件分析 …… 129
6.1　步进电机 …… 129
6.1.1　工作原理 …… 129
6.1.2　电路介绍 …… 130
6.1.3　软件设计 …… 131
6.2　UART 模块 …… 133
6.2.1　UART 工作原理概述 …… 133
6.2.2　UART 模块结构 …… 134
6.2.3　SP3232 及 UART 模块电路简介 …… 138
6.2.4　UART 模块编程示例 …… 139
6.3　IIC 总线 …… 142
6.3.1　IIC 概述 …… 142
6.3.2　IIC 模块结构 …… 143
6.3.3　EEPROM 存储器简介 …… 146
6.3.4　IIC 模块编程示例 …… 148
6.4　点阵型 LCD …… 153
6.4.1　工作原理 …… 153
6.4.2　电路介绍 …… 157
6.4.3　软件设计 …… 158
6.5　TFT 型 LCD …… 161
6.5.1　工作原理 …… 162
6.5.2　电路介绍 …… 164
6.5.3　软件设计 …… 165
6.6　温度传感器 …… 171

6.6.1 工作原理 …… 171
6.6.2 电路介绍 …… 174
6.6.3 软件设计 …… 174
6.7 实时时钟 …… 180
6.7.1 实时时钟概述 …… 180
6.7.2 实时时钟模块结构 …… 181
6.7.3 RTC 模块编程示例 …… 186
6.8 脉宽调制器 …… 191
6.8.1 脉宽调制器概述 …… 191
6.8.2 PWM 模块结构 …… 192
6.8.3 PWM 模块编程示例 …… 197
6.9 看门狗 …… 201
6.9.1 工作原理 …… 201
6.9.2 模块结构 …… 201
6.9.3 编程示例 …… 203
6.10 模/数、数/模转换 …… 207
6.10.1 工作原理 …… 207
6.10.2 LPC2136 的 A/D 模块介绍 …… 208
6.10.3 LPC2136 的 D/A 模块介绍 …… 211
6.10.4 电路介绍 …… 212
6.10.5 软件设计 …… 212
6.11 PS/2 接口 …… 215
6.11.1 PS/2 接口工作原理 …… 215
6.11.2 PS/2 键盘编码与命令集 …… 217
6.11.3 电路介绍 …… 219
6.11.4 软件设计 …… 219
6.12 MP3 音乐播放 …… 223
6.12.1 MP3 文件格式 …… 223
6.12.2 电路介绍 …… 223
6.12.3 软件设计 …… 229
6.13 SD 卡 …… 232
6.13.1 工作原理 …… 233
6.13.2 电路介绍 …… 238
6.13.3 软件设计 …… 239
6.14 USB 接口 …… 244
6.14.1 USB 接口简介 …… 245
6.14.2 USB 协议 …… 245
6.14.3 USB 控制芯片介绍 …… 247
6.14.4 电路介绍 …… 250

6.14.5　软件设计…………………………………………………………… 250
6.15　CAN 总线 …………………………………………………………………… 257
6.15.1　CAN 总线概述 …………………………………………………… 257
6.15.2　CAN 协议概述 …………………………………………………… 258
6.15.3　CAN 总线控制器 SJA1000 概述 ………………………………… 259
6.15.4　实验使用的通信协议及主要程序分析………………………… 263

第 3 篇　多核心单片机教学实验平台设计

第 7 章　单片机平台系统需求分析与总体设计……………………………… 271

7.1　系统概述 ………………………………………………………………… 271
7.2　系统需求分析 …………………………………………………………… 272
7.2.1　硬件需求分析……………………………………………………… 272
7.2.2　软件需求分析……………………………………………………… 274
7.3　系统设计 ………………………………………………………………… 274
7.3.1　AVR 转接板设计 ………………………………………………… 274
7.3.2　主板硬件模块设计………………………………………………… 275
7.3.3　处理器资源分配…………………………………………………… 277
7.4　软件框架 ………………………………………………………………… 278

第 8 章　模块设计与软件分析………………………………………………… 280

8.1　流水灯 …………………………………………………………………… 280
8.1.1　工作原理…………………………………………………………… 280
8.1.2　电路介绍…………………………………………………………… 280
8.1.3　软件设计…………………………………………………………… 280
8.2　键盘和数码管 …………………………………………………………… 281
8.2.1　工作原理…………………………………………………………… 282
8.2.2　电路介绍…………………………………………………………… 284
8.2.3　软件设计…………………………………………………………… 285
8.3　点阵 LCD ………………………………………………………………… 287
8.3.1　电路介绍…………………………………………………………… 287
8.3.2　软件设计…………………………………………………………… 288
8.4　语音模块 ………………………………………………………………… 291
8.4.1　工作原理…………………………………………………………… 291
8.4.2　电路介绍…………………………………………………………… 293
8.4.3　软件设计…………………………………………………………… 293
8.5　继电器 …………………………………………………………………… 299
8.5.1　工作原理…………………………………………………………… 299
8.5.2　电路介绍…………………………………………………………… 300

8.5.3 软件设计 …… 300
8.6 串口模块 …… 301
8.6.1 工作原理 …… 301
8.6.2 电路介绍 …… 301
8.6.3 软件设计 …… 301
8.7 蜂鸣器 …… 303
8.7.1 工作原理 …… 303
8.7.2 电路介绍 …… 303
8.7.3 软件设计 …… 304
8.8 红外模块 …… 306
8.8.1 工作原理 …… 306
8.8.2 电路介绍 …… 307
8.8.3 软件设计 …… 307
8.9 步进电机 …… 310
8.9.1 电路介绍 …… 310
8.9.2 软件设计 …… 311

第4篇 嵌入式系统仿真设计

第9章 基于Proteus的嵌入式系统仿真 …… 317
9.1 Proteus开发环境简介 …… 317
9.2 基于Proteus的仿真电路设计流程 …… 318

第10章 基于ARM的嵌入式系统仿真 …… 326
10.1 蜂鸣器与继电器 …… 326
10.1.1 电路介绍 …… 326
10.1.2 软件设计 …… 327
10.1.3 Proteus仿真 …… 328
10.2 键盘 …… 329
10.2.1 工作原理 …… 329
10.2.2 电路介绍 …… 330
10.2.3 软件设计 …… 330
10.2.4 Proteus仿真 …… 333
10.3 LED与数码管 …… 334
10.3.1 电路介绍 …… 334
10.3.2 软件设计 …… 335
10.3.3 Proteus仿真 …… 336
10.4 LED点阵 …… 337
10.4.1 工作原理 …… 338

10.4.2 电路介绍 …… 338
10.4.3 软件设计 …… 339
10.4.4 Proteus 仿真 …… 341
10.5 字符型 LCD …… 342
10.5.1 1602 工作原理 …… 342
10.5.2 1602 工作环境和主要操作 …… 343
10.5.3 电路介绍 …… 347
10.5.4 软件设计 …… 348
10.5.5 Proteus 仿真 …… 352

第 11 章 基于单片机的嵌入式系统仿真 …… 353

11.1 CRC 校验码 …… 353
11.1.1 工作原理 …… 353
11.1.2 电路介绍 …… 354
11.1.3 软件设计 …… 354
11.1.4 Proteus 仿真 …… 358
11.2 数据存储器扩展 …… 359
11.2.1 工作原理 …… 359
11.2.2 电路介绍 …… 361
11.2.3 软件设计 …… 362
11.2.4 Proteus 仿真 …… 362
11.3 中断式按键 …… 363
11.3.1 电路介绍 …… 363
11.3.2 软件设计 …… 364
11.3.3 Proteus 仿真 …… 365
11.4 LED 点阵 …… 366
11.4.1 电路介绍 …… 366
11.4.2 软件设计 …… 366
11.4.3 Proteus 仿真 …… 369
11.5 温度传感器 …… 369
11.5.1 电路介绍 …… 369
11.5.2 软件设计 …… 370
11.5.3 Proteus 仿真 …… 373

附录 A Keil 安装简介 …… 374

附录 B Altium Designer 安装简介 …… 377

附录 C Proteus 安装简介 …… 382

第 1 篇　嵌入式系统开发概述

- 绪论
- 处理器与开发环境
- 嵌入式系统设计流程

第1章 绪 论

本章主要介绍嵌入式系统的基础知识，通过对其定义、基本特点、应用与发展、软硬件各部分组成及设计流程等内容的讲解，帮助读者建立嵌入式系统的整体概念。

1.1 嵌入式系统概述

随着半导体工艺技术的发展，特别是大规模集成电路的出现，嵌入式系统已经成为当今最热门的领域之一。使用嵌入式技术的数码相机、电视机机顶盒、移动临床助理和智能家电等电子嵌入式系统随处可见，嵌入式设备在应用数量上已远远超过通用计算机。

1.1.1 嵌入式系统的定义

嵌入式系统诞生于微机时代，经历了初期的单片机发展阶段，现在已经渗透到日常生活中的各个角落。嵌入式系统属于计算机系统的分支，国际电气和电子工程师协会（the Institute of Electrical and Electronics Engineers，IEEE）对嵌入式系统的定义是“用于控制、监视或者辅助操作机器和设备的装置（devices used to control，monitor or assist the operation of equipment，machinery or plants）”。

在国内，普遍认同的嵌入式系统定义是“以应用为中心，以计算机技术为基础，软硬件可裁剪，适应应用系统对功能、可靠性、成本、体积、功耗等严格要求的专用计算机系统”。这个定义更侧重细节，明确了嵌入式从属的领域及各个特点，从中可以看出嵌入式系统与应用结合紧密，具有很强的专用性。

嵌入式系统的定义还会随着时代的前进而不断地变化，新技术的产生和发展会赋予其新的内涵。嵌入式技术将会不断前进，嵌入式系统也将会取得新的突破。

1.1.2 嵌入式系统的特点

嵌入式系统的定义表明其具有以下特点。

1. 专用性

嵌入式系统直接面向用户、面向产品和面向特定应用，其硬件和软件结合非常紧密，并且直接针对特定用户群而设计，有很强的专用性。即使同一品牌、同一系列的嵌入式系统，当硬件结构发生变化时，也需要对软件系统进行较大修改。

2. 可裁剪性

从专用性的特点来看，嵌入式设备生产商应为不同的用户需求提供不同的硬件和软件组合，但这样做会显著提高嵌入式系统的成本，因此必须采取一定措施，使嵌入式系统在通用和专用之间达到相对平衡。目前的做法是以可裁剪的形式设计嵌入式系统硬件以及嵌入式操作系统。开发人员根据实际应用需要来量体裁衣、去除冗余，从而使系统在满足需求的前提下实现最精简的配置。

3. 低功耗

嵌入式设备大多是一些小型应用系统，例如移动电话、MP3 和数码相机等，这些设备不可能配备大容量电池，因此，为了系统能够较长时间工作，在设计嵌入式系统时，应尽可能降低功耗。

4. 高可靠性

某些嵌入式系统所承担的计算任务涉及人身安全和国家机密等重大事务，或者运行于无人值守的场合，例如危险性高的工业环境或战场的敌占区，所以必须提高系统的可靠性。目前，一般通过将嵌入式系统中的软件固化在存储器芯片或单片系统的存储器中，实现对系统高可靠性的要求。

1.1.3 嵌入式系统的应用与发展

进入 21 世纪以来，嵌入式系统发展迅猛，在工业控制、消费类电子、航空航天、军事国防和网络设备等领域得到了广泛的应用，前景广阔。图 1.1 列出了几种典型的嵌入式系统。

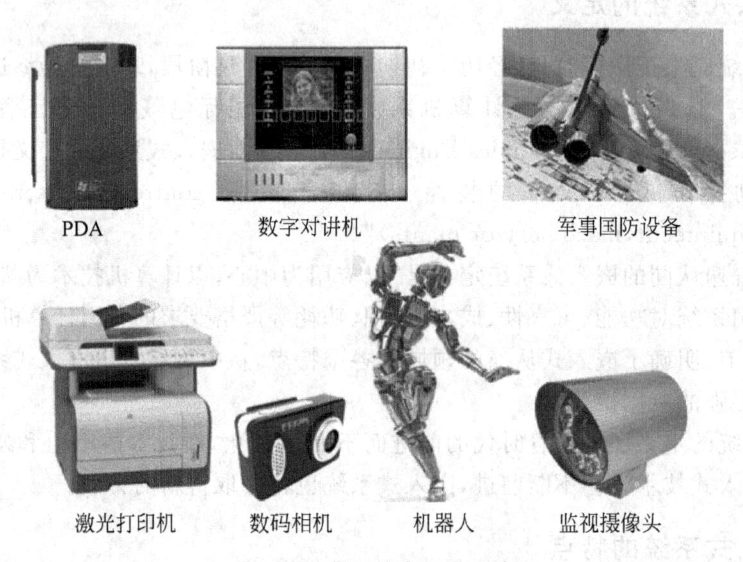

图 1.1 典型的嵌入式系统

信息化、智能化和网络化的发展为嵌入式系统提供了巨大的发展机遇，同时也对嵌入式系统生产商提出了新的挑战。继续优化嵌入式系统，在硬件、功耗、速度和成本方面找到一个最佳的平衡点，仍然是嵌入式系统开发人员追求的目标。为了适应数字化和信息化的发展，嵌入式设备需要提供网络通信接口，实现网页浏览和远程数据访问的功能，提供更加友好的多媒体人机界面，支持手写文字输入、语音拨号上网、收发电子邮件以及更美观的彩色图形、图像显示，使用户获得更加自由的感受。

嵌入式系统正在改变着人们的生活、工作和娱乐方式，其在产业发展中的重要性也不断提升。纵观历史，展望前景，嵌入式系统必将成为未来电子技术的擎天支柱。

1.2 嵌入式系统硬件设计

1.2.1 概述

嵌入式系统硬件是以嵌入式微处理器(Micro Processor Unit,MPU)为中心,配合外围电路及接口电路组成,典型结构如图1.2所示。其中,MPU是核心部件,外围电路一般包括电源(POWER)、时钟模块(RTC)、液晶显示器(LCD)、键盘(KEY)、随机存取存储器(Random Access Memory,RAM)、只读存储器(Read-Only Memory,ROM)、闪存(Flash)、SD卡和MMC卡等部分;接口电路一般包括USB接口、以太网端口(Ethernet)、串行口(UART)、无线保真(Wireless Fidelity,WiFi)和蓝牙(Bluetooth)接口等。在嵌入式系统硬件设计中,应根据系统需求选择合适的处理器、外围电路以及须提供的接口,这些硬件组成部分决定了系统具有的基本功能。

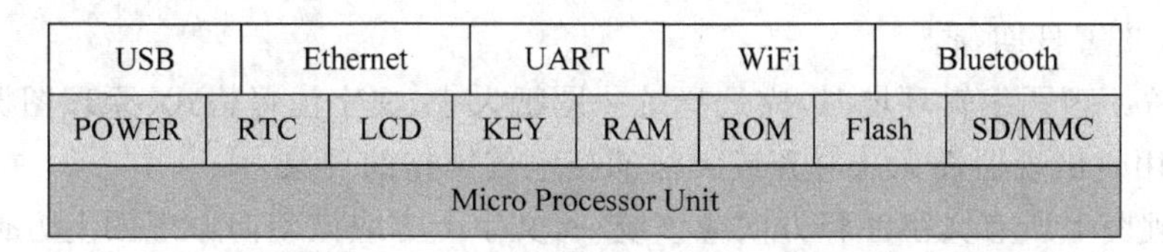

图1.2 嵌入式系统硬件典型结构

1.2.2 设计流程

嵌入式系统的硬件设计通常包括以下几个阶段。

1. 系统需求分析

本阶段需要明确系统设计任务和设计目标,形成设计规格说明书,作为正式设计的指导原则和检验标准。需求分析过程一般按照功能性需求和非功能性需求两方面进行,前者描述系统必不可少的基本组成部分,陈述系统的功能;后者与系统功能无直接关系,但与用户直接相关,体现为系统的各方面特性,包括运行成本、功耗以及性能指标等因素。

2. 元器件选型

本阶段须根据硬件设计的总体需求,如MPU处理能力、存储容量、速度要求、电平要求和带载能力等信息,查询相关器件的技术资料,经过对同类型器件特性的对比和分析,选定最适合系统的元器件。在器件选型过程中应遵循可靠性、普遍性、高性价比、可替代性以及向上兼容的原则。

3. 核心电路验证

核心电路设计是整个硬件设计的重中之重,核心电路方案的可行性直接关系到硬件设计工作的展开,因此很有必要在硬件电路设计初期阶段,对核心电路方案进行验证。方案验证时主要注意以下几个问题。

(1) 深入理解核心电路的工作原理,确定核心电路正常工作的关键因素是验证工作的前提。

(2) 针对关键因素来选择合适器件,详细阅读器件手册,确保器件的关键性能指标满足核心电路要求,同时针对此器件使用方法,参考前人设计,从中获取经验,发现不足,来完善自己的设计。

(3) 搭建实验电路,验证核心电路的功能和性能指标能否满足设计要求,不断改进电路直到达到设计要求。

4. 原理图设计阶段

原理图设计的主要任务是确定各电路模块的连接关系,将其以正确、美观的方式绘制出来,是电路设计的基础。在原理图设计阶段,要遵循相应的设计流程和规范,以达到设计目的。

原理图设计包括以下几个阶段:配置原理图设计环境、加载元器件库、放置元器件、原理图布线、编辑与调整、检查原理图、生成网络表、打印输出。

在进行原理图设计时,应遵循以下规范。

(1) 每一版原理图都应包含必要的设计信息,包括系统名称、原理图对应印刷电路板(Printed Circuit Board,PCB)版本号、版本升级信息、模块功能描述、设计时间、设计检查审批人员签名、签署日期等。

(2) 设置原理图编辑环境时,应选择统一图纸大小、文字注释格式、原理图栅格大小等,防止模块重用时出现器件无法对齐或无法捕捉电气网格的现象。

(3) 原理图上所有文字注释方向应该统一,文字上方应该朝向原理图上方或左方,各种标注应清晰明了、无二义性,不允许文字重叠。

(4) 图纸绘制应尽量美观,器件布局模块化编排,分类清晰,可读性好,便于重复使用。模块内部器件之间应尽量采用连线连接,便于检查校对,模块之间的连线尽量采用网络标号或端口标号。

(5) 尽量减少互连线的交叉,如果需要交叉才能连接的则用网络标号名称相连。无法避免的T形连线或十字形连线,应在连线交叉处放置节点。

(6) 原理图上各器件应该自左向右,自上而下排列,使用对齐命令。信号输入端在模块左侧,输出端在模块右侧。

(7) 同一种元器件的标称值应采用统一的表示方法。例如4.7kΩ电阻,不能有些器件标注为4.7K,有些标注4K7。

(8) 原理图设计时,未被使用的引脚应该按照器件数据手册的要求做处理,对于悬空的引脚,应做放弃电气规则检查的处理,防止原理图电气规则检查时报错。

原理图的设计规范远远不止这些,涉及原理图设计的方方面面。在进行原理图设计时,硬件工程师若能够以身作则,严格按照原理图设计流程和规范进行原理图设计,就能够不断提高自己的设计水平,设计出高质量的原理图。

5. PCB设计阶段

PCB设计是工程师将嵌入式系统由理想变为现实的阶段,是原理图设计阶段的延续。这个阶段最直接地关系到系统的功能、电气性能、外观结构。PCB设计的一般步骤如下:规划电路板外形结构、设置PCB编辑环境及各项参数、载入网络表和元器件封装、元器件布局、自动布线和手工布线、DRC校验、打印输出和加工制作。

PCB设计时必须遵守设计规范,这些规范既体现了PCB设计工程师的大量经验,同时还包含许多具有较强理论性的知识。规范的目的就是采取一切措施，使在理想状态下设计的电路在非理想状态下也能很好地工作。PCB 设计规范如下。

(1) 开始 PCB 设计时，不要忙于布线，先进行 PCB 布局。一个有经验的 PCB 设计工程师进行 PCB 设计的时间分配如下：1/3 时间布局，1/3 时间布线，1/3 时间检查。

(2) PCB 布局原则：先大后小，先关键后次要，先放置有定位要求的器件。CPU 作为系统核心器件，与很多外设都有数据交换，一般放置在 PCB 板的中心位置。系统外形结构对接口布局也有限定。

(3) PCB 布局要均衡，疏密有序，不能头重脚轻或一头重，便于硬件的测试和加工。在保证上述原则的前提下，调整元器件摆放，使之整齐美观。同样器件要摆放整齐，方向一致，不能摆得“错落有致”。

(4) 布线顺序要求：首先布电源线，然后布地线，最后布信号线。布线宽度要求：地线＞电源线＞信号线。

(5) 小型电路板，一般手动布线。大型电路板，手动布线和自动布线相结合，先手工布置关键导线和总线类导线，然后锁定预布线，设置好布线规则后执行自动布线。

(6) 数字模块、模拟模块分开布线，高速模块、低速模块分开布线，差分信号布线尽量等长，高速数字信号走线尽量短，敏感模拟信号走线尽量短，模拟地线和数字地线分开布线。

(7) 高频线输入端与输出端的布线避免平行，以免产生反射干扰，两相邻层布线要互相垂直，平行布线容易产生寄生耦合。

PCB 设计既是一种技术，更是一种艺术。一个优秀的 PCB 设计工程师不仅需要掌握机械、材料、电气、电磁等方面知识，还须具备良好的美学素养。设计的 PCB 不仅要实现功能，具有很好的电气性能，而且布局合理，外形美观。

6. 硬件测试阶段

硬件测试阶段是为了发现硬件原理图设计和 PCB 设计中的错误而执行的操作过程。硬件测试不仅是为了找到错误，更要通过分析错误原因和错误的分布特征，帮助设计者发现当前设计的缺陷，以便进行设计的改进、优化。

一切测试需求都来自系统设计的规格，规格来自于用户需求，因此测试是针对系统规格的测试。硬件测试主要关注系统规格中的功能实现、性能指标、可靠性、可测试性、易用性等。具体体现在以下几个方面。

1) 系统功能测试

根据功能的实现，对实现该功能的各个环节进行测试。从硬件到软件，只有各个环节都畅通无阻，才能保证该功能的正常实现。功能测试主要包括数据采集分析处理功能、实时控制功能、通信功能、人机交互功能等模块的测试。

2) 性能指标测试

性能指标测试的主要依据是系统设计规格书中制定的性能指标要求，包括测量精度、数据采集速率、控制实时性要求、数据处理容限、电磁抗干扰能力等。性能测试一般是异常输入条件下的单元模块、系统处理情况。通过测试明确设备到底在什么样的条件范围下能够正常工作,薄弱环节到底在哪里,为系统改进提供翔实的数据支持。

3) 可靠性测试

可靠性测试主要包括接口插拔、功能切换、模块替换、数据备份、断电自恢复等。

4) 组网通信测试

组网通信测试包括与本公司其他系统的通信兼容性,与其他厂商该类系统的通信兼容性,以及通信的容错性、稳定性。

5) 应用环境测试

应用环境一般可以从以下几个方面考虑:高温、低温、高低温交变、湿热、防尘、接地、电源冲击、振动、电磁兼容性、断电恢复性。

6) 系统一致性测试

一致性测试是将不同批次的系统分别取样,进行测试验证。检测不同批次器件对系统质量的影响,以此来确认系统是否具有较高的一致性,是否满足系统性能和使用条件要求。

7. 硬件优化、调整与改进阶段

硬件优化、改进是一个循环往复的长期工程,任何嵌入式系统从开始设计到最终走向市场被用户认可,都必须经历这个过程。硬件测试阶段暴露出来的问题通常被作为优化、改进最主要的依据,因此,硬件测试阶段的测试记录对硬件优化是非常重要的。硬件改进可分为以下几个层次。

(1) 以解决测试阶段暴露的问题为目的的改进;

(2) 以发挥器件最大性能,提升嵌入式系统整体性能为目的的优化;

(3) 在满足系统性能指标前提下,降低系统成本的局部改进或替换;

(4) 系统可测试性、可维修性、易用性、结构外观等方面的优化。

8. 硬件定型阶段

硬件定型是硬件设计的最后阶段,是优化阶段的延续。这个阶段只进行硬件的局部调整和完善。

嵌入式硬件设计流程图如图 1.3 所示。

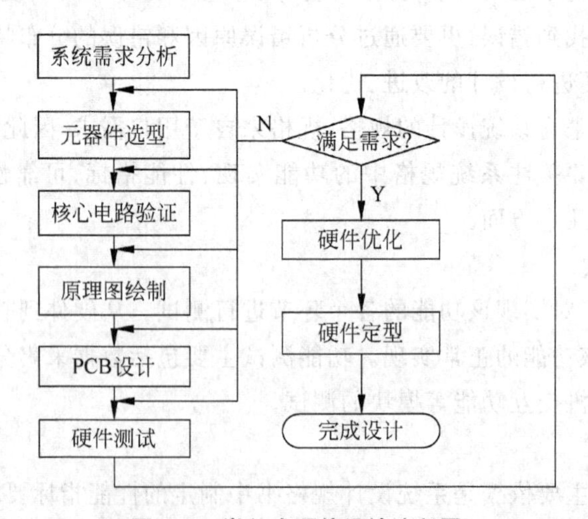

图 1.3 嵌入式硬件设计流程图

1.3 嵌入式系统软件设计

嵌入式系统软件设计是嵌入式系统的重要组成部分。嵌入式系统软件是针对特定应用、基于特定硬件平台、为完成用户预期任务而设计的计算机软件,是决定嵌入式系统功能和特性的重要因素。由于嵌入式系统硬件资源有限,为了满足系统的功能需求,应合理设计软件结构,优化软件代码,缩小软件体积,提高软件运行效率。

1.3.1 嵌入式系统软件架构

嵌入式系统软件通常采用下面两种开发形式。

1. 基于裸机的开发形式

这种软件结构无须操作系统的支持,全部功能均需要程序员实现,前后台模式是一种典型无操作系统软件结构,通常用来设计简单的嵌入式系统,其工作原理如图 1.4 所示。它在一个无限循环中不断判断各标志位,当为真时执行对应的任务,为假时继续判断下一个标志位。这部分软件称为后台,是主程序的主体部分。当异步事件发生时,中断服务程序被执行,在其中设置各任务标志,然后立即返回,保证了系统的实时性,这部分称为前台。强实时性的关键操作一定要用中断实现。

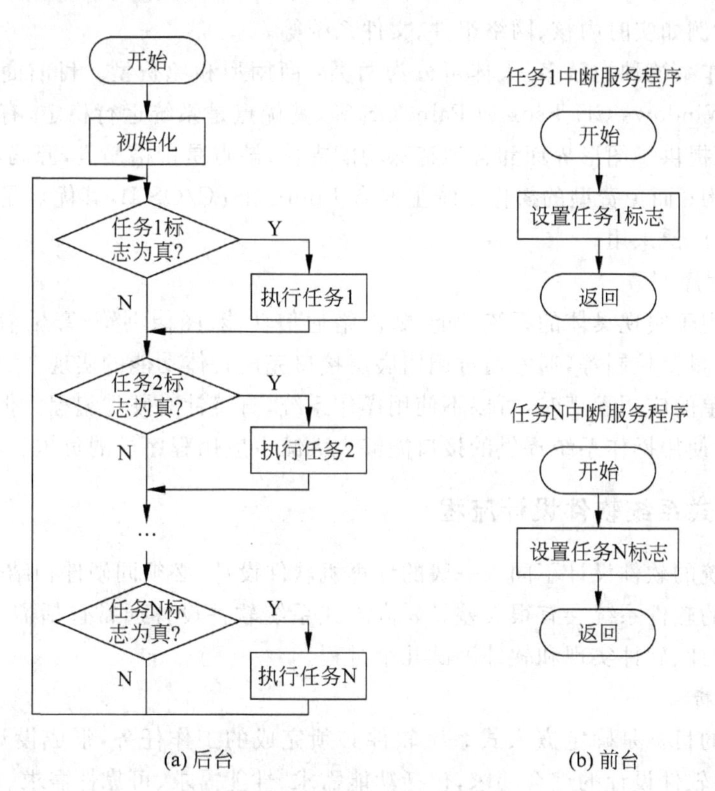

图 1.4 前后台模式工作原理图

2. 基于操作系统的开发形式

这种软件结构一般应用于复杂的嵌入式系统中，其软件架构如图 1.5 所示。最底层为硬件层，其上方是操作系统层，由三个子层组成：下方子层是板级支持包(Board Support Package,BSP)，封装了很多硬件细节，提供了操控硬件的接口函数，对操作系统的驱动程序提供支持，结构与功能随硬件和操作系统的不同而不同；中间子层是操作系统的各个模块，包括文件管理、任务管理和设备管理等部分；上方子层是应用程序接口，为应用程序层提供支持。软件架构的顶层是应用程序层，每个应用程序完成一个特定的应用层功能。

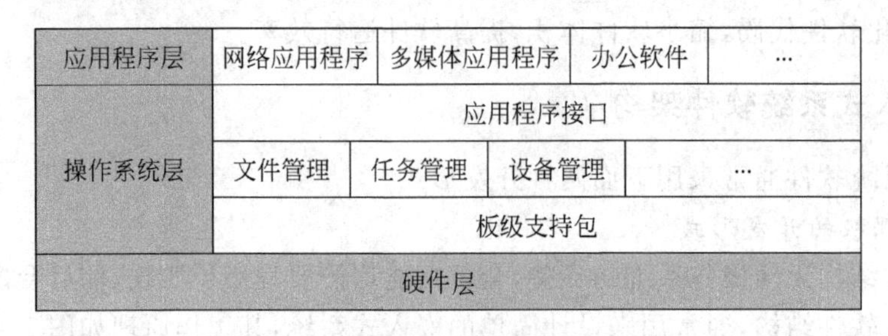

图 1.5 嵌入式系统软件架构

(1) 操作系统层

多数嵌入式系统应用在实时环境中，因此嵌入式系统开发与嵌入式实时操作系统密切联系在一起。使用时可根据实际应用对内核进行裁剪和重新配置，但操作系统的几个基本部分必不可少，例如实时内核、网络组件、文件系统等。

嵌入式操作系统种类繁多，大体可分为两类：商用型和免费型。目前商用的操作系统有 VxWorks、Windows CE、Psos 和 Palm OS 等，其优点是系统运行稳定，有完善的嵌入式系统服务，同时提供了图形界面和各种特殊功能支持，缺点是价格昂贵，源码不公开，不易深入理解内部结构；而免费型的操作系统主要有 Linux 和 μC/OS-II，其优点是源码公开和易于移植，因而被广泛采用。

(2) 应用程序层

应用程序用于实现具体的系统功能，如网络通信功能、图像浏览、音乐播放、视频显示、幻灯片演示、测量及控制等，通常通过调用底层接口完成具体功能的实现。

在编写简单的应用程序时，可以不使用操作系统，直接针对硬件编程。但是在设计复杂的应用程序时，使用操作系统提供的接口能够大大减少应用程序员的负担。

1.3.2 嵌入式系统软件设计流程

嵌入式系统的软件设计不同于一般的计算机软件设计，必须同硬件相结合，不同的硬件平台上开发出的软件系统会有很大差异。嵌入式系统软件设计通常包括需求分析、规格说明、体系结构设计、软件实现和软件测试几个过程。

1. 需求分析

需求分析的目标是确定嵌入式系统软件必须完成的工作任务，形成设计规格说明书。首先，需要明确软件设计的综合要求，包括功能需求、性能需求、可靠性需求、可用性需求、出错处理需求和接口需求等；其次，需要分析软件设计的数据要求。软件需要处理的信息和运行过程中产生的信息在很大程度上决定了软件的面貌，因此分析系统的数据要求是软件设计需求分析的重要任务。分析系统的数据要求通常采用建立数据模型的方法。然后应导出软件设计的逻辑模型,通常采用数据流图、实体联系图和状态转换图等工具进行描述。最后要修正系统开发计划。根据分析软件设计需求获得的软件信息,能够准确地估计系统的成本和进度,进行软件设计计划的修订。

2. 规格说明

规格说明起到客户和开发人员之间的合同作用,编写的主要依据为设计规格说明书。因此,规格说明必须仔细编写,以便精确地反映客户的需求,并作为设计时必须明确遵循的要求。描述规格说明的工具可采用统一建模语言(UML)。UML是一种面向对象的建模语言,是软件工程中的重要内容。

3. 体系结构设计

体系结构设计主要完成软件结构的设计,包括功能模块的划分和软件平台的选择等。

(1) 无操作系统软件设计

无操作系统的软件设计通常需要软件程序员进行底层软件的编写,硬件结构较为简单,但是程序编写需要考虑具体硬件细节。系统的应用程序通常是一个无限的循环,巡回执行多个事件,系统的实时性通过中断实现。

(2) 有操作系统软件设计

以Linux为例。

① 启动程序BootLoader。PC开机后使用BIOS(Basic Input /Output System)完成处理器配置、硬件初始化等操作。但是对于嵌入式系统,出于经济性的考虑,一般不配置BIOS,因此必须另外编写启动程序,在嵌入式系统中称为BootLoader程序。运行BootLoader,使系统的软硬件环境被设定在一个合适的状态,为调用操作系统内核、运行用户应用程序做好准备。

② 操作系统内核Kernel。操作系统内核是指大多数操作系统的核心部分。它用于管理存储器、文件、外设和系统资源。操作系统内核运行进程,并提供进程间的通信。通过使用内核,操作系统完成事件的调度与同步、进程间的通信、存储器管理、进程管理等工作。

③ 文件系统。文件系统是Linux操作系统的重要组成部分。Linux中的文件是数据的集合,它与用户使用的程序、目录、软件连接及文件保护信息等共同构成了Linux的文件系统。Linux最早的文件系统是Minix,而后专门为Linux设计的文件系统EXT2被设计出来并添加到Linux中,对Linux产生了重大影响。EXT2文件系统功能强大,易扩充,性能上进行了全面优化,是现在Linux的标准文件系统类型。

4. 软件实现

开发嵌入式软件的计算机称作宿主机,运行嵌入式软件的机器称为目标机。非嵌入式程序员进行上层软件开发时,使用的是本地开发环境,它的核心部分是本地编译器,可以把源代码编译为可在宿主机上运行的二进制可执行文件,该文件由宿主机指令组成,只能在宿主机上运行,对于目标机的体系结构来说是没有意义的。嵌入式系统的体系结构与进行程序开发及调试的宿主机的体系结构不同,因此本地编译器产生的代码无法在嵌入式系统中运行,此时需要使用交叉编译器。交叉编译器本身运行在宿主机系统中,但由它编译产生的可执行文件由目标机指令构成,因此可在目标机系统中运行。建立交叉开发环境的主要工作是安装交叉编译器。

5. 软件测试

程序编写完成后,执行时一般会出现各种各样的错误,需要反复地调试与修改,直到软件运行正常,此时嵌入式系统的软件开发过程就完成了。由于软件出错或运行不稳定经常可能出现,因此软件测试是软件开发中一个必不可少的步骤。

1.3.3 软硬件协同设计

软硬件协同设计是指对系统中的软件和硬件使用统一的描述方法和工具进行集成开发,完成全系统设计的同时能够跨越软硬件界面进行系统优化的设计理论。其特点为在设计时基于系统功能,同时考虑软件和硬件。使用软硬件协同设计能够缩短开发周期,取得更好的设计效果。

1. EDA 简介

电子设计自动化(Electronic Design Automation,EDA)是从 20 世纪 60 年代中期计算机辅助设计、计算机辅助制造、计算机辅助测试和计算机辅助工程的概念发展而来的。EDA 技术是以计算机为工具,由计算机自动完成对文件的逻辑编译、化简、分割、综合、优化、布局、布线和仿真,及对特定目标芯片的适配编译、逻辑映射和编程下载等工作。EDA 技术的出现,极大地提高了电路设计的效率和可操作性,减轻了设计者的劳动强度。

目前进入我国并具有广泛影响的 EDA 软件有 Protel、PSPICE、multiSIM10(EWB 的最新版本)、OrCAD、PCAD、LSILogic、MicroSim、ISE、ModelSim、MATLAB 等。这些工具都有较强的功能,一般可用于多个方面,如电路设计与仿真、PCB 自动布局布线等。

2. 软硬件协同设计开发过程

总体来说,嵌入式系统软硬件协同设计包括嵌入式系统描述、设计、仿真验证与实现几个阶段。

嵌入式系统描述是使用一种或多种系统描述语言对所要设计的嵌入式系统的功能和性能进行描述、建立系统软硬件模型的过程。系统建模可以由设计者用非正式语言完成,也可以借助 EDA 工具实现。使用非正式语言完成系统建模容易导致系统描述不准确,在后续过程中需要修改系统模型,会使系统设计复杂化,而使用优秀的 EDA 工具可以克服这些弊端。

嵌入式系统设计分为软硬件功能分配和软硬件功能实现两个阶段。软硬件功能分配阶段需要确定哪些功能由硬件模块来实现,哪些功能由软件模块来实现。硬件一般能够提供更好的性能,而软件更容易开发和修改,成本相对较低。由于硬件模块的可配置性、可编程性以及某些软件功能的硬件化、固件化,某些功能既能用软件实现,又能用硬件实现,因此要整体评估系统性能与成本,进行软硬件的选择。软硬件的功能划分是一个复杂而艰苦的过程,是设计流程中十分重要的环节。

软硬件功能实现是根据系统描述和软硬件任务划分的结果,确定系统的软硬件模块以及其接口的具体实现方法,最终完成系统体系结构的设计。具体地说,这一过程就是要确定系统将采用哪些硬件模块(如全定制芯片、MCU,DSP,FPGA、存储器、I/O 接口部件等)、软件模块(如嵌入式操作系统、驱动程序、功能模块等)和软硬件模块之间的通信方法(如总线、共享存储器、数据通道等)以及这些模块的具体实现方法。

仿真验证是检验系统设计正确性的过程。通过对设计结果的正确性进行评估,达到在系统实现过程中不会出现问题的目的。在系统仿真验证的过程中,模拟和实际使用的工作环境差异很大,软硬件之间的相互作用方式及作用效果也不同,因此系统在真实环境下工作的可靠性不能够完全保证。

嵌入式系统实现是指软件、硬件系统的具体制作。设计结果经过仿真验证后,可按系统设计的要求进行系统制作,制作完成后即可进行现场实验。

1.4　嵌入式系统开发形式

嵌入式系统的学习过程与一般计算机技术的学习过程有很大不同。对于基于 PC 的桌面应用程序设计来说,学习者只需要一台计算机以及一个集成开发环境即可开始工作。而需要交叉开发环境的支持是嵌入式应用软件开发的一个显著特点,交叉开发环境是指编译、链接和调试嵌入式应用软件的开发环境,与运行嵌入式应用软件的环境有所不同,通常采用宿主机/目标机模式。

通用计算机具有完善的人机接口界面,在其上安装必要的开发工具后即可为通用计算机本身开发程序。如果开发开放式平台的应用程序,例如,在 X86 体系结构 PC 平台用 VC++语言来设计一个游戏,完成之后游戏可以在同一台 PC 上运行。整个开发环境包括工具链中的编辑器、编译器、链接器、调试器以及各种库,都基于 X86 体系结构,如编译器软件就是一个基于 X86 指令集的二进制可执行文件。而且项目完成后最终得到的嵌入式系统——游戏——也运行于 X86 平台,所以这个游戏的二进制可执行文件也基于 X86 指令集,这就是通常的开发模式,使用的开发环境为本地开发环境。

但是,在嵌入式开发中情况有所不同。一般来说,嵌入式设备的资源相对于 PC 来说十分有限,可能嵌入式设备上根本没有标准显示终端或者标准键盘,因此也就不可能在嵌入式设备上直接进行程序的编制,即嵌入式系统本身不具备自主开发能力,只能先在 PC 上完成程序的编写、编译、链接,之后把可执行程序下载到嵌入式设备上运行。读者可能会发现一个问题,嵌入式设备的处理器体系结构不同于 PC 的 X86 体系结构,二者指令集完全不同,如果仍旧用本地开发模式的工具链,得到的可执行文件基于 X86 体系结构指令集,下载到嵌入式设备上是无法运行的。解决的办法是在 PC 上安装另外一套开发环境,这个开发环境仍旧由工具链、库等各个部分组成,它们的可执行程序的二进制代码基于 X86 平台,但是用它们编译、链接出的应用程序的二进制代码基于嵌入式处理器的指令集,不能直接在 PC 上运行,需要下载到嵌入式设备中运行,具备这样功能的开发环境就称为交叉开发环境。因为开发环境中最重要的组成部分是编译器,所以有时也简称交叉开发环境为交叉编译环境。在嵌入式程序设计中,把运行交叉开发环境的 PC 称作宿主机,把嵌入式设备称为目标机。交叉编译如图 1.6 所示。

在图 1.6 中,左侧虚线框中为宿主机,一般是 PC。程序可以采用高级语言或汇编语言编写，对于前者，需要使用交叉编译器把它编译为由目标机指令集指令组成的二进制目标文件，对于后者，使用交叉汇编器把它编译为由目标机指令集指令组成的二进制目标文件。然后使用交叉链接器把二者链接为一个可执行文件，再把这个文件下载到右侧虚线框中的目标系统(即目标机中)就可以运行了。如果运行错误，需要重新回到宿主机改写源代码，之后继续交叉编译、链接、下载、运行。这是一个循环往复的过程，直到最终代码执行无误为止。

目前嵌入式的集成开发环境都支持交叉编译和交叉链接，如 Keil 和 IAR 等，这些软件往往将交叉编译、交叉链接、程序下载、程序运行等步骤合并在一起，允许用户编辑完成源码之后，通过一次点击操作完成程序运行所需要的全部动作。

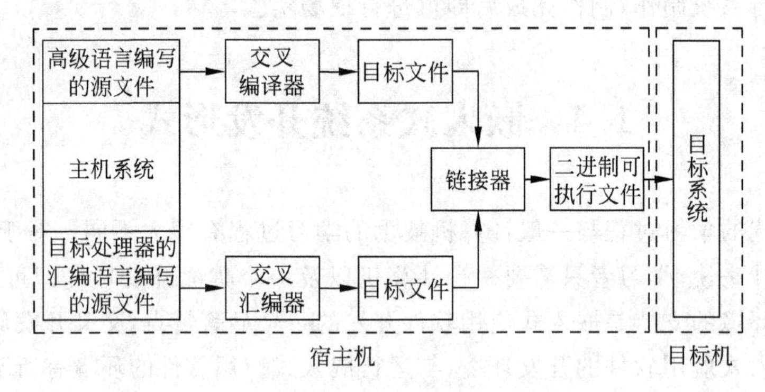

图 1.6 交叉编译

第2章　处理器与开发环境

2.1　LPC2136处理器

LPC2136是NXP公司生产的32位ARM7TDMI-S微处理器。由于具有较小的封装和极低的功耗，它广泛应用于工业控制、医疗系统、访问控制、POS机和通信网关等领域。

2.1.1　ARM7体系结构

ARM7系列微处理器为低功耗的32位RISC处理器，基于冯·诺依曼结构。它包括ARM7TDMI、ARM7TDMI-S、带有高速缓存处理器宏单元的ARM720T和扩充了Jazelle的ARM7EJ-S。该系列处理器提供16位Thumb压缩指令集和EmbeddedICE软件调试方式，适合应用于更大规模的SoC设计中。

ARM7内核采用三级流水线结构，平均指令执行速度为0.9MIPS/MHz，支持32位ARM指令集和16位Thumb指令集，主频最高可达130MHz。

ARM7系列微处理器广泛应用于多媒体设备、工业控制、Internet设备、网络和调制解调器设备、移动电话以及PDA的设计与实现过程中。

1. ARM7TDMI-S的命名介绍

ARM7TDMI-S是基于ARM体系结构v4版本的ARM软核，其命名中的各个字母含义如下：

7：该ARM处理器的系列号；

T：支持16位Thumb指令集；

D：支持JTAG片上调试；

M：支持用于64位长乘法操作的ARM指令；

I：带有嵌入式追踪宏单元，支持EmbeddedICE的硬件调试；

-S：ARM7TDMI的可综合版本，该处理器内核以源代码形式提供，其编程模型与ARM7TDMI相一致。

2. ARM7处理器的内核结构

ARM7系列微处理器的内核采用了三级流水线结构，分别为取指、译码和执行。

取指：从存储器装载一条指令。

译码：由译码逻辑单元完成，识别将要被执行的指令。

执行：处理指令并将结果写回寄存器。

ARM7TDMI处理器内核包含两套指令系统，分别为ARM指令集和Thumb指令集，并且各自对应一种处理器的状态。

ARM状态：执行字方式的32位ARM指令，这是处理器的默认工作状态。

Thumb 状态：执行半字方式的 16 位 Thumb 指令，执行时处理器动态将指令扩展为 32 位，这一过程对用户透明，用于提高编码密度。

注：两个状态之间的切换并不影响处理器模式或寄存器内容。

3. ARM7 处理器的工作模式

ARM 处理器支持 7 种工作模式，分别为用户模式（User）、快速中断模式（FIQ）、普通中断模式（IRQ）、管理模式（SVC）、中止模式（Abort）、未定义模式（Undefined）和系统模式（System）。这样的好处是可以更好地支持操作系统并提高工作效率。ARM7TDMI 完全支持这 7 种模式。

以上 7 种工作模式中，除了用户模式以外，其他 6 种处理器模式称为特权模式。在这 6 种特权模式中，除系统模式以外的其余 5 种处理器模式又称为异常模式。这 5 种异常模式可以通过程序切换进入，也可以由特定的异常进入。每种异常模式都有一些独立的寄存器，以避免异常退出时用户模式的状态不可靠。

用户模式是程序正常执行所处的模式。在用户模式下，如果没有异常发生，则不允许应用程序自行改变处理器的工作模式；如果有异常发生，则处理器会自动切换工作模式。

系统模式是特权模式，不受用户模式的限制。操作系统在该模式下访问用户模式的寄存器比较方便，而且操作系统的一些特权任务可以使用这个模式访问一些受控的资源。

用户模式和系统模式不能由异常进入，想要进入必须修改 CPSR 寄存器，这两种模式使用完全相同的寄存器组。

下列规则定义了何时进入异常模式：

- 当一个高优先级中断产生时，进入快速中断模式；
- 当一个低优先级中断产生时，进入普通中断模式；
- 当复位或软中断指令执行时，处理器进入管理模式，操作系统内核通常处于管理模式；
- 当处理器访问存储器失败时，进入数据访问中止模式；
- 当处理器遇到没有定义或不支持的指令时，进入未定义模式。

4. ARM7 处理器的内部寄存器

ARM7 处理器共有 37 个寄存器，包括 31 个通用 32 位寄存器和 6 个状态寄存器。在 ARM7 处理器的 7 种工作模式中，每种模式都对应一组特定的寄存器。这 7 种模式的寄存器分布如表 2.1 所示。

表 2.1 中的 R0～R7 是不分组寄存器，这些寄存器在所有工作模式下均可被访问。R8～R14 为分组寄存器，其中，R8～R11 在 FIQ 模式下使用私有寄存器 R8_fiq～R11_fiq。R12 又叫做中间结果保存寄存器，作为子程序间的中间结果寄存器。R13 通常用作堆栈指针，也称为 SP，每一种异常模式都对应一个自己的物理 R13，当异常模式初始化时，相应的 R13 也需要被初始化，使其指向相应的栈地址。当进入该模式时，将需要使用的寄存器保存在 R13 所指的栈中，当退出该模式时，又将保存在 R13 所指栈中的数据弹出，这样就不会破坏被异常处理程序中断的现场。R14 又被称为链接寄存器，每一种异常模式都对应一个自己的物理 R14，用来存放当前子程序的返回地址，除此之外，R14 还用于异常处理的返回。R15 为程序计数器，又称为 PC，它指向正在取指的指令。

表 2.1　ARM 内部寄存器

寄存器	用户模式	系统模式	管理模式	中止模式	未定义模式	IRQ 模式	FIQ 模式
通用寄存器	R0	R0	R0	R0	R0	R0	R0
	R1	R1	R1	R1	R1	R1	R1
	R2	R2	R2	R2	R2	R2	R2
	R3	R3	R3	R3	R3	R3	R3
	R4	R4	R4	R4	R4	R4	R4
	R5	R5	R5	R5	R5	R5	R5
	R6	R6	R6	R6	R6	R6	R6
	R7	R7	R7	R7	R7	R7	R7
	R8	R8	R8	R8	R8	R8	R8_fiq
	R9	R9	R9	R9	R9	R9	R9_fiq
	R10	R10	R10	R10	R10	R10	R10_fiq
	R11	R11	R11	R11	R11	R11	R11_fiq
	R12	R12	R12	R12	R12	R12	R12_fiq
	R13	R13	R13_svc	R13_abt	R13_und	R13_irq	R13_fiq
	R14	R14	R14_svc	R14_abt	R14_und	R14_irq	R14_fiq
	PC	PC	PC	PC	PC	PC	PC
状态寄存器	CPSR	CPSR	CPSR	CPSR	CPSR	CPSR	CPSR
			SPSR_svc	SPSR_abt	SPSR_und	SPSR_irq	SPSR_fiq

ARM7 内核包含 1 个 CPSR 和 5 个仅供异常处理程序使用的 SPSR。其中 CPSR 反映当前处理器的状态,可以在任何处理器模式下被访问。SPSR 是每一种异常模式下专用的状态寄存器,当特定的异常中断发生时,这个寄存器用于存放当前程序状态寄存器的内容。在异常退出时,可以用 SPSR 中保存的值来恢复 CPSR。状态寄存器的具体格式如图 2.1 所示,包含以下各位:

- 4 个条件代码标志位(负标志位 N、零标志位 Z、进位标志位 C 和溢出标志位 V);
- 2 个中断禁止位(IRQ 中断禁止位 I 与 FIQ 中断禁止位 F);
- 5 个当前处理器模式标识位(M[4:0]),其对应的处理器工作模式如表 2.2 所示;
- 1 个用于指示当前执行指令的状态控制位 T(ARM 指令或 Thumb 指令)。

N	Z	C	V	保留位	I	F	T	M[4:0]

图 2.1　程序状态寄存器 CPSR

表 2.2　CPSR 处理器模式位

M[4:0]	处理器工作模式
0b10000	用户模式
0b10001	FIQ 模式
0b10010	IRQ 模式
0b10011	管理模式
0b10111	中止模式
0b11011	未定义模式
0b11111	系统模式

5. ARM7 处理器的存储方式

ARM7 处理器对存储器中数据单元的存取操作包括字节存取、半字存取和字存取。根据字节在内存单元中高低位置的分配次序又可将存储格式分为小端存储格式和大端存储格式。

1) 小端存储格式

对于多字节数据来说,如果数据的低位存放在内存地址的低位,那么这种存储方式称作小端存储格式(Little-Endian)。例如,小端模式下,地址为 A 的字单元,字节单元由低位到高位的字节地址顺序为 A、A+1、A+2、A+3。对于地址为 A 的半字单元,字节单元由低位到高位的字节地址顺序为 A、A+1。

2) 大端存储格式(Big-Endian)

对于多字节数据来说,如果数据的低位存放在内存地址的高位,则这种存储方式称作大端存储格式。例如,大端模式下,地址为 A 的字单元,字节单元由高位到低位的字节地址顺序为 A、A+1、A+2、A+3。对于地址为 A 的半字单元,字节单元由高位到低位的字节地址顺序为 A、A+1。

ARM 结构通常希望所有的存储器访问都做到地址对齐,具体来说就是当 ARM 处理器处于 ARM 状态时,二进制地址低两位为 0;处于 Thumb 状态时,二进制地址最低位为 0。除此之外,对存储地址空间进行的访问称为非对齐的存储器访问。

- 将一个非字(半字)对齐的地址写入 ARM 或 Thumb 状态的 R15 寄存器,将引起非对齐的指令取指;
- 在一个非字(半字)对齐的地址读写一个字(半字),将引起非对齐的数据访问。

2.1.2 LPC2136 片上资源

LPC2136 是 NXP 公司生产的 ARM7 处理器,基于支持实时仿真和嵌入式跟踪的 16/32 位 ARM7TDMI-S CPU,其 128 位宽度的存储器接口和独特的加速结构使 32 位代码能够在最大时钟速率下运行。对于代码规模有严格控制的应用,可使用 16 位 Thumb 模式将代码规模降低超过 30%,而性能的损失却很小。LPC2136 处理器片内带有 256KB 高速 Flash 存储器。

较小的封装和极低的功耗使 LPC2136 特别适用于访问控制和 POS 机等小型应用中。由于内置了宽范围的串行通信接口和 32KB 的片内 SRAM,它也非常适合于通信网关、协议转换器、软件 Modem、语音识别和低端成像等领域,为这些应用提供大规模的缓冲区和强大的处理功能。此外,多个 32 位定时器、两个 10 位 8 路的 ADC、10 位 DAC、PWM 通道、47 个 GPIO 以及多达 9 个边沿(或电平)触发的外部中断,使 LPC2136 特别适用于通信、工业控制以及医疗系统等领域。

1. LPC2136 结构概述

LPC2136 包含一个支持仿真的 ARM7TDMI-S CPU、片内存储器接口的 ARM7 局部总线、中断控制器接口的 AMBA 高性能总线(AHB)和连接片内外设功能的 VLSI 外设总线(VPB、ARM、AMBA 总线的兼容超集)。LPC2136 将 ARM7TDMI-S 配置为小端字节顺序。

AHB 外设分配了 2MB 的地址范围,它位于 4GB 的 ARM 存储器空间的最顶端。每个

AHB外设分配16KB的地址空间。LPC2136的外设功能(中断控制器除外)都连接到VPB总线上。AHB到VPB的桥将VPB总线与AHB总线相连。VPB外设从3.5GB地址单元开始,也分配了2MB的地址范围。每个VPB外设在VPB地址空间内都分配了16KB的地址空间。

LPC2136的片内外设与器件引脚的连接由引脚连接模块控制。该模块必须由软件进行控制,以符合外设功能与引脚在特定应用中的需求。

2. LPC2136特性

- 16/32位ARM7TDMI-S核,超小LQFP64封装;
- 32KB片内静态RAM、256KB的片内Flash;
- 128位宽度接口/加速器可实现高达60MHz工作频率;
- 通过片内Boot装载程序实现在系统编程/在应用中编程(ISP/IAP);
- 单个Flash扇区或整片擦除时间为400ms,256B行编程时间为1ms;
- EmbeddedICE-RT和嵌入式跟踪接口通过片内RealMonitor软件对代码进行实时调试和高速跟踪;
- 两个8路10位的A/D转换器,共提供16路模拟输入,每个通道的转换时间低至2.44μs;
- 一个10位的D/A转换器,可产生不同的模拟输出;
- 两个32位定时器/外部事件计数器(带4路捕获和4路比较通道)、PWM单元(6路输出)和看门狗;
- 低功耗实时时钟具有独立的电源和特定的32kHz时钟输入;
- 多个串行接口,包括两个16C550工业标准的UART、两个高速I2C总线(400kb/s)、SPITM、具有缓冲作用和数据长度可变功能的SSP串行接口;
- 用于配置优先级和向量地址的向量中断控制器;
- 小型的LQFP64封装上包含多达47个通用I/O口(可承受5V电压);
- 多达9个边沿或电平触发的外部中断引脚;
- 通过片内PLL(100μs的设置时间)可实现最大为60MHz的CPU操作频率;
- 片内集成振荡器与外部晶体的操作频率范围为1~30MHz,与外部振荡器的操作频率范围为1~50MHz;
- 两个低功耗模式:空闲和掉电;
- 可通过个别使能/禁止外部功能和外围时钟分频来优化功耗;
- 通过外部中断或实时时钟将处理器从掉电模式中唤醒;
- 单电源供电,具有上电复位(POR)和掉电检测(BOD)电路;
- CPU操作电压范围:3.0~3.6V(3.3×(1±10%)V)。

3. LPC2136引脚说明

LPC2136共有64个引脚,其中包含47个通用I/O口,分别为P0[31:0](P0.24未用,P0.31仅为输出口)和P1[31:16]。LPC2136的LQFP64封装引脚分布如图2.2所示,引脚描述详见LPC2136芯片手册。

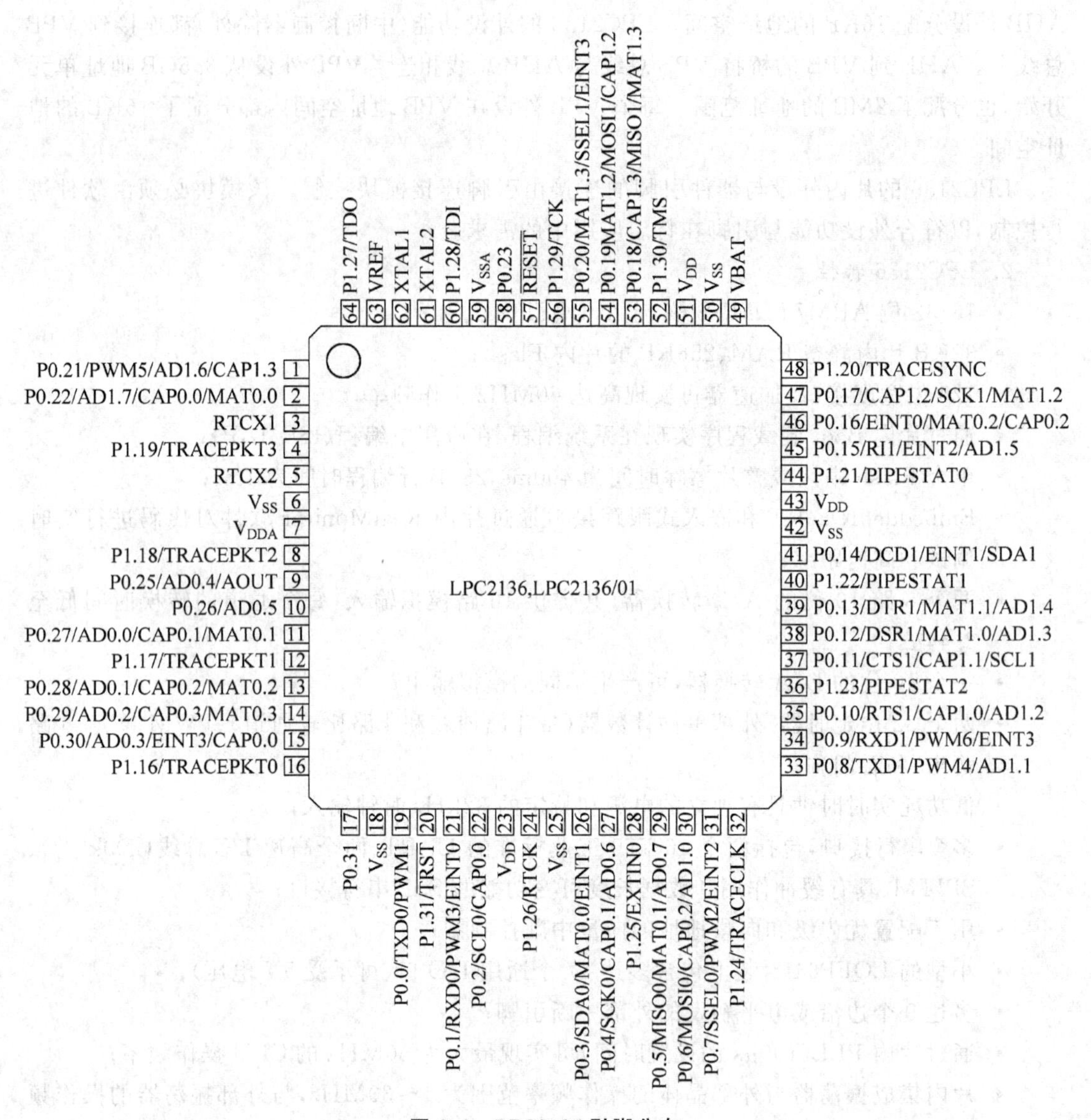

图 2.2　LPC2136 引脚分布

2.2　8051 单片机

MCS-51 系列单片机是单片机中的主流产品之一，由美国 Intel 公司于 1980 年推出。MCS-51 系列单片机包括 8031、8051、8751 等基本型号及 8032、8052、8752 等增强型号，其中 8051 是最典型的产品，该系列的其他型号都是在 8051 的基础上进行功能的增减。后来，Intel 公司以专利互换或专利转让的方式将 8051 的内核转让给了其他多家公司，如 Philips、Atmel、ADI、LG、华邦等公司。这些厂商开发出一批有自己特色的兼容芯片，人们习惯性地将 MCS-51 系列单片机及其兼容单片机统称为 8051 系列单片机。

2.2.1 8051 单片机概述

8051 系列单片机是目前世界上应用范围最广泛的 8 位单片机之一，具有简单易学、兼容性强、性价比高等特点。

下面主要从命名规则和特点这两个方面来概要介绍 8051 系列单片机。

1. 8051 系列单片机基本命名规则

很多公司设计开发了大量基于 8051 内核的各种兼容单片机系列，而不同公司设计的兼容单片机系列有不同的命名规则。下面详细介绍 Atmel 公司 AT89 系列单片机的命名规则：

$$AT89\ X\ D_1\ D_2\ D_3\ D_4\text{-}Y_1\ Y_2\ Y_3\ Y_4$$

其中：

X：有 C、LV、S 三种不同命名。

C：为 CMOS 产品。

LV：低电压产品。

S：含有串行下载 Flash 存储器。

$D_1\ D_2\ D_3\ D_4$：器件型号。

51：单片机型号是 51。

52：单片机型号是 52。

53：单片机型号是 53。

1051：单片机型号是 1051。

2051：单片机型号是 2051。

8252：单片机型号是 8252。

Y_1：工作频率。

12：工作频率为 12MHz。

16：工作频率为 16MHz。

20：工作频率为 20MHz。

24：工作频率为 24MHz。

Y_2：封装。

D：陶瓷双列直插式封装。

J：PLCC 封装。

P：PDIP 封装。

S：SOIC 封装。

Q：PQFP 封装。

A：TQFP 封装。

Y_3：温度范围。

I：工业产品，温度范围为－40～＋85℃。

C：商业产品，温度范围为 0～＋70℃。

A：汽车用产品，温度范围为－40～＋125℃。

M：军用产品，温度范围为－55～＋150℃。

Y_4：说明单片机的处理情况。

为空：处理工艺是标准工艺。

/883：处理工艺采用 MIL-STD-883 标准。

上述规则仅为 Atmel 公司的 AT89 系列单片机命名规则，其他 51 系列单片机的命名规则请到官方网站查找或参阅其他介绍 51 系列单片机的专门书籍。

2. 8051 系列单片机特点

8051 系列单片机能够成为目前应用范围最广泛的 8 位单片机之一，主要取决于以下特点：

(1) 集成度高

8051 系列单片机的代表产品为 8051，其内部包含了 128B 的 RAM、4KB 的 ROM、1 个全双工的串行口、两个 16 位的定时器/计数器、4 个 8 位并行 I/O 口以及一个处理功能强大的中央处理器。在许多不复杂的系统中，只用一片 8051 即可满足要求。

(2) 处理能力强大

8051 系列单片机指令系统中包含了加、减、乘、除等完善的算术指令以及各种逻辑运算和转移指令，还具有位操作指令，这对检测和控制来说特别有用。指令系统中近 50% 的指令执行时间仅需一个机器周期，指令执行速度快。完成乘、除两条指令的时间仅需 4 个机器周期。

(3) 具有位处理器

8051 系列单片机有一套完整的按位操作指令，不仅有位的传送、清零、置位等指令，还有位的逻辑运算指令。虽然其他种类的单片机也具有位处理功能，但是能够进行位逻辑运算的比较少见。

2.2.2 AT89S51 系列单片机

AT89S51 系列单片机是 Atmel 公司推出的 8051 兼容单片机，其在 8051 的基础上内嵌了 Flash 程序存储器，并支持 ISP 在线编程，下面介绍 AT89S51 单片机的主要特点。

1. AT89S51 系列单片机的主要特点

- 8 位 CPU，与 80C51 在总体结构、引脚、指令系统和工作特性上完全兼容；
- 工作电压：4.0～5.5V；
- 全静态工作频率：0～33MHz；
- 片内 128B 的 RAM；
- 片内 4KB 的 Flash，擦写次数大于 1000 次；
- 32 个可编程控制的 I/O 引脚，组成 P0～P3 4 个并行 I/O 端口；
- 两个 16 位的可编程定时器/计数器；
- 5 个中断源和两级中断优先级管理；
- 一个全双工串行端口；
- 内置看门狗定时器；
- 双数据指针(DPTR0 和 DPTR1)；
- 3 级程序存储器加密锁定；
- 两种低功耗工作模式：空闲和掉电。具有断电标志，掉电状态下可用中断唤醒；

• 具有 PDIP、PLCC、TQFP 3 种封装方式。

AT89S52 与 AT89S51 基本相同，片内资源相对后者稍有增加，拥有 256B 的数据存储器、8KB 的 Flash 程序存储器、3 个 16 位可编程定时器/计数器和 6 个中断源。

关于 AT89S51 和 AT89S52 更完整的描述，请参看相关数据手册。

2. AT89S51 系列单片机的基本结构

AT89S51 系列单片机内部由中央处理器(CPU)、存储器(RAM/ROM)、I/O 接口、定时器/计数器、中断系统和特殊功能寄存器(SFR)组成。这些部件通过片内单一总线连成一体，其结构仍然采用 CPU 加外围部件的模式，但 CPU 是通过特殊功能寄存器对各功能部件集中控制，基本结构如图 2.3 所示。

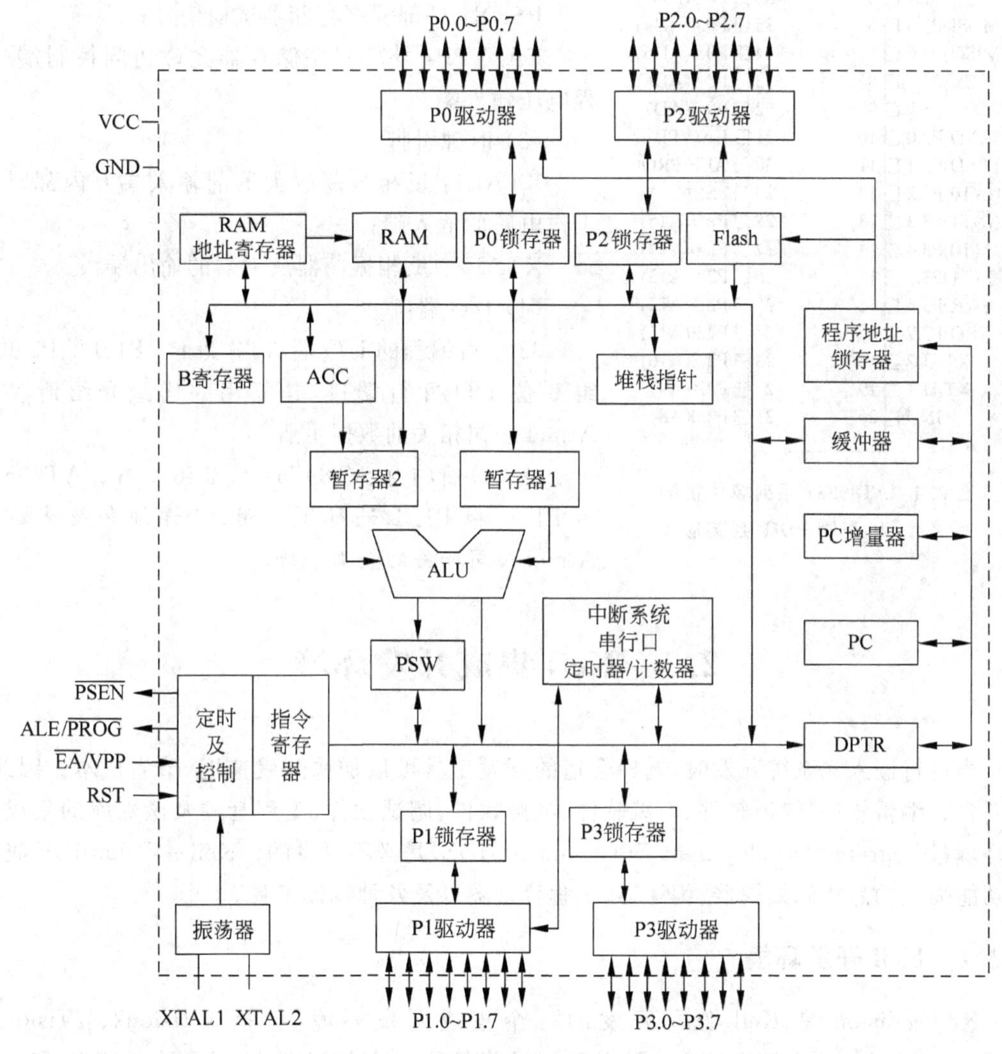

图 2.3　AT89S51 系列单片机结构

3. AT89S51 系列单片机的引脚介绍

AT89S51 系列单片机有三种封装形式：40 引脚 PDIP 封装、44 引脚 PLCC 封装及 44 引脚 TQFP 封装，其 PDIP 封装如图 2.4 所示。由于引脚数目比较少，为了利用有限资源实现更多功能，AT89S51 系列单片机采用了引脚复用的方法。按照基本功能的区别，AT89S51 系列单片机的引脚可以分为以下几类。

(1) 电源引脚

VCC：电源正极，接+5V 电压；

GND：电源负极，接地。

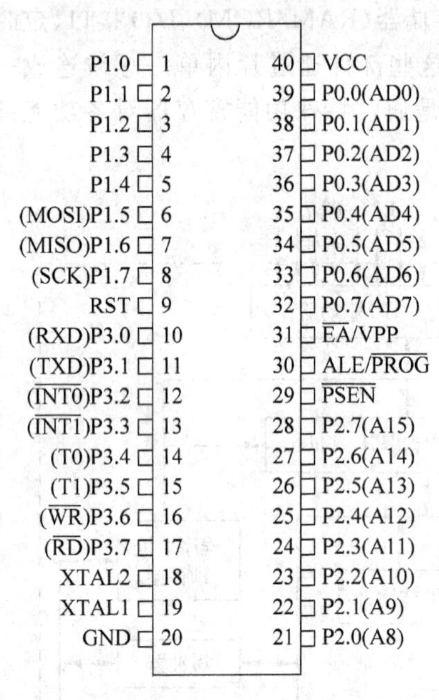

图 2.4　AT89S51 系列单片机的 40 引脚 PDIP 封装形式

(2) 控制引脚

RST：复位输入端，高电平有效；

ALE/$\overline{\text{PROG}}$：地址锁存允许信号/编程脉冲输入端；

$\overline{\text{PSEN}}$：外部程序存储器选通信号；

$\overline{\text{EA}}$/VPP：外部程序储存器允许访问控制端/编程电压输入端。

(3) 时钟引脚

XTAL1：反相振荡放大器的输入端及内部时钟工作电路的输入端；

XTAL2：反相振荡器放大器的输出端。

(4) I/O 端口

32 个可编程的 I/O 端口，分为 P0、P1、P2、P3 共 4 组 8 位 I/O 并行端口，其复用的详细介绍请参看 Atmel 公司相关的数据手册。

注：该图摘自 AT89S51 的数据手册。AT89S52 对 P1.0 和 P1.1 进行了复用，其详细介绍请参看 Atmel 公司相关的数据手册。

2.3　Keil 集成开发环境

当进行嵌入式系统开发时，选择合适的开发工具可以加快开发速度，节省成本。因此，一套含有编辑软件、编译软件、汇编软件、链接软件、调试软件、工程管理及函数库的集成开发环境(Integrated Development Environment，IDE)是必不可少的。Keil μVision IDE 集成了功能强大的源代码编辑器、编译器、工程管理器以及各种编译工具。

2.3.1　Keil 开发环境

Keil μVision 是 Keil 公司开发的一个集成开发环境，包括 μVision2、μVision3、μVision4 和 μVision5 四个版本。Keil 公司目前有 Keil C51、MDK-ARM、Keil C166 和 Keil C251 四款独立的嵌入式软件开发工具，它们都基于 μVision IDE。下面简要介绍 Keil C51 和 MDK-ARM。

1. Keil C51 开发工具简介

Keil C51 是 Keil 公司推出的 8051 系列单片机 C 语言软件开发工具，支持绝大部分

8051 内核的微控制器,拥有流畅的用户界面、强大的仿真功能、丰富的库函数,是最受工业界欢迎的 51 单片机开发工具之一。其窗口构成如图 2.5 所示,包括菜单栏、工具栏、工程管理窗口、编辑窗口、输出窗口等。μVision 允许同时打开和浏览多个源文件。

Keil C51 具有以下优点:

(1) 使用方便

开始新项目时,只须从设备数据库中选择要使用的处理器,Keil C51 将自动设置好编译器、汇编器、链接器及存储器的所有选项。

(2) 模拟仿真功能强大

Keil C51 可准确地模拟 8051 系列单片机的片上外围设备,如 CAN 总线、I/O 端口、D/A 转换器、A/D 转换器等。使用模拟器可以在没有硬件设备的情况下编写和调试程序。

(3) 支持 C 语言编程

Keil C51 的 C 编译器为 8051 内核微控制器提供了 C 语言开发环境。与汇编相比,C 语言具有结构性好、可读性高、方便维护等优点。使用 C 语言编程可降低开发难度。

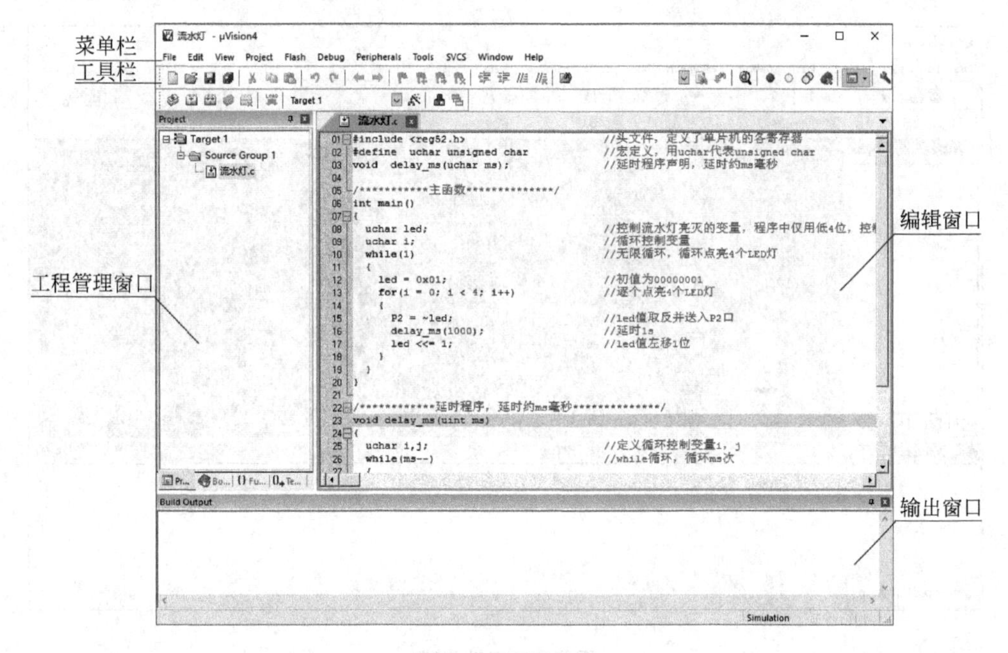

图 2.5　窗口构成

2. MDK-ARM 开发工具简介

MDK-ARM 是 ARM 公司并购了 Keil 公司后推出的针对 ARM 微控制器的开发工具。MDK-ARM 将 ARM 开发工具 RVDS(Real View Development Suite)的编译器 RVCT 与 Keil 的工程管理、调试仿真工具集成在一起,可以在常见的 Windows 和 Linux 等操作系统上运行,被全球数十万名嵌入式开发工程师验证和使用。MDK-ARM 的界面风格与 Keil C51 的相同,这里不再过多介绍。MDK-ARM 具有以下特点。

(1) 完美支持 Cortex-M、Cortex-R4、ARM7 和 ARM9 系列处理器。

(2) 基于 μVision IDE。

(3) TCP/IP 网络套件提供多种协议和应用。

(4) 具有行业领先的 ARM C/C++编译工具链。

(5) 具有执行分析工具和性能分析器,可最优化程序。

(6) 包含大量项目例程,可帮助熟悉 MDK-ARM 的内置特征。

(7) 具有小封装实时操作系统 Keil RTX。

(8) 提供程序运行时的完整代码覆盖率信息。

(9) 符合 Cortex 微控制器软件接口标准。

2.3.2 基于 LPC2136 的系统开发流程

使用 MDK-ARM 作为嵌入式开发工具,其开发的流程与其他软件开发工具基本一样。下面介绍使用 MDK-ARM 开发环境开发 LPC2136 的开发流程。

1. 建立工程

(1) 打开 MDK-ARM 的安装路径,双击 UV4 文件夹中的 Uv4 图标,启动 Keil 软件,启动界面如图 2.6 所示。

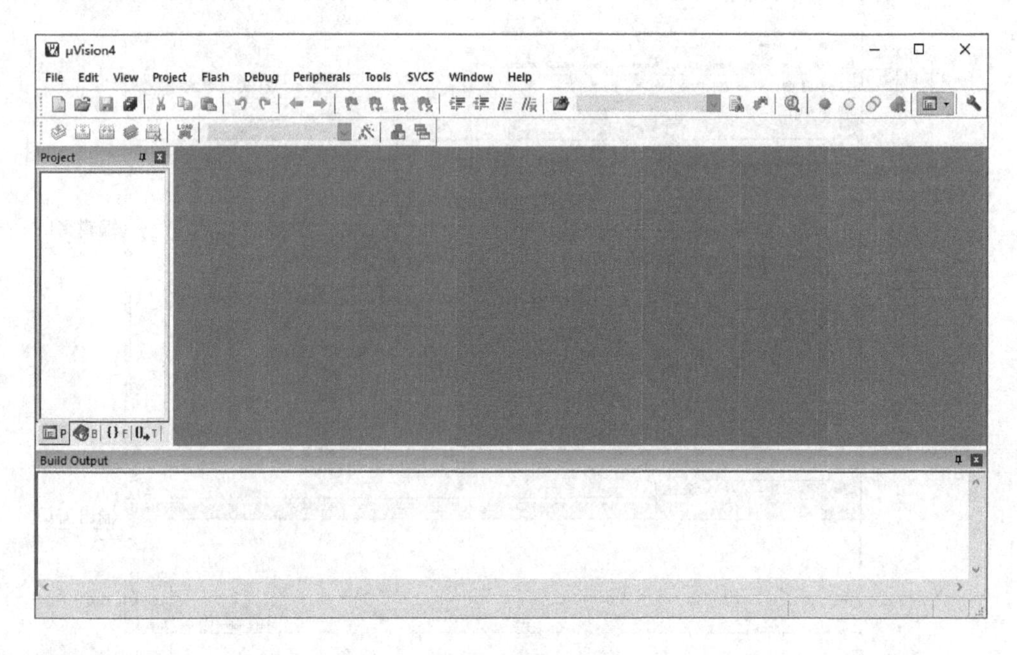

图 2.6 启动界面

因为 Keil 软件在新建工程时不能自动新建目录,为了便于管理,在新建一个工程前须在磁盘上新建一个文件夹作为项目的根目录(新建文件夹的位置由用户随意选择)。

(2) 选择菜单项 Project→New μVision Project,系统弹出一个创建新工程对话框,如图 2.7 所示。在文件名框中输入新建工程名,选择该工程所需要保存的位置,一般可将其保存到新建的目录中。

(3) 单击【保存】按钮,弹出一个目标芯片选择对话框,如图 2.8 所示,在 Data base 栏中选择所开发使用的芯片。这里以 LPC2136 的开发流程为例进行介绍,选择 NXP(founded by Philips)下 LPC2136 芯片,单击 OK 按钮后弹出如图 2.9 所示的启动代码选择对话框,单击【是】按钮,完成工程的创建。

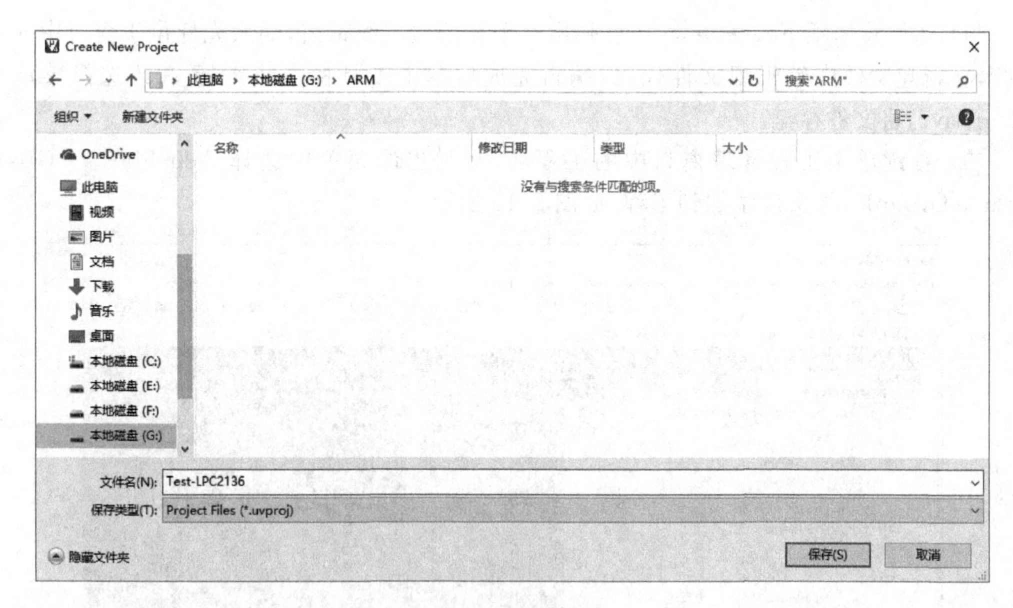

图 2.7　创建新工程

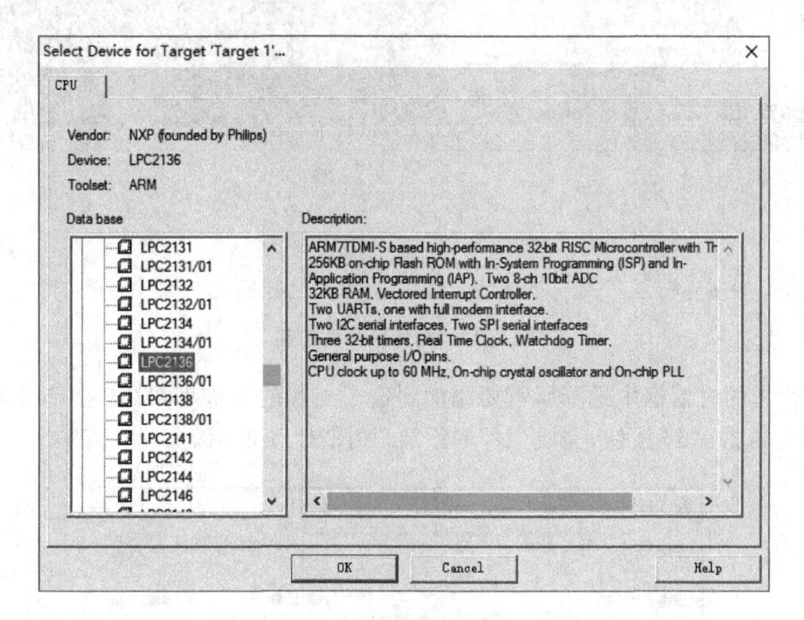

图 2.8　目标芯片选择

图 2.9　启动代码选择

(4) 选择菜单项 File→New,系统弹出一个新的文本编辑窗,输入光标位于窗口中的第一行,在新建文件中编辑源文件代码,编辑完成后单击工具栏中小图标或选择菜单项 File→Save,将文件存盘。

(5) 右键单击工程管理窗口中的工程名,在弹出的菜单中选择 Add Files to Group 'Source Group1',将文件添加到工程,如图 2.10 所示。

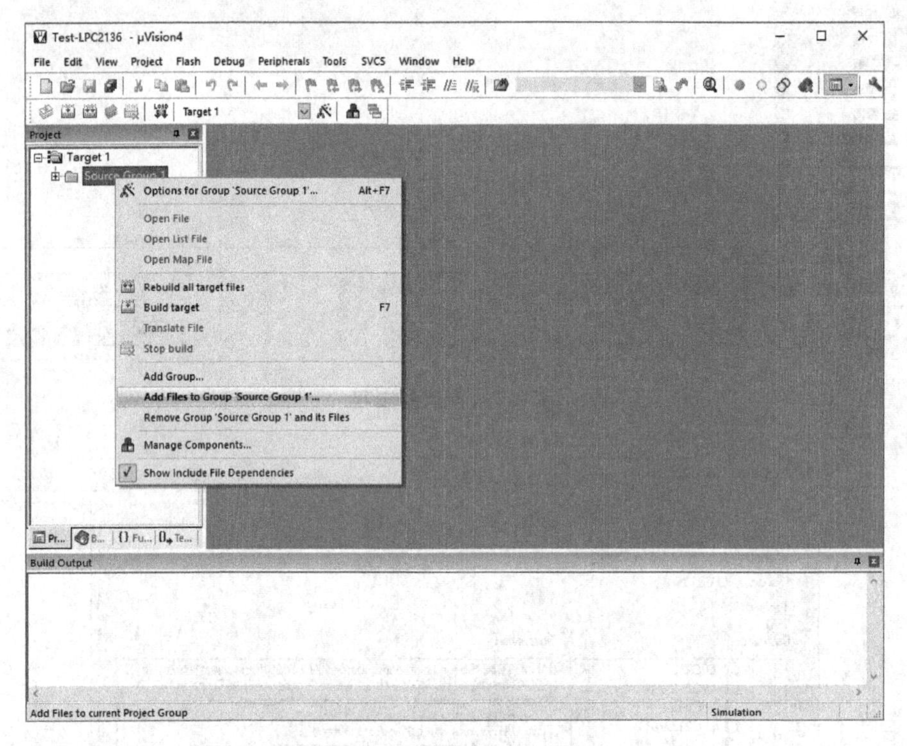

图 2.10　文件添加到工程

(6) 在弹出的对话框中选择所需要添加到这个工程的文件即可(按着 Ctrl 可以一次添加多个文件),单击 Add 按钮,完成文件的添加,如图 2.11 所示。

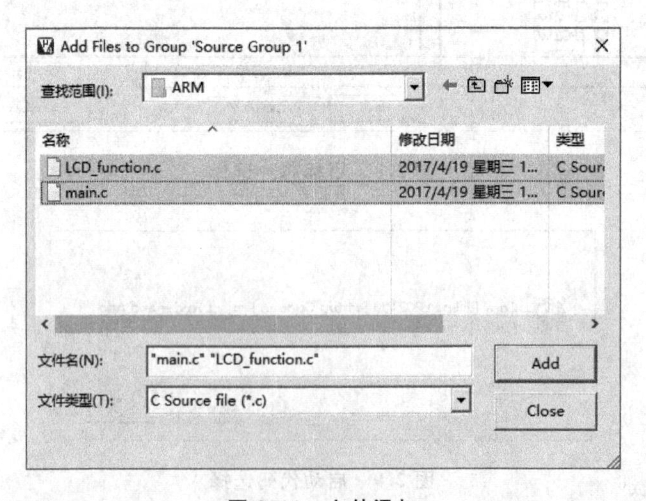

图 2.11　文件添加

2. 选项设置

(1) 单击工具栏上小图标或选择菜单项 Project→Options for Target 'Target 1',弹出工程配置对话框,如图 2.12 所示。在工程配置窗口中选择下面的选项卡进行相应的配置。先单击 Device 选项卡,确认芯片是 NXP 的 LPC2136;然后单击 Target 选项卡,将晶振 Xtal (MHz)设成常用的频率 11.0592。

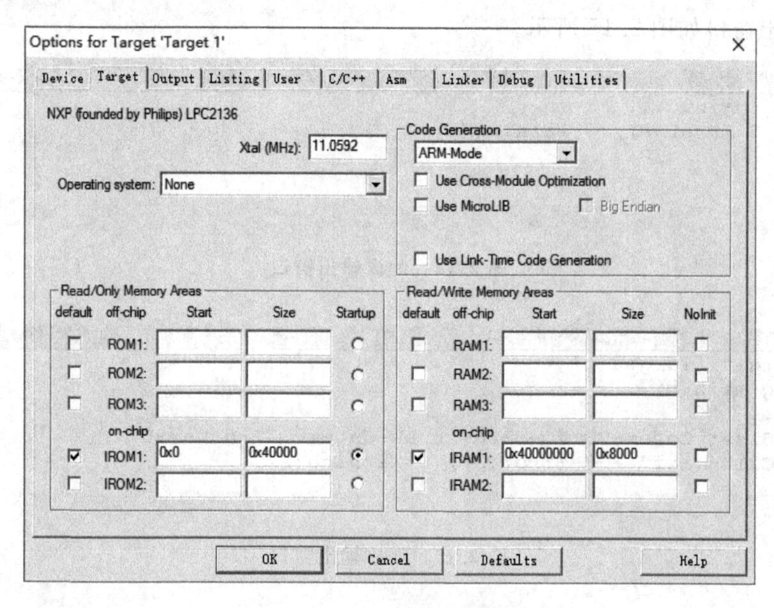

图 2.12　工程配置对话框

(2) 单击 Debug 选项卡,在右侧的 Use 下拉菜单中有多种选择,在与目标板连接进行硬件调试时,选择 H-JTAG ARM。若用 Keil 软件进行仿真调试时,可选择左侧的 Use Simulator 调试配置,如图 2.13 所示。

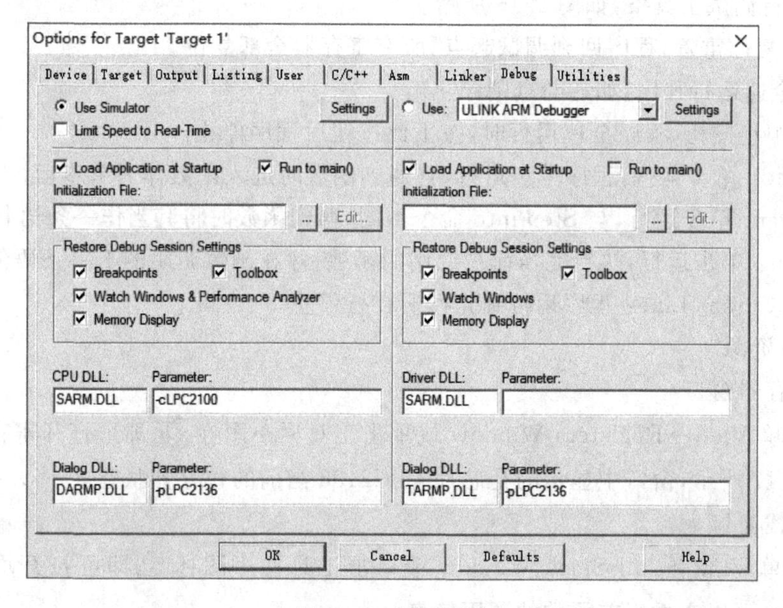

图 2.13　调试配置

3. 编译链接工程

(1) 完成对工程的配置后就可以进行工程的编译和链接了。可以选择菜单项 Project→Translate 或单击图标，编译相应的文件或工程，同时将在输出窗口中输出有关的信息，如图 2.14 所示。

(2) 编译通过后，选择 Project→Rebuild all the target files 或单击图标来实现链接，链接信息输出窗口如图 2.15 所示。

```
Build Output
compiling main.c...
main.c - 0 Error(s), 0 Warning(s).
```

图 2.14 编译输出窗口

```
Build Output
Build target 'Target 1'
compiling main.c...
linking...
Program Size: Code=808 RO-data=16 RW-data=0 ZI-data=96
"Test-LPC2136.axf" - 0 Error(s), 0 Warning(s).
```

图 2.15 链接输出窗口

4. 调试

当配置完成后，单击工具栏上小图标或选择菜单项 Debug→Start/Stop Debug Session，将程序下载到目标板并进入调试状态。

1) 单步调试

Keil 运行调试工具条，如图 2.16 所示。

Reset：复位重置，程序回到调试起点，所有寄存器全部复位。

Run：全速运行程序，如遇断点则停止。

Halt：中止按钮，程序全速运行时，按下此按钮后程序停止。

Step into：单步运行，程序单步运行，且遇到函数时进入函数体内单步运行。

Step over：单步运行，与 Step into 命令不同，遇到函数时将其当作一条语句处理。

Step out：单步运行，执行完当前被调用的函数，停在函数调用的下一条语句。

Run to Cursor Line：程序运行到光标所在行停止。

2) 窗口资源

(1) 寄存器窗口

选择菜单 View→Registers Window 或单击工具栏小图标即可打开寄存器窗口，其界面如图 2.17 所示，窗口中显示的是芯片 LPC2136 当前的寄存器状态。

(2) 堆栈窗口

选择菜单 View→Call Stack Window 或单击工具栏小图标即可打开堆栈窗口，如图 2.18 所示，可以查看当前函数的调用信息。

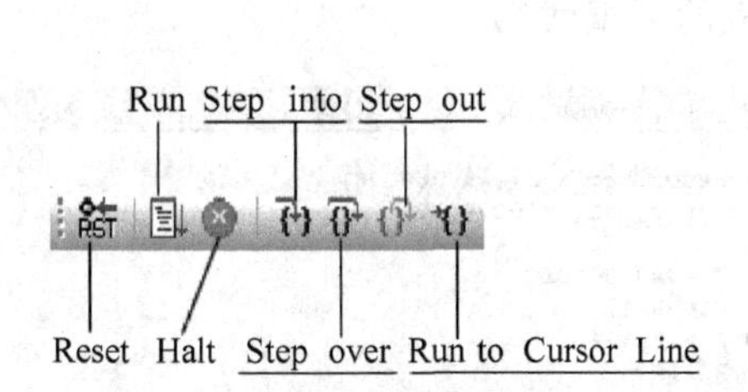

图 2.16　调试工具条

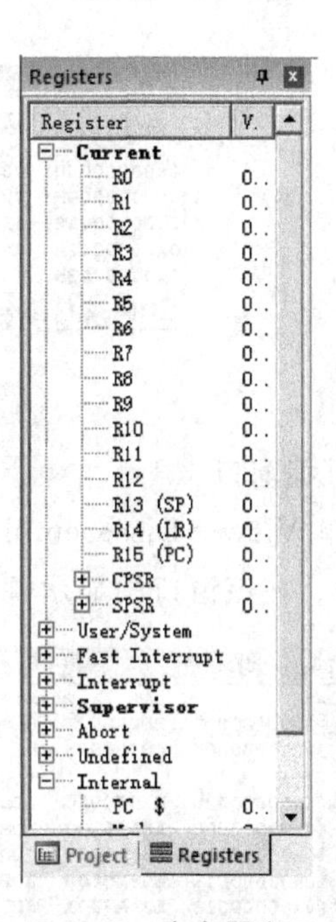

图 2.17　寄存器窗口

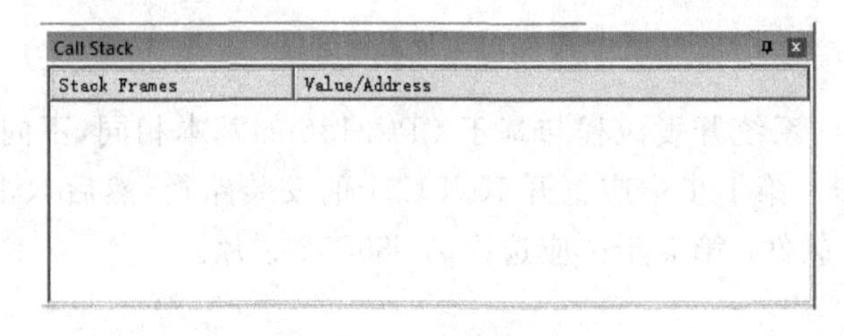

图 2.18　堆栈窗口

(3) 观察窗口

选择菜单 View→Watch Window 或单击工具栏小图标 即可打开观察窗口，如图 2.19 所示，下方有选项卡可以进行切换，当前窗口可以通过输入变量名对其值进行查看。

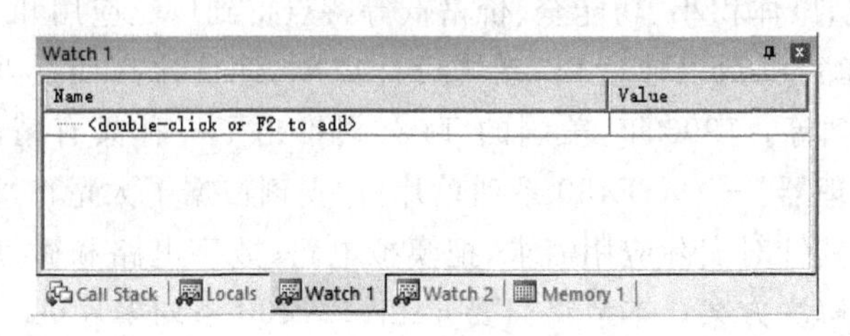

图 2.19　观察窗口

(4) 存储器窗口

选择菜单 View→Memory Window 或工具栏小图标 ，打开存储器窗口，如图 2.20 所示。在 Address 后的文本框填入十六进制的地址，即可观察内存中该地址处存放的值。

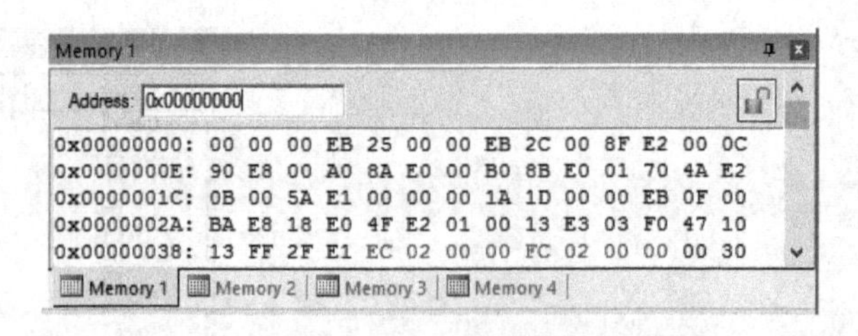

图 2.20 存储器窗口

(5) 反汇编窗口

选择菜单 View→Disassembly Window 或单击工具栏小图标，打开反汇编窗口，如图 2.21 所示。在该窗口中显示源程序对应的汇编代码。

```
Disassembly
                    __main:
0x00000000  EB000000  BL        __scatterload_rt2(0x00000008)
0x00000004  EB000025  BL        __rt_entry_sh(0x000000A0)
                    __scatterload_rt2:
0x00000008  E28F002C  ADD       R0,PC,#0x0000002C
0x0000000C  E8900C00  LDMIA     R0,{R10-R11}
0x00000010  E08AA000  ADD       R10,R10,R0
0x00000014  E08BB000  ADD       R11,R11,R0
0x00000018  E24A7001  SUB       R7,R10,#0x00000001
                    __scatterload_null:
0x0000001C  E15A000B  CMP       R10,R11
```

图 2.21 反汇编窗口

基于 AT89S52 的系统开发流程与基于 LPC2136 的基本相同，不同的地方是建立工程时的第 1 步和第 3 步。第 1 步中应打开 Keil C51 的安装路径，然后双击 UV4 文件夹中的 Uv4 图标，启动 Keil 软件；第 3 步中应选择 AT89S52 芯片。

2.4 MSP430 单片机

在单片机的发展历程中，出现了很多优秀的嵌入式系统。例如，由 Intel 公司推出的 8 位 MCS-51 系列单片机，以体积小、功能全、价格低等特点得到广泛应用和一致好评；Motorola 公司的 68HC 系列单片机则以速度快、系统设计简单、性价比高而受业内人士青睐；还有 Zilog 公司的 Z-8 系列等。1996 年，美国的 TI 公司推出了一种具有精简指令集、超低功耗的 16 位混合信号处理器——MSP430 系列单片机，立刻占据了大量市场份额。称之为混合信号处理器，是由于其针对实际应用需求，把模拟电路、数字电路和微处理器集成在一个芯片上，以提供“单片”解决方案。本节将简要介绍 MSP430 系列单片机。

2.4.1 MSP430 单片机概述

在单片机领域，有众多发展成熟的嵌入式系统，竞争十分激烈，MSP430 单片机诞生后，立即获得了普遍的认同，并且随着嵌入式产业的发展不断成熟进步，在 16 位低功耗单片机市场占据了统治地位，体现出强大的竞争力。

下面介绍 MSP430 系列单片机的命名规则、特点和开发环境。

1. MSP430 系列单片机基本命名规则

MSP430 单片机采用冯·诺依曼存储器结构，主要分为 3 个系列：MSP430X1XX、MSP430X3XX 以及 MSP430X4XX。不同系列 MSP430 单片机的片上资源，包括存储器大小、外围模块等，不尽相同，但命名规则是一致的，从单片机的命名上可以大致看出其拥有的片上资源，命名方法如下：

$$\text{MSP430}\ M_t\ D_a\ D_b\ M_c\ T$$

其中：

M_t：内存类型；

C：ROM(只读存储器)，适合大批量生产。

P：OTP(单次可编程存储器)，适合小批量生产。

E：EPROM(可擦除只读存储器)，适合开发样机。

F：Flash(闪存)，具有 ROM 型的非易失性和 EPROM 的可擦除性。

D_a D_b：器件配置，D_a 表示系列号码，D_b 表示子序列号码。

10,11：基本型。

12,13：带硬件 UART。

14：带硬件 UART，硬件乘法器。

31,32：带液晶驱动。

33：带液晶驱动，硬件 UART，硬件乘法器。

41：带液晶驱动。

43：带液晶驱动，硬件 UART。

44：带液晶驱动，硬件 UART，硬件乘法器。

M_c：内存容量；

0：1KB 程序存储区，128B 数据存储区。

1：2KB 程序存储区，128B 数据存储区。

2：4KB 程序存储区，256B 数据存储区。

3：8KB 程序存储区，256B 数据存储区。

4：12KB 程序存储区，512B 数据存储区。

5：16KB 程序存储区，512B 数据存储区。

6：24KB 程序存储区，1KB 数据存储区。

7：32KB 程序存储区，1KB 数据存储区。

8：48KB 程序存储区，2KB 数据存储区。

9：60KB 程序存储区，2KB 数据存储区。

T：温度范围；

A：汽车级。

I：工业级。

上述规则中仅包含 MSP430 系列单片机的最基本配置信息，其他详细配置信息如 AD/DA 转换、定时器等资源，请登录 TI 公司的官方网站查找或者参阅其他介绍 MSP430 系列单片机的专门书籍。

2. MSP430 系列单片机特点

MSP430 系列单片机的快速成长及应用范围的不断扩大，主要取决于以下特点：

1) 超低功耗

MSP430 系列单片机支持多种工作模式，包括 1 种活动模式和 5 种低功耗模式（LPM0～LPM4）。由于其独特的时钟系统设计方式，使用户可以灵活地控制运行时钟，根据打开功能模块的不同而采用不同的工作模式，芯片对应的功耗也有着显著不同。

MSP430 系列单片机采用 1.8～3.6V 电源电压，即使是在 1MHz 的时钟条件下运行，芯片电流也仅为 200～400μA。在等待方式下，耗电为 0.7μA；在节电方式时，最低功耗可以达到 0.1μA；当系统处于节电的待机状态时，用中断请求将系统唤醒只需要 6μs。

2) 强大的处理能力

MSP430 系列单片机是一个采用了精简指令集计算机（Reduced Instruction-Set Computer，RISC）结构的 16 位单片机，具有丰富的寻址方式，大量寄存器及片内数据存储器都可以参加多种运算。该类型处理器运行速度很快，在 8MHz 晶振的工作条件下，每条指令周期为 125ns。在某些型号的 MSP430 单片机中还集成有多功能硬件乘法器，能完成硬件乘加功能，进一步增强了数据处理能力和运算能力。

3) 丰富的片上外围模块

MSP430 系列单片机集成了丰富的片上外围模块，包括看门狗定时器（WDT）、定时器 A（Timer_A）、定时器 B（Timer_B）、基本定时器（Basic Timer）、比较器、串口通信（USART0、USART1、IIC、SPI）、10/12/16 位 DAC、12 位 ADC、硬件乘法器（MPY）、液晶驱动、温度传感器、LCD 驱动器、DMA、实时时钟模块（RTC）、通用 I/O 端口、电源电压监控（SVS）、红外线控制器（IrDA）、运算放大器（OA）以及扫描接口（Scan IF）等。不同型号的 MSP430 单片机的区别在于采用了上述模块的不同组合，系统开发者可以根据自己的需求找到最为合适的 MSP430 型号，从而达到最佳的性价比。

4) 系统工作稳定

系统上电复位后，首先，由 DCOCLK 启动 CPU，保证程序从正确的位置开始执行，同时也保证了晶体振荡器有足够的起振及稳定时间。然后，软件可设置适当的寄存器控制位来确定最终的系统时钟频率。如果在将 CPU 时钟 MCLK 设置为晶体振荡器时发生故障，DCOCLK 会自动启动，以保证系统正常工作，并且在软件中可以通过读取相关寄存器的对应位来检测和获取故障信息，以便做出反应。如果程序跑飞，可用看门狗将其复位。

3. MSP430 系列单片机开发环境概述

IAR Embedded Workbench 是一款支持众多知名半导体公司微处理器的开发工具，提供了完整的集成开发环境，主要包括集成项目管理器和编辑器的 IDE、高度优化的 C/C++ 编译器、芯片配置文件、高性能的 C-SPY 调试器和硬件调试工具、Runtime 库、汇编器、链接器和库管理工具、代码例程等。通常情况下，人们习惯用其 IDE 代指 IAR Embedded Workbench。

在 IAR Embedded Workbench IDE 支持的众多微处理器中，支持 MSP430 的部分称为 MSP430 IAR Embedded Workbench IDE（以下简称 EW430），主体窗口如图 2.22 所示。目前 EW430 的最新版本为 7.10。

EW430 采用树状结构管理工程项目，在工作空间内，可以同时存在多个工程项目，当要运行某个工程时，只需将其设置为活动工程，然后编译链接，下载到目标机运行即可。经过编译链接后，每个工程下都会存在两种类型文件：一种是用户编写的源文件，另一种是EW430自动生成的Output文件夹。如果工程中源文件左侧存在加号，单击加号展开目录树，在其子目录树中会出现一个输出文件夹和若干源文件，这些源文件就是被展开源文件需要引用的文件，并且对于子目录树或者更深层目录树中的源文件，采用同样的方式也能看到其需要引用的源文件。根据EW430这种工程管理的特点，可以对一个源文件进行追根溯源，这对了解一个工程的来龙去脉非常方便快捷。

编辑区供用户编写代码及运行时查看代码，输出信息区则是在编译链接时供EW430输出相关信息。

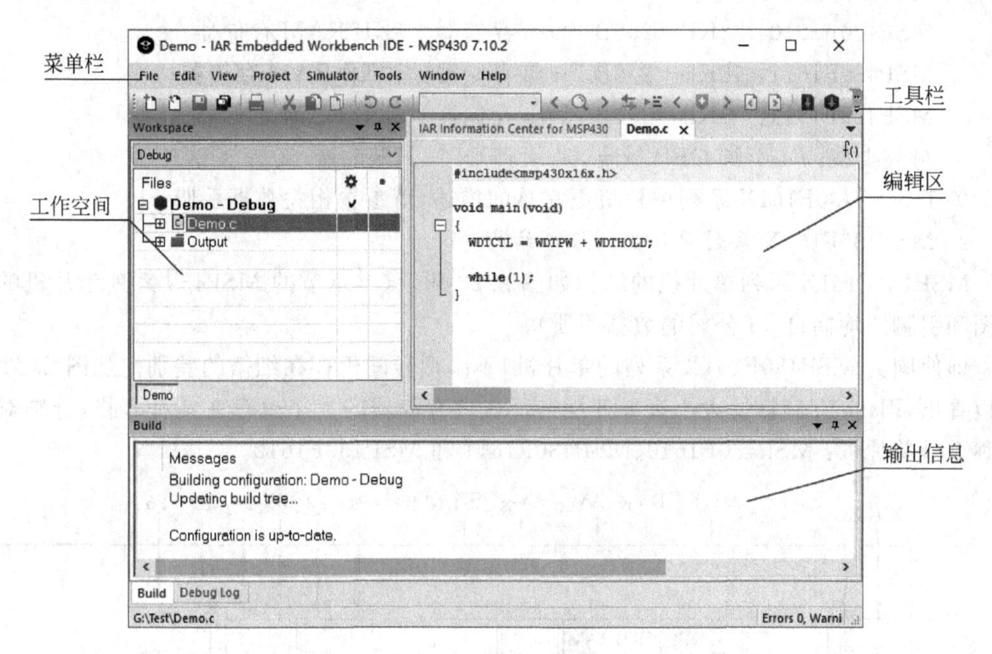

图 2.22　EW430主体窗口

2.4.2　MSP430F161X系列单片机

1. MSP430F161X系列单片机的主要特点

- 低电源电压范围：1.8～3.6V。
- 超低功耗：活动模式330μA(1MHz，2.2V)；待机模式1.1μA；掉电模式(RAM数据保持)0.2μA。
- 5种省电模式。
- 从待机模式唤醒时间少于6μs。
- 16位RISC结构，125ns指令周期。
- 3通道内部DMA。
- 12位A/D转换(包含内部参考、采样保持和自动扫描特性)。
- 双12位D/A同步转换。
- 16位Timer_A(3个捕获/比较寄存器)。
- 16位Timer_B(7个捕获/比较寄存器)。

- 片上比较器。
- 串行通信接口(USART0 用作异步 UART、同步 SPI 或 IIC 功能,USART1 用作异步 UART 和同步 SPI 功能)。
- 电源电压检测(可编程级别的检测)。
- 上电检测及掉电检测。
- 引导加载器。
- 串行在线编程(ISP),不需要外部编程电压,可编程的保密熔丝代码保护。
- 典型器件包括:

  MSP430F1610:32KB+256B Flash 存储器　5KB RAM 存储器;

  MSP430F1611:48KB+256B Flash 存储器　10KB RAM 存储器;

  MSP430F1612:55KB+256B Flash 存储器　5KB RAM 存储器。
- 封装类型:64 引脚 QFP 封装,64 引脚 QFN 封装。

关于 MSP430F161X 系列单片机更完整的描述,请参看相关数据手册。

2. MSP430F161X 系列单片机的基本结构

MSP430F161X 系列单片机的结构如图 2.23 所示(本章节的 MSP430 系列单片机的结构图和引脚图均摘自 TI 公司的数据手册)。

即使同为 MSP430F161X 系列的单片机,不同型号间仍存在细微的差别。从图 2.23 中可以看出,Flash 存储器的大小有 3 种规格,RAM 存储器的大小也存在 3 种规格,分别对应三种型号单片机:MSP430F1610、MSP430F1611 和 MSP430F1612。

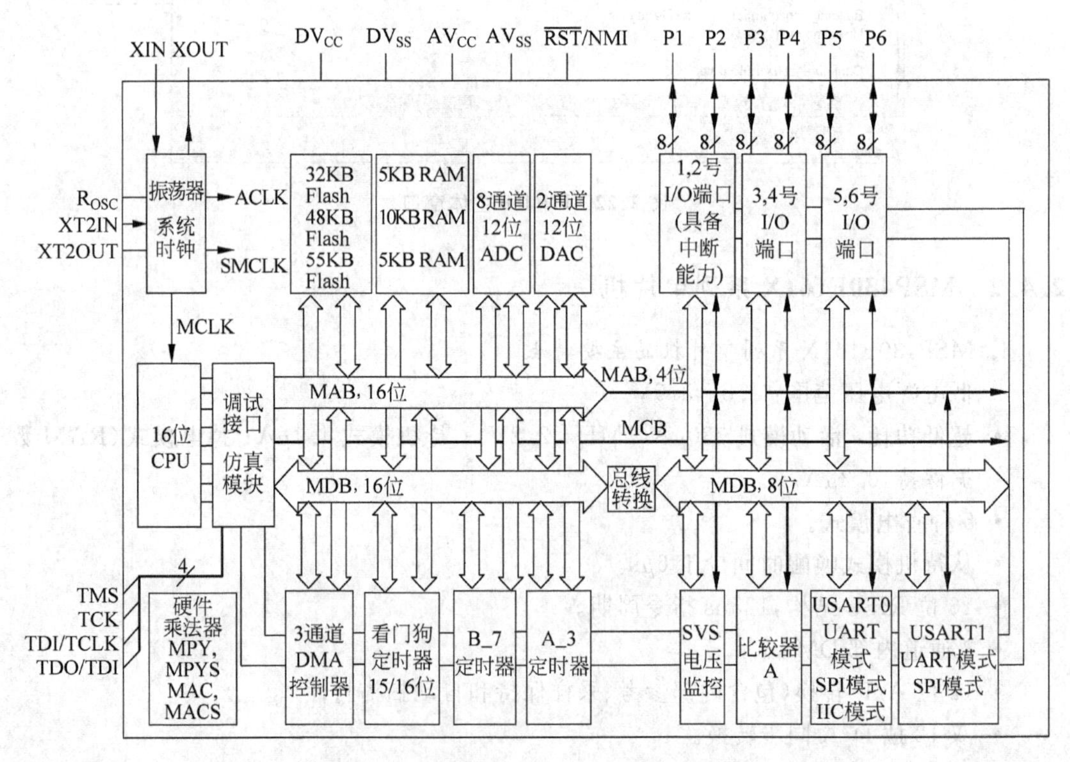

图 2.23　MSP430F161X 系列单片机结构

3. MSP430F161X 系列单片机引脚介绍

MSP430F161X 系列单片机共有 64 个引脚，如图 2.24 所示。由于引脚数目比较少，为了利用有限资源实现更多功能，MSP430 系列单片机采用了引脚复用的方法。按照基本功能的区别，MSP430 系列单片机的引脚可以分为以下几类。

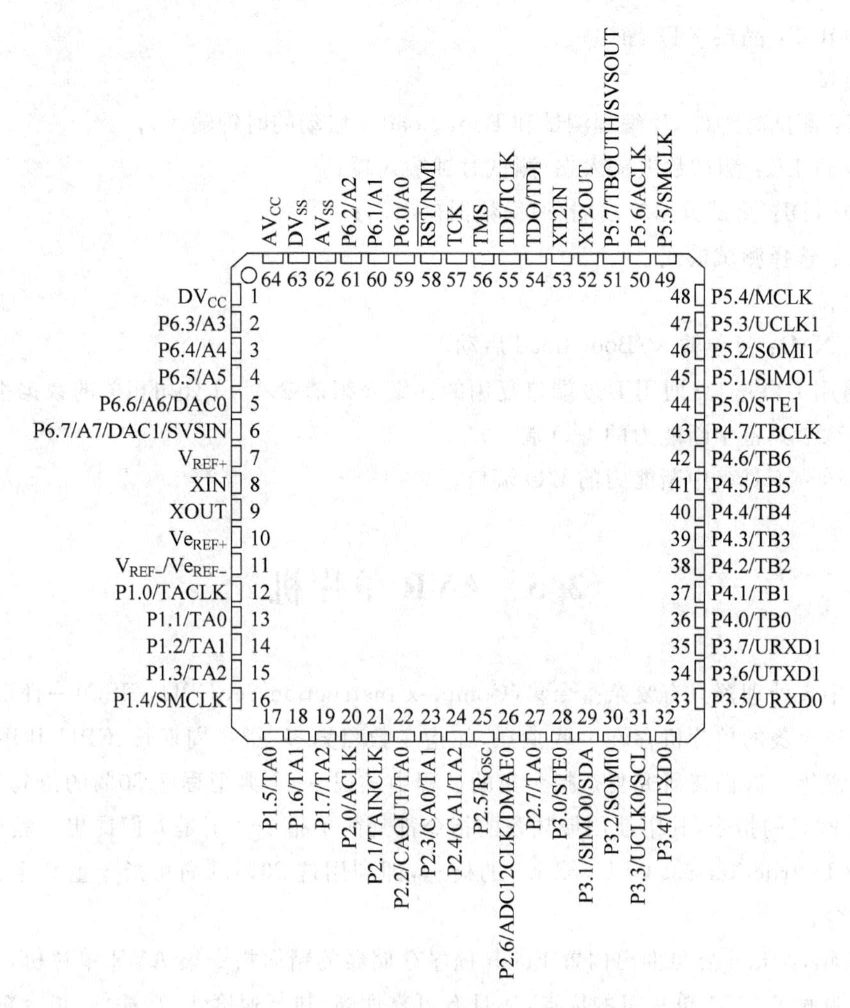

图 2.24　MSP430F161X 系列单片机引脚

1）电源

DV_{CC}：数字电源正极；

AV_{CC}：模拟电源正极。

2）地

DV_{SS}：数字电源负极；

AV_{SS}：模拟电源负极。

3）参考电压

Ve_{REF+}：外部参考电压正输入端；

V_{REF+}：内部参考电压正输出端；

V_{REF-}/Ve_{REF-}：内部参考电压负输出端/外部参考电压负输入端。

4）晶振

XIN：晶振 XT1 输入端；

XOUT：晶振 XT1 输出端；

XT2IN：晶振 XT2 输入端；

XT2OUT：晶振 XT2 输出端。

5）测试

TCK：测试时钟（芯片编程测试和 Boot Loader 启动的时钟输入）；

TDI/TCLK：测试数据输入端/测试时钟输入端；

TDO/TDI：测试数据输出端/编程数据输出端；

TMS：选择测试模式。

6）复位

$\overline{\text{RST}}$/NMI：复位输入/Boot Load 启动。

7）通用 I/O 端口（通用 I/O 端口复用的详细介绍请参看 TI 公司相关的数据手册）

P1～P2：具备中断能力的 I/O 端口；

P3～P6：不具备中断能力的 I/O 端口。

2.5 AVR 单片机

早期中央处理器只有复杂指令集（Complex Instruction Set CPU，CISC）一种设计模式，采用复杂指令集的单片机存在一些缺点，如指令数目繁多、指令周期长、CPU 利用效率低、执行速度慢等。人们在研究复杂指令集的过程中发现，一个典型程序 80％的语句仅仅使用指令系统 20％的指令，其中使用最频繁的指令都是简单指令。于是人们提出了精简指令集（Reduced Instruction Set CPU，RISC）的概念，即利用这 20％的简单指令重新组合出其他不常用指令。

1997 年，Atmel 公司推出内置 Flash 程序存储器的精简指令集 AVR 单片机。AVR 单片机不仅吸收了 8051 单片机的优点，还具有可靠性高、执行速度快、功耗低、指令精简、片上资源丰富等特点，使其成为主流单片机之一。

2.5.1 AVR 单片机概述

下面介绍 AVR 系列单片机的分类、主要特点与开发环境。

1. AVR 系列单片机分类

Atmel 公司为了满足不同客户的需求和应用，研发并推出了低档的 Tiny 系列、中档的 AT90 系列和高档的 ATmega 系列三种不同档次的 AVR 单片机。这三个档次的 AVR 单片机虽然在功能和存储器容量等方面有很大不同，但是它们的内核相同，指令系统也互相兼容。目前中档的 AT90 系列已被性能更加优越的 ATmega 系列所替代，所以在实际开发中不建议使用该系列芯片。部分 AVR 系列单片机的性能参数如表 2.3 所示。

表2.3 部分AVR系列单片机性能参数表

片上资源	ATtiny11	ATtiny26	ATtiny45	ATmega8	ATmega16	ATmega128	ATmega162
Flash/KB	1	2	4	8	16	128	16
EEPROM/B	—	128	256	512	512	4K	512
SRAM/B	—	128	256	1K	1K	4K	1K
SPI	—	USI	USI	1	1	1	1
TWI	—	USI	USI	有	有	有	—
UART	—	—	—	1	1	2	2
8位定时器	1	2	2	2	2	2	2
16位定时器	—	—	—	1	1	2	2
PWM	—	2	4	3	4	8	6
10位A/D通道	—	11	4	8	8	8	—
看门狗定时器	有	有	有	有	有	有	有
ISP	—	有	有	有	有	有	有
中断数	4	11	15	18	20	34	28
外部中断数	1	1	7	2	3	8	3
实时时钟	—	—	—	有	有	有	有
模拟比较器	有	有	有	有	有	有	有
片内振荡器	有	有	有	有	有	有	有
最大I/O数	6	16	6	23	32	53	35
BOD	—	有	有	有	有	有	有
Vcc/V	2.7～5.5	2.7～5.5	1.8～5.5	2.7～5.5	2.7～5.5	2.7～5.5	1.8～5.5
系统时钟频率/MHz	0～6	0～16	0～20	0～16	0～16	0～16	0～16

注："—"表示对应单片机没有该功能。

2. AVR系列单片机特点

AVR系列单片机采用精简指令集，克服了基于复杂指令集的8051单片机的一些缺点，如指令数目多、CPU利用率低、执行速度慢等。其还采用程序存储器和数据存储器各自独立的哈佛结构，提高了执行速度。

传统的8051系列单片机基于累加器结构，即所有的数据处理都是基于累加器，所以累加器与存储器之间的数据传送就成了8051单片机的瓶颈。为了避免基于累加器结构的瓶颈问题，AVR单片机采用了由32个通用寄存器所组成的快速存取寄存器组。AVR单片机的特点包括：

- 内置高质量的Flash程序存储器，擦写寿命可到10 000次以上；
- 16位指令，8位数据；
- 内置电源上电复位(POR)和电源掉电检测(BOD)，可靠性高；
- 片内集成了模拟比较器，I/O口可用于A/D转换；
- 支持包括休眠在内的多种节电模式，功耗低；
- 支持在系统编程(ISP)和在应用中编程(IAP)；
- 灌电流可达20mA，拉电流40mA，可直接驱动LED或继电器，属于工业级产品；
- 包含看门狗定时器，可防止程序跑飞；
- 中断向量丰富，响应中断速度快；

- 具有独立的时钟分频器；
- 具有 UART 硬件接口电路；
- 工作电压为 2.7～6.9V，抗干扰性强；
- 具有 DIP、TQFP、PLCC 等多种封装形式，可满足不同客户的需求；
- 多功能 I/O 口。

3. AVR 系列单片机开发环境概述

AVR 系列单片机有很多开发环境，如 CodeVisionAVR、AVR IAR Embedded Workbench、ICCAVR、GCCAVR 等。AVR IAR Embedded Workbench 由 IAR 公司推出，可简称为 EWAVR。目前 EWAVR 的最新版本为 6.80，主体窗口如图 2.25 所示。

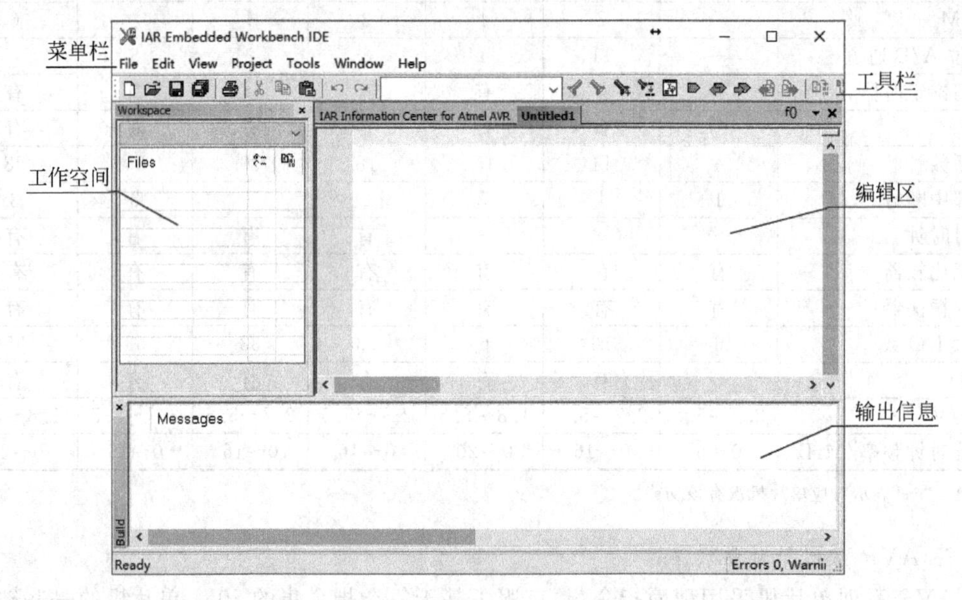

图 2.25 EWAVR 主体窗口

与 EW430 相同，EWAVR 也采用树状结构管理工程项目，即在工作空间内，可同时存在多个工程项目，当要运行某个工程时，只须将其设置为活动工程，然后编译链接，下载到目标机运行。经过编译链接后，每个工程下也都会存在用户编写的源文件和 EWAVR 自动生成的 Output 文件夹两种类型文件。

用户可在编辑区编写代码，编译链接时，可在输出信息区查看 EWAVR 输出的相关信息。

2.5.2 ATmega32 系列单片机

下面介绍 ATmega32 系列单片机的特点。

1. ATmega32 系列单片机的主要特点

- 具有精简指令集结构；
- 32KB 的 Flash，擦写寿命大于 10 000 次；
- 1KB 的 EEPROM，擦写寿命大于 10 000 次；
- 2KB 的 SRAM；
- 可通过对程序加密位编程以实现用户程序的加密；

- 具有与 IEEE 1149.1 标准兼容的 JTAG 接口；
- 两个 8 位定时器/计数器，1 个 16 位定时器/计数器；
- 具有独立振荡器的实时时钟 RTC；
- 4 个 PWM 通道；
- 8 路 10 位 A/D 通道；
- 具有可编程的串行 USART；
- 具有可工作于主机/从机模式的 SPI 串行接口；
- 具有独立片内振荡器的可编程看门狗定时器；
- 具有片内模拟比较器；
- 上电复位及可编程的掉电检测；
- 具有 19 个内部和外部中断源；
- 6 种休眠模式：空闲模式、ADC 噪声抑制模式、省电模式、掉电模式、待机模式以及扩展待机模式；
- 32 个可编程的 I/O 端口；
- 封装类型：40 引脚 PDIP 封装、44 引脚 TQFP 封装、44 引脚 MLF 封装；
- 工作电压：2.7～5.5V；
- 工作频率：0～16MHz。

关于 ATmega32 系列单片机更完整的描述，请参看相关数据手册。

2. ATmega32 系列单片机的 CPU 结构

ATmega32 的 CPU 包含 32 个通用工作寄存器、算术逻辑单元(ALU)及其他状态控制单元。其中，算术逻辑单元直接与通用寄存器相连，可灵活、高效地访问寄存器，克服了基于累加器结构的瓶颈问题。ATmega32 的内部结构如图 2.26 所示。

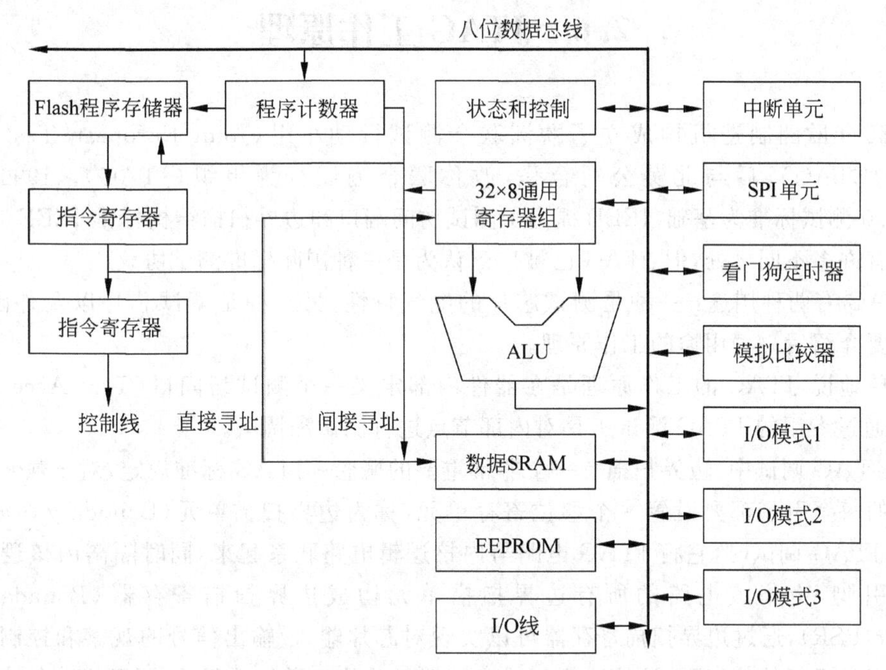

图 2.26　ATmega32 的内部结构

3. ATmega32 系列单片机的引脚介绍

ATmega32 具有三种封装形式：40 引脚 PDIP 封装、44 引脚 TQFP 封装和 44 引脚 MLF 封装。40 引脚 PDIP 封装形式如图 2.27 所示。

下面介绍各个引脚的功能。

1）电源

VCC：数字电源正极；

AVCC：模拟电源正极。

参考电压

AREF：外部 ADC 参考源的输入引脚。

2）地

GND：接地引脚。

3）晶振

XTAL1：反相振荡放大器和内部时钟电路的输入端；

XTAL2：反相振荡放大器的输出端。

4）复位

$\overline{\text{RESET}}$：复位输入。

5）I/O 端口

32 个可编程的 I/O 端口，分为 PA、PB、PC、PD 四个 8 位端口，其复用的详细介绍请参看 Atmel 公司相关的数据手册。

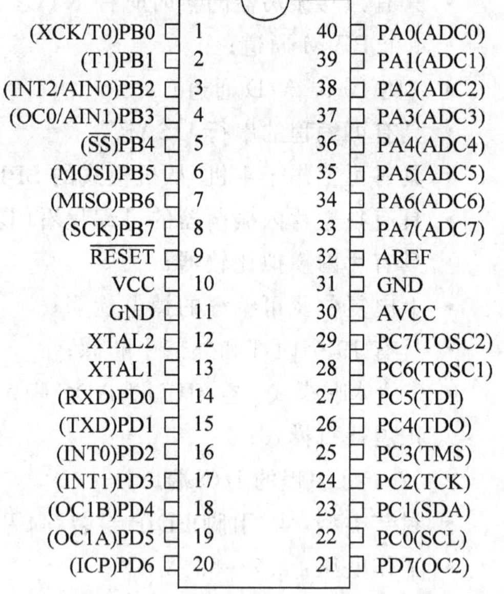

图 2.27 ATmage32 单片机的 40 引脚 PDIP 封装形式

2.6 JTAG 工作原理

1985 年欧洲制造机构成立了欧洲联会测试行动小组（Joint European Test Action Group，JETAG），后与北美公司合作，改称联合测试行为组织（JTAG）。1990 年，以 JTAG2.0 测试标准为基础，IEEE 提出了测试访问端口和边界扫描结构标准 IEEE 1149.1，两者虽有许多不同之处，但 JTAG 已被广泛认为是一种国际标准测试协议。

JTAG 有两种用途：一种是测试芯片的电气特性，另一种是调试芯片以及外围设备。这里主要介绍后一种用途的工作原理。

简单地说，JTAG 的工作原理是在器件内部定义一个测试访问口（Test Access Port，TAP），通过专用的 JTAG 测试工具对内部节点进行测试和调试。

在 JTAG 调试中，边界扫描是一个非常重要的概念。JTAG 标准规定，对于数字集成电路芯片的每个引脚都要设置一个移位寄存单元，称为边界扫描单元（Boundary-Scan Cell，BSC）。JTAG 调试时，它将 JTAG 电路与内核逻辑电路联系起来，同时隔离内核逻辑电路和芯片引脚，由集成电路的所有边界扫描单元构成边界扫描寄存器（Boundary-Scan Register，BSR），通过边界扫描寄存器可以实现对芯片输入/输出信号的观察和控制。在集成电路正常运行的状态下，这些边界扫描寄存器对芯片来说是透明的，即不影响集成电路的正常运行。所有 BSR 相互连接起来在芯片的周围形成一个边界扫描链，用来监视芯片的状态。

嵌入式处理器一般带有嵌入式追踪宏单元(Embedded Trace Macro,ETM)，它与 TAP 控制器结合，能够在调试过程中实时扫描处理器的现场信息，对实时数据进行仿真。不同的处理器提供的扫描链不一样，图 2.28 是一种扫描结构，图中有三条虚线表示扫描链。

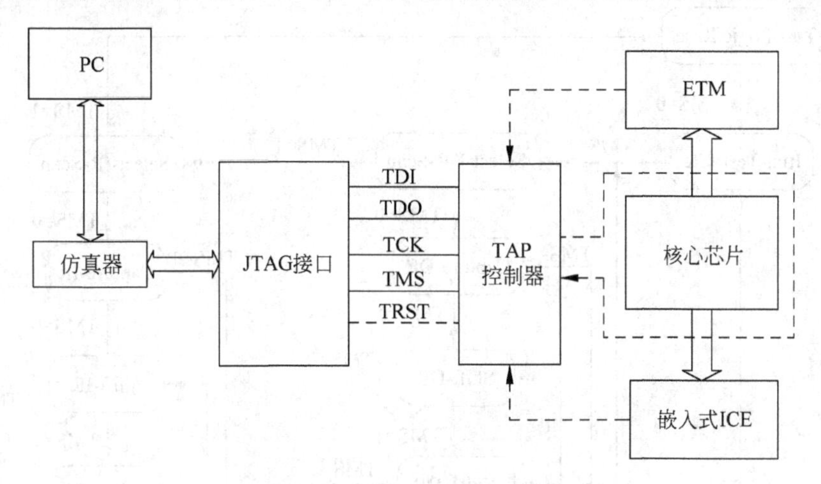

图 2.28　JTAG 扫描结构架图

图 2.28 中的 TAP 控制器是一个四线串行接口，用来管理边界扫描链。4 个测试接口分别为测试数据输入(Test Data Input，TDI)，测试数据输出(Test Data Output，TDO)，测试时钟输入(Test Clock Input，TCK)和测试模式选择(Test Mode Selection Input，TMS)。第 5 条线测试复位(Test Reset Input，TRST)，是可选的。这 5 个引脚的具体描述如表 2.4 所示。边界扫描测试的基本过程为：将测试数据以串行方式经 TDI 输入边界扫描寄存器，通过 TMS 发送测试控制命令，经 TAP 控制器控制边界扫描单元，完成测试数据的加载和测试响应数据的采集，最后，测试响应数据以串行扫描方式由 TDO 送出。

表 2.4　引脚说明表

引脚	名　　称	功能描述
TDI	测试数据输入引脚	JTAG 指令和测试编程数据的串行输入引脚，数据在 TCK 信号的上升沿时读入
TDO	测试数据输出引脚	JTAG 指令和测试编程数据的串行输出引脚，数据在 TCK 信号的下降沿时输出；如果数据没有输出，则该引脚处于三态
TMS	测试模式选择引脚	JTAG 链路的控制信号输入引脚，决定 TAP 控制器的转换，TMS 信号必须在 TCK 上升沿之前建立。在用户状态下，TMS 信号是高电平
TCK	测试时钟引脚	JTAG 链路的时钟信号输入引脚，直接输入到边界扫描电路，所有操作都在其上升沿或下降沿时刻发生
TRST	测试复位引脚	输入引脚，低电平有效，用于异步初始化或复位 JTAG 边界扫描电路

TAP 控制器共有 16 种状态，分别为 Test-Logic Reset、Run-Test/Idle、Select-DR-Scan、Capture-DR、Shift-DR、Exit1-DR、Pause-DR、Exit2-DR、Update-DR、Select-IR-Scan、

Capture-IR、Shift-IR、Exit1-IR、Pause-IR、Exit2-IR、Update-IR，其中DR表示数据寄存器(Data Register)，IR表示指令寄存器(Instruction Register)。图2.29表示了这些状态之间的转换关系，标识有DR的状态用来访问数据寄存器，标识有IR的状态用来访问指令寄存器。

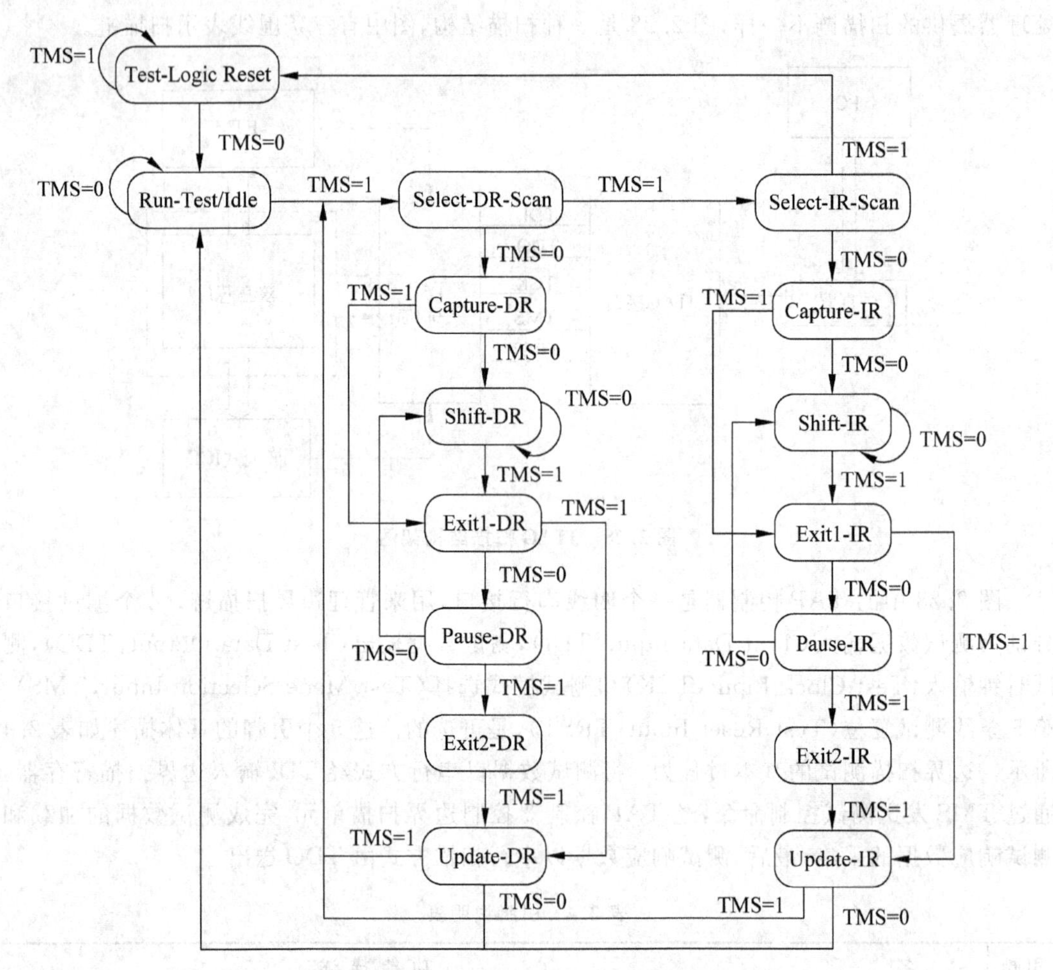

图2.29　TAP控制器状态转换图

系统上电后，TAP控制器首先进入Test-Logic Reset状态，然后依次进入Run-Test/Idle、Select-DR-Scan、Select-IR-Scan、Capture-IR、Shift-IR、Exit1-IR、Update-IR状态，最后回到Run-Test/Idle状态，指令生效，完成对指令寄存器的访问。对数据寄存器访问的基本原理与指令寄存器的完全相同，TAP控制器的状态依次为Select-DR-Scan、Capture-DR、Shift-DR、Exit1-DR、Update-DR，最后也回到Run-Test/Idle状态。

与TAP控制器相连的是JTAG接口，目前主流JTAG接口有20条引脚。不同处理器所用的JTAG接口电路可能不同，但是忽略上拉电阻以及保护电容的差异，它们的基本电路相似。TI还定义了一种叫SBW-JTAG的接口，用来在引脚较少的芯片上实现JTAG功能，它有两条线：SBWTCK和SBWTDIO。实际使用时一般通过VCC、SBETCK、SBTDIO及GND 4条线连接，这样就可以方便地实现连接，又不会占用大量的引脚。

2.7 Altium Designer 介绍

2.7.1 Altium Designer 工具简介

1. 概述

Altium Designer 是 Altium 公司推出的一款完全一体化的电子产品开发系统，其将板级设计、可编程逻辑设计和嵌入式开发融合在一起，可以在单一的设计环境中完成电子产品的设计。

作为 Protel 系列的最新版本，Altium Designer 除了全面继承包括 Protel 99SE、Protel 2004 在内的一系列版本的功能和优点以外，还做了很多改进，增加了一些高端功能，使设计人员的工作更加便捷和有效。Altium Designer 拓宽了板级设计的传统界限，全面集成了 FPGA 设计功能和 SOPC 设计实现功能，使设计人员能够通过单一的应用程序完成从嵌入式系统概念设计到嵌入式系统实际制造的过程，具有将设计方案从概念转变为最终嵌入式系统所需的全部功能。

2. 工作区及文件类型简介

启动 Altium Designer 后便可进入工作窗口主页面，如图 2.30 所示。用户可以在主窗口中进行项目文件的操作，如创建、删除工程项目等。Altium Designer 的文件类型分为项目文件和自由文件两类。项目文件扩展名为".Prj＋所创建工程项目类型"，囊括了设计过程中的所有文件和相关设置信息。在设计过程中也可以不建立工程文件，直接创建一个原理图文件或 PCB 文件等，此时系统默认文件属于 Free Document(空白文件)文件夹，这样的文件称为自由文件。在 Altium Designer 中，项目文件是其工作核心，所有的嵌入式系统设计都是围绕项目文件展开的。主要的项目文件类型有 4 种：PCB 工程(*.PrjPCB)、FPGA 工程(*.PrjFpg)、嵌入式系统工程(*.PrjEmb)和集成元件库工程(*.PrjPkg)。

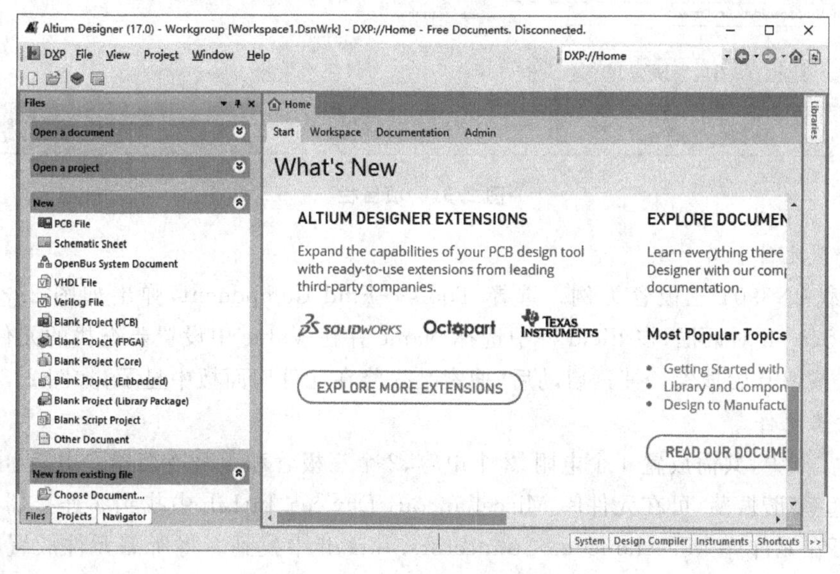

图 2.30 工作窗口主页面

2.7.2　PCB设计入门

下面将以非稳态多谐振荡器为例，针对如何设计和绘制电路原理图及PCB图进行简要介绍。

1. 创建电路原理图文件

(1) 创建PCB工程。选择File→New→Project，弹出如图2.31所示的对话框。在Project Types栏中选择PCB Project，在Project Templates栏中选择Default。在Name栏中输入工程名，然后单击OK按钮创建工程。

(2) 创建一个新的电路原理图文件。选择File→New→Schematic，在工程的Source Documents目录下将出现一个命名为Sheet1.SchDoc的空白电路原理图，如图2.32所示。

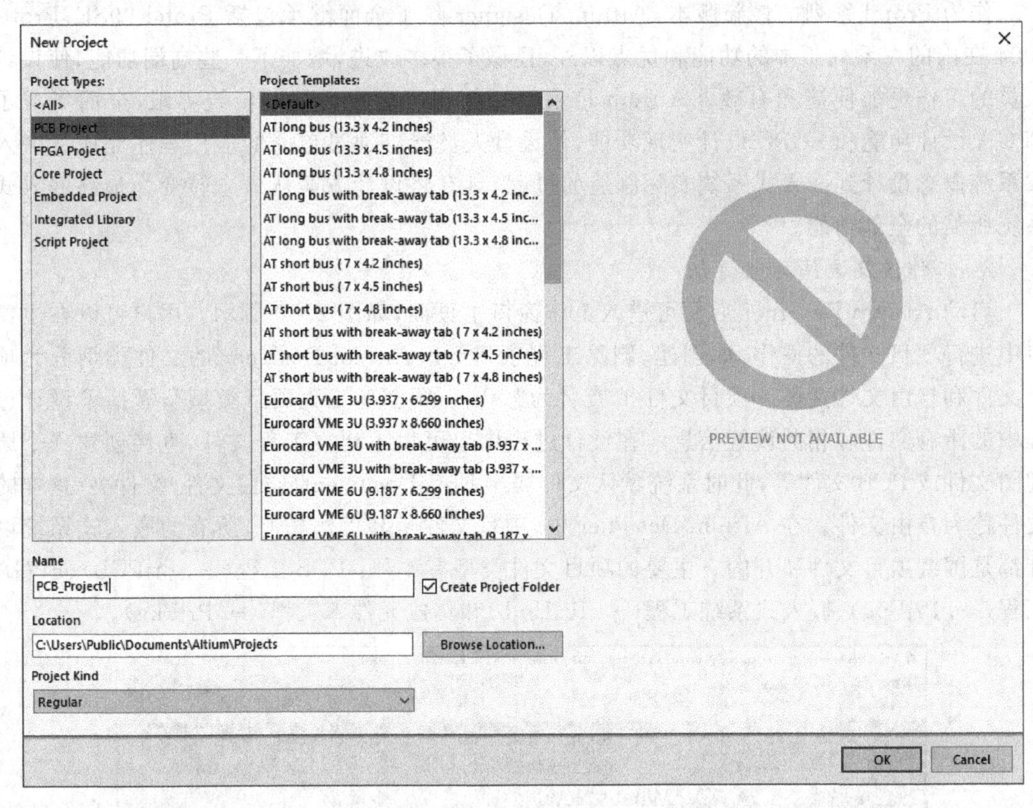

图2.31　项目栏

2. 加载元件和库

以加载2N3904三极管为例。选择Tools→Find Component，弹出如图2.33所示的Libraries Search对话框，在Field栏中选择Name并在Value中设置要查找的元件名称，单击Search按钮开始搜索。搜索启动后，搜索结果将在元件库面板中显示，如图2.34所示。

3. 放置元件

在本实例中，共需放置4个电阻、2个电容、2个三极管和1个连接器。电阻、电容、三极管用于产生多谐振荡，可在元件库Miscellaneous Devices.IntLib中找到。连接器用于给电路供电，可在元件库Miscellaneous Connectors.IntLib中找到。将所需元件放置在原理图

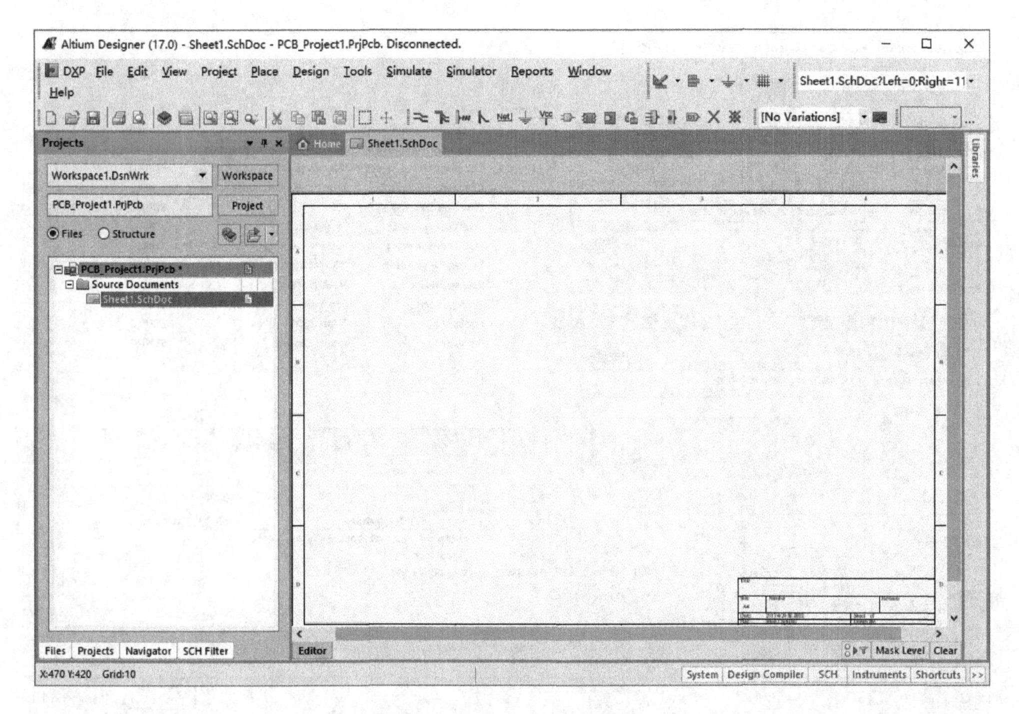

图 2.32　空白电路原理图

之后,应设置其属性值。双击原理图中的元件,将出现元件属性设置对话框,如图 2.35 所示,元件属性应根据具体设计进行配置。接下来完成元件的布局及布线,绘制完毕的原理图如图 2.36 所示。

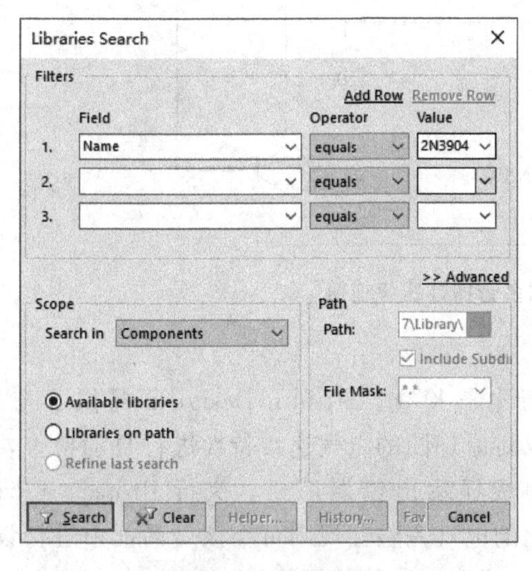

图 2.33　搜索面板

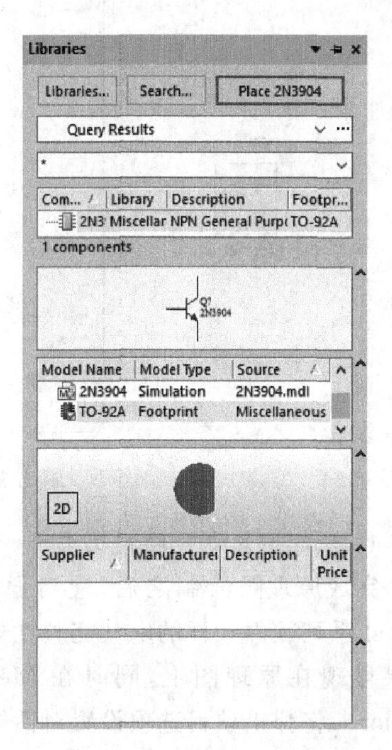

图 2.34　元件库面板

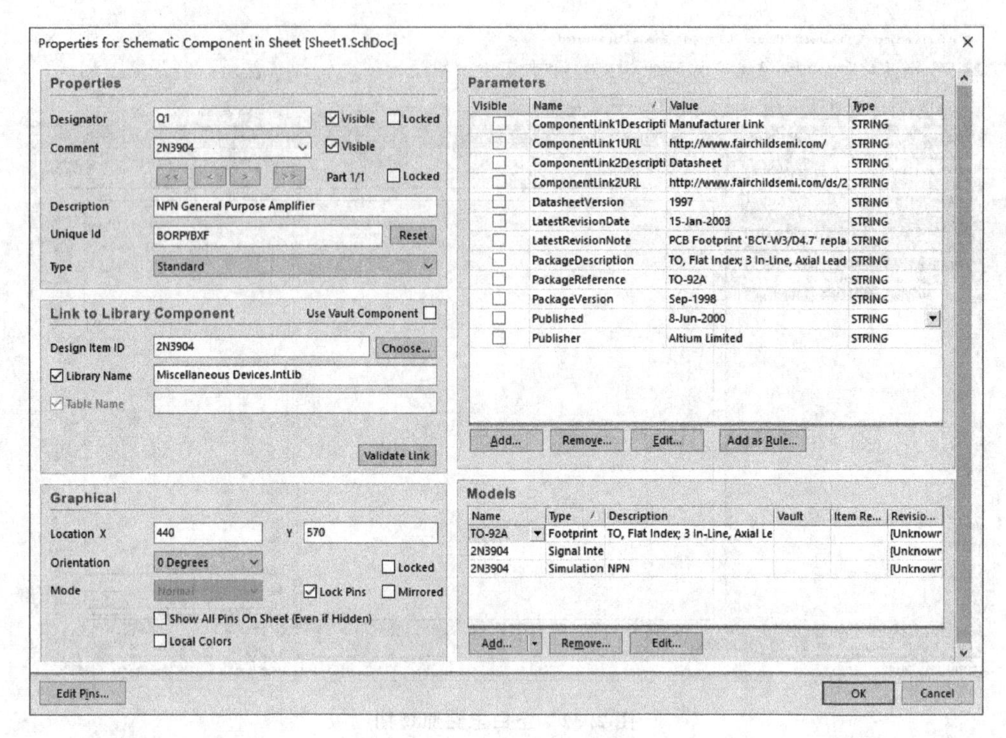

图 2.35 元件属性设置框

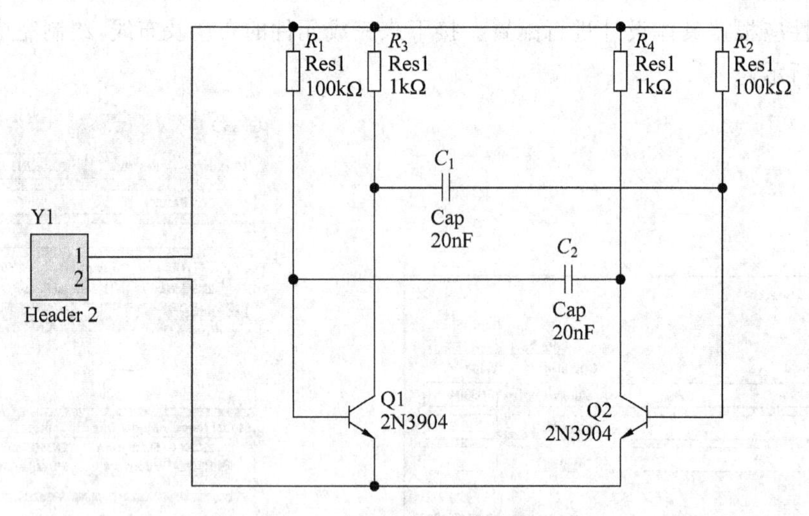

图 2.36 非稳态多谐振荡器原理图

4. 原理图的电气检测及编译

完成原理图绘制之后,应对原理图进行电气检查。Altium Designer 提供了与先前 Protel 系列软件一样的电气完整性规则,可以对原理图的电气连接特性进行自动检查,并将结果显现在原理图上,同时在 Messages 面板显示出错误信息。执行 Project→Project Options,将弹出项目选项设置对话框,原理图的电气完整性规则可在该对话框中进行设置,主要设置类型有错误报告类型(Error Reporting)和电气连接矩阵(Connection Matrix)。

1）设置错误报告类型

错误报告用于设置原理图的电气检查规则。当进行项目编译时，系统将根据此处的设置进行电气规则的检查。如图 2.37 所示，针对每一种错误都可以设置相应的错误报告类型。错误报告类型有 4 种：不报告、警告、错误、致命错误。用户可以根据实际情况进行设计选择，一般不需要对错误报告类型的设置进行修改。

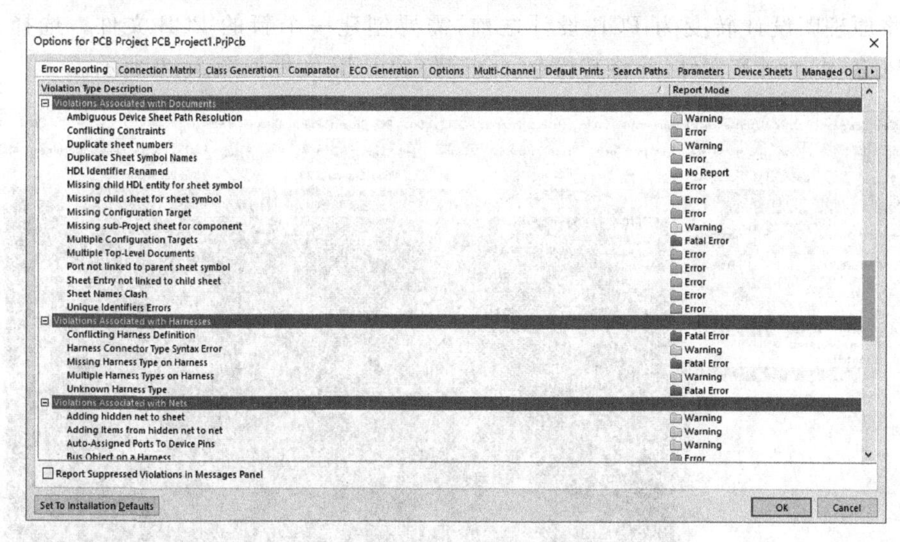

图 2.37　错误报告

2）设置电气连接矩阵

选择 Connection Matrix 选项卡即可设置电气连接矩阵。电气连接矩阵界面显示了运行错误报告时需要设置的电气连接属性。电气连接矩阵展示出一个在原理图中不同类型连接点的图形描绘，并显示了它们之间的连接是否被设置为允许。与错误报告一样，电气连接矩阵同样具有 4 种错误等级：绿色代表允许，黄色代表警告，橙色代表错误，红色代表致命错误，如图 2.38 所示。

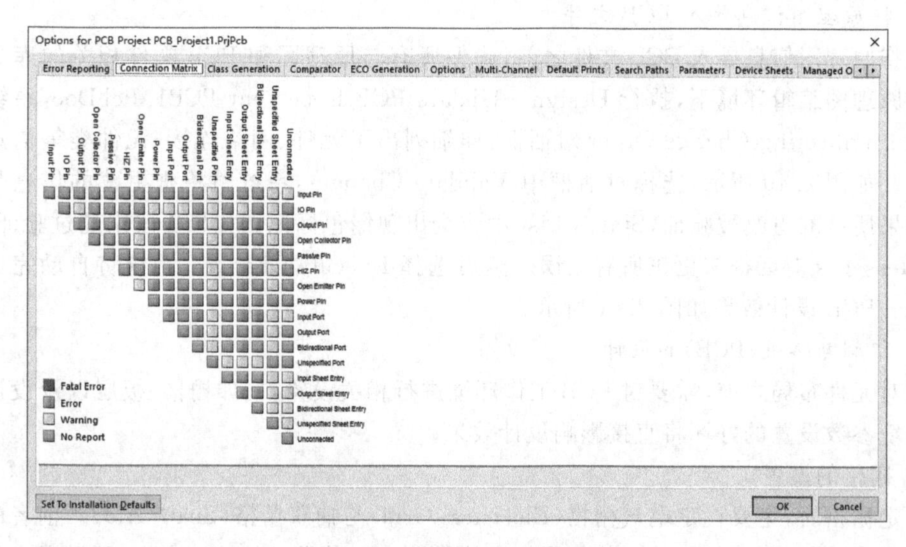

图 2.38　设置电气连接矩阵

3）编译工程

当项目属性设置完毕后，即可进行工程的编译。选择 Project→Compile PCB Project，所有错误都将显示在 Messages 面板上。选择 View→Workspace Panels→System→Messages，可以查看错误。如果电路设计完全正确，Messages 中不会显示出任何错误。

5. 创建一个新的 PCB 文件

在将原理图设计转变为 PCB 设计之前，需要创建一个新的 PCB 文件。选择 File→New→PCB 创建 PCB 文件，并将其保存。创建好的 PCB 文件如图 2.39 所示。

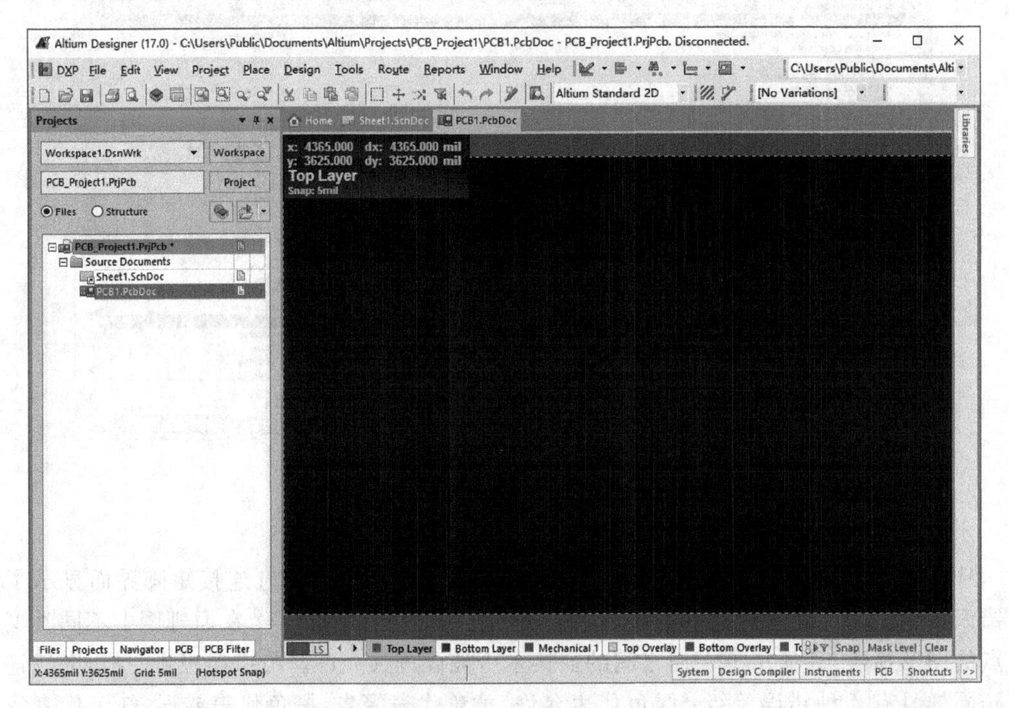

图 2.39 PCB 文件

6. 将原理图信息导入 PCB 文件

在将原理图信息导入 PCB 文件之前，确保所有与原理图和 PCB 文件相关的库是可用的。在原理图编辑环境下，执行 Design→Update PCB Document PCB1.PcbDoc，系统将自动弹出 Engineering Change Order 对话框，详细列出了元件、网络连接、元件类等信息的变化情况。如图 2.40 所示，选择对话框中 Validate Changes，系统将检查更改的信息是否有效。如果所有的更改被验证，Status List 中将会出现绿色标记。如果更改未通过验证，则可检查 Messages 对话框来更正所有错误。然后选择 Execute Changes，系统将自动完成信息的导入。PCB 设计效果如图 2.41 所示。

7. 印刷电路板(PCB)的设计

在对元件布局之前，需要对 PCB 工作环境进行相关设置，例如栅格、板层以及设计规则等。环境参数设置的好坏将直接影响设计效果。

1）栅格的设置

设定栅格时，主要设定电气栅格(Electrical Grid)与捕获栅格(Snap Grid)。前者的作用是在移动或放置元件时，如果元件与周围实体的距离在其设定的范围之内，则两者会相互吸

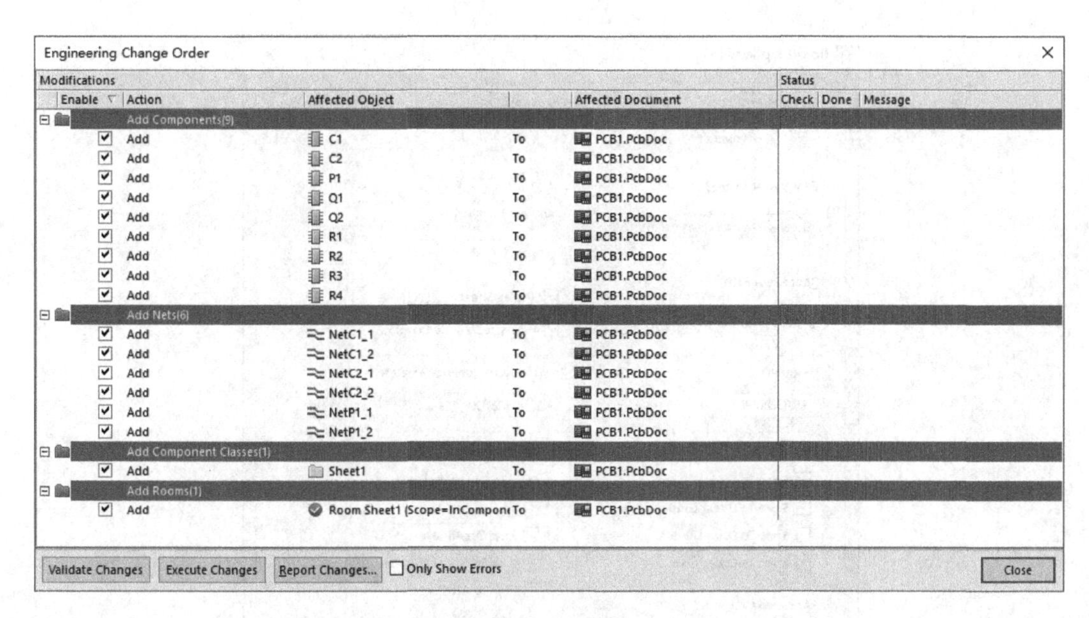

图 2.40　信息导入

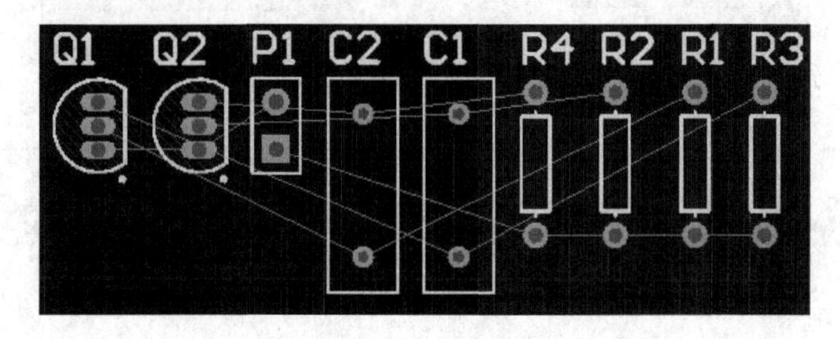

图 2.41　PCB 设计效果

住，后者则体现出光标移动的最小距离。电气栅格与捕获栅格应设定为最小间距的公因数，以便使所有的元器件针脚可以放置在一个栅格点上。

选择 Design→Board Options，打开 Board Options 对话框，单击 Grids 按钮对栅格进行设置，如图 2.42 和图 2.43 所示。

2）电路板层的设置

Altium Designer 中 PCB 的板层分为以下 3 种：

Electrical Layers（电气层）：用于定义电气连接特性和元件信息，其包括 32 个信号层和 16 个内层。电气层可在 Layer Stack Manager 对话框中添加或移除，选择 Design→Layer Stack Manager 来显示它。

Mechanical Layers（机械层）：用于定义外形、厚度、制造说明等信息，由 16 个普通机械层（General Purpose Mechanical Layers）组成。用户可在 View Configurations 对话框中添加、删除或命名机械层。

Special Layers（特殊层）：包括顶部和底部的丝网印刷层、阻焊接层、钻孔层等，用于定义电气及机械特性以外的电路板所具有的属性。

用户可以根据实际设计需求通过 Layer Stack Manager 对话框来添加更多的层。对于

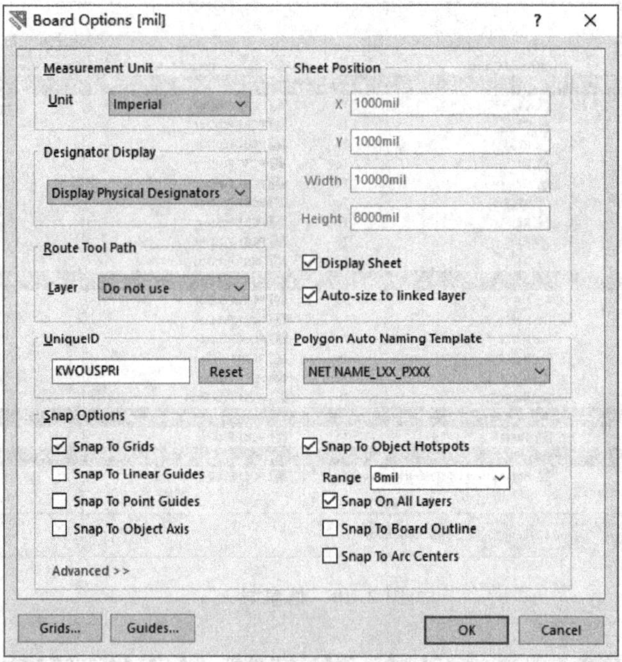

图 2.42　选项设置

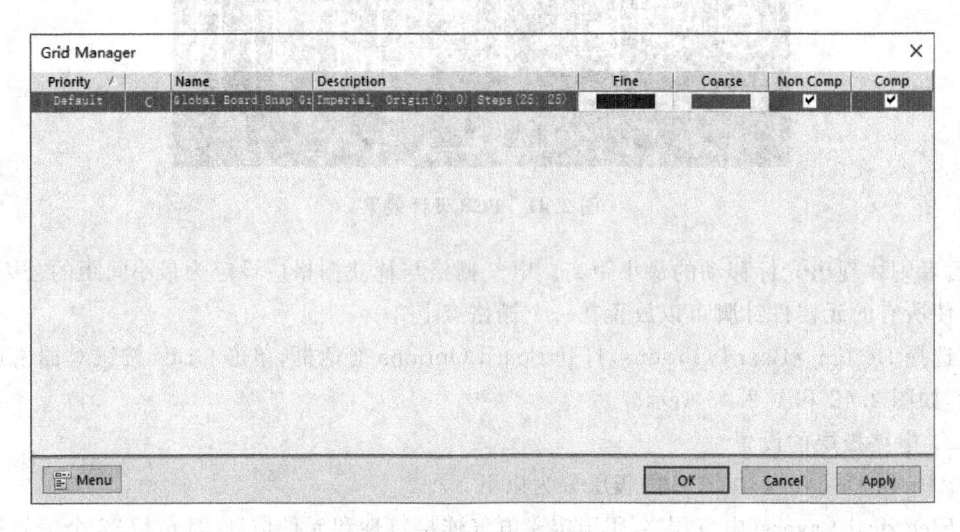

图 2.43　栅格的设置

简单的 PCB 设计，用单层板或双层板进行布线即可满足需求。执行 Design→Layer Stack Manager，系统将弹出层堆栈管理对话框，如图 2.44 所示。

执行 Design→Board Layers &Colors，系统将自动弹出 View Configurations 对话框，包括许多关于 PCB 工作区二维及三维环境的显示选项和适用于 PCB 及 PCB 库编辑的设置。用户可以通过 View Configurations 对话框查看或设置相关信息，如图 2.45 所示。

3）PCB 设计规则的设置

设计规则是指在 PCB 设计过程中必须遵守的基本准则，其在很大程度上决定了 PCB

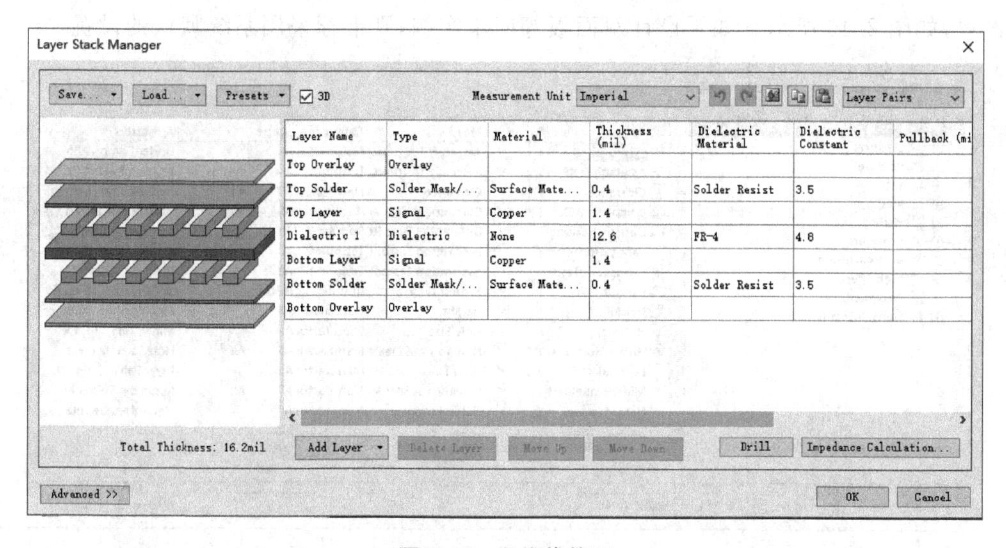

图 2.44　层堆栈管理

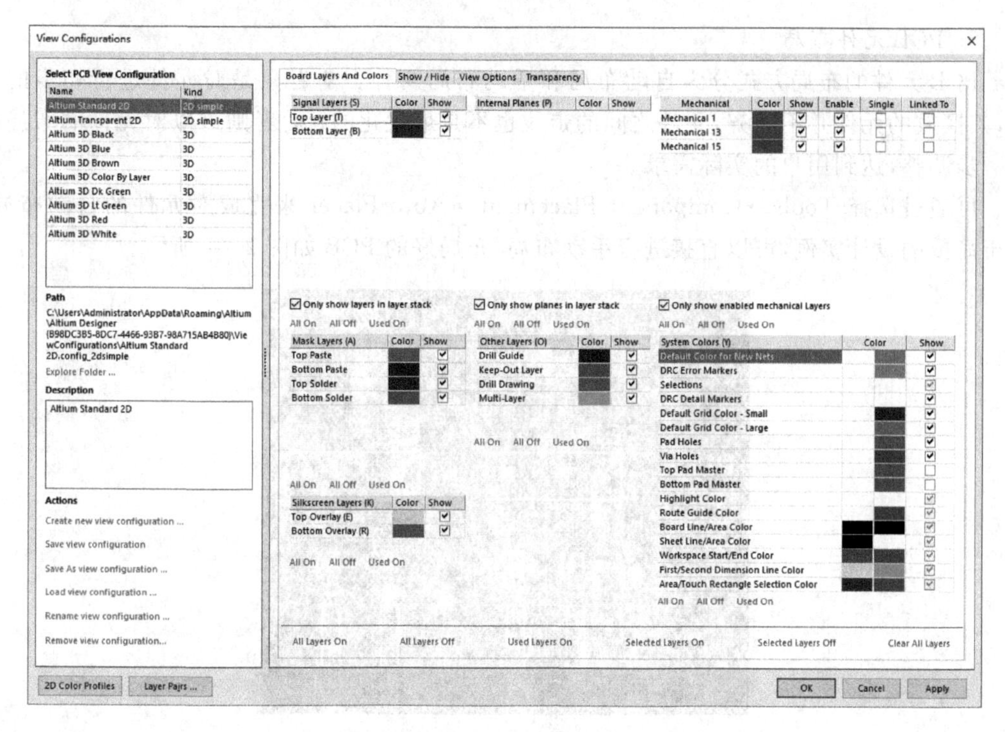

图 2.45　视图设置

设计的成功与否。主要设计规则包括电气、布线等。

电气设计规则是指进行 PCB 设计时必须遵守的电气规则，例如安全距离、短路、无走线网络和无连接引脚。

布线设计规则是指与 PCB 布线相关的设计准则，主要包括线宽、布线优先级等。

在 PCB 文件的编辑环境下，执行 Design→Rules，系统将自动弹出 PCB Rules and Constraints Editor 对话框，用户可以根据实际的设计需求使用该对话框进行 PCB 设计规则的设置，如图 2.46 所示。如果设计双面板等简单实例，则推荐采用系统默认的设置。

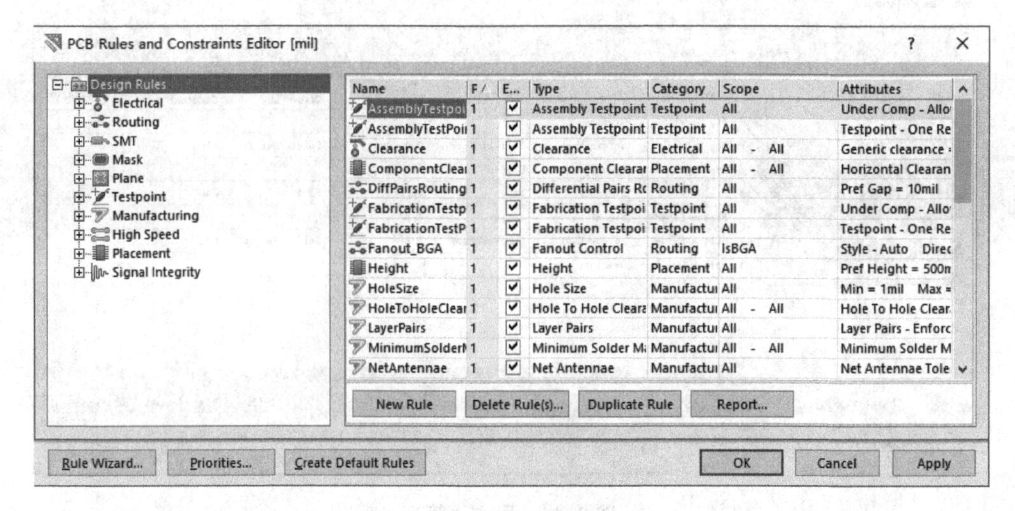

图 2.46　设计规则

8. PCB 元件布局

PCB 元件的布局方式分为自动布局和手动布局两种。前者只是对元件进行初步的放置，其摆放的元件并不整齐，元件之间的走线也不是最优化的；后者则可以对元件的布局做进一步调整，达到用户的实际需求。

可通过选择 Tools→Component Placement→Auto Placer 来完成对元件的自动布局。对于简单的设计实例，可以直接进行手动布局，布局好的 PCB 如图 2.47 所示。

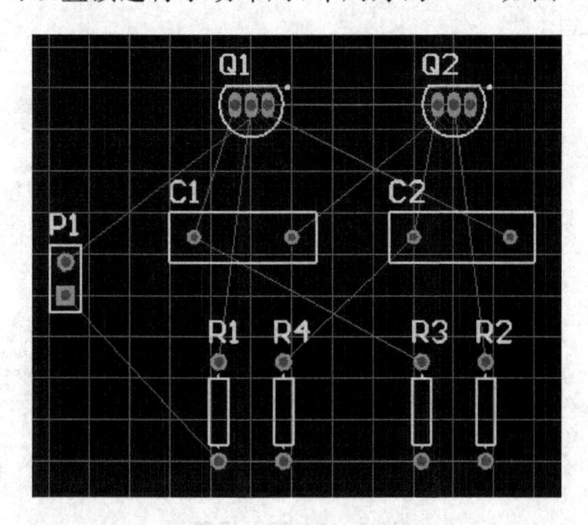

图 2.47　PCB 元件布局

9. PCB 布线

布线是指在电路板上通过走线和过孔以连接组件的过程。在完成电路板的元件布局之后，用户即可进行布线操作。Altium Designer 提供自动布线和交互式布线两种布线方式。

自动布线作为一种实用且简单快捷的布线方式，能够满足绝大多数的设计要求。自动布线主要是通过选择 Route→Auto Route 下的选项进行，用户不仅可以对 PCB 进行整体布局，也可有选择地进行指定网络的布线。

自动布线可能会出现一些不合理的布线情况，例如走线过长、绕线过多等。手动布线则可以对其结果进行优化，此外在设计简单的实例时可以完全采用手动布线。

在 PCB 编辑环境下，选择 Route→Interactive Routing 或单击工具栏图标，将进入手动布线状态，此时光标将变成十字形状。将光标移动到需要布线的一个元件的焊盘处，单击放置布线的起点。通过多次单击来确定不同的拐点，即可完成两个焊盘间的布线。单击鼠标右键即可退出绘制状态，如图 2.48 所示。

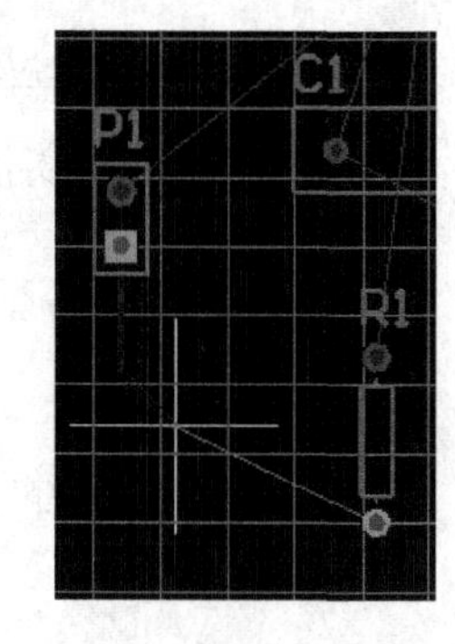

图 2.48　手工布线示意图

Altium Designer 提供的可变布线模式有 45°拐角、45°圆弧形拐角、90°拐角、90°圆弧形拐角、任意角度等。手动布线过程中，可在导线处于浮动的情况下按住 Shift 键的同时，通过空格键来改变布线模式。通过 * 键则可选择在不同的信号层之间进行切换，从而完成不同信号层之间的布线。

10. 布线注意事项

(1) 布线长度应严格控制，尽量做到短而直，以保证电气信号的完整性。

(2) 首先对电源线和地线进行布线，对于高频信号线，也应在较高的布线优先级上进行。

(3) 布线过程中，过孔数量应严格控制。

(4) 布线的宽度要尽量宽。

(5) 输入与输出端的边线应避免相邻平行，以免产生反射干扰，必要时应该加地线隔离。两相邻工作层之间的布线要相互垂直，平行容易产生寄生耦合。

2.8　工具软件

2.8.1　H-JTAG

H-JTAG 是一款简单易用的调试代理软件，功能和流行的 MULTI-ICE 类似，包括 3 个工具软件：H-JTAG SERVER、H-FLASHER 和 H-CONVERTER。其中，H-JTAG SERVER 实现调试代理功能，H-FLASHER 实现 Flash 烧写功能，H-CONVERTER 是一个简单的文件格式转换工具，支持常见文件格式的转换。

H-JTAG 支持所有基于 ARM7、ARM9、XSCALE 和 Cortex-M3 芯片的调试，并且支持大多数主流的 ARM 调试软件，如 ADS、RVDS、IAR 和 Keil 等。通过灵活的接口配置，H-JTAG 可以支持 WIGGLER、SDT-JTAG 以及用户自定义的各种 JTAG 仿真器和 H-JTAG USB 仿真器。同时，附带的 H-FLASHER 烧写软件还支持常用片内片外 Flash 烧写。使用 H-JTAG，用户能够方便地搭建一个简单易用的 ARM 调试开发平台。

1. 界面介绍

H-JTAG 的安装与常用软件的安装步骤相同，此处不多作说明。下面将简单介绍 H-JTAG 的使用，读者可参考该软件的用户手册得到详细介绍。

H-JTAG 主界面如图 2.49 所示，主要包括菜单栏、工具栏、显示窗口和状态栏。

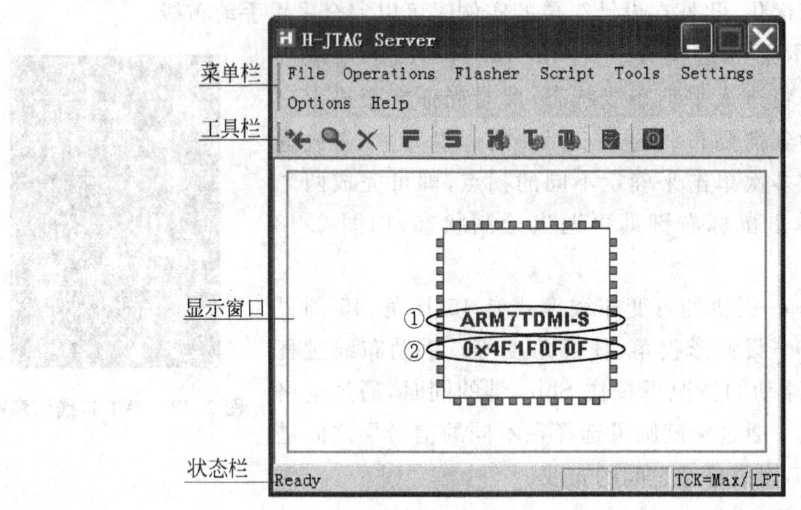

图 2.49　H-JTAG 主界面

菜单栏包括了 H-JTAG 的所有操作和设置，而工具栏则包括了大部分常用的操作和设置；显示窗口显示检测到的目标处理器相关信息：①为目标 CPU 类型，②为目标 CPU 的芯片 ID；状态栏显示了当前 JTAG 的配置信息。

由于工具栏包括了 H-JTAG 常用操作，在此仅介绍一下工具栏上的操作和设置，其他详细说明请参考该软件的用户手册。

H-JTAG 工具栏如图 2.50 所示。

图 2.50　H-JTAG 工具栏

工具栏上各按钮定义功能如下：

：复位调试目标；　　：检测调试目标；

：断开当前连接；　　：启动 H-FLASHER；

：设置初始化脚本；　　：LPT/USB 接口选择；

：调试目标设置；　　：芯片 ID 管理器；

：打开选项设置窗口；　　：退出 H-JTAG。

其中，需要说明的是：当单击【检测调试目标】按钮时，H-JTAG Server 开始检测目标处理器。若检测成功，则在显示窗口显示正确的目标 CPU 类型以及其芯片 ID，否则目标 CPU 类型显示为 UNKNOWN，CPU 芯片 ID 显示为 0xFFFFFFFF。当单击【启动 H-Flasher】按钮时，会弹出 H-Flasher 主界面，如图 2.51 所示，供用户设置将程序下载到处理器 Flash 中的选项。

H-Flasher 主界面主要分为左右两部分，左侧部分为设置项目，包括 Flash Selection、Configuration、Init Scripts、Pgm Options、Programming、H-Flasher Help，右侧部分为每个设置项目的详细内容。常用的设置项目为 Flash Selection、Configuration、Programming。

H-Flasher
New Load Save Save As Options Exit About
Program Wizard
1 Flash Selection
2 Configuration
3 Init Scripts
4 Pgm Options
5 Programming
? H-Flasher Help
>> Flash Selection
AMD
AMIC
AT91SAM
ATMEL
EON
FUJITSU
HYNIX
INTEL
LUMINARY
MACRONIX
NXP
SAMSUNG
SPANSION
SST
ST
STM32F
STR7X
STR91X
WINBOND
NAND-FLASH
Vendor: AMD
PartNo:
Type:
Sector:
Block:
Page:
Size:
ID:
Width:

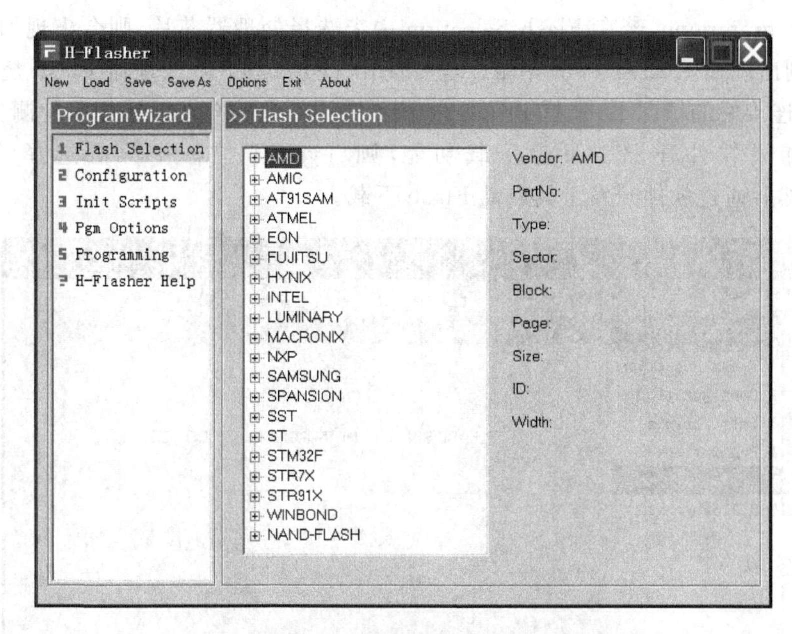

图 2.51　H-Flasher 主界面

选择 Flash Selection，在右侧部分会出现很多处理器类型，单击某种类型处理器左侧的＋号展开，可以看到该软件支持的更详细的处理器芯片，选择一种具体处理器芯片，在其右侧可以看到该芯片的基本信息。

选择 Configuration，可以看到如图 2.52 所示界面，通常在 Flash Selection 选择好处理器芯片后，在 Configuration 右侧部分只需设置时钟频率 ExtXTAL(MHz)即可(该值由具体硬件电路确定)。

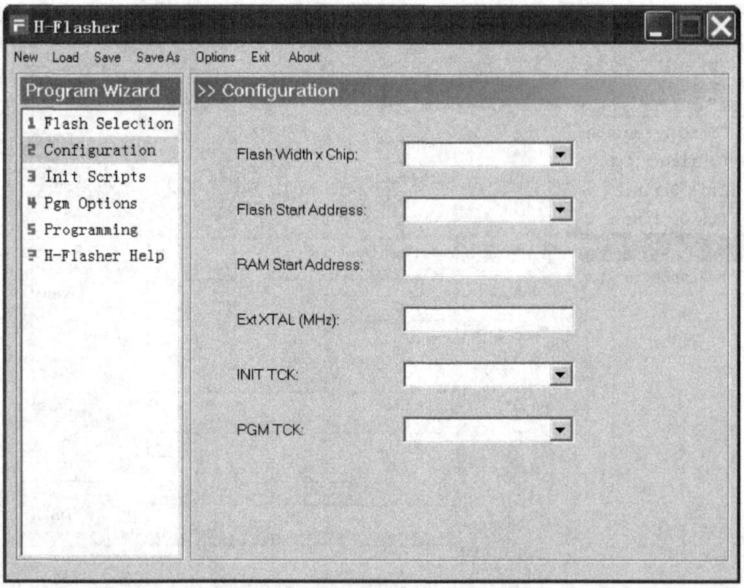

H-Flasher
New Load Save Save As Options Exit About
Program Wizard
1 Flash Selection
2 Configuration
3 Init Scripts
4 Pgm Options
5 Programming
? H-Flasher Help
>> Configuration
Flash Width x Chip:
Flash Start Address:
RAM Start Address:
ExtXTAL (MHz):
INIT TCK:
PGM TCK:

图 2.52　Configuration 设置界面

选择 Programming，若在 Flash Selection 中未选择处理器芯片，则会出现如图 2.53 所示界面，否则出现如图 2.54 所示界面。若要使用 H-Flasher 向处理器 Flash 烧写程序，则须在硬件已连接好的情况下，选择 Programming 右侧部分的 Check 按钮来检测目标处理器的 Flash。如果软件开发工具有下载功能，则 Type 下拉框中只需选择 Auto Flash Download，然后通过软件开发工具启动 Flash 下载。

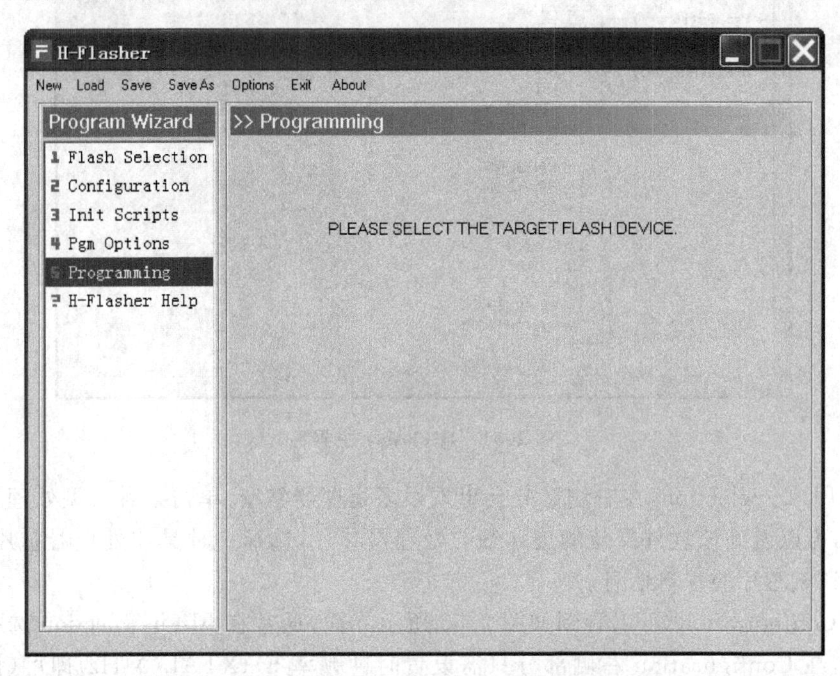

图 2.53　Programming 设置界面（未选择处理器芯片）

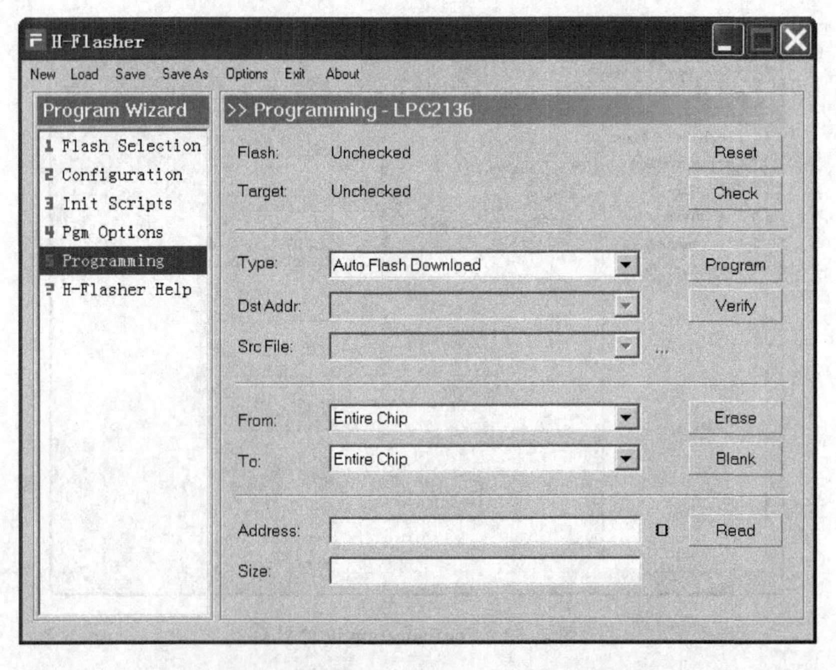

图 2.54　Programming 设置界面（已选择处理器芯片）

2. 使用范例

下面以基于多核心嵌入式教学科研平台上 LPC2136 核心板的软件开发为例，介绍 H-JTAG 软件的使用。

程序代码编写结束并编译连接都通过后，准备好实验平台，连接好 H-JTAG 仿真器，打开实验平台电源开关。

(1) 准备工作做好后，双击 H-JTAG 图标打开该软件，在其启动后会自动检测实验平台处理器，若检测成功，则会在 H-JTAG 的主界面显示窗口显示 CPU 类型为 ARM7TDMI-S，芯片 ID 为 0x4F1F0F0F，否则请检查电路连接是否正确，然后再单击 H-JTAG 主界面上的按钮检测实验平台处理器。

(2) 单击 H-JTAG 主界面上按钮启动 H-FLASHER。

(3) 展开 Flash Selection 设置项目右侧部分的 NXP，设置具体型号的处理器为 LPC2136，如图 2.55 所示。

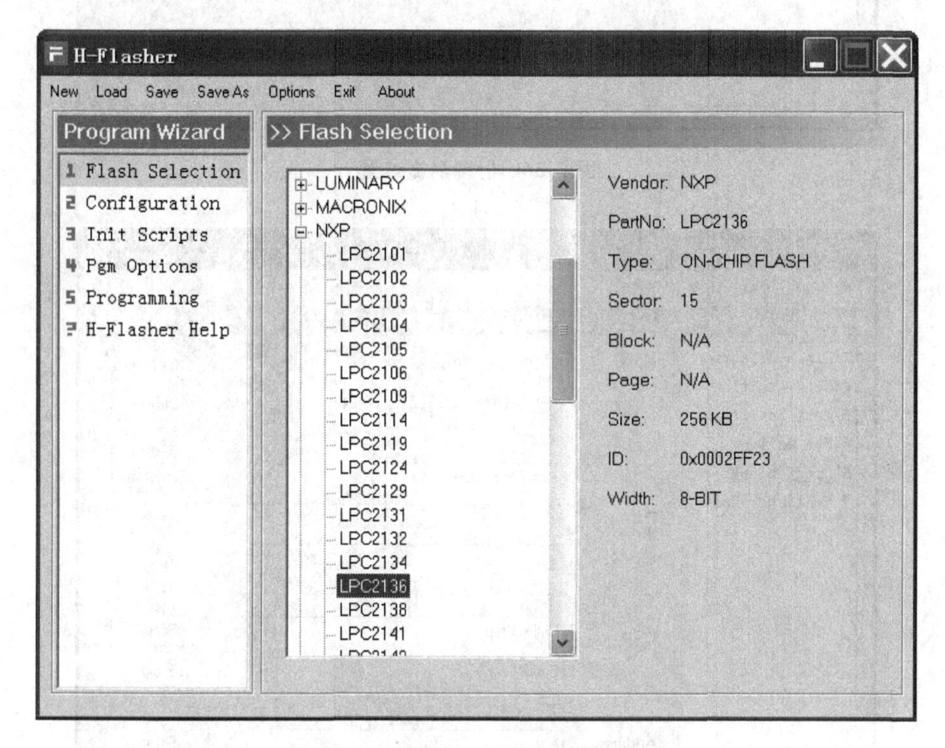

图 2.55　具体型号处理器设置

(4) 选择 Configuration 设置项目，设置时钟晶振大小为 11.0592MHz，如图 2.56 所示。

(5) 选择 Programming 设置项目，若需要将程序下载到目标处理器的 Flash 中，则单击 Check 按钮，检测目标处理器的 Flash，然后设置 Type 为 Auto Flash Download，如图 2.57 所示。另外，还须选择 H-JTAG 菜单下的 Flasher→Auto Download 并保证该选项前有√存在，如图 2.58 所示。此时，H-JTAG 设置完毕，用户可使用软件开发工具将程序通过 H-JTAG 下载到实验平台中运行。

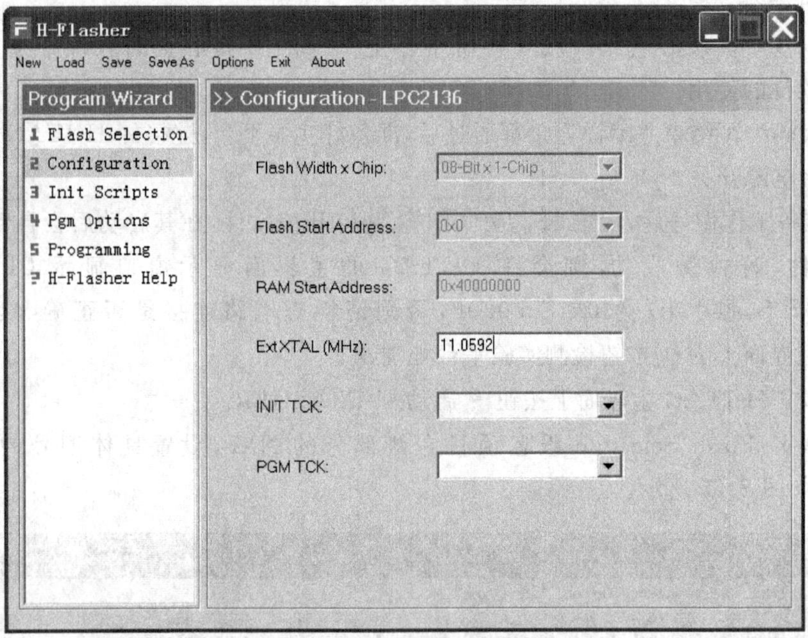

图 2.56 时钟晶振设置

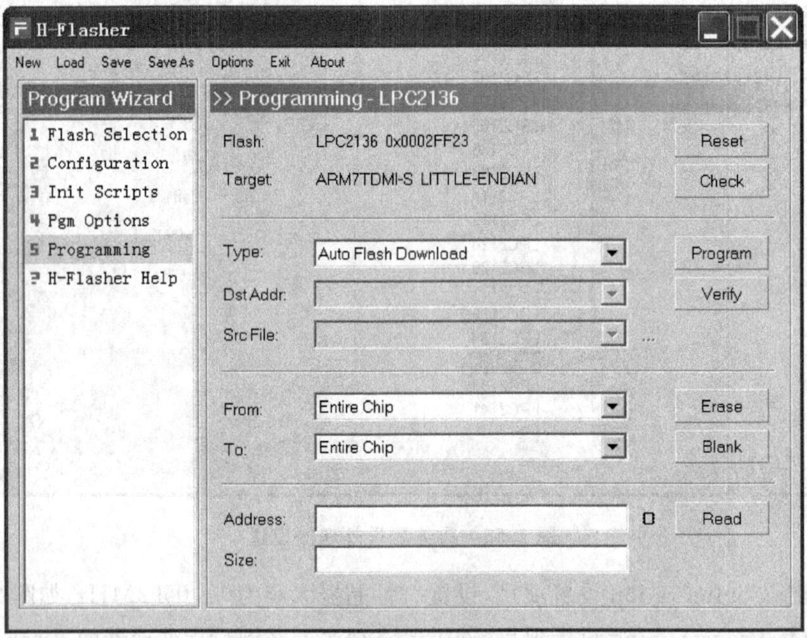

图 2.57 Programming 设置

2.8.2 串口通信工具

在常用的串口通信调试工具中，SUDT Studio 公司开发的串口调试器（AccessPort）也被称为串口助手，深受广大用户的喜爱。它是一款集端口调试、拦截数据功能于一体，简单

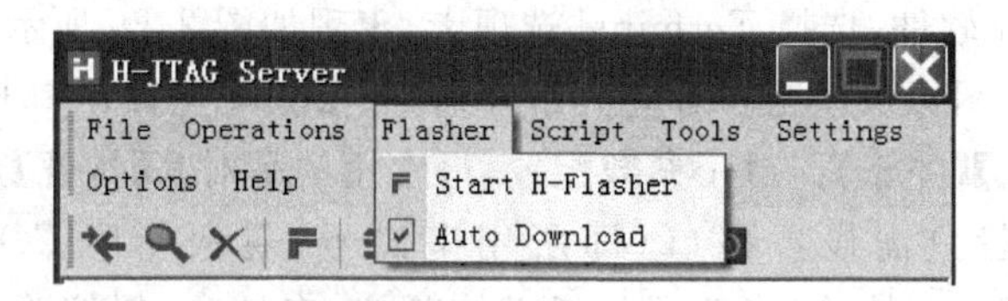

图 2.58　H-JTAG 设置

易用,功能强大的免费软件。

1. 界面介绍

AccessPort 主窗口如图 2.59 和图 2.60 所示。

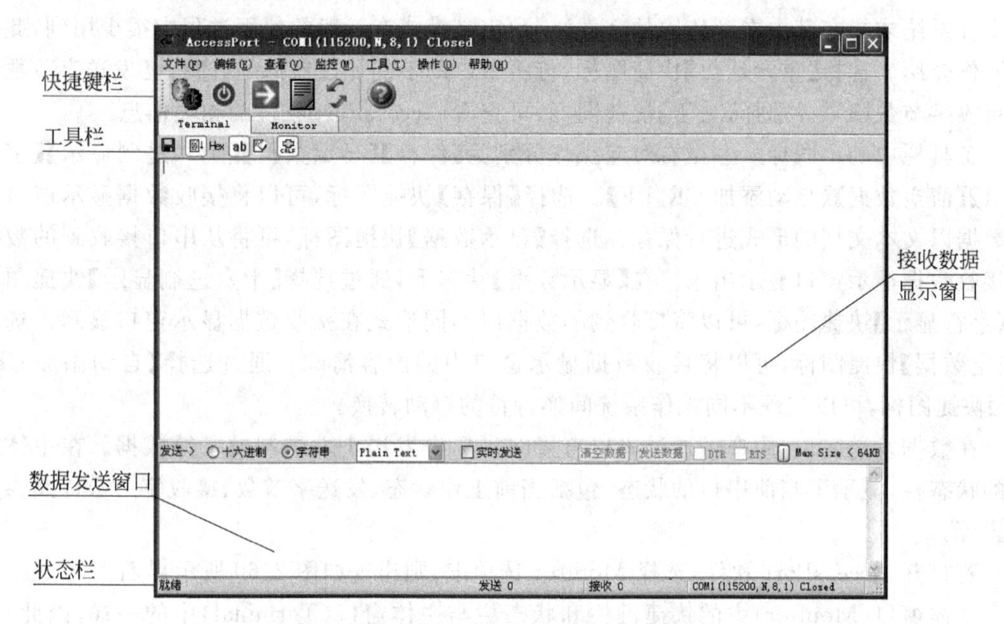

图 2.59　AccessPort 主体窗口(Terminal)

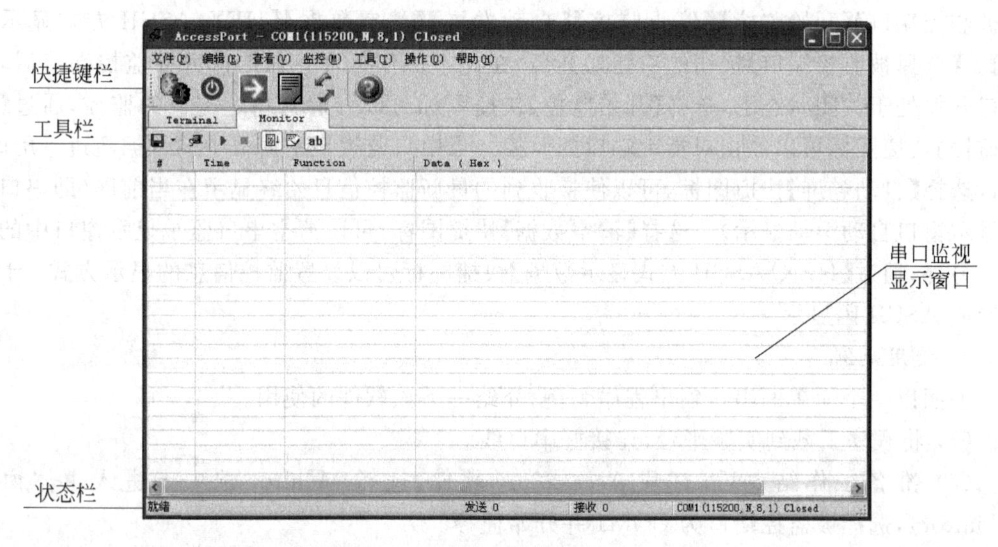

图 2.60　AccessPort 主体窗口(Monitor)

打开 AccessPort 软件，选择 Terminal 选项卡，出现如图 2.59 所示界面。

快捷键栏中的小图标从左至右对应操作分别为【参数配置】【串口开关】【传输文件】【预定义模式】【重置计数】【关于】。对于参数配置，最常用的是对其【常规】选项卡中的选项进行设置，根据需要，一般只需设置串口(即所用串口号，通常使用 COM1)，波特率(常为 115 200Bps 或 9600Bps)，校验位(选项包括无校验位、奇校验、偶校验、Mark 校验和 Space 校验)、数据位(通常选择 8 位数据位)，停止位(通常选择 1 位停止位)，缓冲区大小(通常使用默认值 8192B)。设置好参数并确定后，选择【串口开关】快捷图标，就可以打开或关闭检测端口。在检测端口打开的状态下，选择【传输文件】快捷图标，则会弹出文件传输窗口，通过设置传输文件名，选择发送，即可向实验平台发送宿主机中存储的文件(只有实验平台带有文件系统才能在其中看到传输的文件)。预定义模式在一般的使用过程中很少用到，此处就不作介绍。选择【重置计数】快捷图标，可将串口助手的计数器清零，即将已发送字节数和已接收字节数归零。选择【关于】快捷图标，可查看 AccessPort 软件的相关信息。

工具栏中的小图标从左至右对应操作分别为【保存】【显示数据】【十六进制显示】【字符显示】【清空数据】【自动添加 CR/LF】。选择【保存】快捷图标，可以将接收数据显示窗口中的数据以文本文档的形式进行保存。选择【显示数据】快捷图标，可将从串口接收到的数据在接收数据显示窗口显示出来。在【显示数据】状态下，通过选择【十六进制显示】快捷图标和【字符显示】快捷图标，可以将接收到的数据以不同形式在接收数据显示窗口显示。选择【清空数据】快捷图标，可以将接收数据显示窗口中的内容清除。通过选择【自动添加 CR/LF】快捷图标，可以实现不同操作系统间换行符的自动转换。

在数据发送窗口，用户可通过串口直接向目标机发送十六进制或字符数据。在主体窗口的状态栏，显示了当前串口的状态，包括当前工作状态、发送字节数、接收字节数以及参数设置等。

若打开 AccessPort 软件，选择 Monitor 选项卡，则出现如图 2.60 所示界面。

主体窗口(Monitor)中的快捷键栏和状态栏与主体窗口(Terminal)中的一样，因此，此处不再赘述。主体窗口(Monitor)中工具栏上图标从左至右对应的操作依次为：【保存】【选择被监控端口】【开始监控】【停止监控】【自动卷屏】【清空数据】【HEX/ASCII 方式显示数据】。【选择被监控端口】按钮的功能如其名，在此不多作解释。在选择完被监控端口后，在串口开关处于关闭状态下，选择【开始监控】快捷图标可以开启对指定端口的监控，通过【停止监控】快捷图标可以停止对指定端口的监控。当串口监视显示窗口中的数据超过一屏时，通过选择【自动卷屏】快捷图标，可以使接收到的最新监控信息始终显示在当前屏(即串口监视显示窗口自动滚动显示)。选择【清空数据】快捷图标，可以清空串口监视显示窗口中的内容。另外，通过【HEX/ASCII 方式显示数据】快捷图标可以设置监控信息的显示方式：十六进制或 ASCII 码显示。

2. 使用范例

下面以一个简单的串口输出程序为例，介绍一下该软件的使用。

(1) 将程序下载到实验平台，连接好串口线。

(2) 准备工作结束后，打开 AccessPort 软件，选择 Monitor 选项卡进入主体窗口(Monitor)，选择被监控端口为 COM1 并开始监控。

(3) 选择 Terminal 选项卡进入主体窗口(Terminal)，选择 设置串口参数，如

图 2.61 所示。

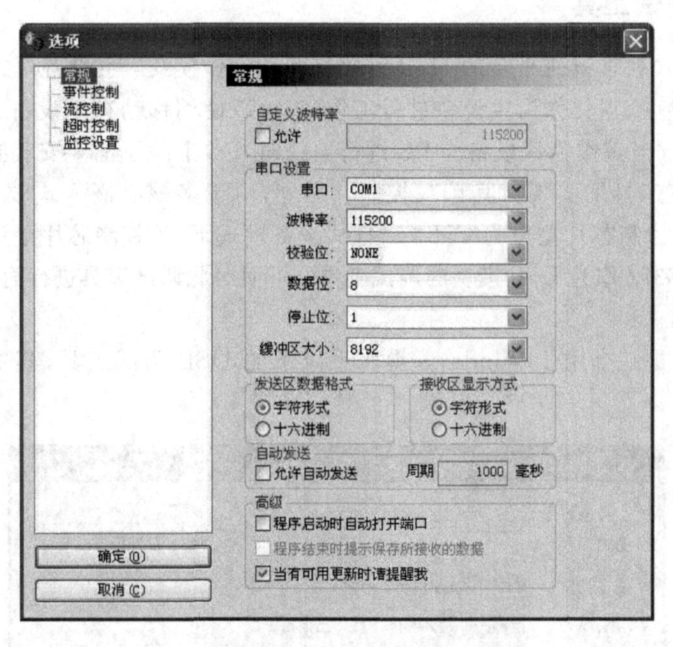

图 2.61　串口参数设置

(4) 打开串口开关,运行实验平台中的程序。在接收数据显示窗口可以观察到有 Hello world 字样输出(显示的该语句为程序中设定的输出语句),如图 2.62 所示。在串口监视显示窗口可以观察到当前使用串口的参数配置情况以及接收到的数据,如图 2.63 所示。

图 2.62　显示 Hello world 字样

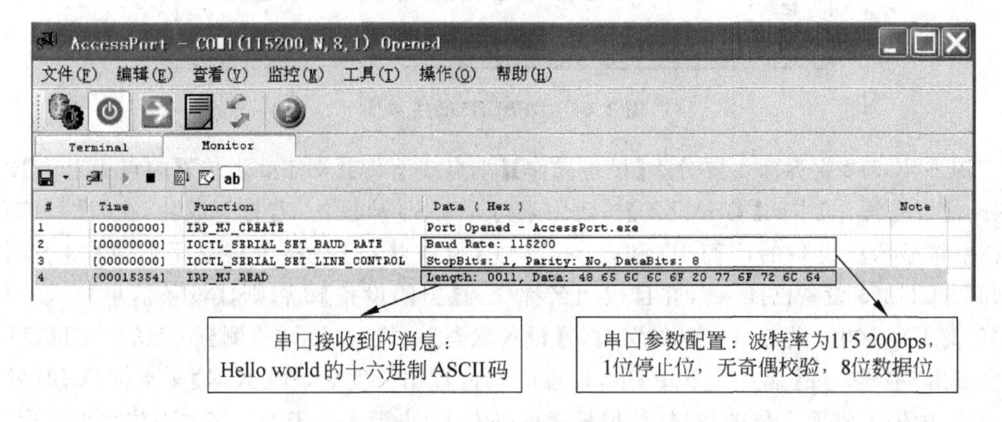

图 2.63　监视显示窗口

2.8.3 USB调试工具

多核心嵌入式教学科研平台的USB模块有两种工作模式：主设备模式和从设备模式。在USB模块实验中，当其作为主设备进行工作时，可以使用移动存储设备(例如U盘)作为从设备供其控制；当其作为从设备与PC进行通信时，PC上除了需要安装必要的驱动外，还须借助USB调试工具来实现对其读写控制。另外，由于多核心嵌入式教学科研平台上的USB模块采用的控制芯片型号为CH375，且从设备模式下，该控制芯片与CH372完全兼容，因此采用DEBUG372作为USB模块的调试工具。下面对此调试工具进行简单介绍。

1. 界面介绍

DEBUG372是一个用于Windows操作系统下的USB调试工具，其主界面如图2.64所示。

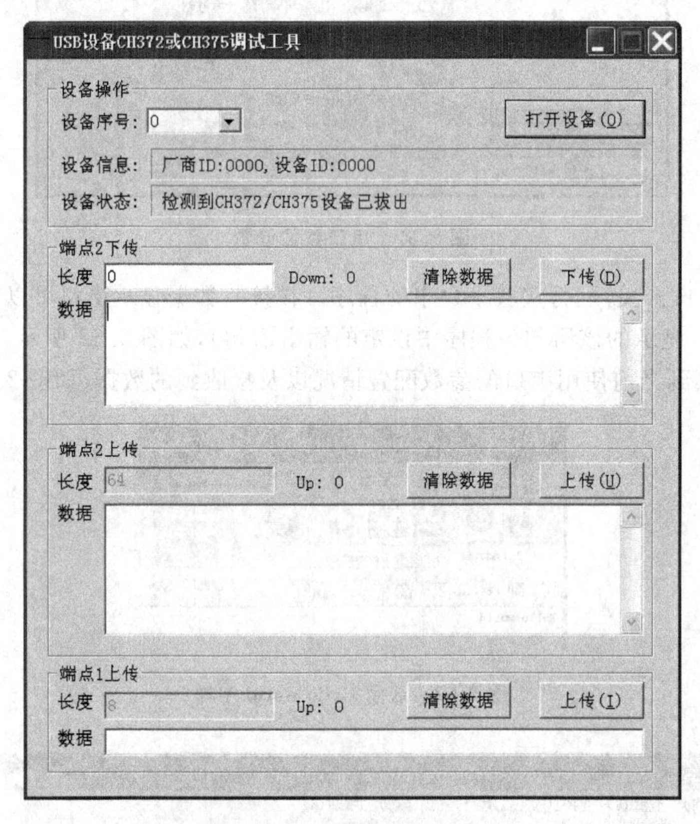

图2.64 DEBUG372主界面

DEBUG372主界面主要分为【设备操作】【端点2下传】【端点2上传】【端点1上传】4个部分。【设备操作】中的【打开设备】按钮用来打开USB从设备，若打开成功，在【设备信息】一栏中将显示从设备的厂商ID和设备ID，在【设备状态】一栏中将显示信息“检测到有CH372/CH375设备已插入”，并且按钮名称变为【关闭设备】；否则，【设备信息】一栏中显示“厂商ID：0000，设备ID：0000”字样，【设备状态】一栏中显示“检测到CH372/CH375设备已拔出”字样。在【端点2下传】中，设置好下传数据长度后，在【数据】文本框(USB发送缓冲区)中输入将要下传的数据(数据长度可以大于、小于或等于设置好的下传数据长度，但实际下传过程中只会传输小于或等于指定长度的字节数，超过指定长度的数据将被丢弃），然后单击【下传】按钮，即可通过 USB 向目标机传输数据；单击【清除数据】按钮可以将 USB 发送缓冲区中的数据清空。在【端点 2 上传】中，上传数据长度固定不变，为 64B，单击【上传】按钮，可以接收目标机通过 USB 传输的数据，并将其输出到【数据】文本框（USB 接收缓冲区）中；单击【清除数据】按钮可以清空 USB 接收缓冲区。【端点 1 上传】部分中各个按钮的功能与【端点 2 上传】部分中的一样。

2. 使用范例

下面以多核心嵌入式教学科研平台上 USB 模块的调试过程为例，介绍 DEBUG372 的使用。

（1）电路连接好后，将测试程序下载到实验平台上。测试程序中，首先对系统（包括 USB 模块）进行初始化，接着从 USB 接口读取主机发送的数据，然后将读取到的信息通过串口，输出到主机上显示，最后通过 USB 接口连续向主机发送 01 02 03 04 05 06 07 08 这 8B 数据。

（2）打开 DEBUG372 调试工具和 AccessPort 串口助手或 Windows 系统自带的超级终端（串口使用 COM1，波特率为 115 200Bps，数据位为 8 位，1 位停止位，无奇偶校验，超级终端上的数据流控制选项设为无），在实验平台上运行测试程序。

（3）选择调试工具【设备操作】部分的【打开设备】按钮，出现如图 2.65 所示界面，表明调试工具已检测并识别实验平台的 USB 模块。

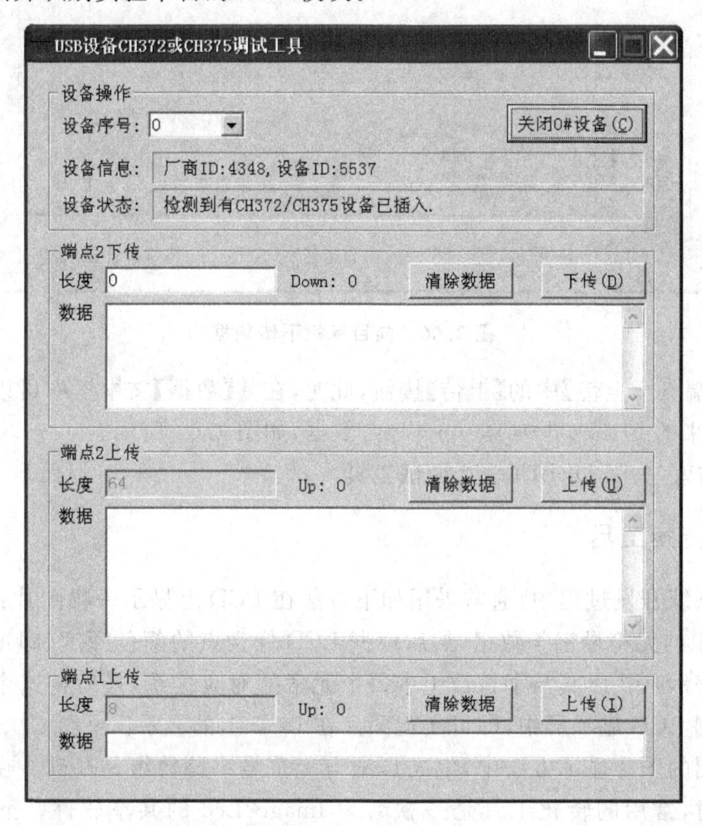

图 2.65　检测并识别 USB 模块成功

(4) 设置【端点 2 下传】中的长度为 12 个字节，并在其【数据】文本框中输入 Hello World! 的十六进制 ASIIC 码 48 65 6C 6C 6F 20 57 6F 72 6C 64 21，如图 2.66 所示，单击【下传】，即主机开始通过 USB 接口向实验平台发送信息，并在串口助手或超级终端上可以看到 Hello World! 字样的显示。

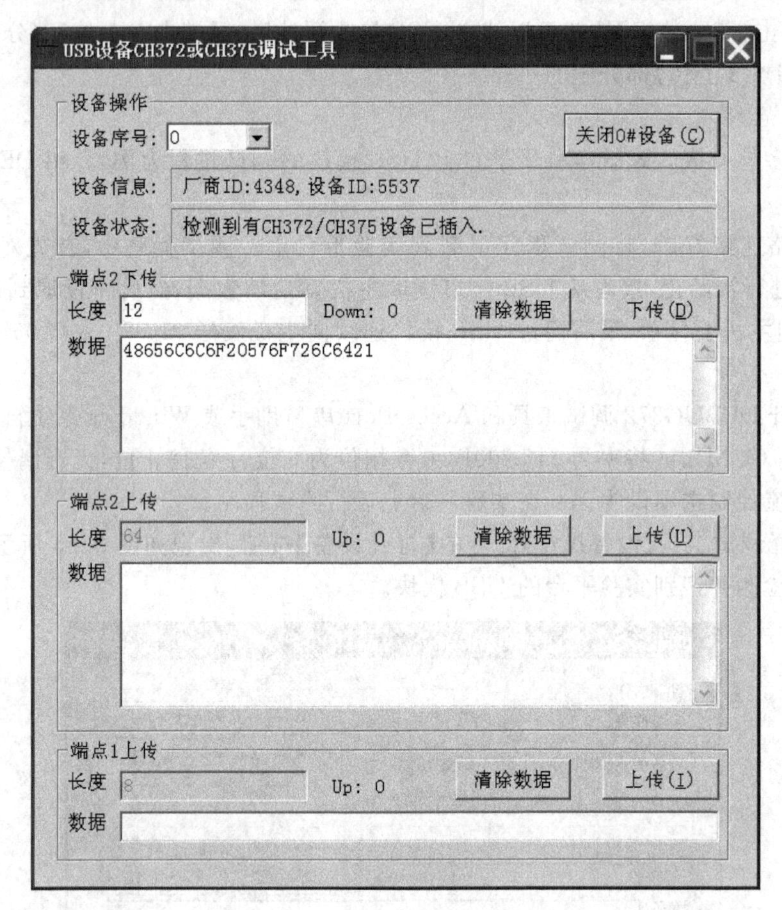

图 2.66　向目标机下传数据

(5) 单击【端点 2 上传】中的【上传】按钮，此时，在其【数据】文本框中可以看到目标机通过 USB 接口传来的 01 02 03 04 05 06 07 08 数据，如图 2.67 所示。

(6) 测试结束，关闭 DEBUG372 调试工具。

2.8.4　图像转换工具

在嵌入式系统开发过程中，通常采用如下方法在 LCD 上显示一幅图片：先将图片文件转化成 C 语言中的无符号字符数组，然后根据 LCD 像素点的颜色深度(即每个像素点由多少个二进制位表示)，找出其与字符数组中每个元素的对应关系，最后将这个数组数据按照对应关系输入到 LCD 显示屏中，即可实现图片在 LCD 上的显示。

在上述介绍的图片显示方法中，生成 C 语言无符号字符数组是基础。在将图片文件转化成字符数组时，常用的转化工具是一款名为 Image2Lcd 的共享软件。下面对其做简要介绍。

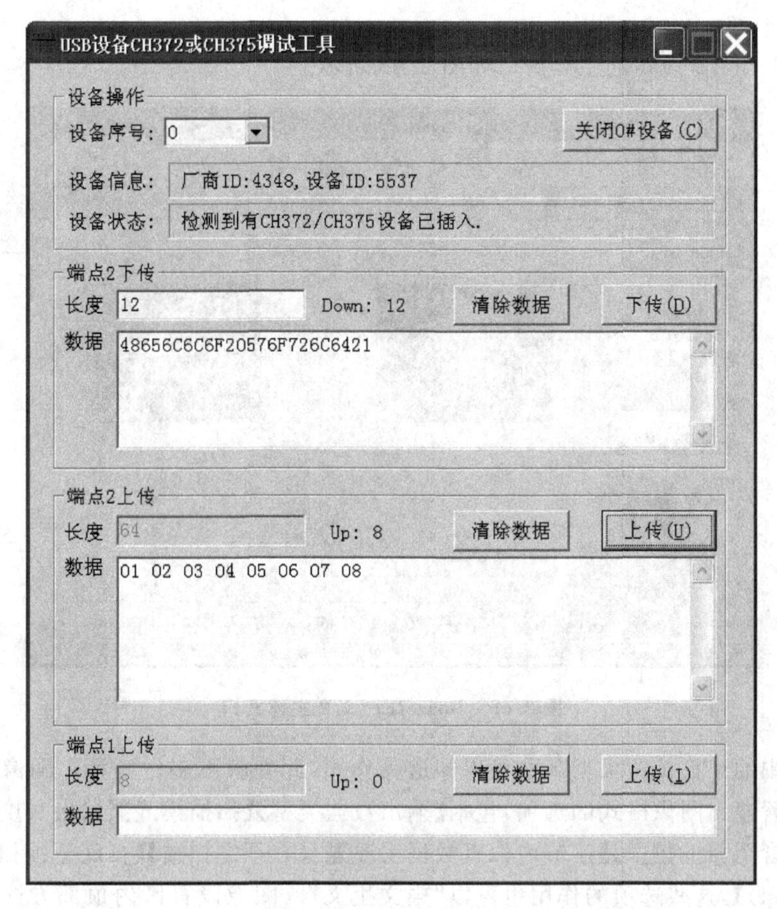

图 2.67　目标机上传数据

Image2Lcd 作为一款工具软件，能把各种格式的图片转换成特定的、用于单片机系统的显示数据格式，支持的输入图像格式包括 BMP、WBMP、JPG、GIF、WMF、EMF、ICO 等，其输出数据类型包括定制的二进制类型、C 语言数组类型和标准的 BMP 格式、WBMP 格式。Image2Lcd 能可视调节输入图像的数据扫描方式、灰度(颜色数)、图像数据排列方式、亮度、对比度等。对于包含了图像头数据的数据文件，Image2Lcd 能重新将其打开作为输入图像。其特点可以归纳为以下几点：

- 支持所有的点阵 LCD 所需要的特殊显示数据格式。
- 可视调节输出图像效果。
- 256 色模式下支持用户调色板(TIFF 格式)。
- 支持 4096 色图像输出。
- 以二进制类型和 C 语言数组类型(文本)两种方式保存数据，方便单片机开发者的不同需要。
- 保存的数据支持 LSB First/MSB First(低字节在前/高字节在前)。
- 可以保存图像为指定颜色数的 BMP 格式图像。
- 即时显示当前设置的数据格式。

1. 界面介绍

Image2Lcd 2.9 版本的主体窗口如图 2.68 所示。

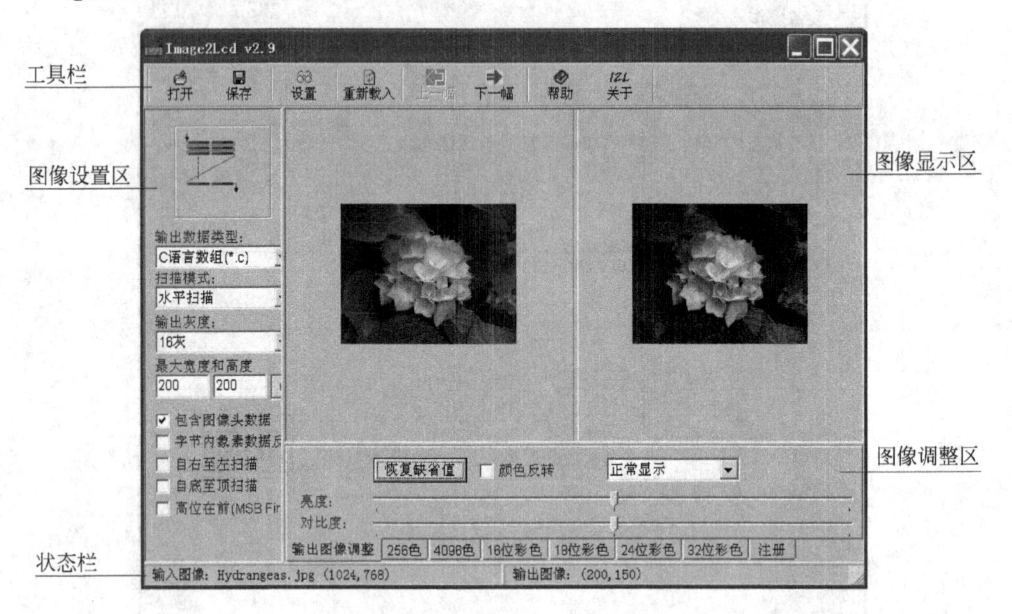

图 2.68　Image2Lcd 2.9 主体窗口

工具栏中的工具按钮根据名称可以知道其作用,此处就不多做解释。图像设置区包含一组用来设置输出图像格式的选项,包括【输出数据类型】【扫描模式】【输出灰度】【最大宽度和高度】【包含图像头数据】【字节内像素数据反序】【自右至左扫描】【自底至顶扫描】【高位在前(MSB First)】,这些选项的作用也可以"望文生义"。图像设置区内顶部方框中的图像是当前设置的图像数据格式的图解说明。图像显示区分左右两部分,左边部分显示输入图像,右边部分显示输出图像,输出图像由输入图像按照当前设置的数据格式转变得到。如果输入图像超过用户设置的最大宽度或最大高度,则输入图像将被按比例缩小到最大宽度和最大高度之内。图像调整区包含 8 个选项卡,分别为:【输出图像调整】,调整输出图像的显示效果;【256 色】,设置 256 色下的调色板;【4096 色】,设置 4096 色下的 RGB 颜色排列;【16 位彩色】,设置 16 位彩色下的 RGB 颜色排列;【18 位彩色】,设置 18 位彩色下的 RGB 颜色排列;【24 位彩色】,设置 24 位彩色下的 RGB 颜色排列;【32 位彩色】,设置 16 位彩色下的 RGB 颜色排列;【注册】,注册 Image2Lcd 软件。状态栏显示输入图像和输出图像的信息,左边部分显示输入图像名和原始图片宽度与高度,右边部分显示输出图像宽度与高度。关于该软件更详细的选项说明,读者可以通过选择工具栏中的【帮助】按钮查看其帮助文档。

2. 使用范例

下面用一个简单范例介绍 Image2Lcd 软件的使用。

(1) 打开该软件,单击【打开】按钮将原始图片导入,在图像显示区左边部分可以看到导入的图片,如图 2.69 所示。

(2) 然后按照图 2.69 设置图像设置区以及图像调整区的选项,在图像显示区右边部分可以看到将要输出的图片效果。

(3) 最后,单击【保存】按钮,输入文件名为 pic.h,保存,此文件即为图片转换后的字符

图 2.69　图片设置

数组。该文件的大致内容为:

```
const unsigned char gImage_pic[15000] = { /* 0X10, 0X04, 0X00, 0XC8, 0X00, 0X96,  */0X33,
0X33, 0X33,0X33,0X33,0X33,0X33,0X33,0X33,0X33,0X33,0X33,0X33,
...
0XEE,0XED,0XDD,0XDD, 0XDD,0XEE,0XEE,0XDD,0XEF,0XBC,0XEE,0XEF}
```

数组中,开头被注释掉的 6B 为图像头数据,若将图像设置区中的【包含图像头数据】选中,则生成字符数组中被注释掉的 6 个字节将会作为数组的正式元素。

2.8.5　MP3 音频转换工具

与图片显示类似,要在嵌入式系统中播放音乐,需要先将音乐文件转化成 C 语言中的无符号字符数组,然后通过将该数组传送到 MP3 硬件解码器进行解码,才能播放出美妙的音乐。

在此,介绍一个用于 MP3 音频转换的小工具——Data2Hex,该工具采用 MFC 编写,无须安装。

1. *界面介绍*

Data2Hex 打开后的主界面如图 2.70 所示。

通过单击【打开文件】按钮可以选择将要转化的音乐文件,选择【存储路径】可以设置转化后的文件存储位置,文件名可以在【目标文件名】文本框中设置。若将音频文件从头开始转换,则在【偏移量】文本框中设置偏移量为 0 字节,否则用户可根据实际情况设置转化偏移

图 2.70 Data2Hex 主界面

量。在【数据长度】文本框中设置好转化文件长度后，单击【生成 C51 数组】按钮即可按照用户设置转化出音频文件对应的无符号字符数组。需要说明的是，转化完后的数组并不一定包含音频文件中的整个音乐，数组包含的音乐长度由用户设置的【数据长度】决定。

2. 使用范例

下面通过一个范例介绍 Data2Hex 的使用。

(1) 打开该软件后，单击【打开文件】按钮选择需要转换的音频文件，在此选用 Windows XP 系统中的音频文件 ding.wav。

(2) 设置存储路径为 D 盘根目录，并设置【目标文件名】为 music.h。因为音频文件是从头开始转换，所以【偏移量】设置为 0B。为了能清楚地听到音乐，【数据长度】设为 100 000B，完整设置如图 2.71 所示。

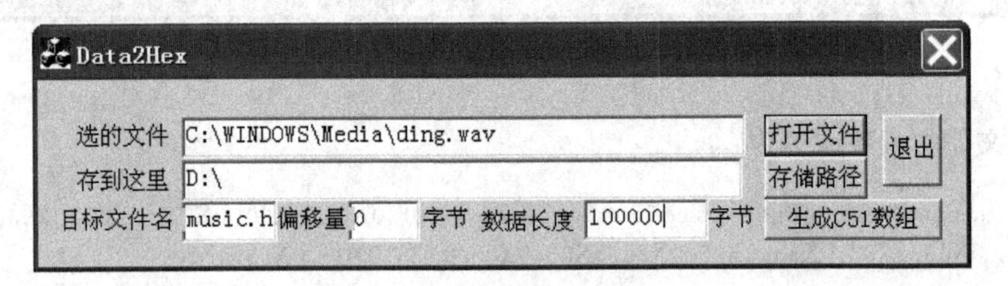

图 2.71 音频转化设置

(3) 单击【生成 C51 数组】按钮即可完成音频文件的转化。转化后的文件内容为：

```
{
0x52, 0x49, 0x46, 0x46, 0xd0, 0x3b, 0x1, 0x0, 0x57, 0x41, 0x56, 0x45, 0x66, 0x6d,
0x74, 0x20,
...
0x0, 0x0, 0x0, 0x0, 0x0, 0x0, 0x0, 0x0, 0x0, 0x0, 0x0, 0x0, 0x0, 0x0, 0x0, 0x0
}
```

(4) 最后，单击【退出】按钮结束对该软件的使用。

2.8.6 PROGISP

PROGISP 是一款 USB 下载器，支持对 AVR 系列单片机及 AT89S51 系列单片机编程，还具有比较识别字、芯片擦除和编程 Flash 等功能，是一款非常专业的下载器。

1. 界面介绍

打开 PROGISP 软件，选择【编程】选项卡，出现如图 2.72 所示的界面。用户可在 Select Chip 栏中选择要下载的芯片，单击➡可以弹出下载器与相应芯片的提示接线图，并可通过

Program State 来选择下载器。勾选【编程】栏中的相应编程选项，单击【调入 Flash】按钮来添加.hex 文件，再单击【自动】按钮可将相应文件写入芯片中。如果出错，则会弹出提示对话框；如果写入成功，下方的信息提示栏则会显示成功的信息。用户也可以通过单击【擦除】按钮来擦除芯片。

PROGISP 软件其余详细说明请参考该软件的用户手册。

图 2.72　PROGISP 主界面

2. 使用范例

下面以基于 AT89S52 单片机的软件开发为例，介绍 PROGISP 软件的使用流程。程序代码调试成功并生成.hex 文件后，准备好实验平台，连接好电源与 ISP 下载线。

(1) 准备工作做好后，双击 progisp.exe 打开 PROGISP 软件。

(2) 如图 2.73 所示，选择 Select Chip 栏中的下拉框，然后从中选择 AT89S52 单片机。

(3) 选择 Program State 栏中的 USBASP 下载器，如图 2.74 所示。

图 2.73　选择芯片　　　　图 2.74　下载器选择

(4) 单击【调入 Flash】按钮，添加要下载的.hex 文件，如图 2.75 所示。

(5) 如图 2.76 所示，选择【编程】栏中的选项，单击【自动】按钮，将 Flash 写入单片机。

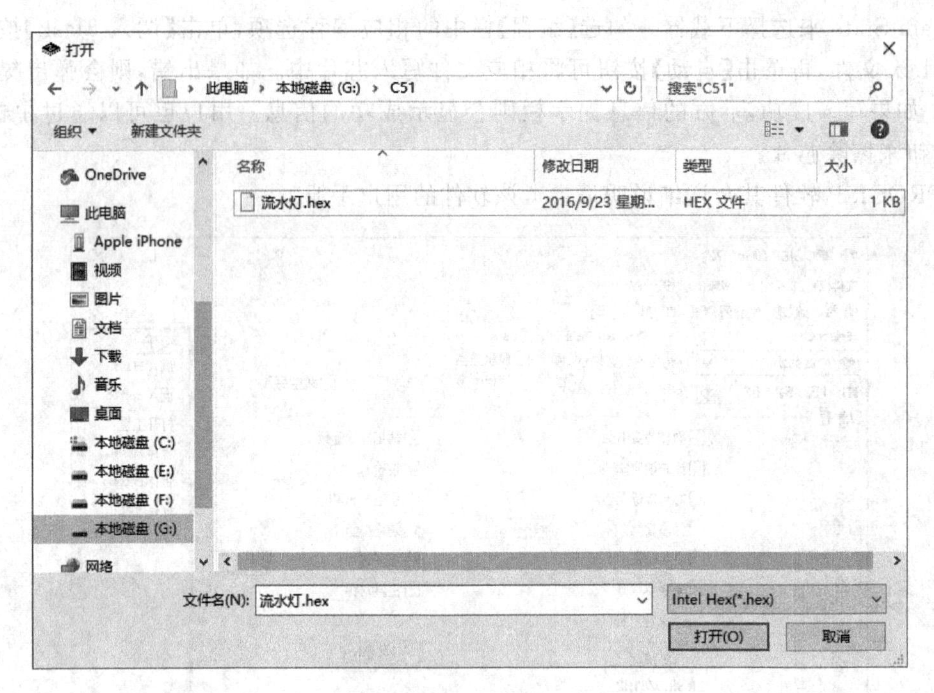

图 2.75　添加.hex 文件

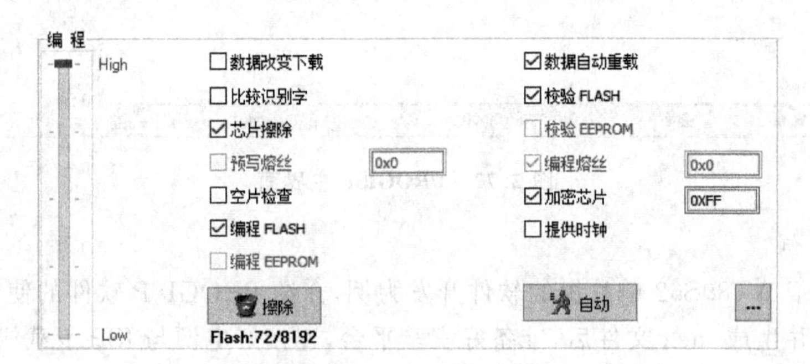

图 2.76　编程选项设置

第3章 嵌入式系统设计流程

从软件工程角度讲，项目流程分为需求分析、概要设计、详细设计、编码实现和测试5个阶段，嵌入式系统设计也符合这个规律。开始进行一个嵌入式项目之前，应先初步规划好系统完成之后是什么样子，具有什么功能和性能指标，用户如何操作等，即首先要明确系统的需求。进行需求分析不仅有助于设计人员理解用户的实际需要，而且可以帮助设计人员对系统可行性进行评估。明确需求之后，要对系统进行设计，包括系统层级结构设计、软硬件分界线设计、硬件模块设计、软件模块设计、抗干扰设计等方面。一般来说，设计分为概要设计和详细设计两个阶段，但二者之间并没有明确的界限，就如同“概要”和“详细”没有明确的界限一样。

3.1 需求分析的主要问题

嵌入式系统开发中，嵌入式处理器与外围数字电路、存储器、通信接口、键盘显示单元的选择与设计通常比较容易解决，系统研发人员通常视其为“工作”与“劳动”。但系统要实现的核心功能，包括测量、计算、分析、控制，以及系统的成本控制、系统的可靠性设计、系统的高性价比设计、“手持式”嵌入式系统的低功耗设计等，通常是系统设计的难点与重点。下面从几个不同的视角探讨嵌入式系统在需求分析阶段所要做的工作，以及这些工作的重要性。

1. 测量问题

测控领域的嵌入式系统通过测量特定信号来实现对物理量的检测、分析、控制任务，是系统开发的核心工作。不同的检测方法对应不同的测量电路及后续分析计算，不同的使用环境对应不同的输入/输出电路和接口方式。不论是何种测量方法，最终都归结为检测相关的电信号，再对此信号进行分析和计算。系统设计初期的分析通常需要明确以下几个方面的问题：

(1) 测量方法对硬件电路的约束；

(2) 测量精度对硬件电路的约束；

(3) 测控装置的实时性要求对系统硬件资源的约束。

2. 分析计算

许多嵌入式系统实现功能时需要进行复杂的数学分析计算。在系统的需求分析及总体设计阶段，应对实现该分析计算所需的硬件资源和软件开销进行评估和统筹。例如，在设计高性能电力品质分析仪时，对信号要进行高速“交流采样”(每周波1024点数据)，采样数据的FFT处理采用“蝶形算法”时，设计者要评估实现该算法所需要的计算量，包括乘法、除法、加法等，通常可先通过MATLAB仿真，进而确定分析计算工作对MPU的指令系统计算能力的要求、对DSP指令系统计算能力的要求，以及对嵌入式计算机外围资源要求——RAM容量、系统时钟、终端管理等。

3. 系统控制

具有控制功能的嵌入式系统开发，在系统的设计初期，通常要考虑以下几个因素对控制品质的影响：

(1) 被控参数的测量；

(2) 控制算法的明确；

(3) 控制信号的输出及输出方式；

(4) 控制系统的实时性保障。

4. 可靠性

工业嵌入式系统的可靠性指标是最重要的指标之一，在嵌入式系统设计的需求分析阶段，嵌入式系统的可靠性设计贯穿于硬件设计、软件设计、电源设计、工艺设计等各个方面。

(1) 硬件设计方面。正确、合理的硬件设计是保障系统可靠的基础，在测量方面，要保证信号的稳定；在驱动方面，保证器件的驱动能力满足负荷；在抗干扰方面，要增加器件间的去耦措施以及干扰吸收措施；在整体可靠性方面，要采用 WATCHDOG 电路并与软件配合以避免系统死机。

(2) 软件设计方面。在测量方面，要根据信号的特点采取相应的软件数字滤波措施；在控制输出方面，要采取高速刷新的方法，避免接口电路干扰产生的误动作；在程序设计方面，要充分利用软件陷阱、软件冗余等抗干扰措施，并根据系统开发的具体情况，有针对性地展开软件容错设计。

(3) 电源设计方面。电源的稳定性与可靠性对嵌入式系统的可靠性是至关重要的。嵌入式系统硬件和软件的局部性损坏和错误对系统的影响是局部性的，而电源的损坏对系统是全局的、致命的。在保障电源可靠运行方面，通常需要考虑系统对电网浪涌冲击的吸收、对电网谐波干扰的消除、电源各回路容量的冗余设计、负载瞬间过载和短路的保护，以及电源防潮防尘设计。

(4) 工艺与结构方面。PCB 设计工艺对电路的电磁兼容性能影响较大，PCB 设计必须严格遵守电磁兼容的相关理论方法进行。另外，嵌入式系统在壳体内的安装方式对电磁兼容和散热都有较大影响，要综合考虑嵌入式系统结构的设计。

5. 成本控制与性价比

满足嵌入式系统的性能指标是嵌入式系统设计的首要任务，而最大限度地利用现有硬件资源来实现系统功能，降低硬件成本，提高嵌入式系统的性价比是嵌入式系统设计的高端工作。成本控制成功与否关系着该款嵌入式系统的市场生命力。成本控制包含两个方面的内容：构成嵌入式系统的硬件器件成本，以及生产嵌入式系统耗费的人力和物力成本，即生产成本。

在硬件成本降低方面，设计者通常采用的方法是：尽可能用软件去取代硬件；尽可能采用当前国际最流行的、市场用量最大的器件，这类器件往往性价比最高；在可能的条件下，尽可能地简化电路，减少器件使用数量。

在生产成本降低方面，设计者通常采用的方法是：在设计上减少生产加工步骤，简化加工工艺，简化安装工艺；通过优化、合理的软件设计少嵌入式系统的调试、校验工作量等。

6. 嵌入式系统的低功耗设计

对于无市电供电环境中使用的手持式嵌入式系统，电池供电可能是唯一的选择。这类嵌入式系统需要进行低功耗设计，这是嵌入式系统整体设计的重点，也是难点。嵌入式系统低功耗设计通常在以下几个方面采取措施：

(1) 选择低功耗或有休眠模式的元器件；

(2) 尽量简化电路设计，将各硬件功能分区，根据使用状态单独供电；

(3) 根据嵌入式系统的设计需求和供电条件，以节电为目标设计多种不同的供电模式；

(4) 根据系统功能，设计不同节电运行模式，使系统在满足需求的前提下，总是处于相对最低功耗状态。

3.2 嵌入式处理器选型

在嵌入式系统的设计阶段，处理器的选型是重点工作之一。对于所要开发的嵌入式系统，处理器的选择是多项设计约束条件平衡的结果，需要考虑以下因素。

1. 外围接口对嵌入式处理器选择的约束

嵌入式系统的输入/输出接口(包括模拟量输入/输出、开关量输入/输出、脉冲量输入/输出)、外围总线接口、控制接口、键盘接口、显示器接口等的设计对处理器的I/O引脚数量、引脚支持的输入/输出方式(高速输入/高速输出、上下沿跳变中断等)提出了要求，对处理器支持的A/D通道数量、A/D分辨率、采样速率、使用方式、功能提出了要求，对PWM、SPWM的输出功能提出了要求。根据需求分析，需要将接口设计的约束罗列出来，以便之后统筹考虑。

2. 网络通信对嵌入式处理器选择的约束

网络通信功能对嵌入式处理器的通信接口数量、种类提出了要求。根据需求分析，需要将设计需求所需要的异步通信接口(UART)数量、CAN总线接口数量、网络通信接口(LAN)数量统计并罗列出来，以便之后统筹考虑。

3. 测量计算对嵌入式处理器选择的约束

测量计算速度、计算工作量的统计评估，通常以采样周期为间隔，估算在此期间的数据采集、测量计算、显示、报警、通信、数据管理等的工作量，作为选择嵌入式处理器计算能力的依据。对于需要进行FFT计算和自适应滤波等数字信号处理工作的设计需求，处理器的DSP处理计算能力是必须具备的，甚至必须选择高性能的专用DSP处理器。

4. 控制功能对嵌入式处理器选择的约束

对于计算机控制类嵌入式系统的开发，控制算法的计算机实现是必须考虑的事情，计算机控制系统是采样控制，特别是代表“模拟化设计”方法的数字PID算法，采样周期越小，调节效果越理想。复杂的计算机控制算法对嵌入式处理器的A/D采样速率、工程量转换计算速度以及控制算法的计算工作量在采样周期时间内的实现都提出了较高要求。在嵌入式处理器选择阶段，要根据控制功能对计算工作量、计算速度的要求，提出基于计算量(加、减、乘、除计算量的统计)对嵌入式处理器选择的宏观约束。

5. 数据管理对嵌入式处理器选择的约束

嵌入式系统的功能通常涉及对仪表常数的设定、系统校验数据的存储、历史数据/报警事件数据的存储与查询，在许多报警记录中，要求有日历时间的记录，这就要求该嵌入式系统必须设置硬件日历时钟。对于不同容量的历史数据存储以及保存方式，可通过在嵌入式处理器器件外部扩展 EEPROM、外部 Flash 存储器、SD 卡等外部存储单元来满足需求。在选择嵌入式处理器时，一方面要考虑嵌入式处理器有无 IIC、SPI、USB 等接口，另一方面，要考虑嵌入式处理器自身是否具有硬件日历时钟或 EEPROM 存储单元，是否支持应用程序对 Flash 存储器未使用存储区的在线编程等。

6. 供电模式对嵌入式处理器选择的约束

对手持式嵌入式系统，当电池供电成为唯一选择时，要求选择的嵌入式处理器为低功耗、低电压器件，具有待机、休眠等多种工作方式且能被及时唤醒，主频可调以及具有在低主频工作的低功耗模式等。

3.3 系统软硬件功能分配

对于嵌入式系统来说，软硬件界面划分是一个重要问题，即某功能可用软件实现，也可用硬件来实现时，那么到底采用何种方式来实现该功能呢？在系统设计方面，为降低成本，通常在保证系统性能指标的前提下，尽量用软件替代硬件实现某些功能。硬件与软件的协同设计体现在许多方面，做好这些协同与统筹，不但可以降低嵌入式系统的成本，还可以减少嵌入式系统开发的工作量。

例如，嵌入式处理器接口引脚数量较少时，嵌入式系统键盘、显示器的设计就需要仔细考虑，常规的行列式按键设计和并行式液晶电路接口需占用嵌入式处理器大量的接口引脚，这时可采用模拟量测量式键盘接口，只需占用一条模拟量输入接口即可实现多按键键盘功能，而且增加的编程工作量不大；采用 SPI 串行接口的液晶显示器接口，一方面简化了编程，另一方面也减少了嵌入式处理器引脚的使用数量。

嵌入式系统设计的软硬件协同还体现在软件与硬件的时序配合上，如果配合达不到要求，该嵌入式系统的测量和控制指标也无法达到。这一点在系统设计阶段，尤其是方案比较选择阶段须特别注意。

经过以上步骤，设计团队就明确了设计目标，之后可将设计目标形成设计任务书。通常设计任务书明确描述了拟开发嵌入式系统的功能、指标、组成、结构、外观、连接关系和使用应用对象、应用环境等，明确了设计任务，包括硬件的设计任务、软件的设计任务，制定了嵌入式系统开发的进度管理等细则。

3.4 系统结构设计

在已明确嵌入式系统的安装使用方式（导轨安装、盘式安装、壁挂式安装、手持式）的前提下，才能展开嵌入式系统的结构设计。新嵌入式系统的设计在结构设计上通常要考虑以下几个因素：

- 电气安装对嵌入式系统结构设计的约束；
- 行业内主流嵌入式系统结构外观对新嵌入式系统设计的影响；

- 输入/输出接口的数量对设计的影响；
- 输入/输出接口的类型对设计的影响；
- 嵌入式系统硬件电路设计对嵌入式系统结构设计的影响；
- 生产工艺因素对嵌入式系统结构的影响；
- 电磁兼容对嵌入式系统结构的约束；
- 显示方式对结构的影响。

1. 电气安装因素

电气安装环境对嵌入式系统外观和结构设计的影响，一方面体现在安装方式上，另一方面体现在接线方式和嵌入式系统的外观结构上。对嵌入式系统外观和结构的约束进而体现在嵌入式系统的结构设计上，即嵌入式系统的PCB组成、位置和连接关系。

2. 主流嵌入式系统的外观影响因素

新嵌入式系统的开发通常都受到市场中同类型主流嵌入式系统的影响，因为主流嵌入式系统代表着被用户和市场接受和认可的诸多因素，另外，新嵌入式系统进入市场后，用户必然要对其与现有嵌入式系统进行比较。在嵌入式系统设计上，通常要继承已被市场和用户所接受的诸多因素，这些因素许多体现在安装、外观和接口上，进而影响到嵌入式系统的结构设计。

3. 电磁兼容因素

嵌入式系统在PCB电路板功能划分上通常考虑的因素是电路功能、电路连接关系、数字电路与模拟电路、强电电路与弱电电路、与外部接口端子的连接关系等。在PCB板的安装布局及位置关系上，一定要考虑电源强电部分可能产生的空间电磁辐射因素对嵌入式系统、嵌入式处理器稳定运行的影响，消除由于PCB布线和位置因素所产生的寄生互感所造成的影响。

4. 接口数量因素

嵌入式系统的接口数量影响到嵌入式系统的外接端子的类型选择，进而影响到PCB设计与嵌入式系统结构设计。

5. 接口类型因素

接口的类型通常有以下几种：供电电源、强电信号接口、弱点信号接口、强电控制输出接口、弱电控制输出接口、网络通信接口和现场总线通信接口。不同类型的接口要求不同形式的接口端子，不同类型的信号从接线和抗干扰等角度出发，对信号的排列、在嵌入式系统壳体中的引出位置都有所不同，接口端子的排列位置和引出位置都会对PCB的设计、嵌入式系统的结构设计产生至关重要的影响。

6. 硬件电路设计因素

硬件电路的设计决定了电路元器件的数量以及PCB板的大小和规模，在壳体大小和接线端子数量、类型、位置、电磁兼容的共同约束下，嵌入式系统的结构设计要统筹考虑并需要进行相关的优化设计。

7. 生产工艺因素

嵌入式系统的结构设计要考虑到对嵌入式系统生产加工和安装工艺的影响，所遵循的原则是以减少生产加工和安装的工作量为主导。

8. 显示方式因素

显示方式(LED 数码管、LCD 液晶显示器)和嵌入式系统的面板空间、壳体选择设计形成了相互制约,在嵌入式系统的总体设计阶段,需要兼顾电路设计、电磁兼容和 PCB 互连关系,统筹考虑嵌入式系统的结构设计。

3.5 嵌入式系统工艺设计

从嵌入式系统生产加工的角度考虑,嵌入式系统的设计通常涉及的因素包括 PCB 板的安装结构、连接关系,PCB 生产的焊接工艺,PCB 板的防潮、防尘、绝缘工艺处理,嵌入式系统的壳体设计,嵌入式系统的面板及外观设计。

3.6 抗干扰设计

抗干扰设计是嵌入式系统设计必须进行的一项工作,应用于各领域的嵌入式系统,在进入市场前必须通过该行业国标的相关电磁兼容测试。嵌入式系统的电磁兼容及抗干扰设计在嵌入式系统的硬件原理设计、PCB 设计和软件设计上都须采取相应的措施。

从"抗干扰的三要素"角度出发,嵌入式系统最终受扰程度取决于三方面因素:干扰源强度、干扰源与嵌入式系统电路的耦合程度和嵌入式系统自身抗干扰的能力。嵌入式系统的防电磁干扰设计通常采取的措施是:消除或降低系统中可控的干扰源,对不可控的干扰源找出系统与之耦合的通道,采取切断耦合或降低耦合的措施,在硬件设计和软件设计上采取各种措施提高系统的抗干扰能力。

在硬件电路设计时通常在以下几个方面采取措施。

1. 硬件电路原理设计

硬件原理设计的先天缺陷后天很难弥补,首先,需要考虑的是微机系统在涉及驱动能力的各单元(包括总线、显示、通信)的容量上要留有冗余;其次,为了避免数据流、信号量大的数字电路对周围器件的影响,要设立位置合适、电容值恰当的去耦电容。对电路中强电器件产生的开关噪声须采取相关措施吸收,要通过隔离、屏蔽、消除公共阻抗和独立供电等手段避免模拟系统、弱电系统受到数字系统、强电系统的干扰。在原理设计上要保证微机系统具有可靠的"死机"复位手段。

2. 过程通道接口设计

在过程通道接口设计上,根据现场使用的需要,采取信号隔离(通常为光电隔离)、硬件滤波、信号限幅、信号钳位等必要措施保障系统硬件的可靠性。

3. 网络通信接口设计

采取信号隔离的方式,防止通信线路感应的电信号对嵌入式系统的冲击,在通信线路上增加浪涌吸收器件等保护网络通信的接口驱动器件。

4. 电源设计

(1) 对来自电网干扰的处理

来自电网的浪涌冲击会对嵌入式系统的电源及后续电路造成损坏,来自电网的谐波分量会对嵌入式系统的稳定运行产生干扰。在电源设计上,通常采用压敏电阻和大功率TVS器件吸收来自电网的浪涌冲击,有时为应对"感应雷"的冲击,也可以在电源输入点增加泄放雷电能量的放电管器件。对降低电网谐波的处理通常采用两种手段:一是在电源输入回路上增加电源滤波器,用于滤除电网的高次谐波;二是在后续的电源变压器原副边绕制(铺设)隔离屏蔽铜箔并将之接入大地,避免电网的高频谐波通过变压器的原副边"层间电容",由原边直接耦合到副边。

(2) 对来自电网的"闪变"及瞬时电网掉电的抗干扰处理

解决的办法是增大电源各回路储能电容的容量,采用输入与输出压差数值小的稳压器件。

(3) 对嵌入式各电源回路瞬间过负荷或短路的处理

对于有可能产生瞬间过负荷或短路的嵌入式电源供电辅助回路,增加自恢复保险丝器件。

5. PCB设计

硬件抗干扰的许多措施和手段都是在PCB电路设计上采用的,要严格按照PCB电路设计的抗干扰和电磁兼容设计原则和条例实施PCB设计。

3.7 嵌入式系统工业设计

一款好的嵌入式系统不但要有良好的性能指标、操作使用功能和可靠性,还要有亮丽的外观与形状,嵌入式系统的工业设计遵循将亮丽外观与嵌入式系统实用性、成本统筹考虑的方式与理念。

5.7 嵌入式系统工程设计

第2篇　多核心嵌入式教学科研平台设计

- 嵌入式平台系统需求分析与总体设计
- 开发框架和公共模块
- 电路设计与软件分析

第4章　嵌入式平台系统需求分析与总体设计

本章将介绍多核心嵌入式教学科研平台的系统概述、需求分析与总体设计，以及基于两种处理器的核心板与仿真器设计等内容。

4.1　系统概述

嵌入式系统学习需要了解嵌入式设备，学习不同的嵌入式系统，例如基于8051的单片机、MSP430单片机、AVR单片机、基于各种ARM核的处理器等。这些嵌入式设备一般由两部分组成：嵌入式处理器和外围硬件模块。对应不同的嵌入式学习来说，嵌入式处理器往往各不相同，这需要根据学习者将来的工作需求而定，但是外围硬件模块有很大相似性，不同嵌入式设备间有很大的交集。因此，为了学习多种嵌入式处理器而购置多种嵌入式设备，是一种较为浪费的学习方法。如果能够满足使用不同处理器，同时只配置一套外围硬件模块，则可以较大程度地节约学习成本。本篇的设计目标即为设计一款硬件模块功能较为齐全、能涵盖到大部分典型嵌入式应用的多核心嵌入式教学科研平台。所谓多核心，是指该平台能够通过插接不同核心板的方式支持不同处理器使用。具体来讲，主要工作包括设计一块电路主板，以及两组基于不同处理器的核心板和配套仿真器，主板可与任一组核心板及仿真器配合使用。

考虑到多个核心板都可以插接到主板上工作，因此每种核心板上的处理器应该具有较大相似性，经过综合比较，选用恩智浦公司的ARM7处理器和TI公司的MSP430单片机。前者属于比较流行的高端嵌入式处理器，近年来占据了大部分市场份额；后者属于TI公司力推的低功耗单片机，在手持设备方面应用非常广泛，这两种处理器都具有典型性。ARM7处理器的具体型号为LPC2136，64引脚QFP封装，具有47个通用I/O口；MSP430单片机的具体型号为MSP430F1611，同样为64引脚QFP封装，具有48个通用I/O口。这两种处理器的封装形式相同，I/O引脚数目接近，为核心板设计及核心板与主板间的接口设计带来了很大便利；两种嵌入式处理器的片内硬件资源大体相近，便于设计主板的硬件模块和接口。目前的嵌入式系统设计调试过程，往往使用JTAG方式，对于上述两种处理器，需要分别设计仿真器，每种仿真器配合一种处理器核心板使用。

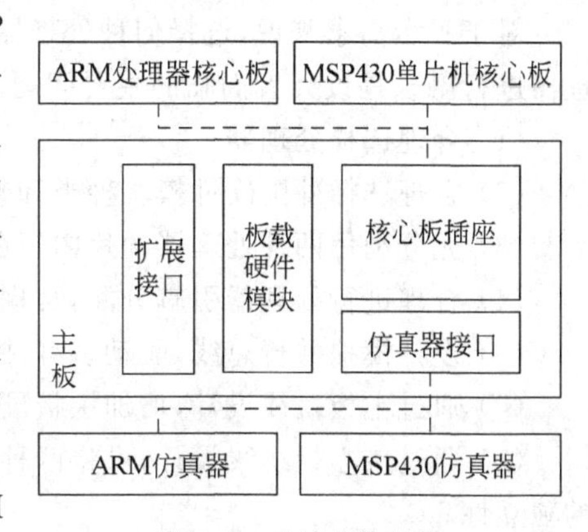

图4.1　系统总体结构

系统总体结构如图4.1所示，包括主板、ARM处理器核心板、MSP430单片机核心板、ARM仿真器和 MSP430 仿真器 5 块电路板。主板包括核心板插座、仿真器接口、板载硬件模块和扩展接口 4 个部分,任一种处理器核心板及配套仿真器都可以插接在主板上工作。

基于以上设计方式,该实验平台可工作在两种模式下,分别为 ARM 模式与单片机模式。

1. ARM 模式

将 LPC2136 处理器核心板插入主板的处理器插座,由主板向处理器供电,处理器控制主板的所有硬件资源;将 ARM 仿真器的并口端插入 PC 的并口,JTAG 端插入主板的 JTAG 插座,在 PC 的集成开发环境控制下,可调试、下载程序到多核心嵌入式教学科研平台。

2. 单片机模式

将 MSP430 单片机核心板插入主板的处理器插座,由主板向处理器供电,处理器控制主板的所有硬件资源;将 MSP430 仿真器的并口端插入 PC 的并口,JTAG 端插入主板的 JTAG 插座,在 PC 的集成开发环境控制下,可调试、下载程序到多核心嵌入式教学科研平台。

本设计方案可以用基于不同嵌入式处理器的核心板来控制主板资源,在教学和科研过程中,通过使用同一块主板,而根据不同需求更换不同的核心板,实现多个场合共用一套设备的目的,可以有效降低实验成本,包括设备购置费、电费、场地费、师资培训费等。

4.2 系统需求分析

多核心嵌入式教学科研平台的主要功能定位于学习和实验,面向人群为对嵌入式系统有初步了解、学习过嵌入式处理器体系结构和 C 语言编程方法,希望进行嵌入式技术方面具体实践的嵌入式系统设计者、软件设计者和爱好者。平台的主要作用在于供嵌入式系统的学习者理解处理器使用方法、外围硬件模块的工作原理和驱动方法,以及接口电路的设计和使用方法。由于该设备为教学科研使用,不要求长期不断电工作,并且定位于室内实验室使用,工作环境较为宽松,因此设计时需要考虑的因素较少,以下主要从功能角度进行需求分析与系统设计。

对于平台需求来说,选择何种处理器、硬件模块和接口,以及如何将这些模块接口与处理器进行融合是设计者面临的主要问题。具体来讲,包括如下几个方面:

(1) 合理选择处理器;

(2) 合理选择外围硬件模块种类和数量,注重模块的典型性和代表性;

(3) 充分利用两种处理器的片内资源,注意片内资源与外围硬件模块相结合;

(4) 合理进行处理器引脚分配,合理设计主板处理器插座引脚次序,降低布线难度;

(5) 设计模拟并行总线,驱动多种并行数据传输的外围模块;

(6) 通过主板跳线设计,增加主板硬件模块数量,克服处理器 I/O 口资源不足的问题;

(7) 通过核心板跳线设计,可将两种处理器的全部 I/O 口均引出,实现处理器资源使用的独立性;

(8) 设计多种扩展接口,实现平台系统最大限度的可扩展性。

4.2.1 硬件需求分析

1. 处理器选型

对于嵌入式系统来说，硬件是基础，系统所支持的硬件模块越多，功能就越强大，设计就越复杂。硬件需求分析要解决的问题是系统需要实现哪些功能，为了实现这些功能需要配置哪些硬件模块，并在实现同一功能的多种硬件模块中做出取舍。

首先，需要确定系统采用的嵌入式处理器类型。由于该系统定位于多核心设备，因此最少需要选择两种嵌入式处理器。选择的原则是典型、实用、难度适中、适合教学，并且两种处理器的功能和封装形式应比较接近，以便在同一套主板上使用。在这些因素中，应重点考虑处理器的内部资源情况，如 I/O 引脚数量、内部接口类型与数量、内部硬件模块类型与数量、处理器运算速度等。

现今比较流行和应用较多的嵌入式处理器有 MCS-51 系列单片机、PIC 系列单片机、AVR 系列单片机、MSP430 系列单片机、ARM 系列处理器等。教学实验的特点决定了应选择中等规模的处理器，能满足 2～3 门课程的实验需求，能够基于此平台开设 20 个左右的实验即可。

MCS-51 系列单片机可谓是嵌入式处理器领域的经典之作，40 引脚 DIP 封装的 51 系列单片机曾得到大量应用。MCS-51 单片机是美国 Intel 公司于 1980 年推出的嵌入式系统，目前典型嵌入式系统有 8031、8051、8751、8951 等通用嵌入式系统，以及对应的 52 系列嵌入式系统，统称为 51 系列。51 系列单片机虽然面世很早，但由于其简单易学、工作稳定的特点，目前仍在大量使用，并有很多公司设计开发了大量基于 51 内核的各种兼容单片机系列，如 Atmel、Philips、Winbond 等公司。很多高校及职业技术学校的培训教材仍以 51 单片机为主要授课内容。51 系列单片机由于面世较早，功能相对简单，内部资源较少，中断、UART、定时器和 I/O 口数量有限，一般适用于简单控制场合。

PIC 是 MicroChip 公司的嵌入式系统，同样是一个历史悠久的单片机系列，其嵌入式系统系列型号非常丰富，包括 8 位、16 位、32 位型号，甚至还有专用于数字信号处理的处理器，其外设资源配置也比较全。PIC 系列单片机有的非常小巧，最小的只有 8 个引脚；有的功能很强大，运行能力可以比肩 DSP。PIC 系列单片机采用精简指令集(RISC)架构，并具有分离的程序存储器空间和数据存储器空间，即哈佛(Harvard)结构，指令大多单周期内执行完毕。PIC 系列的低端嵌入式系统应用较广，尤其是 8 位机系列，但其高端嵌入式系统不够典型，不适合作通用的教学科研平台。

AVR 是 Atmel 公司的嵌入式系统，其硬件结构采取 8 位机与 16 位机的折中策略，提高了指令执行速度，增强了功能；同时又减少了对外设管理的开销，简化了硬件结构，降低了成本。AVR 单片机在软/硬件开销、速度、性能和成本诸多方面取得了优化平衡，是高性价比的单片机。不过，AVR 系列单片机与 51 系列有相似的问题，内部硬件资源不够丰富，与主板硬件资源配合使用时会限制后者的资源数量。

TI 公司的 MSP430 系列超低功耗微控制器，由针对各种不同应用目标具有不同外围设备的芯片系列组成。核心为一个强大的 16 位 RISC CPU、16 位的寄存器以及常数发生器，能够最大限度地提高代码的效率。数字控制的振荡器(DCO)允许 6μs 内将核心从低功耗模式唤醒。MSP430 系列单片机最大的特点在于支持 5 种低功耗工作模式，非常适合在便携式测量设备使用，可以有效延长电池寿命。此外，该系列单片机片内资源丰富，不亚于低端 ARM 处理器。

ARM 公司是近些年来嵌入式领域领先的公司，该公司只出售 IP 核，并不实际生产处理器芯片，从而处于嵌入式设备产业链的最上游。ARM 处理器以内核简单、性能优异、低功耗、易于扩展等特点，成为当今嵌入式处理器的主流。各大半导体公司购买 ARM 处理器的 IP 核，为其配备外围资源，然后推出自己的处理器芯片。比较著名的有 Intel 公司、三星公司、Atmel 公司、恩智浦公司等，分别推出了自己的 ARM7、ARM9、ARM10、ARM11，以及基于 Cortex 核的新型号 ARM 处理器。ARM 处理器种类繁多，功能模块各不相同，应用领域各异，在其中不难找到符合用户需求的类型。

综上所述，在多核心嵌入式教学科研平台的处理器选型中，经过综合考虑，决定选取 MSP430 系列单片机和 ARM7 处理器。前者选用 64 引脚 QFP 封装的 MSP430F1611，它内置 16 位定时器、12 位快速 A/D 转换器、双 12 位 D/A 转换器，两个通用同步/异步串行通信接口(USART)、IIC 总线控制器、DMA 控制器，以及 48 个多功能通用 I/O 引脚。后者选用恩智浦公司的 LPC2136，它内置一个支持实时仿真和嵌入式跟踪的 16/32 位 ARM7TDMI-S CPU，并带有 256KB 高速 Flash 存储器，内置宽范围的串行通信接口和 16KB 的片内 SRAM，多个 32 位定时器、10 位 8 路的 ADC、10 位 DAC、PWM 通道、47 个通用 I/O 口。在这两种处理器中，MSP430 单片机以其低功耗、资源丰富的特点，在手持嵌入式设备领域得到广泛应用；LPC2136 处理器则属于最流行的 ARM 处理器之一，是未来发展的趋势。

2. 主板硬件模块需求

主板硬件模块选择是一个烦琐的工作，需要考虑硬件模块类型、数量、基础性、典型性、布局、对处理器 I/O 引脚资源的占用程度等因素，是一个综合性的系统工作，需要有一定的硬件设计经验才能完成。由于处理器引脚资源有限，部分主板硬件模块可通过跳线选择连接至 I/O 引脚，或与 I/O 引脚断开，因此可以增加主板硬件模块的数量。经过综合考虑，结合对 MSP430F1611 处理器及 LPC2136 处理器功能特点的分析。确定主板硬件模块，包括内容如表 4.1 所示。

表 4.1 主板硬件模块

功　能	说　明
LED	3 个，用于 I/O 口控制实验，并作为其他模块的调试手段
按键	9 个按键，用于查询或中断输入实验
继电器	1 个继电器，用于弱电控制强电实验
蜂鸣器	1 个蜂鸣器，用于基本声音输出实验
数码管	1 个八段数码管，用于显示实验
模数转换电路	1 个，用于模拟/数字转换实验
数模转换电路	1 个，用于数字/模拟转换实验
EEPROM	2 个，用于存储实验、IIC 接口实验
SD 卡	1 个，用于存储卡输入/输出实验
USB 控制器	1 个，用于 USB 设备实验
以太网控制器	1 个，用于以太网实验
CAN 总线控制器	1 个，用于 CAN 总线传输实验
MP3 播放器	1 个，用于 MP3 音乐播放实验
MIC 输入	1 个，用于音频输入实验

除以上硬件模块外，主板还需要如表 4.2 所示的扩展接口，以扩展外围设备。

表 4.2　主板扩展接口

功　能	说　明
RS232C 串行接口	2 个，用于串行传输，并作为其他模块的调试手段
UART 接口	1 个，用于串行传输
字符型 LCD 接口	1 个，用于显示英文字符和少量的其他字符，单色
点阵型 LCD 接口	1 个，用于显示任意图形，单色
TFT 型 LCD 接口	1 个，用于显示任意图形，彩色
步进电机接口	1 个，用于连接步进电机
LED 点阵接口	1 个，用于连接 8×8 LED 点阵
PS/2 接口	1 个，用于连接 PS/2 设备，例如键盘
温度传感器接口	1 个，用于 DS18B20 温度传感器
红外接口	1 个，用于 1838 红外接收器
SPI 接口	1 个，用于连接采用 SPI 通信方式的设备
JTAG 接口	1 个，用于连接 JTAG 仿真器
IIC 接口	1 个，用于连接 IIC 设备

此外，核心板的所有 I/O 口，必要时都可以单独引出供其他设备使用。

4.2.2　软件需求分析

多核心嵌入式教学科研平台的软件需求部分，主要为针对各个模块所设计的实验范例程序，包括硬件驱动程序和与硬件无关的上层应用程序。由于处理器采用 MSP430F1611 与 LPC2136 两种类型，因此软件部分也包括对应的两个版本。软件依附于硬件存在，由硬件模块决定了软件功能，软件功能需求主要包括的内容如表 4.3 所示。

表 4.3　软件功能需求

模块名称	软件功能
LED	实现 LED 的闪烁
按键	将所按下按键的编号用数码管显示出来
继电器	随着继电器的开、关，蜂鸣器发出鸣叫
蜂鸣器	随着继电器的开、关，蜂鸣器发出鸣叫
数码管	使用数码管显示字符
模数转换电路	将模拟电压转换成数字电压并通过串口显示
数模转换电路	将数字电压转换成模拟电压并用万用表测量
EEPROM	使用 IIC 总线对 EEPROM 进行读写操作
SD 模块	实现对 SD 卡的读写操作
USB 控制器	实现对 U 盘的识别并获取 U 盘的存储空间大小
CAN 控制器	实现 CAN 总线节点模块的基本控制
MP3 播放器	实现音乐播放
UART 接口	实现利用 UART 与 PC 通信
字符型 LCD 接口	使用字符型 LCD 显示字符
点阵型 LCD 接口	使用点阵型 LCD 显示中英文字符及简单图形

续表

模块名称	软件功能
TFT型LCD接口	使用TFT型LCD显示字符、图片，并实现画线
步进电机接口	实现对步进电机的基本控制
LED点阵接口	实现对LED点阵的基本控制
PS/2接口	实现与PS/2接口键盘的通信
温度传感器接口	获取当前温度并通过PC的终端输出
SPI接口	辅助其他模块实现模块与处理器的通信

4.3 总体设计

经过需求分析，明确了系统支持的硬件，接下来需要考虑如何进行设计，具体来讲，即为完成一块电路主板，以及两块设计有不同处理器的核心板和对应的仿真器。

4.3.1 核心板设计

为了使多核心嵌入式教学科研平台可以支持多种处理器，需要将每一种处理器设计为核心板的形式，插接在主板上使用，因此需要在多个核心板间统一规划好核心板接口，即合理设计主板的核心板插座。

由于两种处理器的工作频率不同，晶体振荡器、电压基准源应设计在核心板上。核心板处理器的所有I/O口线均通过跳线连接到核心板插针，核心板插针可插入主板插座。当用跳线帽连接跳线时，相应处理器I/O口线与主板硬件资源连接，当移除跳线帽时，相应处理器I/O口线与主板硬件资源断开，此时可用杜邦线将处理器I/O口连接至主板其他硬件模块，从而完成系统连接方式的灵活配置。也可用杜邦线将处理器I/O口引出至系统外的其他设备。

核心板的工作电源由主板提供，主板插座不但提供3.3V电源，还提供5V电源，以便将来设计其他类型核心板时可能用到。MSP430F1611和LPC2136的核心板上，只需要将该插座对应的连线直接忽略即可。

核心板所有通用I/O口均引至主板，电源、地等引脚也引至主板，具体引脚功能如表4.4所示。

表4.4 核心板引脚功能表

核心板引脚序号	核心板引脚名称	LPC2136引脚	MSP430引脚	说明
J1_1/2	VCC50	5V电源(未用)	5V电源(未用)	5V电源
J1_3/4	VCC33	3.3V电源	3.3V电源	3.3V电源
J1_5	VS1003_DREQ	P1.5	P1.0	MP3模块中断信号
J1_6	—	—	—	—
J1_7	MOSI	P0.6	P5.1	SPI总线主出从入

续表

核心板引脚序号	核心板引脚名称	LPC2136 引脚	MSP430 引脚	说　明
J1_8	MCU_SJA1000_INT＃	P0.14	P1.1	CAN 模块中断信号
J1_9	SCLK	P0.4	P5.3	SPI 总线时钟信号
J1_10	MCU_UART1_RxD	P0.9	P3.7	UART1 输入
J1_11	SPICS3	P0.11	P6.4	SPI 器件选择信号 3
J1_12	MCU_IIC_INT＃	P0.7	P1.2	IIC 中断信号
J1_13	SPICS2	P0.12	P6.3	SPI 器件选择信号 2
J1_14	MCU_MISO	P0.5	P5.2	SPI 总线主入从出
J1_15	SPICS1	P0.13	P6.2	SPI 器件选择信号 1
J1_16	MCU_SPIOUT_INT＃	—	P1.3	SPI 中断信号
J1_17	MCU_AD1	P1.17	P4.1	数据地址总线 1
J1_18	MCU_AD0	P1.16	P4.0	数据地址总线 0
J1_19	MCU_AD3	P1.19	P4.3	数据地址总线 3
J1_20	MCU_AD2	P1.18	P4.2	数据地址总线 2
J1_21	BUSCS3	P0.17	P5.6	总线选择信号 3
J1_22	MCU_AD4	P1.20	P4.4	数据地址总线 4
J1_23	BUSCS2	P0.18	P5.5	总线选择信号 2
J1_24	MCU_AD5	P1.21	P4.5	数据地址总线 5
J1_25	BUSCS1	P0.19	P5.4	总线选择信号 1
J1_26	MCU_AD6	P1.22	P4.6	数据地址总线 6
J1_27	RD＃	P1.24	P5.7	读使能
J1_28	MCU_AD7	P1.23	P4.7	数据地址总线 7
J1_29	ALE	P0.31	P1.7	数据地址选择
J1_30	WR＃	P1.25	P5.0	写使能
J1_31	USB_INT＃	P1.16	P1.5	SUB 模块中断信号
J1_32	EtherNet_INT＃	P0.20	P1.4	以太网模块中断信号
J1_33/34	DGND	数字地	数字地	数字地
J2_1/2	VCC50	5V 电源(未用)	5V 电源(未用)	5V 电源
J2_3/4	VCC33	3.3V 电源	3.3V 电源	3.3V 电源
J2_5	PS2DAT	—	P3.2	扩展 I/O
J2_6	DS18B20IO	—	P2.3	扩展 I/O
J2_7	PS2CLK	—	P3.0	扩展 I/O
J2_8	UART1_TxD	P0.8	P3.6	UART1 输出
J2_9	1838OUT	—	P2.4	扩展 I/O
J2_10	UART0_RxD	P0.1	P3.5	UART0 输入
J2_11	UART0_TxD	P0.0	P3.4	UART0 输出
J2_12	LED_OUT3	P0.23	P2.2	LED 控制引脚 3
J2_13	Key_In3	P0.28	P2.7	按键输出引脚 3
J2_14	LED_OUT2	P0.22	P2.1	LED 控制引脚 2
J2_15	Key_In2	P0.27	P2.6	按键输出引脚 2
J2_16	LED_OUT1	P0.21	P2.0	LED 控制引脚 1
J2_17	Key_In1	P0.26	P2.5	按键输出引脚 1

续表

核心板引脚序号	核心板引脚名称	LPC2136 引脚	MSP430 引脚	说　明
J2_18	IIC_SDA	P0.3	P3.1	IIC 数据引脚
J2_19	KEY_INT#	P0.30	P1.6	按键中断信号
J2_20	IIC_SCL	P0.2	P3.3	IIC 时钟引脚
J2_21	RELAY_IN	—	P6.5	扩展 I/O
J2_22	RESET#	复位	复位	复位信号
J2_23	AVCC33	模拟 3.3V 电源	模拟 3.3V 电源	模拟电源 3.3V
J2_24	TDO	P1.27	TDO	JTAG 调试接口
J2_25	AGND	模拟地	模拟地	模拟地
J2_26	RTCK	P1.26	—	JTAG 调试接口
J2_27	AD0IN	P0.29	P6.0	A/D 转换 0 输入
J2_28	TCK	P1,29	TCK	JTAG 调试接口
J2_29	AD1IN	P0.10	P6.1	A/D 转换 1 输入
J2_30	TMS	P1.30	TMS	JTAG 调试接口
J2_31	DA0OUT	P0.25	P6.6	A/D 转换 0 输出
J2_32	TDI	P1.28	TDI	JTAG 调试接口
J2_33	DA1OUT	—	P6.7	A/D 转换 1 输出
J2_34	TRST	P1.31	—	JTAG 调试接口
J2_35/36	DGND	数字地	数字地	数字地

注："—"表示对应处理器未用到该核心板引脚，"#"表示低电平有效，下同。

4.3.2 主板硬件模块设计

主板包括多种硬件模块和接口，主板硬件结构如图 4.2 所示。

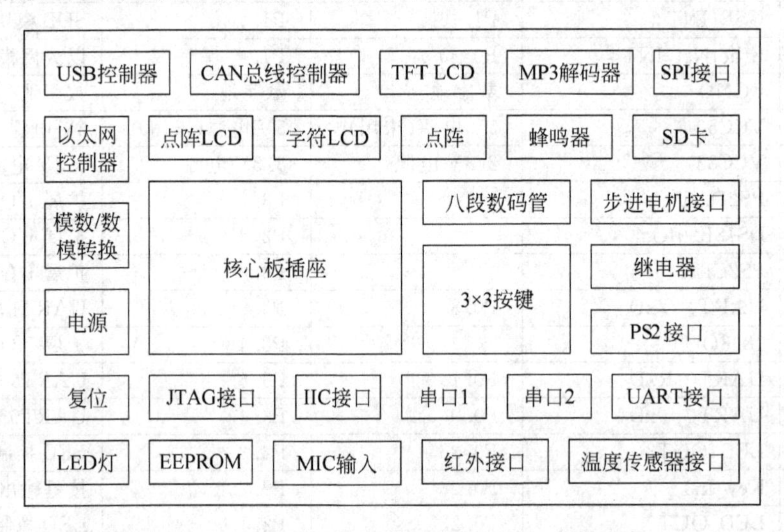

图 4.2 主板硬件结构图

为了连接核心板，在主板上设计了核心板插座，该插座提供了 3.3V 和 5V 数字电源各 1 个，提供了 3.3V 模拟电源 1 个，连同地线，共 14 条引线；提供了通用 I/O 口线 50 条，以及 JTAG 仿真信号线 6 条。核心板接口采用两组双排插座实现，一组为双排 17 孔，一组为双排 18 孔，共提供 70 条引线，两排插座大小不同，可以防止核心板插入方向错误。

多核心嵌入式教学科研平台主板直接支持多达 14 种硬件模块和 13 种接口。主板硬件模块和接口需要的 I/O 口总数远超过 ARM 处理器或 MSP430F1611 单片机所能提供的 I/O 口数目。为了解决这个矛盾，在主板上设计了一条 8 位模拟总线，由 MSP430F1611 单片机或 ARM 处理器的通用 I/O 口提供，将字符 LCD、点阵 LCD、TFT LCD、LED 点阵、USB 模块、以太网模块和 CAN 总线模块 7 种硬件模块直接连接在模拟总线上，将键盘、蜂鸣器模块和电机接口通过一片 74HC373 锁存器连接在模拟总线上，由两片 74HC138 译码器提供对上述模块的片选信号，译码器的输入由 ARM 处理器或 MSP430F1611 单片机的 I/O 口直接提供。

1. 电源设计

电源是非常重要的硬件部分，电源设计不当，将导致嵌入式系统完全失败，稳定的电源是嵌入式系统工作稳定的基础。设计电源之前，要先估算系统的功率，计算出极限情况下系统可能通过的最大电流，选用电源芯片的额定电流应比此最大电流大，并留出足够的余量，防止电源芯片过热。

多核心嵌入式教学实验平台的各个硬件部件中，功率最大的为 LCD 显示器，LCD 全亮时平台的总电流约为 800mA，采用常用的 LM7805 线性三端稳压器比较勉强，稳压芯片会比较热，必须加装散热片，同时该芯片是线性电源，工作效率较低。为了降低电源芯片温度，并提高电源效率，主板的 5V 电源采用 LM2576，这是一款高转换效率的开关电源，最大支持 3A 电流负载，并有较好的线性和负载调整能力，其原理图如图 4.3 所示。

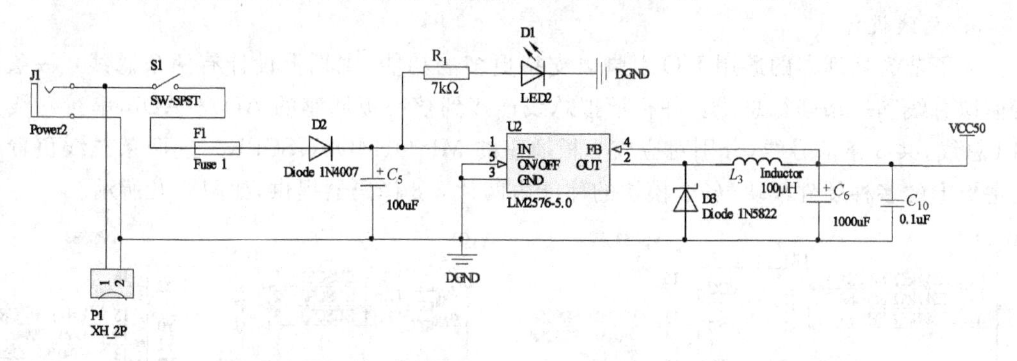

图 4.3 5V 电源原理图

核心板处理器和部分主板硬件模块工作电压为 3.3V，因此还需要设计一个 3.3V 电源，采用常用的 LDO 芯片 SPX1117-3.3 即可，原理图如图 4.4 所示。

2. 复位电路

为了保证系统上电时各个硬件模块处于确定的初始状态，主板上需要设计一套复位电路。复位电路有两个功能，其一为上电复位，其二为按键复位，用户可以通过按下按键来重新启动实验平台。复位电路原理图如图 4.5 所示。

图 4.5 中的 IMP811 是一个专门的复位芯片，可以保证在左面的 S2 按键按下时或系统上电时在 $\overline{RST}$ 引脚保持一段时间低电平，如果需要的复位信号为高电平，那么可从反相器右端取得。

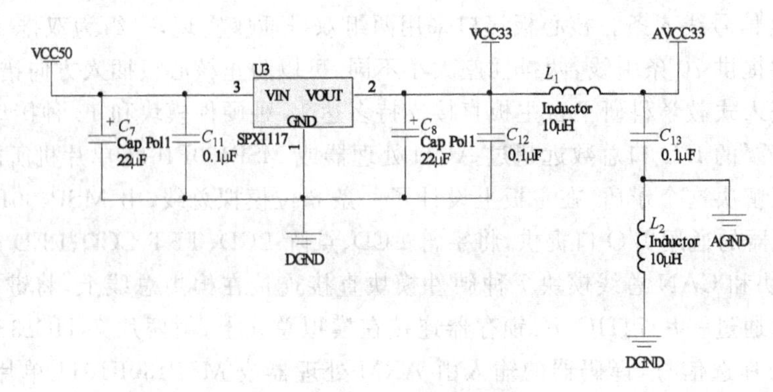

图 4.4　3.3V 电源原理图

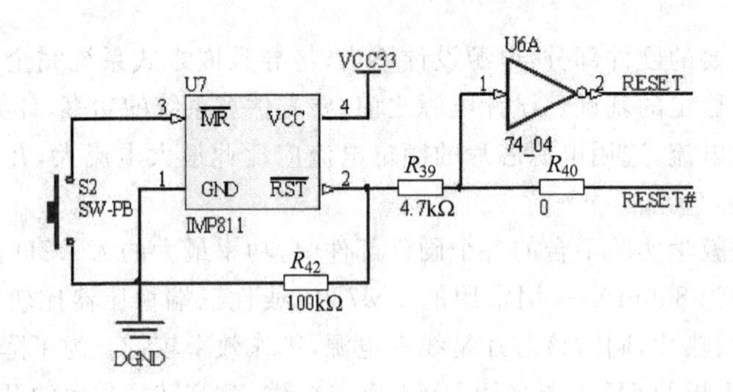

图 4.5　复位电路原理图

3. 总线设计

为了节省处理器的通用 I/O 引脚以支持更多的功能，主板上设计有两条总线：一条并行模拟总线和一条串行总线。并行模拟总线连接到核心板插座的 AD0～AD7，串行总线为 SPI 总线，共 3 条信号线，分别对应核心板插座的 MISO、MOSI、SCLK。这两条总线负责驱动主板上的多种硬件模块，各个模块的使能由两片 3-8 译码器提供，如图 4.6 所示。

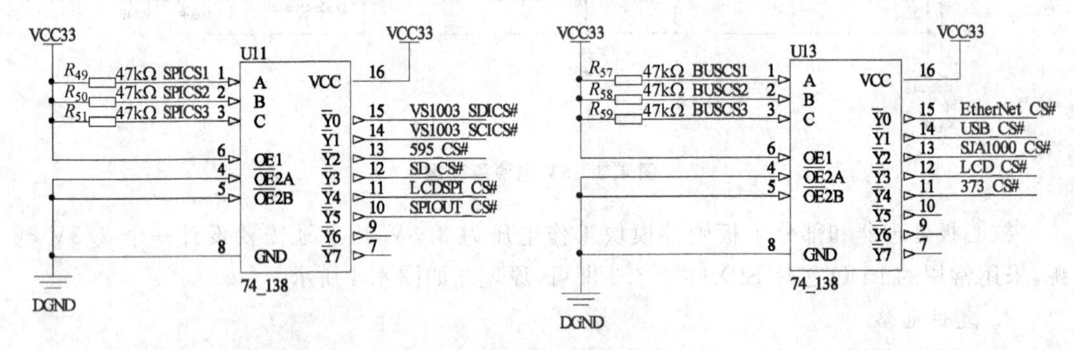

图 4.6　总线结构图

图 4.6 中，左侧为串行 SPI 3-8 译码器，用于控制挂载到 SPI 串行总线上各个设备的片选端；右侧为并行模拟总线 3-8 译码器，用于控制挂载到 8 位并行模拟总线上各个设备的片选端。两个 3-8 译码器合计共使用了 11 个输出，表 4.5 说明了译码输出对应的模块功能。

表 4.5　译码器输出表

译码器输出	功 能 描 述
U11_Y0	控制 MP3 硬件解码芯片数据片选端
U11_Y1	控制 MP3 硬件解码芯片片选端
U11_Y2	控制 595 串/并转换芯片的片选端
U11_Y3	控制 SD 块的片选端
U11_Y4	控制 LCD 在 SPI 模式下的片选端
U11_Y5	控制 SPI 从设备的片选端(被引出使用)
U13_Y0	控制以太网控制芯片的片选端
U13_Y1	控制 USB 控制芯片的片选端
U13_Y2	控制 CAN 控制器片选端
U13_Y3	控制 LCD 在并行模式下的片选端
U13_Y4	控制 373 锁存器的片选端

4. 电平转换

平台的处理器及大部分硬件模块是 3.3V 供电，主板上有小部分器件是 5V 供电，为了解决二者的电平匹配问题，设计了一个缓冲电路，如图 4.7 所示，图中 74_162245 芯片左面接嵌入式处理器，电平为 3.3V，右面接主板硬件模块，电平可以为 3.3V，也可以承受 5V。引脚功能如表 4.6 所示。

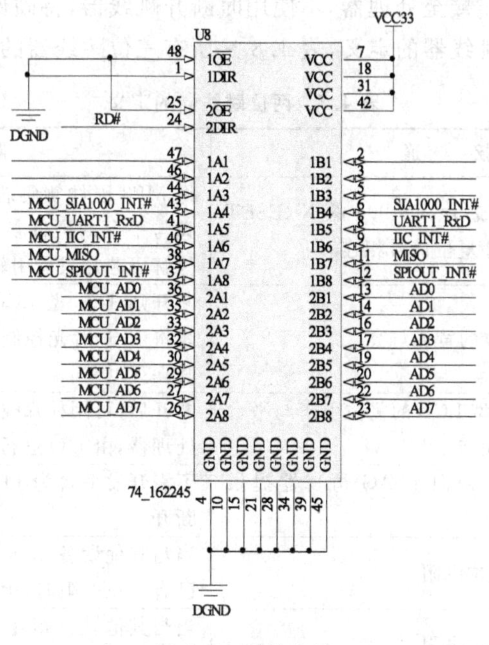

图 4.7　缓冲电路

表 4.6　缓冲器引脚功能表

处理器侧引脚	硬件模块侧引脚	功 能 描 述
MCU_SJA1000_INT#	SJA1000_INT#	CAN 控制器中断信号线
MCU_UART1_RxD	UART1_RxD	UART1 接收数据线

续表

处理器侧引脚	硬件模块侧引脚	功能描述
MCU_IIC_INT#	IIC_INT#	IIC 中断信号线(被引出使用)
MCU_MISO	MISO	SPI 总线的主入从出数据线
MCU_SPIOUT_INT#	SPIOUT_INT#	SPI 中断信号线(被引出使用)
MCU_AD0	AD0	模拟总线
MCU_AD1	AD1	模拟总线
MCU_AD2	AD2	模拟总线
MCU_AD3	AD3	模拟总线
MCU_AD4	AD4	模拟总线
MCU_AD5	AD5	模拟总线
MCU_AD6	AD6	模拟总线
MCU_AD7	AD7	模拟总线

4.3.3 主板跳线器设计

多核心嵌入式教学科研平台的主要应用目的是为教学服务，希望学生能够在这个平台上熟悉尽可能多的硬件模块，完成尽可能多的实验，但是，这个需求与有限的处理器 I/O 引脚资源形成了矛盾。解决的办法是在主板上设置多个跳线器，用以连接部分硬件模块，使用时用跳线器将硬件模块连接至处理器，不使用时断开跳线器，将硬件模块从主电路中分离出去。表 4.7 是所有两位跳线器的定义，表 4.8 是所有三位跳线器的定义。

表 4.7 两位跳线器的定义

编号	接通	断开
JP1	将 MP3 硬件解码芯片 VS1003 的 XRESET 引脚与平台的硬件复位信号相连	将 MP3 硬件解码芯片 VS1003 的 XRESET 引脚与平台的硬件复位信号断开，此时，MP3 硬件解码芯片只能用软件复位
JP4	控制 TFT 型 LCD 的背光灯亮	断开则 TFT 型 LCD 背光灯灭，此时可用杜邦线将 LCD 背光控制引脚连接处理器 I/O，控制其亮灭
JP8	将 TFT 型和点阵型 LCD 的复位引脚与平台的硬件复位信号相连	断开后，可用杜邦线将 LCD 的复位引脚连接至处理器，由 I/O 进行复位控制
JP9	相连时，由开发平台向 JTAG 仿真器提供电源	不需开发平台为 JTAG 仿真器提供电源时，须断开
JP16	IIC 时钟线连接上拉电阻	当与其他设备相连，且其他设备的 IIC 时钟线已有上拉电阻时，须断开
JP17	IIC 数据线连接上拉电阻	当与其他设备相连，且其他设备的 IIC 数据线已有上拉电阻时，须断开

表 4.8 三位跳线器的定义

编号	1、2 相连	2、3 相连
JP2	点阵型 LCD 采用并行数据传输方式时，由处理器的 ALE 信号直接控制点阵 LCD	点阵型 LCD 采用 SPI 串行数据传输方式时，由 LCDSPI_CS# 控制点阵 LCD

续表

编号	1、2 相连	2、3 相连
JP3	点阵型 LCD 采用并行数据传输方式时，由 WE#提供写信号	点阵型 LCD 采用 SPI 串行数据传输方式时，由 MOSI 向 LCD 写入信息
JP5	点阵型和字符型 LCD 背光灯控制，相连则 LCD 背光保持最大亮度	相连则可通过电位器来调节点阵型和字符型 LCD 背光灯的亮度
JP6	点阵型 LCD 采用并行数据传输方式时，由 LCD_CS#提供 LCD 片选信号	点阵型 LCD 采用 SPI 串行数据传输方式时，由 SCLK 向 LCD 提供时钟信号
JP7	点阵型 LCD 模式选择，相连为并行模式	点阵型 LCD 模式选择，相连为串行模式
JP10	UART1 模块的发送数据线连接至 9 针标准 RS232C 接口，使用 RS232C 电平	UART1 模块的发送数据线使用 TTL 电平
JP11	UART1 模块的接收数据线连接至 9 针标准 RS232C 接口，使用 RS232C 电平	UART1 模块的接收数据线使用 TTL 电平
JP12	并行模拟总线译码器使能	断开后与 J13、J14 和 J15 通过杜邦线实现用 4 个 I/O 引脚控制译码器所有片选
JP13	并行模拟总线译码器使能	断开后与 J12、J14 和 J15 通过杜邦线实现用 4 个 I/O 引脚控制译码器所有片选
JP14	串行 SPI 译码器使能	断开后与 J12、J13 和 J15 通过杜邦线实现用 4 个 I/O 引脚控制译码器所有片选
JP15	串行 SPI 译码器使能。	断开后与 J12、J13 和 J14 通过杜邦线实现用 4 个 I/O 引脚控制译码器所有片选
JP18	通过电位器来控制 AD0 的电压输入	将外部电压引入 AD0
JP19	将处理器插座 DA0OUT 引脚输出的模拟电压引回至 AD1(同时 JP20 的 1、2 位置必须相连)	将处理器插座 DA0OUT 引脚输出的模拟电压通过 J27 接口引出
JP20	将处理器插座 DA0OUT 引脚输出的模拟电压作为 AD1IN 的输入	将 J27 接口的外接模拟电压引入 AD1IN

4.4　LPC2136 核心板设计与实现

LPC2136 核心板由 LPC2136 处理器、跳线器组和外围电路组成，通过核心板上的跳线器组设置，可以将处理器 GPIO 口与主板相连，控制主板各硬件模块，或将处理器 GPIO 口引出单独使用。

4.4.1　LPC2136 核心板设计

LPC2136 核心板布局如图 4.8 所示，主要由 LPC2136 处理器、基准源电路、处理器晶振、去耦电路、电源指示灯、实时时钟(Real Time Clock，RTC)晶振、RTC 电源电路、跳线器组(J1 和 J2)部分构成。

LPC2136 处理器是整个电路的核心部件，跳线器组将其与主板上的其他模块连接起来，形成一个连通电路。为了提高平台的灵活性，跳线器组设计为允许采用两种连接方式的模式，分别为默认连接方式和自定义连接方式。这两种连接方式的截面图如图 4.9 所示，图

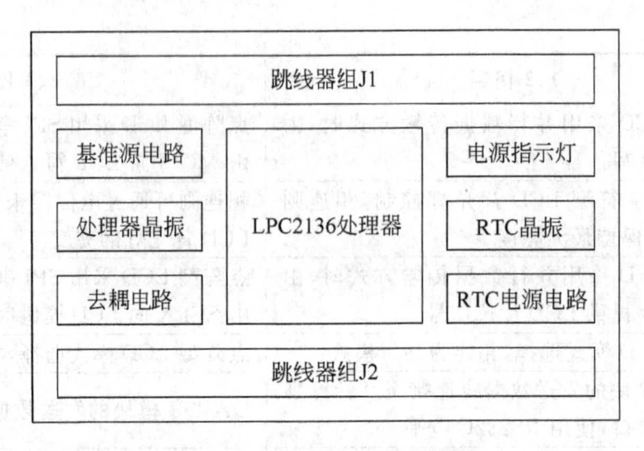

图 4.8 LPC2136 核心板布局

中(a)为默认连接方式,(b)为自定义连接方式。对于核心板上的两个跳线器组,它们的设计思路是一致的。以其中一个为例,跳线器组外侧两组跳线(即图 4.9(a)和(b)中①、④)直接与核心板上处理器引脚相连,内侧两组跳线(即图 4.9(a)和(b)中②、③)通过连接主板的插针(即图 4.9(a)和(b)中⑤、⑥)与主板上对应模块相连。在默认连接方式下,利用跳线帽连接跳线器组内外两侧跳线,即可将处理器相应引脚与主板上的电路相连;在自定义连接方式下,采用导线将跳线器组外侧跳线引出到自定义模块,即可让用户方便地使用处理器引脚。此外,跳线器组上的有些跳线器与处理器引脚采用固定连接,例如电源、地和复位等,在实际设计时,将该组跳线器内侧跳线直接与处理器相应引脚连接,去掉其外侧跳线;有些跳线器仅与一种处理器引脚连接,实际设计时,在其他处理器核心板上去掉该跳线器外侧跳线,并使其内侧跳线孤立;有些跳线器并未与任何处理器引脚连接,实际设计时,也是去掉该跳线器外侧跳线,并使其内侧跳线孤立。基准源电路给处理器的 A/D 模块提供参考电压信号;处理器晶振为处理器提供时钟信号;去耦电路负责过滤干扰信号;电源指示灯显示核心板的工作状态;实时时钟晶振提供时钟脉冲给处理器的 RTC 模块;RTC 电源电路则是在主板掉电时给处理器 RTC 模块提供了电源保障。

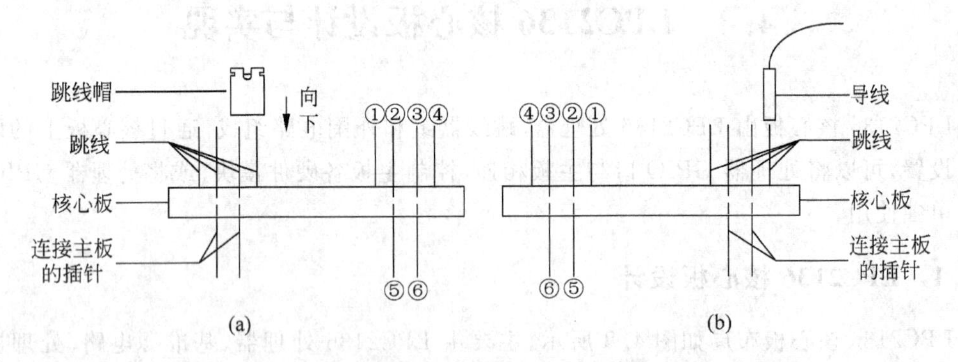

图 4.9 跳线器组两种连接方式截面图

4.4.2 LPC2136 核心板原理说明

1. 处理器晶振

LPC2136 核心板处理器晶振电路如图 4.10 所示。在设计 LPC2136 核心板时,为了减少干扰，应尽可能使晶振Y1靠近LPC2136处理器。晶振频率采用11.0592MHz，可使串口波特率更精确，晶振两端对地接30pF电容C_3和C_4，用来校正时钟波形。图4.10中的XTAL1、XTAL2和DGND分别连接LPC2136处理器的XTAL1、XTAL2和V_{SS}引脚。

2. RTC晶振

RTC时钟源电路如图4.11所示。RTC为系统提供时钟和日历，适用于具有低功耗模式的CPU系统设计。RTC电路可由外部32.768kHZ晶振Y2或基于VPB时钟的可编程预分频器来提供时钟源，而且RTC中断必须使用外部时钟源来唤醒掉电的CPU。另外，RTC还具有专用的电源引脚Vbat，可连接到电池或3.3V电压上。图4.11中的RTXC1、RTXC2和DGND分别连接LPC2136处理器的RTXC1、RTXC2和V_{SS}引脚，C_5、C_6均为30pF。

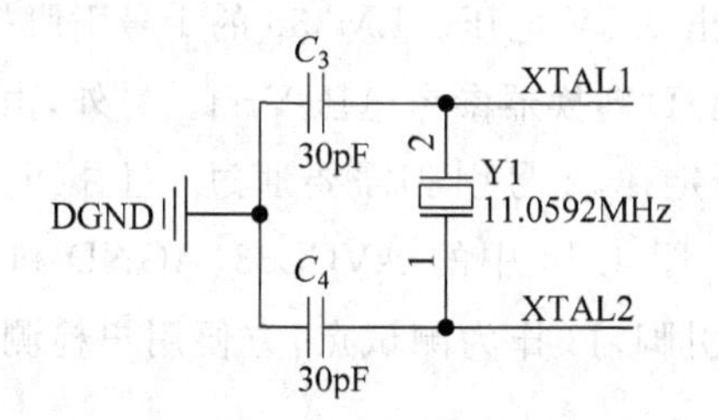

图4.10　处理器晶振电路

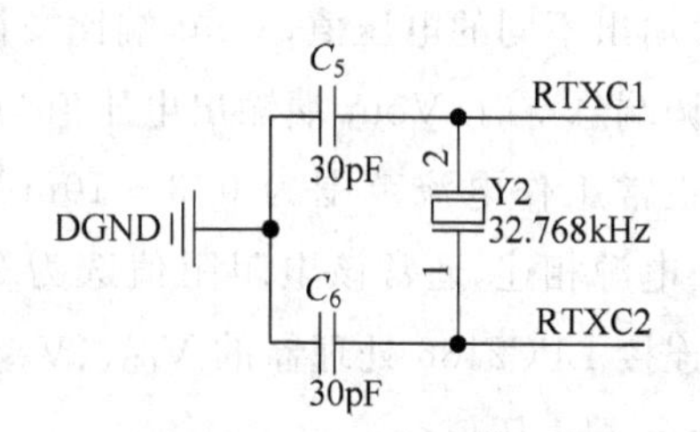

图4.11　RTC时钟源电路

3. RTC电源电路

RTC电源电路如图4.12所示。LPC2136的RTC模块有专用的引脚Vbat，连接到外部电池，当实验平台掉电时，由该电池对RTC模块供电，保证实时时钟和日历计时的连续性。当系统通电时，由于电池供电电压小于3.3V，所以二极管D2正向导通，D3反向截止，Vbat引脚连接3.3V电源；当实验平台掉电时，电池开始供电，二极管D3正向导通，D2反向截止，Vbat引脚连接到电池。电容C_7和C_8用于滤波。图4.12中的VCC33、DGND和Vbat分别连接LPC2136处理器的V_{DD}、V_{SS}和Vbat引脚。

4. 去耦电路

LPC2136核心板去耦电路如图4.13所示。有极性电解电容C_1的电容值较大，对高频

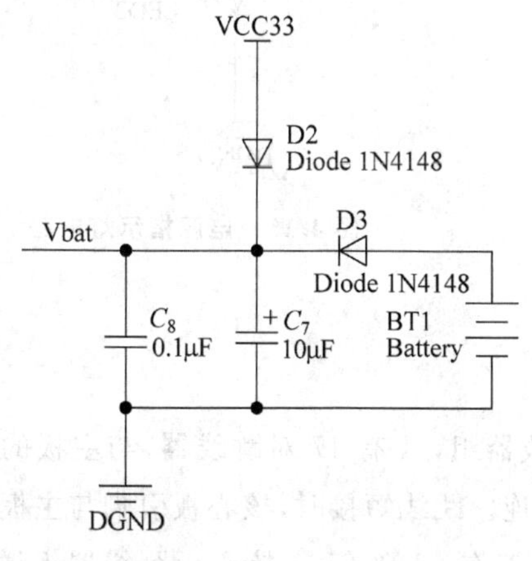

图4.12　RTC电源电路

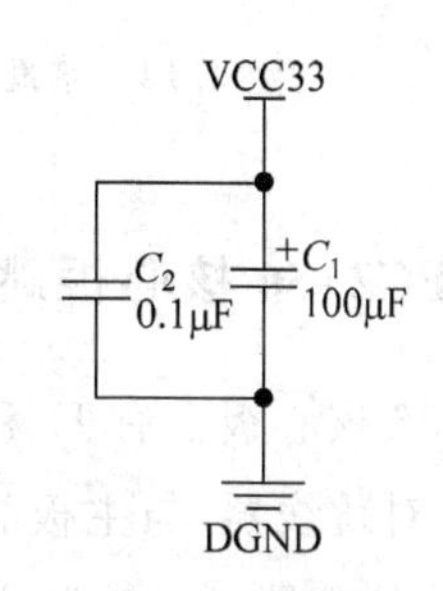

图4.13　去耦电路

信号阻抗大、低频信号阻抗小，用于过滤低频信号。与此相反，无极性电容 C_2 的电容值较小，对高频信号阻抗小、低频信号阻抗大，主要用于过滤高频信号。采用大电容并联小电容的方式，可以过滤电源中交流成分的高、低频信号，但保留直流分量，从而达到滤波的作用。图 4.13 中的 VCC33 和 DGND 分别连接 LPC2136 处理器的 V_{DD}和 V_{SS}引脚。

5. 基准源电路

基准源电路如图 4.14 所示。LPC2136 有两个 8 路 10 位 A/D 转换器，其参考电压由 Vref 引脚提供。为了提高 A/D 转换精度，一般采用基准源芯片提供参考电压。LM336 集成电路是精密的 2.5V 并联稳压器，其工作原理相当于一个低温度系数、动态电阻为 0.2Ω 的 2.5V 齐纳二极管，通过调整微调端(即图中 3 号引脚)电压可以使 Vout 端(即图中 2 号引脚)输出不同的电压值，Vout 端比微调端恒定高出 2.5V 电压。LM336 的 1 号引脚接地，当微调端悬空时，Vout 端输出电压值为 2.5V，即 A/D 转换器参考电压 Vref。另外，由于稳压器正常工作电流范围为 0.3～10mA，根据欧姆定律，2 号引脚需要通过一上拉电阻与 3.3V 电源相连，通常该电阻阻值选为 220Ω 即可。图 4.14 中的 AVCC33、AGND 和 Vref 分别连接 LPC2136 处理器的 V_{DDA}、V_{SSA}和 VREF 引脚，J3 作为测试点，方便用户检测稳压器 Vout 端电压值。

6. 电源指示灯

电源指示灯电路如图 4.15 所示。当 LPC2136 核心板连接 3.3V 电压时，发光二极管 D1 正向导通被点亮，R_3 的阻值为 3.3kΩ，起限流作用。图 4.15 中的 VCC33 和 DGND 分别连接 LPC2136 处理器的 V_{DD}和 V_{SS}引脚。

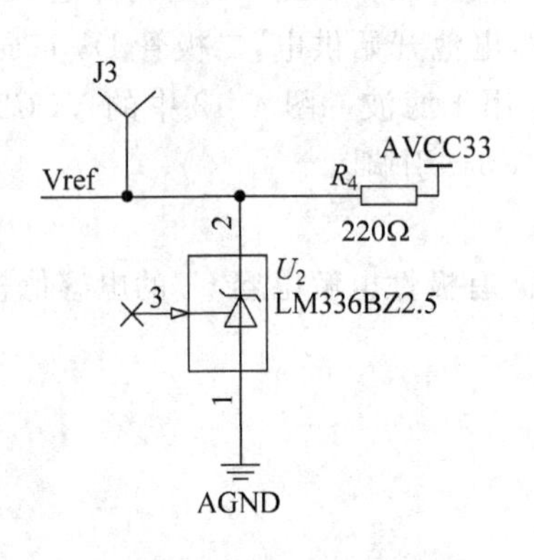

图 4.14 基准源电路图

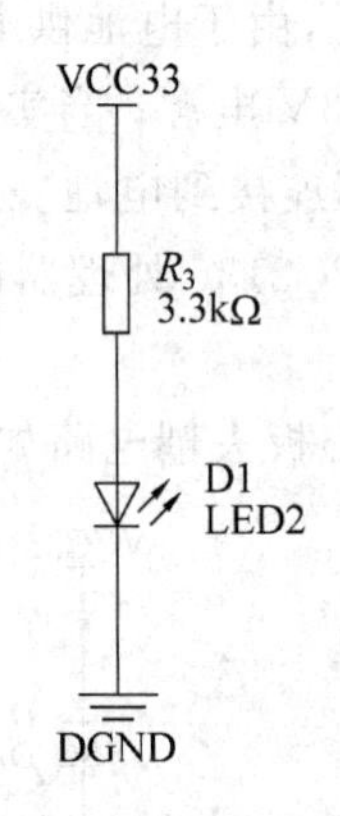

图 4.15 电源指示灯电路

4.4.3 LPC2136 核心板跳线说明

LPC2136 核心板上有 J1 和 J2 两个跳线器组，J1 有 17 对跳线器，与主板的 J16 接口相连，J2 有 18 对跳线器，与主板的 J15 接口相连。跳线短接时，核心板引脚与主板的相应引脚连通，从而使处理器可以控制主板各模块的工作。LPC2136 核心板跳线器组说明如表 4.9 所示。

表 4.9　LPC2136 核心板跳线器组说明

跳线器组	跳线编号	跳线名称	相连芯片引脚编号	芯片引脚类型	芯片引脚描述
J1	1、2	—	—	*	5.0V 端口电压，留作以后扩展用
	3、4	VCC33	23、43、51	**	3.3V 端口电压，内核和 I/O 口的电源电压
	5	VS1003 _DREQ	45	I I I	P0.15　RI1　UART1 铃响指示输入。 EINT2　外部中断 2 输入。 AD1.5　A/D 转换器 1 输入 5。该模式输入总是连接到相应的引脚
	6	—	—	*	使跳线器组中的跳线配对，无实际意义
	7	MOSI	30	I/O I I	P0.6　MOSI0　SPI0 主机输出、从机输入端。主机到从机的数据传输。 CAP0.2　定时器 0 的捕获输入通道 2。 AD1.0　A/D 转换器 1 输入 0。该模式输入总是连接到相应的引脚
	8	MCU_ SJA1000_ INT#	41	I I I/O	P0.14　DCD1　UART1 数据载波检测输入。 EINT1　外部中断 1 输入。 SDA1　I^{2}C1 数据输入/输出。开漏输出（符合 I^{2}C 规范）
	9	SCLK	27	I/O I I	P0.4　SCK0　SPI0 的串行时钟。SPI 时钟从主机输出，从机输入。 CAP0.1　定时器 0 的捕获输入通道 1。 AD0.6　A/D 转换器 0 输入 6。该模拟输入总是连接到相应的引脚
	10	MCU_ UART1_RXD	34	I O I	P0.9　RxD1　UART1 发送输出端。 PWM6　脉宽调制器输出 6。 EINT3　外部中断 3 输入
	11	SPICS3	37	I I I/O	P0.11　CTS1　UART1 清除发送输入端。 CAP1.1　定时器 1 的捕获输入通道 0。 SCL1　I^{2}C1 时钟输入/输出。开漏输出（符合 I^{2}C 规范）
	12	MCU _ IIC _ INT#	31	I O I	P0.7　SSEL0　SPI0 从机选择。选择 SPI 接口用作从机。 PWM2　脉宽调制器输出 2。 EINT2　外部中断 2 输入
	13	SPICS2	38	I O I	P0.12　DSR1　UART1 数据设置就绪端。 MAT1.0　定时器 1 的匹配输出通道 0。 AD1.3　A/D 转换器 1 输入 3。该模拟输入总是连接到相应的引脚

续表

跳线器组	跳线编号	跳线名称	相连芯片引脚编号	芯片引脚类型	芯片引脚描述
J1	14	MCU_MISO	29	I/O O I	P0.5　MISO0　SPI0 主机输入、从机输出端。从机到主机的数据传输。 MAT0.1　定时器 0 的匹配输出通道 1。 AD0.7　A/D 转换器 0 输入 7。该模拟输入总是连接到相应的引脚
	15	SPICS1	39	O O I	P0.13　DTR1　UART1 数据终端就绪。 MAT1.1　定时器 1 的匹配输出通道 1。 AD1.4　A/D 转换器 1 输入 4。该模拟输入总是连接到相应的引脚
	16	MCU_SPIOUT_INT#	—	*	仅供 MSP430 核心板 SPI 接口使用
	17	MCU_AD1	12	O	P1.17　TRACEPKT1 跟踪包位 1。带内部上拉的标准 I/O 口
	18	MCU_AD0	16	O	P1.16　TRACEPKT0 跟踪包位 0。带内部上拉的标准 I/O 口
	19	MCU_AD3	4	O	P1.19　TRACEPKT3 跟踪包位 3。带内部上拉的标准 I/O 口
	20	MCU_AD2	8	O	P1.18　TRACEPKT2 跟踪包位 2。带内部上拉的标准 I/O 口
	21	BUSCS3	47	I I/O O	P0.17　CAP1.2　定时器 1 的捕获输入通道 2。 SCK1　SPI1 串行时钟。SPI 时钟从主机输出或输入到从机。 MAT1.2　定时器 1 的匹配输出通道 2
	22	MCU_AD4	48	O	P1.20　TRACESYNC 跟踪同步。带内部上拉的标准 I/O 口
	23	BUSCS2	53	I I/O O	P0.18　CAP1.3　定时器 1 的捕获输入通道 3。 MISO1　SPI1 主机输入从机输出端。数据输入 SPI 主机或从 SPI 从机输出。 MAT1.3　定时器 1 的匹配输出通道 3
	24	MCU_AD5	44	O	P1.21　PIPESTAT0 流水线状态位 0。带内部上拉的标准 I/O 口
	25	BUSCS1	54	O I/O I	P0.19　MAT1.2　定时器 1 的匹配输出通道 2。 MOSI1　SPI1 主机输出、从机输入端。数据从 SPI 主机输出或输入 SPI 从机。 CAP1.2　定时器的捕获 1 输入通道 2
	26	MCU_AD6	40	O	P1.22　PIPESTAT1 流水线状态位 1。带内部上拉的标准 I/O 口

续表

跳线器组	跳线编号	跳线名称	相连芯片引脚编号	芯片引脚类型	芯片引脚描述
J1	27	RD#	32	O	P1.24　TRACECLK 跟踪时钟。带内部上拉的标准 I/O 口
	28	MCU_AD7	36	O	P1.23　PIPESTAT2 流水线状态位 2。带内部上拉的标准 I/O 口
	29	ALE	17	O	P0.31　通用数字输出引脚
	30	WR#	28	I	P1.25　EXTIN0 外部触发输入。带内部上拉的标准 I/O 口
	31	USB_INT#	16	O	P1.16　TRACEPKT0 跟踪包位 0。带内部上拉的标准 I/O 口
	32	EtherNet_INT#	55	O I I	P0.20　MAT1.3　定时器 1 的匹配输出通道 3。 SSEL1　SPI1 从机选择。选择 SPI 接口用作从机。 EINT3　外部中断 3 输入
	33、34	DGND	6、18、25、42、50	**	地：0V 电压参考点
J2	1、2	—	—	*	5.0V 端口电压，留作以后扩展用
	3、4	VCC33	23、43、51	**	3.3V 端口电压，内核和 I/O 口的电源电压
	5	PS2DAT	—	*	仅供 MSP430 核心板 PS/2 模块使用
	6	18B20IO	—	*	仅供 MSP430 核心板温度传感器模块使用
	7	PS2CLK	—	*	仅供 MSP430 核心板 PS/2 模块使用
	8	UART1_TxD	33	O O I	P0.8　TxD1　UART1 发送输出端。 PWM4　脉宽调制器输出 4。 AD1.1　A/D 转换器 1 输入 1。该模拟输入总是连接到相应的引脚
	9	1838OUT	—	*	仅供 MSP430 核心板温度传感器模块使用
	10	UART0_RxD	21	I O I	P0.1　RxD0　UART0 接收输入端。 PWM3　脉宽调制器输出 3。 EINT0　外部中断 0 输入
	11	UART0_TxD	19	O O	P0.0　TxD0　UART0 发送输出端。 PWM1　脉宽调制器输出 1
	12	LED_OUT3	58	I/O	P0.23　通用数字输入输出引脚
	13	Key_Out3	13	I I O	P0.28　AD0.1　A/D 转换器 0 输入 1。该模拟输入总是连接到相应的引脚。 CAP0.2　定时器 0 的捕获输入通道 2。 MAT0.2　定时器 0 的匹配输出通道 2

续表

跳线器组	跳线编号	跳线名称	相连芯片引脚编号	芯片引脚类型	芯片引脚描述
	14	LED_OUT2	2	I I O	P0.22　AD1.7　A/D 转换器 1 输入 7。该模拟输入总是连接到相应的引脚。 CAP0.0　定时器 0 的捕获输入通道 0。 MAT0.0　定时器 0 的匹配输出通道 0
	15	Key_Out2	11	I I O	P0.27　AD0.0　A/D 转换器 0 输入 0。该模拟输入总是连接到相应的引脚。 CAP0.1　定时器 0 的捕获输入通道 1。 MAT0.1　定时器 0 的匹配输出通道 1
	16	LED_OUT1	1	O I I	P0.21　PWM5　脉宽调制器输出 5。 AD1.6　A/D 转换器 1 输入 6。 CAP1.3　定时器 1 的捕获输入通道 3
	17	Key_Out1	10	I	P0.26　AD0.5　A/D 转换器 0 输入 5。该模拟输入总是连接到相应的引脚
	18	IIC_SDA	26	I/O O I	P0.3　SDA0　I^2C0 数据输入/输出。开漏输出(符合 I^2C 规范)。 MAT0.0　定时器 0 的匹配输出通道 0。 EINT1　外部中断 1 输入
J2	19	KEY_INT#	15	I I I	P0.30　AD0.3　A/D 转换器 0 输入 3。该模拟输入总是连接到相应的引脚。 EINT3　外部中断 3 输入。 CAP0.0　定时器 0 的捕获输入通道 0
	20	IIC_SCL	22	I/O I	P0.2　SCL0　I^2C0 时钟输入/输出。开漏输出(符合 I^2C 规范)。 CAP0.0　定时器 0 的捕获输入通道 0
	21	RELAY_IN	—	*	仅供 MSP430 核心板继电器模块使用
	22	RESET#	57	**	外部复位输入：当该引脚为低电平时，器件复位，I/O 口和外围功能进入默认状态，处理器从地址 0 开始执行程序。具有迟滞作用的 TTL 电平，引脚可承受 5V 电压
	23	AVCC33	7	I	模拟 3.3V 端口电源：它与 V_{DD} 的电压相同，但为了降低噪声和出错概率，两者应当隔离。该电压为片内 PLL 供电
	24	TDO	64	O	P1.27：TDO，JTAG 接口的测试数据输出
	25	AGND	59	I	模拟地：0V 电压参考点。它与 V_{SS} 的电压相同，但为了降低噪声和出错概率，两者应当隔离
	26	RTCK	24	I/O	P1.26：RTCK，返回的测试时钟输出。它是加载在 JTAG 接口的额外信号。辅助调试器与处理器频率的变化同步。它是带内部上拉的双向引脚

续表

跳线器组	跳线编号	跳线名称	相连芯片引脚编号	芯片引脚类型	芯片引脚描述
J2	27	AD0IN	14	I I O	P0.29 AD0.2 A/D 转换器 0 输入 2。该模拟输入总是连接到相应的引脚 CAP0.3 定时器 0 的捕获输入通道 3。 MAT0.3 定时器 0 的匹配输出通道 3
	28	TCK	56	I	P1.29 TCK JTAG 接口的测试时钟
	29	AD1IN	35	O I I	P0.10 RTS1 UART1 请求发送输出端。 CAP1.0 定时器 1 的捕获输入通道 0。 AD1.2 A/D 转换器 1 输入 2。该模拟输入总是连接到相应的引脚
	30	TMS	52	I	P1.30 TMS JTAG 接口的测试模式选择
	31	DA0OUT	9	I O	P0.25 AD0.4 A/D 转换器 0 输入 4。该模拟输入总是连接到相应的引脚 Aout D/A 转换器输出
	32	TDI	60	I	P1.28 TDI JTAG 接口的测试数据输入
	33	DA1OUT	—	*	仅供 MSP430 核心板 D/A 模块使用
	34	TRST	20	I	P1.31 TRST JTAG 接口的测试复位
	35、36	DGND	6、18、25、42、50	**	地：0V 电压参考点

注：芯片引脚类型一栏中，* 表示跳线在该核心板中为孤立的，并未与处理器引脚相连；** 表示跳线在该核心板中采取固定连接。

4.5 MSP430 核心板设计与实现

MSP430 核心板电路设计与 LPC2136 核心板相似，由处理器、跳线器组和外围电路三部分构成。

4.5.1 MSP430 核心板设计

MSP430 核心板布局如图 4.16 所示，由 MSP430F1611 处理器、高速晶体振荡器、低速晶体振荡器、去耦电路、电源指示灯、基准源电路、跳线器组(J1 和 J2)8 个部分组成。

MSP430F1611 处理器是整个电路的核心部件，与 LPC2136 处理器类似，其功能引脚均通过跳线器组引出，当需要使用其某个引脚完成自定义功能时，可以采用导线连到该引脚对应的跳线器上将其引出使用，而默认情况下，则是用跳线帽连接核心板和主板，使其构成一个连通的完整电路。高速晶体振荡器给处理器提供高频信号；与之相似，低速晶体振荡器给处理器提供低频信号。去耦电路用来过滤干扰信号。电源指示灯用来显示核心板工作状态。基准源电路给核心板的 A/D 模块提供参考电压。

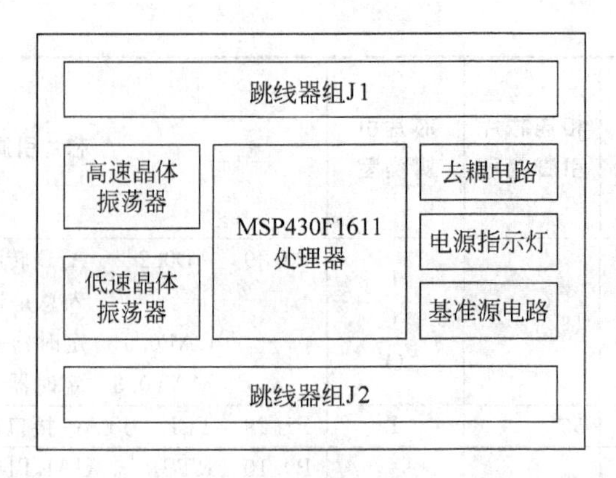

图 4.16 MSP430 核心板布局

4.5.2 MSP430 核心板原理说明

由于 MSP430 核心板与 LPC2136 核心板的设计相似，下面将主要介绍 MSP430 核心板的不同之处，其他部分参考 LPC2136 核心板介绍部分。

1. 高频晶振电路

除晶振频率不同外，MSP430 核心板高频晶振电路其他地方与 LPC2136 核心板的相同，电路原理图参见图 4.10 处理器晶振电路。MSP430 核心板采用频率为 8MHz 的晶振作为其处理器芯片内部高速晶体振荡器的振荡源，通过芯片内部多种分频，即可获得满足不同需求的频率信号。原理图中的 XTAL1、XTAL2 和 DGND 分别连接 MSP430F1611 处理器的 XT2IN、XT2OUT 和 DV_{SS}引脚。

2. 低频晶振电路

MSP430 核心板低频晶振电路与 LPC2136 核心板的完全一样，电路原理图参见图 4.11 RTC 时钟源电路。为了满足 MSP430 处理器工作时能有多种低功耗模式的需求，核心板使用了频率为 32.768kHz 的低频晶振作为系统低速晶体振荡器(LFXT1)的振荡源。原理图中的 RTXC1、RTXC2 和 DGND 分别连接 MSP430F1611 处理器的 XIN、XOUT 和 DV_{SS}引脚。

3. 去耦电路

MSP430 核心板去耦电路与 LPC2136 核心板相同，在此不再赘述，原理图参见图 4.13 去耦电路。图中的 VCC33 和 DGND 分别连接 MSP430F1611 处理器的 DV_{CC}和 DV_{SS}引脚。

4. 基准源电路

MSP430 核心板基准源电路与 LPC2136 核心板相同，电路原理图参见图 4.14 基准源电路图。MSP430F1611 处理器有一个 8 路 12 位 A/D 转换器，其工作原理与 LPC2136 的类似。原理图中的 AVCC33、AGND 和 Vref 分别连接 MSP430F1611 处理器的 AV_{CC}、AV_{SS}和 Ve_{REF+}。

5. 电源指示灯电路

MSP430 核心板电源指示灯电路与 LPC2136 核心板相同，电路原理图参见图 4.15 电源指示灯电路。图中的 VCC33 和 DGND 分别连接 MSP430F1611 处理器的 DV_{CC}和 DV_{SS}引脚。

4.5.3 MSP430核心板跳线说明

MSP430F1611核心板跳线器组说明如表4.10所示。

表4.10 MSP430F1611核心板跳线器组说明

跳线器组	跳线编号	跳线名称	相连芯片引脚编号	芯片引脚类型	芯片引脚描述
J1	1、2	—	—	*	5.0V端口电压,留作以后扩展用
	3、4	VCC33	1	**	3.3V端口电压,内核和I/O口的电源电压
	5	VS1003_DREQ	12	I/O	P1.0 TACLK 定时器A时钟信号输入端
	6	—	—	*	使跳线器组中的跳线配对,无实际意义
	7	MOSI	45	I/O	P5.1 SIMO1 SPI1主出从入,主机到从机的数据传输
	8	MCU_SJA1000_INT#	13	I/O	P1.1 TA0 定时器A捕获:CCI0A输入,比较:OUT0输出
	9	SCLK	47	I/O	P5.3 UCLK1 USART1/SPI模式时钟输入
	10	MCU_UART1_RXD	35	I/O	P3.7 RxD1 UART1发送输入端
	11	SPICS3	3	I/O	P6.4 A4 12位ADC模拟输入A4
	12	MCU_IIC_INT#	14	I/O	P1.2 TA1 定时器A捕获:CCI1A输入,比较:OUT1输出
	13	SPICS2	2	I/O	P6.3 A3 12位ADC模拟输入A3
	14	MCU_MISO	46	I/O	P5.2 SOMI1 SPI1主入从出,从机到主机的数据传输
	15	SPICS1	61	I/O	P6.2 A2 12位ADC模拟输入A2
	16	MCU_SPIOUT_INT#	15	I/O	P1.3 TA2 定时器A捕获:CCI2A输入,比较:OUT2输出
	17	MCU_AD1	37	I/O	P4.1 TB1 定时器B捕获I/P或者PWM输出端口CCR1
	18	MCU_AD0	36	I/O	P4.0 TB0 定时器B捕获I/P或者PWM输出端口CCR0
	19	MCU_AD3	39	I/O	P4.3 TB3 定时器B捕获I/P或者PWM输出端口CCR3
	20	MCU_AD2	38	I/O	P4.2 TB2 定时器B捕获I/P或者PWM输出端口CCR2
	21	BUSCS3	50	I/O	P5.6 ACLK 辅助时钟输出
	22	MCU_AD4	40	I/O	P4.4 TB4 定时器B捕获I/P或者PWM输出端口CCR4

续表

跳线器组	跳线编号	跳线名称	相连芯片引脚编号	芯片引脚类型	芯片引脚描述
J1	23	BUSCS2	49	I/O	P5.5 SMCLK 子系统时钟输出
	24	MCU_AD5	41	I/O	P4.5 TB5 定时器B捕获I/P或者PWM输出端口CCR5
	25	BUSCS1	48	I/O	P5.4 MCLK 主系统时钟输出
	26	MCU_AD6	42	I/O	P4.6 TB6 定时器B捕获I/P或者PWM输出端口CCR6
	27	RD#	51	I/O	P5.7 TBoutH 对于定时器B的TB0～TB6,将所有PWM数字输出端口设为高阻态。 SVSOUT 电源电压监控比较输出
	28	MCU_AD7	43	I/O	P4.7 TBCLK 定时器B输入时钟
	29	ALE	19	I/O	P1.7 TA2 定时器A,比较:OUT2输出
	30	WR#	44	I/O	P5.0 STE1 USART1/SPI模式从设备传输使能端
	31	USB_INT#	17	I/O	P1.5 TA0 定时器A,比较:OUT0输出
	32	EtherNet_INT#	16	I/O	P1.4 SMCLK SMCLK信号输出
	33、34	DGND	63	**	地:0V电压参考点
J2	1、2	—	—	*	5.0V端口电压,留作以后扩展用
	3、4	VCC33	1	**	3.3V端口电压,内核和I/O口的电源电压
	5	PS2DAT	30	I/O	P3.2 SOMI0 USART0/SPI模式的从出主入
	6	18B20IO	23	I/O	P2.3 CA0 比较器A输入 TA1 定时器A,比较:OUT1输出
	7	PS2CLK	28	I/O	P3.0 STE0 USART0/SPI模式从设备传输使能端
	8	UART1_TxD	34	I/O	P3.6 TxD1 UART1发送输出端
	9	1838OUT	24	I/O	P2.4 CA1 比较器A输入 TA2 定时器A,比较:OUT2输出
	10	UART0_RxD	33	I/O	P3.5 RxD0 UART0接收输入端
	11	UART0_TXD	32	I/O	P3.4 TxD0 UART0发送输出端
	12	LED_OUT3	22	I/O	P2.2 CAOUT 比较器A输出 TA0 定时器A,比较:OUT0输出
	13	Key_In3	27	I/O	P2.7 TA0 定时器A,比较:OUT0输出
	14	LED_OUT2	21	I/O	P2.1 TAINCLK,定时器A,INCLK上的时钟信号
	15	Key_In2	26	I/O	P2.6 ADC12CLK 12位ADC转换时钟
	16	LED_OUT1	20	I/O	P2.0 ACLK ACLK输出
	17	Key_In1	25	I/O	P2.5 R_{OSC} 定义DCO标称频率的外部电阻输入

续表

跳线器组	跳线编号	跳线名称	相连芯片引脚编号	芯片引脚类型	芯片引脚描述
J2	18	IIC_SDA	29	I/O	P3.1　SIMO0　USART0/SPI 模式的从入主出。 DSDA　IIC 数据
	19	KEY_INT#	18	I/O	P1.6　TA1　定时器 A，比较：OUT1 输出
	20	IIC_SCL	31	I/O	P3.3　UCLK0　USART0/SPI 模式的外部时钟输入。 SCL　IIC 时钟输入
	21	RELAY_IN	4	I/O	P6.5　A5　12 位 ADC 模拟输入 A5
	22	RESET#	58	**	外部复位输入：非屏蔽中断输入或者 Boot Load 启动
	23	AVCC33	64	**	模拟 3.3V 端口电源：它与 V_{DD} 的电压相同，但为了降低噪声和出错概率，两者应当隔离。该电压为片内 PLL 供电
	24	TDO	54	**	TDO：JTAG 接口的测试数据输出。 TDI：JTAG 接口的编程数据输出引脚
	25	AGND	62	**	模拟地：0V 电压参考点。它与 V_{SS} 的电压相同，但为了降低噪声和出错概率，两者应当隔离
	26	RTCK	—	*	仅供 LPC2136 核心板实时时钟模块使用
	27	AD0IN	59	I/O	P6.0　A0　12 位 ADC 模拟输入 A0
	28	TCK	57	**	TCK　JTAG　接口的测试时钟
	29	AD1IN	60	I/O	P6.1　A1　12 位 ADC 模拟输入 A1
	30	TMS	56	**	TMS　JTAG　接口的测试模式选择
	31	DA0OUT	5	I/O	P6.6　A6　12 位 ADC 模拟输入 A6 DAC0　12 位 DAC，通道 0 输出
	32	TDI	55	**	TDI　JTAG 接口的测试数据输入 TCLK　JTAG 接口的测试时钟
	33	DA1OUT	6	I/O	P6.7　A7　12 位 ADC 模拟输入 A7 DAC1　12 位 DAC，通道 1 输出 SVSIN　电源电压监控输入
	34	TRST	—	*	仅供 LPC2136 核心板 JTAG 调试模块使用
	35、36	DGND	63	**	地：0V 电压参考点

注：芯片引脚类型一栏中，* 表示跳线在该核心板中为孤立的，并未与处理器引脚相连；** 表示跳线在该核心板中采取固定连接。

4.6 仿真器设计与实现

嵌入式微处理器一般没有标准的输入/输出装置,同时受存储空间限制,难以容纳用于调试程序的专用软件,因此对嵌入式软件进行调试时,一般需要使用仿真器。仿真器可以使开发人员观察程序运行的结果和中间值,对硬件进行检测和观察,大大提高了嵌入式系统的开发效率。

最早的嵌入式仿真器是一套独立的装置,具有专用的键盘和显示器,用于输入和运行结果的显示。随着PC的普及,新一代仿真器大都利用PC作为标准的输入/输出装置,仿真器本身成为PC和目标系统之间的接口,通过串行或并行接口、网口、USB口与PC通信。

4.6.1 JTAG仿真器

目前使用的处理器芯片一般都内置了JTAG调试逻辑,使用IDE配合JTAG仿真器进行开发是被采用最多的一种调试方式,通过现有的JTAG边界扫描端口与核心芯片进行通信,无须目标存储器,不占用目标系统的任何端口,可以进行完全非插入式(即不使用片上资源)调试。

JTAG仿真器也称JTAG调试器,目前国内著名的JTAG仿真器有:

(1) BDI1000/2000/3000。可以调试ARM、MIPS、PowerPC、ColdFire、Xscale等多种处理器,其采用以太网接口,下载速度快,调试不同的处理器只需购买不同的软件授权,无须更换硬件,但价格不菲。

(2) J-Link。可以调试ARM架构处理器,为IAR公司开发的调试工具,支持RDI协议的开发工具,如Keil、ADS、IAR等,但不支持ARM10以上的内核,下载速度400~500kB/s。

(3) Multi-ICE。ARM公司推出的官方仿真器,主要是为了配合ADS通过JTAG接口对ARM器件进行调试,由于推出的时间早,不能支持一些比较新的内核,下载速度130kB/s左右。

(4) U-Link。可以调试ARM架构处理器和某些增强型8051单片机,仅支持Keil工具,JTAG下载速度20~30kB/s,其原为Keil公司开发,现在Keil已经被ARM公司收购,U-Link也属于ARM一家。

(5) H-JTAG:在Wiggler电缆的硬件基础开发的调试工具,支持ARM7、ARM9、Xscale和CORTEX芯片的调试,并且支持大多数主流的ARM调试软件,如ADS、RVDS、IAR和Keil,下载速度较慢,但有价格优势。

4.6.2 H-JTAG仿真器

在上述仿真器中,H-JTAG仿真器结构最简单,硬件电路设计只需一片74HC244芯片、一个9013三极管、几个电阻和电容即可,下面对H-JTAG进行详细介绍。

1. 74HC244芯片

输入接口通常使用芯片74HC244,其引脚图如图4.17

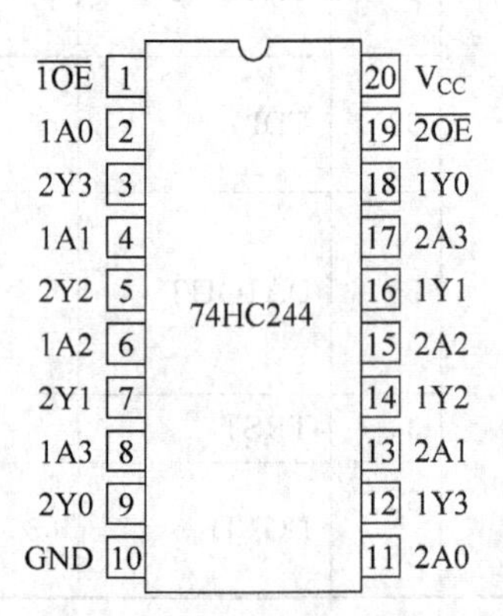

图4.17 芯片引脚图

所示。

芯片引脚定义如表 4.11 所示。

表 4.11　引脚定义

引脚标号	引脚符号	描　述
1	$\overline{1OE}$	输出使能,低电平有效
2、4、6、8	1A0～1A3	数据输入
3、5、7、9	2Y0～2Y3	数据输出
10	GND	接地(0V)
17、15、13、11	2A0～2A3	数据输入
18、16、14、12	1Y0～1Y3	数据输出
19	$\overline{2OE}$	输出使能,低电平有效
20	VCC	电源

74HC244 芯片内部有两个四位三态缓冲器,使用时可以分别以$\overline{1OE}$和$\overline{2OE}$作为它们选通控制信号。当$\overline{1OE}$和$\overline{2OE}$都为低电平时,输出端 Y 和输入端 A 状态相同;当$\overline{1OE}$和$\overline{2OE}$都为高电平时,输出呈高阻状态。

2. LPC2136 仿真器电路设计

1）电路设计

仿真器电路图如图 4.18 所示。

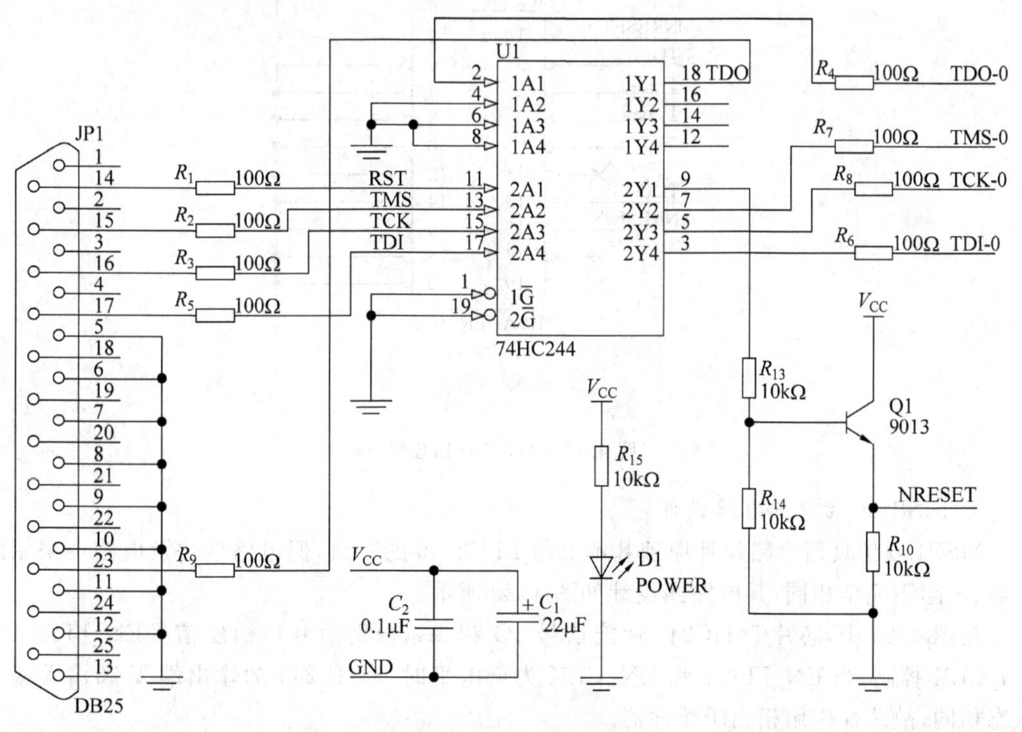

图 4.18　仿真器电路图

仿真器与 PC 相连的一端采用 25 针并口,8 位数据可以同时并行传送。图中 R_1、R_2、R_3、R_5 和 R_9 均为限流电阻,典型取值为 100Ω。

如图 4.18 所示，74HC244 起到了一个数据缓冲的作用，其输入引脚 1A1、2A1～2A4 分别对应信号 TDO、RST、TMS、TCK、TDI，1Y1、2Y1～2Y4 则对应相应输入信号的输出。与芯片 74HC244 引脚 2Y1(输出 RST 信号)相连的 9013 是一个 NPN 型的三极管，当 RST (可选信号)为低时，三极管的基极为低电平，三极管截止，从三极管发射极引出的信号 NRESET 将为低电平。

从 1A1、2Y1～2Y4 引出的信号线与 JTAG 接口相连。图 4.18 中，R_4、R_6、R_7、R_8 是限流电阻，减小限流电阻的阻值可以增强 JTAG 的驱动能力，一般取 100Ω 即可。

当电路接通电源时，二极管 D1 发光，仿真器处于工作状态。并联在电源和地之间的两个电容 C_1 和 C_2 起滤波的作用。

2) JTAG 接口电路设计

仿真器与实验平台之间以 JTAG 端口相连，忽略一些上拉电阻以及保护电容的差异，不同目标板的 JTAG 接口基本电路十分相似。LPC2136 仿真器的 JTAG 接口电路设计如图 4.19 所示，NRESET、TDI-0、TMS-0、TCK-0 和 TDO-0 分别为复位信号、测试数据输入、测试模式选择、测试时钟输入和测试数据输出，具体含义及工作方式在 JTAG 工作原理部分进行过详细的介绍，这里不再说明。

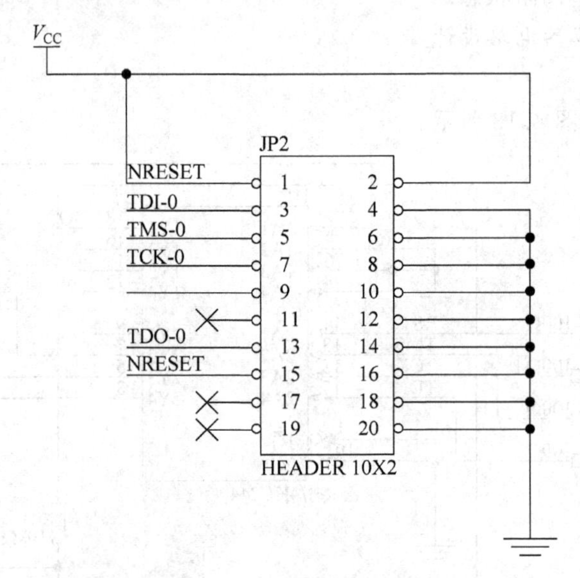

图 4.19 JTAG 接口设计

3. MSP430 仿真器电路设计

MSP430 仿真器电路设计原理基本上与 LPC2136 的一致，但电路接法及电路中采用的电容、电阻不完全相同，其电路图设计如图 4.20 所示。

在图 4.20 中，芯片 74HC244 使能信号 $1\overline{G}$ 和 $2\overline{G}$，分别由并口输出信号EN_JTAG 和 EN_CLK 控制，当 EN_JTAG 和 EN_CLK 为低电平时，74HC244 的输出端 Y 和输入端 A 状态相同，故芯片作用相当于缓冲器。

对照 LPC2136 仿真器的电路设计，可以发现 MSP430 的 JTAG 接口信号中增加了一个 Xout 信号，该信号在目标芯片没有外接晶振时使用。如图 4.20 所示，并口提供的 CTCLK 信号通过 74HC244 芯片与 Xout 相连，Xout 输出时钟脉冲供目标芯片使用。

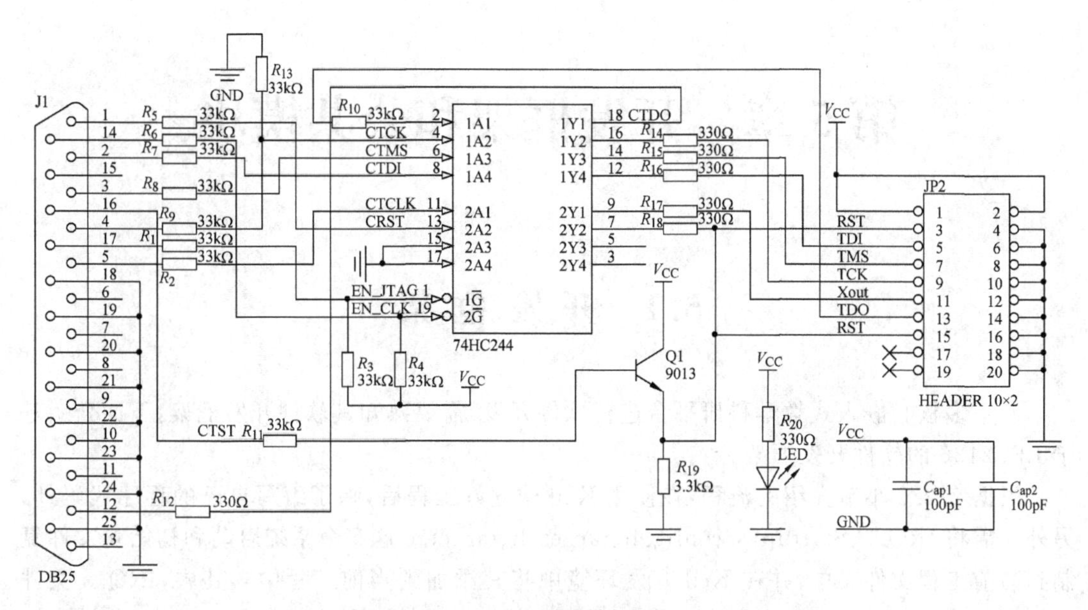

图 4.20　MSP430 仿真器电路设计

以上设计的这两种仿真器都在实验平台供电下工作，也有通过并口窃电来使仿真器工作的设计方案，感兴趣的读者可以自行设计并验证。

4.6.3　仿真器的使用

H-JTAG 仿真器在使用时，将其并口一端与 PC 的并口相连，另一端接到实验平台的 JTAG 插座上，仿真器调试如图 4.21 所示。

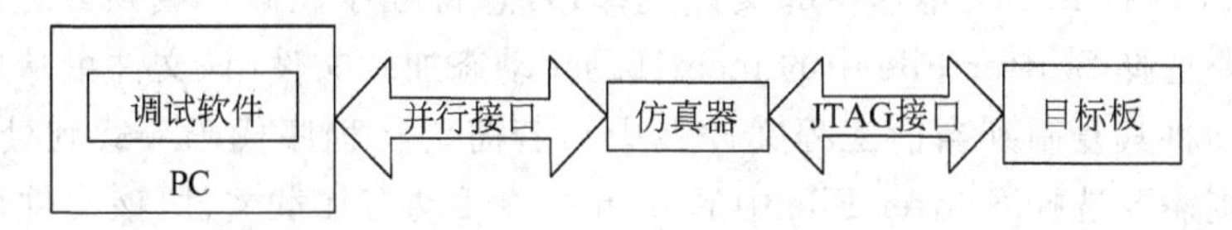

图 4.21　仿真器调试

实际使用仿真器进行调试时还必须配合相应的软件，与 H-JTAG 仿真器配套的软件是 H-JTAG 调试代理软件，包括 3 个工具软件：H-JTAG SERVER、H-FLASHER 和 H-CONVERTER。其中，H-JTAG SERVER 实现调试代理的功能，H-FLASHER 实现 Flash 烧写的功能，H-CONVERTER 是一个简单的文件格式转换工具，支持常见文件格式的转换。

第5章　开发框架和公共模块

5.1　开发框架

使用多核心嵌入式教学科研平台进行软件开发，需要熟知其软件开发框架，下面介绍基于 LPC2136 的软件开发框架。

根据 2.3.2 小节介绍的流程，在使用 Keil 建立好工程后，除了编写自己的程序代码外，另外还需将 IRQ. s、Startup. s、config. h、target. h、target. c 这 5 个系统启动和初始化文件复制到当前工程文件夹中，并在 Keil 开发环境中将其添加到当前工程中。其中，IRQ. s 文件中是采用汇编语言编写的中断嵌套管理程序；Startup. s 文件包含了中断向量表、各模式堆栈初始化代码和主函数的跳转入口；config. h 文件中是采用 C 语言编写的系统配置和类型定义代码；target. h 文件中是使用 C 语言编写的一些和处理器相关的声明；target. c 文件则包含了使用 C 语言编写的 LPC2136 处理器初始化函数。由于这几个文件之间存在的引用关系，在编写软件时，只需添加包含 config. h 文件的语句，即可将所有的系统启动和初始化文件都添加到工程中。

编写好软件后，在选项设置时，需要注意以下两点：①在工程配置对话框的 Linker 选项卡中，对于 Scatter File 文本框中的文件选择，若想将程序代码下载到处理器的 RAM 中运行调试，需要选择 Scatter File 中的 mem_b. sct 动态加载文件（该文件可从所给的示例程序中获取，并须将其复制到当前工程文件夹中），若需要将程序代码下载到处理器的 Flash 中运行调试，则需要选择 Scatter File 中的 mem_a. scf 动态加载文件（该文件可从所给的示例程序中获取，并须将其复制到当前工程文件夹中）。②在 Debug 选项卡中，要选中整个对话框右侧的 Use 复选框，并选择紧随其后的下拉选项中的 H-JTAG ARM 选项（该选项只有在正确安装了 H-JTAG 工具软件后才会出现）。另外，需要在与之同侧的 Initialization File 文本框中选择 mem. ini 文件（该文件可从所给的示例程序中获取，并须将其复制到当前工程文件夹中）。

这些选项都设置好之后，即可进行编译、链接操作。若要将程序代码下载到处理器中运行调试，则还须按照以下步骤进行：

(1) 用排线连接平台的 JTAG 接口与对应核心板的仿真器。

(2) 将仿真器连接至 PC 上的并行接口。

(3) 接通平台电源。

(4) 在 PC 上运行 H-JTAG 软件，检测实验平台处理器芯片。在首次使用 H-JTAG 工具软件时，还须先打开 ToolConf 工具，选择 Keil 安装目录下的 TOOLS. INI 文件，然后单击 Config 按钮进行配置，对于后续弹出的对话框，单击【确定】按钮，待给出配置成功信息后，即可单击 ToolConf 工具界面上的 Exit 按钮退出。

(5) 配置好 H-FLASHER 工具。
(6) 使用 Keil 开发工具下载调试程序。
注：H-JTAG、H-FLASHER 的相关介绍请参见 2.8.1 小节。

5.2 GPIO 介绍

5.2.1 LPC2136 处理器 GPIO 介绍

LPC2136 有 47 个通用 I/O 端口(General Purpose I/O ports,GPIO),为 P0[31∶0](PORT0)和 P1[31∶16](PORT1),其中,P0.24 未被使用,P0.31 仅提供输出功能。由于 LPC2136 引脚具有复用功能,在使用时需要通过设置引脚功能选择寄存器来选择引脚的功能,引脚功能寄存器如表 5.1 所示。引脚功能选择寄存器的值与引脚的对应功能如表 5.2～表 5.4 所示。

表 5.1　引脚功能选择寄存器

名　称	描　述	地　址
PINSEL0	引脚功能选择寄存器 0	0xE002C000
PINSEL1	引脚功能选择寄存器 1	0xE002C004
PINSEL2	引脚功能选择寄存器 2	0xE002C014

表 5.2　引脚功能选择寄存器 0

PINSEL0	引脚名称	00	01	10	11
31∶30	P0.15	P0.15	—	EINT2	—
29∶28	P0.14	P0.14	—	EINT1	SDA1
27∶26	P0.13	P0.13	—	MAT1.1	—
25∶24	P0.12	P0.12	—	MAT1.0	—
23∶22	P0.11	P0.11	—	CAP1.1	SCL1
21∶20	P0.10	P0.10	—	CAP1.0	—
19∶18	P0.9	P0.9	RxD1	PWM6	EINT3
17∶16	P0.8	P0.8	TxD1	PWM4	—
15∶14	P0.7	P0.7	SSEL0	PWM2	EINT2
13∶12	P0.6	P0.6	MOSI0	CAP0.2	—
11∶10	P0.5	P0.5	MISO0	MAT0.1	AD0.7
9∶8	P0.4	P0.4	SCK0	CAP0.1	AD0.6
7∶6	P0.3	P0.3	SDA0	MAT0.0	EINT1
5∶4	P0.2	P0.2	SCL0	CAP0.0	—
3∶2	P0.1	P0.1	RxD0	PWM3	EINT0
1∶0	P0.0	P0.0	TxD0	PWM1	—

表 5.3 引脚功能选择寄存器 1

PINSEL1	引脚名称	00	01	10	11
31∶30	P0.31	P0.31	—	—	—
29∶28	P0.30	P0.30	AD0.3	EINT3	CAP0.0
27∶26	P0.29	P0.29	AD0.2	CAP0.3	MAT0.3
25∶24	P0.28	P0.28	AD0.1	CAP0.2	MAT0.2
23∶22	P0.27	P0.27	AD0.0	CAP0.1	MAT0.1
21∶20	P0.26	—	AD0.5	—	—
19∶18	P0.25	P0.25	AD0.4	—	—
17∶16	P0.24	—	—	—	—
15∶14	P0.23	P0.23	—	—	—
13∶12	P0.22	P0.22	—	CAP0.0	MAT0.0
11∶10	P0.21	P0.21	PWM5	—	CAP1.3
9∶8	P0.20	P0.20	MAT1.3	SSEL1	EINT3
7∶6	P0.19	P0.19	MAT1.2	MOSI1	CAP1.2
5∶4	P0.18	P0.18	CAP1.3	MISO1	MAT1.3
3∶2	P0.17	P0.17	CAP1.2	SCK1	MAT1.2
1∶0	P0.16	P0.16	EINT0	MAT0.2	CAP0.2

表 5.4 引脚功能选择寄存器 2

PINSEL2	描　述
31∶28	无
3	该位为 0 时，P1.25～P1.16 用作 GPIO 该位为 1 时，P1.25～P1.16 用作一个跟踪端口
2	该位为 0 时，P1.31～P1.26 用作 GPIO 该位为 1 时，P1.31～P1.26 用作一个调试端口
1∶0	保留，不可写入 1

LPC2136 引脚被选作 GPIO 功能时，对其控制需要使用 4 类 32 位寄存器：IOPIN、IOSET、IODIR 和 IOCLR，这 4 类寄存器的简要说明如表 5.5 所示。

表 5.5 GPIO 相关寄存器

通用名称	描　述	PORT0 地址 & 名称	PORT1 地址 & 名称
IOPIN	该寄存器保存当前端口的状态，读该寄存器返回端口的当前值	0xE0028000 IO0PIN	0xE0028010 IO1PIN
IOSET	在引脚为输出状态时，向该寄存器某位写入 1 能够使该位对应的引脚输出高电平	0xE0028004 IO0SET	0xE0028014 IO1SET
IODIR	向该寄存器某位写入 1/0 能够使对应的引脚进入输出/输入状态	0xE0028008 IO0DIR	0xE0028018 IO1DIR
IOCLR	在引脚为输出状态时，向该寄存器某位写入 1 能够使该位对应的引脚输出低电平	0xE002800C IO0CLR	0xE002801C IO1CLR

IO0PIN 的 0～31 位分别对应于 P0.0～P0.31，其他几种寄存器与此类似。IOPIN 寄存器位的值反映了对应 GPIO 的引脚状态，通过读取该寄存器可以获得受其控制的 GPIO 引脚状态。IODIR 寄存器用于设置被用作 GPIO 功能的引脚的输入/输出方向，当某一位被写入 1 时，该位控制的 GPIO 引脚为输出状态；写入 0 时，该位控制的 GPIO 引脚为输入状态。仅当处理器引脚被用作 GPIO 功能时，对 IOPIN 和 IODIR 寄存器的操作才有意义。

IOSET 寄存器用于 GPIO 引脚置位，当某一位被写入 1 时，该位控制的 GPIO 引脚输出高电平；写入 0 时，设置无效。IOCLR 寄存器用于 GPIO 引脚复位，即某一位被写入 1 时，该位控制的 GPIO 引脚输出低电平并清零 IOSET 寄存器中的相应位；写入 0 时，设置无效。例如，设置 P0.1 输出 0，以下语句的结果完全相同：

```
IO0CLR = 0x02;   或  IO0CLR |= 0x02;
```

因为对 IOCLR 寄存器的位写入 0 无效，因此，上述第一条语句仅能改变 P0.1 引脚状态，使其输出低电平并清零 IO0SET 寄存器的第 1 位。IOSET 寄存器的控制与此类似。另外，仅当处理器引脚被用作 GPIO 功能并且被设置为输出时，对 IOSET 和 IOCLR 寄存器的写操作才有意义。

此外，还须读者注意的一点是，可以通过写 IOPIN 寄存器同时控制多个引脚输出不同状态(即控制有些引脚输出高电平，有些引脚输出低电平)，但不推荐这种用法，非必要时不要这样使用。对于必须通过写 IOPIN 寄存器以控制引脚输出的场合，为了避免对其他引脚造成影响，需要先将 IOPIN 寄存器内原来的值读出，然后与用户的设置值做“与”或“或”操作，最后将所得值写回 IOPIN 寄存器。若用 IOSET 和 IOCLR 寄存器同时控制多个引脚输出不同状态，则需要使用两条语句来完成，由此可能造成意外的中间状态，例如，要将 P0.7～P0.0 的输出值从 0x12 改为 0x21，其中一种代码写法为

```
IO0SET = 0x21;
IO0CLR = 0x12;
```

在上述第一条语句执行完后，由于第二条语句还未执行，此时 P0.7～P0.0 的输出值就变为了 0x33，这就是意外的中间状态。将上述两条语句的顺序颠倒则会造成 P0.7～P0.0 的输出值变为 0x00 的意外中间状态。有些系统允许两个有效输出之间存在这段延时时间，此时就可以使用 IOSET 和 IOCLR 寄存器改变 GPIO 引脚状态，若系统不允许出现这种意外的中间状态，则必须使用 IOPIN 寄存器改变 GPIO 引脚状态了。

5.2.2 MSP430F1611 处理器 GPIO 介绍

MSP430F1611 有 48 个通用 I/O 端口，分为 6 组，为 P1～P6，每组 8 个，以 P1 为例，其对应的 8 个 I/O 端口标号分别为 P1.0～P1.7。其中，P1 和 P2 控制的 16 个 I/O 端口具有中断能力，P3～P6 控制的 I/O 端口则不具备。

MSP430F1611 处理器的每个 I/O 端口都配有控制寄存器，P1 和 P2 对应的引脚各需要使用 7 个寄存器控制，P3～P6 对应的引脚各需要使用 4 个寄存器控制。各组 I/O 端口对应的控制寄存器相关情况如表 5.6 所示。

表 5.6 I/O控制寄存器

端口	寄存器	名　称	类型
P1	P1IN	P1 输入寄存器	RO
	P1OUT	P1 输出寄存器	R/W
	P1DIR	P1 方向寄存器	R/W
	P1IFG	P1 中断标志寄存器	R/W
	P1IES	P1 中断触发沿选择寄存器	R/W
	P1IE	P1 中断使能寄存器	R/W
	P1SEL	P1 功能选择寄存器	R/W
P2	P2IN	P2 输入寄存器	RO
	P2OUT	P2 输出寄存器	R/W
	P2DIR	P2 方向寄存器	R/W
	P2IFG	P2 中断标志寄存器	R/W
	P2IES	P2 中断触发沿选择寄存器	R/W
	P2IE	P2 中断使能寄存器	R/W
	P2SEL	P2 功能选择寄存器	R/W
P3	P3IN	P3 输入寄存器	RO
	P3OUT	P3 输出寄存器	R/W
	P3DIR	P3 方向寄存器	R/W
	P3SEL	P3 功能选择寄存器	R/W
P4	P4IN	P4 输入寄存器	RO
	P4OUT	P4 输出寄存器	R/W
	P4DIR	P4 方向寄存器	R/W
	P4SEL	P4 功能选择寄存器	R/W
P5	P5IN	P5 输入寄存器	RO
	P5OUT	P5 输出寄存器	R/W
	P5DIR	P5 方向寄存器	R/W
	P5SEL	P5 功能选择寄存器	R/W
P6	P6IN	P6 输入寄存器	RO
	P6OUT	P6 输出寄存器	R/W
	P6DIR	P6 方向寄存器	R/W
	P6SEL	P6 功能选择寄存器	R/W

MSP430F1611 处理器 GPIO 功能下的引脚控制寄存器均为 8 位宽度，寄存器的每一个位均对应于处理器一个引脚。下面分别简单介绍这几种寄存器。

PxSEL 寄存器(x 为 1～6 中的任意一个，除做特殊说明，后面的 x 与此类似)用于设置处理器引脚功能选择。由于 MSP430F1611 处理器采用引脚复用的设计方式，即同一个引脚可用于多种功能，要使引脚用于 GPIO 功能，则需要通过设置 PxSEL 寄存器来实现。当其某位被写入 1 时，该位对应的引脚用作外围模块功能；被写入 0 时，该位对应的引脚用作 GPIO 功能。

PxDIR 寄存器用于设置处理器引脚输入/输出方向。在处理器引脚用于 GPIO 功能时，设置完 PxSEL 寄存器后，应该先定义引脚的输入/输出方向，这样对引脚的操作才能满足用户的要求。当某位被写入 1 时，表示将该位对应的引脚设置为输出方向；被写入 0 时，表示将该位对应的引脚设置为输入方向。值得注意的是，对该寄存器规范的操作为：无论处理器引脚是用作 GPIO 功能还是外围器件功能，都需要通过设置该寄存器以控制引脚输入/输出方向，这样才能符合引脚功能的要求。

PxIN 寄存器为输入寄存器，只读。通过读取该寄存器可以获得其对应引脚的高低电平状态。在对该寄存器进行读操作前，要确保对应的引脚已被设置为输入方向，否则读取的数据可能与实际不符。

PxOUT 寄存器为输出寄存器，可读可写。用户通过将需要的数据写入该寄存器，即可改变与该寄存器对应引脚的高低电平状态。在对该寄存器进行写操作前，要确保对应的引脚已被设置为输出方向，否则对其写操作将不会对引脚造成任何影响。在对该寄存器进行读操作时，读取的数据为上次写入的数据。

PyIFG 寄存器(y 为 1 或 2，后续与此类似)为中断标志寄存器，用于标志其对应引脚是否有待处理中断信息，即对应引脚是否存在中断请求。当某位为 1 时，表示该位对应的引脚上存在未被处理的中断请求；为 0 时，表示该位对应的引脚上不存在中断请求。MSP430F1611 处理器的所有中断共用一个中断向量，属于多源中断。在对中断进行服务时，中断标志寄存器的相应位不会自动复位，必须用软件判断是哪一个引脚上的中断请求被响应，并将中断标志寄存器中相应的位清零。另外，外部中断事件的时间必须保持不低于 1.5 倍的系统主时钟的时间，以保证中断请求被接收，且使相应中断标志位置位。

PyIES 寄存器为中断触发沿选择寄存器，用于设置对应引脚的中断触发方式。将某位设置为 1，表示该位对应的引脚上出现下降沿信号(即电平由高变低)时，触发中断并将 PyIFG 寄存器相应位置 1；设置为 0，表示该位对应的引脚上出现上升沿信号(即电平由低变高)时，触发中断并将 PyIFG 寄存器相应位置 1。注意设置好该寄存器后，只有对应引脚上出现电平跳变时，才会触发中断请求，引脚电平一直为高或一直为低时不会触发。

PyIE 寄存器为中断使能寄存器，用于设置对应引脚是否开启中断监视功能。将某位设置为 1，表示允许该位对应的引脚发生电平跳动时产生中断；设置为 0，表示禁止该位对应的引脚发生电平跳动时产生中断。若要实现某个 I/O 端口能捕获中断请求，则经过系统初始化后，一般先通过 PyIES 寄存器设置中断触发方式，然后才通过 PyIE 寄存器设置中断允许，PyIFG 寄存器则是在中断产生后，用来判断是哪个引脚上发生了中断请求。

5.3　SPI 模块介绍

串行外围接口协议(Serial Peripheral Interface，SPI)是一种同步双向串行总线标准协议。Motorola 公司首先在 MC68HCXX 系列处理器上定义了该协议，主要用于 EEPROM、实时时钟、Flash、A/D 转换器等外围设备之间进行数据传输。

SPI 有 3 线和 4 线两种模式，常用的为 3 线模式，下面介绍 3 线模式的 SPI。对于 4 线模式，读者可参考其他详细介绍 SPI 总线的书籍。SPI 典型结构如图 5.1 所示。

SPI 的通信原理很简单，采用 SPI 连接方式的设备分为主机和从机两种，同一组总线可连接一个主机和一个从机或一个主机和多个从机，图 5.1 所示结构图即为一个主机和多个从机的连接，但在任何一瞬间只允许一个从机与主机通信。在使用 SPI 进行通信时，为了能

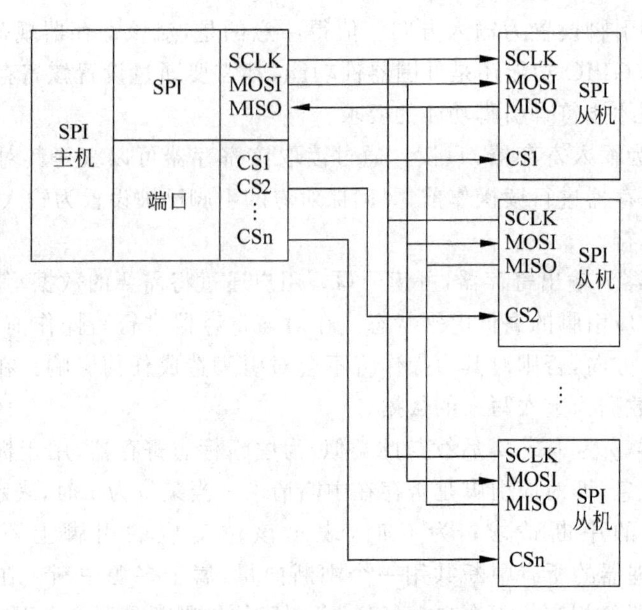

图 5.1 SPI 典型结构图

辨别从机,对于 SPI 主机,除了要使用 SPI 总线的 3 条固定信号线外,还须根据实际情况使用若干 I/O 端口作为从机使能信号线。因此,控制 SPI 总线通常需要使用以下 4 种信号:

(1) MOSI:主机数据输出,从机数据输入;

(2) MISO:主机数据输入,从机数据输出;

(3) SCLK:时钟信号,由主机产生;

(4) CS:从机使能信号,由主机控制。

SPI 接口采用串行通信方式,即数据逐位传输。SCLK 控制 SPI 数据传输时钟;MISO 为主入从出数据线,主机通过该数据线获得从机发来的数据;MOSI 为主出从入数据线,主机通过该数据线向从机发送数据;CS 用来选择从机,SPI 接口通过使用这种方式允许在同一总线上连接多个从机。

5.3.1 LPC2136 的 SPI 接口

LPC2136 具有一个硬件 SPI 接口(该接口兼容 4 线模式的 SPI 通信),结构如图 5.2 所示,其最大数据位速率为时钟速率的 1/8,可以配置为主机或者从机。在同一总线上可以有多个主机或者从机,但同一时刻只能有一个主机与一个从机进行通信,在一次数据传输过程中,主机向从机发送 1B 数据,同时从机也向主机返回 1B 数据。下面分别对各个模块进行介绍。SPI 通信使用的相关引脚及说明如表 5.7 所示。

表 5.7 SPI 引脚说明

引脚名称	SPI 引脚	功 能 描 述
P0.4	SCK0	SPI 接口数据传输的时钟信号。该时钟总是由主机驱动并且从机接收。时钟可设置为高有效或低有效
P0.5	MISO0	主入从出(MISO)信号是单向的信号,它将数据由从机传输到主机。当器件为从机时,串行数据从该端口输出;当器件为主机时,串行数据从该端口输入

续表

引脚名称	SPI 引脚	功 能 描 述
P0.6	MOSI0	主出从入(MOSI)信号是单向的信号,它将数据从主机传输到从机。当器件为主机时,串行数据从该端口输出;当器件为从机时,串行数据从该端口输入
P0.7	SSEL0	从机选择信号(SSEL)是一个低电平有效信号,用于指示被选择参与数据传输的从机。每个从机都有各自特定的从机选择输入信号。在数据处理之前,SSEL 必须为低电平并在整个处理过程中保持低电平。如果 LPC2136 仅用作 SPI 主机,SSEL0 可用作其他功能

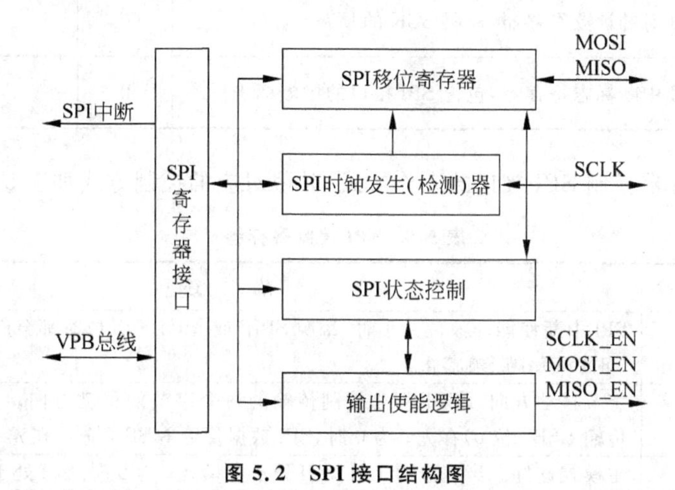

图 5.2　SPI 接口结构图

1. LPC2136 处理器 SPI 接口相关寄存器介绍

进行 SPI 接口的数据传输时,应对 SPI 接口的特殊功能寄存器进行设置。SPI 接口的特殊功能寄存器主要包括:

(1) SPCR 控制寄存器。包含一些可编程位,这些位应在数据传输之前进行设定。

(2) SPSR 状态寄存器。包含只读位,用于监视 SPI 接口状态,包括正常状态和异常状态。可以用来检测数据传输是否完成(查询寄存器中的 SPIF 位)或是否发生异常状况。

(3) SPDR 数据寄存器。存储发送与接收的数据字节。串行数据实际的发送和接收通过内部移位寄存器来实现。在写模块中,发送数据时,处理器向 SPDR 写入数据,由于该寄存器和内部移位寄存器之间没有缓冲区,因此数据会被直接送入内部移位寄存器。在读模块中,SPI 接口带有数据缓冲区,传输结束时,接收到的数据转移到一个单字节的数据缓冲区,供处理器读出。读 SPI 数据寄存器将返回数据缓冲区中的数据。

(4) SPCCR 时钟计数器寄存器。当 SPI 模块处于主模式时,SPI 时钟计数器寄存器用于控制传输速率,该寄存器必须在数据传输之前设定。当 SPI 模块处于从模式时,该寄存器无效。

(5) SPINT 中断寄存器。内含 SPI 中断标志。

在使用 SPI 接口进行数据传输之前,要设置 LPC2136 的相应引脚工作在 SPI 状态下,然后初始化 SPI 功能寄存器。SPI 功能寄存器如表 5.8 所示。

表 5.8 SPI 功能寄存器

名称	描述	复位值	SPI0 地址 & 名称
SPCR	SPI 控制寄存器，控制 SPI 的操作	0	0xE0020000 S0SPCR
SPSR	SPI 状态寄存器，描述 SPI 的状态	0	0xE0020004 S0SPSR
SPDR	SPI 数据寄存器，为 SPI 提供发送和接收的数据	0	0xE0020008 S0SPDR
SPCCR	SPI 时钟计数寄存器，控制 SCK 的频率	0	0xE002000C S0SPCCR
SPINT	SPI 中断标志寄存器，包含 SPI 接口的中断标志	0	0xE002001C S0SPINT

SPI 控制寄存器控制 SPI 接口的工作方式，其值对应的控制方式如表 5.9 所示。

表 5.9 SPI 控制寄存器

SPCR	名称	描述
7	SPIE	SPI 中断使能。该位为 1 时，每次 SPIF 或 MODF 置位时都会产生硬件中断；为 0 时，SPI 中断被禁止
6	LSBF	字节移动方向，LSBF 用来控制传输的每个字节的移动方向。为 1 时，SPI 数据传输 LSB (位 0)在先；为 0 时，SPI 数据传输 MSB (位 7)在先
5	MSTR	主模式选择。当该位为 1 时，SPI 处于主模式；为 0 时，SPI 处于从模式
4	CPOL	时钟极性控制。当该位为 1 时，SCK 为低有效；为 0 时，SCK 为高有效
3	CPHA	时钟相位控制，决定 SPI 传输时数据和时钟的关系。当该位为 1 时，数据在 SCK 的第二个时钟沿采样；当该位为 0 时，数据 SCK 的第一个时钟沿采样
2：0	—	无

SPI 接口有 4 种不同的数据传输格式，可以通过设置 CPOL 和 CPHA 的值来确定。它们的值与 SPI 数据传输格式的对应关系如表 5.10 所示。

表 5.10 CPOL 和 CPHA 值与 SPI 接口数据传输格式对应关系

CPOL 和 CPHA 的值	数据传输第一位	其他位数据	数据采样
CPOL=0，CPHA=0	在第一个 SCK 上升沿之前	SCK 下降沿	SCK 上升沿
CPOL=0，CPHA=1	第一个 SCK 上升沿	SCK 上升沿	SCK 下降沿
CPOL=1，CPHA=0	在第一个 SCK 下降沿之前	SCK 上升沿	SCK 下降沿
CPOL=1，CPHA=1	第一个 SCK 下降沿	SCK 下降沿	SCK 上升沿

SPI 状态寄存器描述 SPI 接口当前状态，其值与 SPI 当前状态的对应关系如表 5.11 所示。

表 5.11 SPI 状态寄存器与 SPI 当前状态对应关系

SPSR	名称	描述
7	SPIF	SPI 传输完成标志，该位为 1 时表示一次 SPI 数据传输完成。在主模式下，该位在传输的最后一个周期置 1，当第一次读取该寄存器时，该位清零，然后可以访问 SPI 数据寄存器

续表

SPSR	名称	描　述
6	WCOL	写冲突，该位为 1 时表示发生了写冲突。先通过读取该寄存器清零 WCOL 位，再访问 SPI 数据寄存器
5	ROVR	读溢出，该位为 1 时表示发生了读溢出。读取该寄存器，该位清零
4	MODF	模式错误，该位为 1 时表示发生了模式错误。先通过读取该寄存器清零 MODF 位，再写 SPI 控制寄存器
3	ABRT	从机中止，该位为 1 时表示发生了从机中止。读取该寄存器，该位清零
2∶0	—	无

SPI 数据寄存器用于 SPI 接口的数据发送和接收。在主模式下，写该寄存器将启动 SPI 数据传输。在数据传输开始到 SPIF 状态位置位且还没读取状态寄存器的这段时间内，处理器不能对该寄存器执行写操作。该寄存器保存 SPI 传送的数据。

SPI 时钟计数寄存器控制 SCK 引脚的输出频率。该寄存器的值必须为大于等于 8 的偶数，否则将产生不可预测的动作。SPI 的时钟值由 VPB 时钟频率 F_{pclk} 除以该寄存器数值得到。因此，SPI 的最大传输速率为 F_{pclk} 的 1/8。

SPI 中断寄存器包含 SPI 中断标志，如表 5.12 所示。

表 5.12　SPI 中断寄存器

SPINT	名称	描　述
7∶1	—	无
0	SPI 中断	SPI 中断标志，由 SPI 接口置位以产生中断，向该位写入 1 清除中断

2. LPC2136 处理器 SPI 接口函数介绍

下面介绍 LPC2136 处理器 SPI 的几个相关函数。

由于多核心嵌入式教学科研平台上有多个外围模块使用 SPI 与处理器通信，为了节省处理器引脚，故采用 SPI 3-8 译码器控制 SPI 从设备的使能信号。LPC2136 处理器使用 P0.13～P0.11 这 3 个引脚作为 SPI 3-8 译码器控制端 A、B、C 的信号输入，通过控制 SPI 3-8 译码器的输出从而达到控制不同 SPI 从设备使能信号的目的。

(1) 在对 SPI 3-8 译码器控制端相连的处理器引脚初始化时，先将 P0.13～P0.11 设置为 GPIO 功能，然后将其设置为输出状态，最后使 SPI 3-8 译码器的 $\overline{Y}7$ 输出低电平（$\overline{Y}7$ 引脚悬空），使 SPI 从设备都处于未被使能状态。代码如下：

```
void SPICSInit(void)
{
    PINSEL0 &= ~(0x3F << 22);       //设置 P0.13～P0.11 为 GPIO
    IO0DIR |= 7 << 11;              //设置 P0.13～P0.11 为输出
    SPICSSet(7);                    //控制 SPI 从设备均处于未被使能状态
}
```

(2) 设置与处理器 P0.13～P0.11 引脚相连的 SPI 3-8 译码器输出时，直接提取传入参数（8 位）中相应的位，然后通过 P0.13～P0.11 引脚输出即可。代码如下：

```
void SPICSSet(uint8 i)
{
    IO0PIN = IO0PIN & ~(7 << 11) | ((i&7)<< 11);
}
```

(3) 对 LPC2136 处理器 SPI 接口初始化时，需要先设置其引脚 P0.4～P0.6 为 SPI 功能，然后设置 SPI 时钟，最后对其传输过程进行详细设置。SPI 初始化函数实现代码如下：

```
void SPIInit( void )
{
    PINSEL0 = (PINSEL0 & (~(0xFF << 8))) | (0x15 << 8) ;        //设置 P0.4～P0.6 为 SPI 功能
    S0SPCCR = 0x52;                          //设置 SPI 时钟分频
    S0SPCR = (0 << 3) |                      //CPHA = 0, 数据在 SCK 的第一个时钟沿采样
             (1 << 4) |                      //CPOL = 1, SCK 低有效
             (1 << 5) |                      //MSTR = 1, SPI 处于主模式
             (0 << 6) |                      //LSBF = 0, SPI 数据传输 MSB(位 7)在前
             (0 << 7);                       //SPIE = 0, SPI 中断被禁止
}
```

(4) LPC2136 处理器 SPI 接口的数据寄存器为双向寄存器，即 SPI 总线上数据的发送和接收都必须经过此寄存器，将数据写入该寄存器即启动 SPI 总线的数据发送，读该寄存器即启动 SPI 总线的数据接收。因此，SPI 总线上基本的数据发送和接收函数可以按照如下编写：

```
uint8 SPIReadWrite(uint8 data)
{
    //双向寄存器，为 SPI 提供发送和接收的数据
    S0SPDR = data;                           //发送数据
    while( 0 == (S0SPSR & 0x80));            //等待 SPIF 置位，即等待数据发送完毕
    return(S0SPDR);                          //接收返回的数据
}
```

(5) 为了给用户提供更方便的 SPI 相关操作，封装 SPI 总线基本的数据发送和接收函数，使用户可以通过调用一个函数一次性发送指定长度的数据。代码实现如下：

```
void SPISendString( uint8 * buf, uint32 Length ) //buf 为待发送数据流，Length 为发送数据长度
{
    uint32 i;
    for(i = 0; i < Length; i++)
    {
        SPIReadWrite( * buf++);
    }
}
```

(6) 由于 SPI 总线采用"传送带式"的方式传输数据，即在每次发送完一帧数据后会马上接收到一帧数据，而每次需要接收一帧数据时，也必须先发送一帧数据。根据其这种特

点，封装 SPI 总线基本的数据发送和接收函数，达到一次接收指定长度数据的目的。函数实现代码如下：

```
void SPIReceive( uint8 * buf, uint32 Length )    //buf 为接收数据缓冲区,Length 为接收长度
{
    uint32 i;
    for ( i = 0; i < Length; i++ )
    {
        * buf = SPIReadWrite(0xff);              //0xff 为无效数据
        buf++;
    }
}
```

(7) 与接收多个数据的函数类似，封装 SPI 总线基本的数据发送和接收函数，得到一次获取单个数据帧的函数。实现代码如下：

```
uint8 SPIReceiveByte( void )
{
    uint8 data;
    data = SPIReadWrite(0xff);
    return ( data );
}
```

5.3.2 MSP430F1611 的 SPI 接口

MSP430F1611 处理器片内集成有两个硬件 USART 模块，每个 USART 模块都可以实现两种通信方式：UART 异步通信和 SPI 同步通信。该处理器提供的 SPI 接口兼容 4 线模式的 SPI 总线，使用的 4 个端口名称为：SIMO、SOMI、UCLK(SPI 时钟信号线)、STE(仅用于 4 线模式)。MSP430F1611 处理器的 SPI 接口、UART 接口和 I^2C 接口共用一组 8 位的寄存器，并且通过设置相关寄存器中的特定位来决定使用哪种通信方式，USART 相关寄存器的相关信息如表 5.13 所示。

表 5.13 USART 相关寄存器

名称	描 述	SPI0 名称	SPI1 名称
UCTL	控制寄存器，用于控制 USART 模块的基本操作	U0CTL	U1CTL
UTCTL	发送控制寄存器，设置发送信息时的参数	U0TCTL	U1TCTL
URCTL	接收控制寄存器，设置接收信息时的参数	U0RCTL	U1RCTL
UBR0	波特率控制寄存器 0，设置通信波特率	U0BR0	U1BR0
UBR1	波特率控制寄存器 1，设置通信波特率	U0BR1	U1BR1
URXBUF	接收缓冲寄存器，存放接收数据	U0RXBUF	U1RXBUF
UTXBUF	发送缓冲寄存器，存放发送数据	U0TXBUF	U1TXBUF

UCTL 控制寄存器各位定义如表 5.14 所示。

表 5.14 UCTL 控制寄存器

UCTL	名称	描述	复位值
7	—	无	0
6	—	无	0
5	I^2C	模式选择位。当 SYNC=1 时，该位为 0 表示选择 SPI 模式，为 1 表示选择 I^2C 模式	0
4	CHAR	字符长度。该位为 0 表示每帧发送 7 个数据位，为 1 表示每帧发送 8 个数据位	0
3	LISTEN	反馈选择。选择是否将发送数据由内部反馈给接收器。该位为 0 表示无反馈，为 1 表示有反馈	0
2	SYNC	USART 模块模式选择。该位为 0 表示工作于 UART 模式，为 1 表示工作于 SPI 模式	0
1	MM	主机模式或从机模式选择位。该位为 0 表示工作于从机模式，为 1 表示工作于主机模式	0
0	SWRST	软件复位使能位。该位为 0 表示 USART 处于工作状态，为 1 表示使能 USART 处于复位状态	1

值得注意的一点是，SWRST 位的状态影响着其他一些控制位和状态位的状态。一次正确的 USART 模块初始化应该是这样的顺序：先设置 SWRST=1，接着设置 USART 模块，然后设置 SWRST=0，最后如果需要中断，则设置相应的中断使能。

UTCTL 发送控制寄存器各位定义如表 5.15 所示。

表 5.15 UTCTL 发送控制寄存器

UTCTL	名称	描述	复位值
7	CKPH	时钟相位控制位。该位为 0 表示 SPI 的时钟信号使用正常的 UCLK 时钟，为 1 表示将 UCLK 时钟信号延迟半个周期后用作 SPI 的时钟信号	0
6	CKPL	时钟极性控制位。该位为 0 表示时钟信号的低电平为无效电平，数据在 UCLK 的上升沿输出，输入数据在 UCLK 的下降沿被锁存；为 1 表示时钟信号的高电平为无效电平，数据在 UCLK 时钟信号的下降沿输出，输入数据在 UCLK 的上升沿被锁存	0
5:4	SSEL	时钟源选择位。00 表示使用外部时钟 UCLK(仅从机有效)，01 表示使用辅助时钟 ACLK(仅主机有效)，10 和 11 均表示使用子系统时钟 SMCLK(仅主机有效)	0
3	—	无	0
2	—	无	0
1	STC	从机传输控制位。该位为 0 表示 SPI 的 4 线模式，STE 端使能，为 1 表示 SPI 的 3 线模式，STE 端禁止	0
0	TXEPT	发送器空标志位(在从机模式时未使用)。该位为 0 表示有数据在发送或发送缓冲器(UTXBUF)有数据，为 1 表示发送移位寄存器和 UTXBUF 空	1

URCTL 接收控制寄存器各位定义如表 5.16 所示。

表 5.16　URCTL 接收控制寄存器

URCTL	名称	描　述	复位值
7	FE	帧错标志位。该位为 0 表示没有帧错,为 1 表示帧错	0
6	—	无	0
5	OE	溢出标志位。读取接收缓冲寄存器后该位自动复位。该位为 0 表示无溢出,为 1 表示有溢出	0
4	—	无	0
3	—	无	0
2	—	无	0
1	—	无	0
0	—	无	0

UBR0 波特率控制寄存器 0 和 UBR1 波特率控制寄存器 1 的各位定义分别如表 5.17 和表 5.18 所示。

表 5.17　UBR0 波特率控制寄存器 0

位	7	6	5	4	3	2	1	0
表示数值	2^7	2^6	2^5	2^4	2^3	2^2	2^1	2^0

表 5.18　UBR1 波特率控制寄存器 1

位	7	6	5	4	3	2	1	0
表示数值	2^{15}	2^{14}	2^{13}	2^{12}	2^{11}	2^{10}	2^9	2^8

这两个寄存器用于存放波特率分频因子的整数部分。其中 UBR0 为低字节,UBR1 为高字节。两字节合起来为 16 位,称为 UBR。在同步通信时,UBR 的允许值不小于 2,即 0x2≤UBR＜0xFFFF。如果 UBR＜2,则接收和发送会发生不可预测的情况。

URXBUF 接收缓冲寄存器供用户读取访问,它包含最近一次从移位寄存器送来的数据,对该寄存器的读取操作通常会清零 OE 标志位以及 URXIFG(USART0 接收中断标志位 URXIFG0 和 USART1 接收中断标志位 URXIFG1 的统称)。若采用 7 位数据位通信,接收缓冲寄存器的最高位总为 0。

UTXBUF 发送缓冲寄存器供用户读写访问,它包含准备送入移位寄存器发送的数据,对该寄存器的写操作通常会清零 UTXIFG(USART0 发送中断标志位 UTXIFG0 和 USART1 发送中断标志位 UTXIFG1 的统称)。若采用 7 位数据位通信,发送缓冲寄存器的最高位为 0。

URXIFG 和 UTXIFG 均为 MSP430F1611 特殊功能寄存器中中断标志寄存器 IFG(中断标志寄存器 IFG1 和中断标志寄存器 IFG2 的统称)的位。其中,URXIFG0 为 IFG1 中的第 6 位,该位为 1 表示 USART0 的接收数据缓冲寄存器接收到完整字符; UTXIFG0 为 IFG1 中的第 7 位,该位为 1 表示 USART0 的发送数据缓冲寄存器空; URXIFG1 为 IFG2 中的第 4 位,该位为 1 表示 USART1 的接收数据缓冲寄存器接收到完整字符; UTXIFG1 为 IFG2 中的第 5 位,该位为 1 表示 USART1 的发送数据缓冲寄存器空。

5.4 模拟总线介绍

总线(BUS)是计算机各种功能部件之间传送信息的公共通信干线，是由导线组成的传输线束。按照功能和规范来划分，总线可以划分为：片内总线，负责连接芯片内部各模块，例如连接运算器与控制器的信息传输通路；系统总线或板级总线，是微机系统中各插件之间的信息传输通路，例如CPU与存储器之间的传输通路；通信总线，又称外总线，是微机系统之间或微机系统与其他系统之间信息传输的通路，例如连接计算机与扫描仪的USB总线等。其中，系统总线为通常意义上所说的总线。

由于多核心嵌入式教学科研平台所支持的大多数处理器都没有提供标准的系统总线接口，而平台上的一些外围模块又需要使用总线驱动。为了解决这个矛盾，设计了模拟总线以满足需要。

基于硬件资源的充分合理使用以及方便控制的原则，模拟总线由处理器8个连续的I/O端口构成(LPC2136处理器I/O端口为P1.16～P1.23，MSP430F1611处理器I/O端口为P4.0～P4.7)，这些端口均被设为GPIO功能以满足总线可输入/输出的特点。8位宽度的模拟总线自身并不能区分数据信号、地址信号和控制信号，但配合外围模块控制器提供的读写控制接口和信号功能选择接口，即可实现标准总线的基本功能。

下面以LPC2136为例，介绍对模拟总线进行操作的几个函数。

因为多核心嵌入式教学科研平台上有多个外围模块需要使用模拟总线，为了让使用模拟总线的各个模块间互不干扰，与区别SPI从设备的方法类似，这里也采用3-8译码器来区分使用模拟总线的模块。模拟总线3-8译码器的控制端A、B、C与LPC2136处理器的P0.19～P0.17引脚相连(与MSP430F1611处理器的P5.4～P5.6引脚相连)，使用LPC2136处理器的这3个引脚，通过模拟总线3-8译码器，即可选择不同的模块利用总线与处理器通信。

(1) 在使用模拟总线3-8译码器前，需要对控制译码器的处理器引脚P0.19～P0.17进行初始化。其初始化过程为：先将P0.19～P0.17引脚设置为GPIO功能，然后将其设置为输出状态，最后需要保证所有使用到模拟总线的模块都处于未被选中的状态，以避免误操作。代码实现为：

```
void BUSCSInit(void)
{
    PINSEL1 &= ~0xFC;             //设置 P0.17～P0.19 为 GPIO
    IO0DIR |= 7 << 17;            //设置 P0.17～P0.19 为输出
    BUSCSSet(7);                  //控制使用模拟总线的设备均处于未被使能状态
}
```

(2) 根据模拟总线3-8译码器的工作原理，处理器只需控制其与译码器相连的3个引脚输出值，即可控制译码器的输出。代码实现如下：

```
void BUSCSSet(uint8 i)
{
    IO0PIN = IO0PIN & ~(7 << 17) | (((i)&7)<< 17);
}
```

(3) 由于使用模拟总线的模块都会用到读写控制信号(RD#与 WR#)和总线模式选择信号(ALE,选择总线是工作于 Intel 模式还是 Motorola 模式),相关函数的具体实现如下:

```
void RDEnable(uint8 i)        //i = 0 时,RD#为低,i = 1 时,RD#为高
{
    IO1PIN = IO1PIN & ~(1 << 24) | (((i)&1)<< 24);
}

void WREnable(uint8 i)        //i = 0 时,WR#为低,i = 1 时,WR#为高
{
     IO1PIN = IO1PIN & ~(1 << 25) | (((i)&1)<< 25);
}

void ALEEnable(uint8 i)       //i = 0 时,ALE#为低,i = 1 时,ALE#为高
{
    if(i == 1)
        IO0DIR &= ~(1 << 31);
    else
    {
        IO0DIR |= 1 << 31;
        IO0CLR = 1 << 31;
    }
}
```

(4) 在对总线初始化时,除了需要将 LPC2136 处理器的 P1.16～P1.23 这几个作为模拟总线的引脚设置为 GPIO 功能外,还须对处理器与模拟总线 3-8 译码器相连的引脚以及 RD#、WR#和 ALE 这些控制信号引脚进行初始化。实现代码如下:

```
void BUSInit()
{
    PINSEL1 &= ~((0x3 << 30)|(0x3F << 2));  //P0.17,P0.18.P0.19,P0.31 为通用 I/O 口
    //控制模拟总线 3 - 8 译码器,还有 ALE 的控制引脚为输出:P0.19,P0.18,P0.17,P0.31
    IO0DIR |= (0x7 << 17) | (0x1 << 31);
    PINSEL2 &= ~(1 << 3);                   //设置 P1.16～P1.23 引脚为通用 I/O 口
    IO1DIR |= 0x3 << 24;                    //P1.24,RD#,P1.25,WR#的控制引脚为输出
}
```

(5) 向模拟总线发送数据时,为保险起见,需要先设置 P1.16～P1.23 引脚为 GPIO 功能,并且为输出状态。实现代码如下:

```
void BUSWrite(uint8 i)
{
    PINSEL2 &= ~(0x1 << 3);
    IO1DIR |= (0xFF << 16);          /控制 AD0～AD7 的 P1.16～P1.23 为输出
    RDEnable(1);
    //输出
    //把 P1 引脚的 P1.16～P1.23 设置为 i 值
    IO1PIN = IO1PIN & ~(0xFF << 16) | (i << 16);
}
```

(6) 从模拟总线读取数据时,需要先将控制模拟总线的I/O口设置为输入状态,然后再通过读取这些I/O口以达到从模拟总线读取数据的目的。实现代码如下:

```
uint8 BUSRead(void)
{
    RDEnable(0);
    IO1DIR &= ~(0xFF << 16);
    return IO1PIN >> 16;
}
```

(7) 模块在与处理器通过总线进行通信时,由于二者的时钟不同,还须采用延时函数对其进行协调才能正确地完成通信。下面是3种延时函数的具体实现代码:

```
void delay(int32 dly)              //实现长时间延时,传入值越大,延时越久
{
    int32 i;
    while( dly-- > 0 )
    {
        i = 50000;
        while( i-- > 0 );
    }
}

void delayMicrosecond(int32 i)  //实现微秒级延时,i = 10 时,time = 10μs
{
    int8 j;
    while( i-- > 0 )
    {
        j = 10;
        while( j-- > 0 );
    }
}

void delayMillisecond(int i)     //实现毫秒级延时,i = 10 时,time = 10ms
{
    while( (i--) > 0 )
        delayMicrosecond(100);
}
```

第6章　电路设计与软件分析

本章以 LPC2136 处理器为例，介绍多核心嵌入式教学科研平台上的硬件模块及相关范例程序。

6.1　步进电机

步进电机又称为脉冲电动机或阶跃电动机，是数字控制系统中的一种执行元件，其功能是将电脉冲信号转变为角位移或线位移。在非超载的情况下，电机的转速、停止的位置只取决于脉冲信号的频率和脉冲数，而不受负载变化的影响，给电机加一个脉冲信号，电机即转过一个步距角。由于步进电机只有周期性的误差而无累积误差，在速度、位置控制等领域有广泛的应用。

6.1.1　工作原理

1. 步进电机分类

步进电机按基本结构可分为 3 类：反应式步进电机、永磁式步进电机和混合式步进电机。

1）反应式步进电机

反应式步进电机的转子采用软磁材料，具有结构简单、成本低、步距角小等优点，但动态性能较差。图 6.1 所示为三相单三拍反应式步进电机原理图。定子由 3 个绕组组成，并在 4 个方向突出，当 A 相绕组通电时，如图 6.1(a)所示会达到稳定状态；当 B 相绕组通电时，会如图 6.1(b)所示达到稳定态，逆时针旋转了 30°；当 C 相通电时，如图 6.1(c)所示，转子又逆时针旋转了 30°；这样 A—B—C 反复，步进电机就转起来。除单三拍方式之外，还有双三拍方式 AB—BC—CA，步进角仍为 30°，以及六拍方式 A—AB—B—BC—C，步进角为 15°。

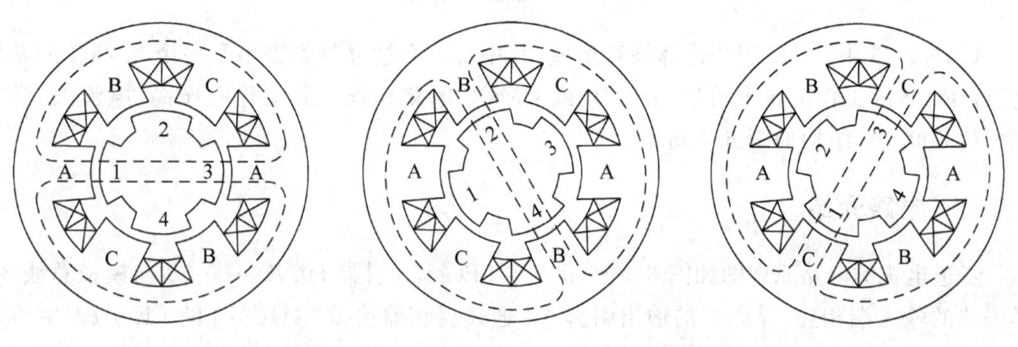

图 6.1　三相单三拍反应式步进电机原理图

2）永磁式步进电机

永磁式步进电机转子采用永磁材料，以提供软磁材料的工作点，而定子激磁只需提供变化的磁场而不必提供磁材料工作点的耗能，因此具有效率高、电流小、发热低、动态性能好等优点，但步距角一般较大。因永磁体的存在，该电机具有较强的反电势，其自身阻尼作用比较好，在运转过程中比较平稳，并且噪音低，低频振动小。四相永磁式步进电机原理图如图 6.2 所示，有 2 对绕组和 8 个极靴。

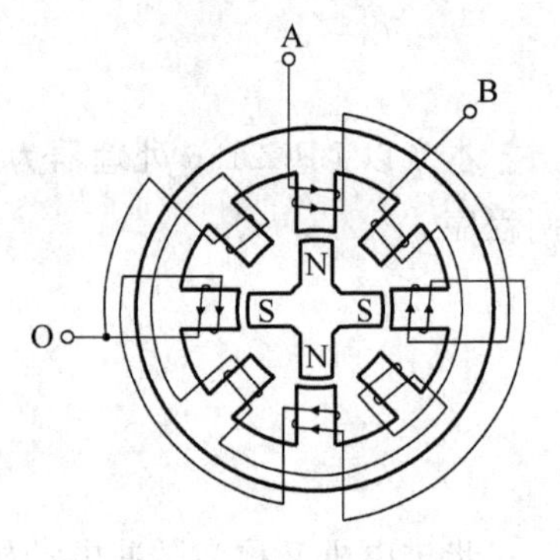

图 6.2 四相永磁式步进电机

3）混合式步进电机

混合式步进电机结合了反应式和永磁式步进电机的优点，具有输出力矩大、动态性能好、步距角小等优点，但由于结构较复杂，成本较高。混合式步进电机分为两相和五相，两相步距角一般为 1.8°，五相步距角一般为 0.72°。这种步进电机在应用中最为广泛。

2. 74HC373 与 ULN2003

74HC373 为锁存器，常被应用于地址锁存及常用设备输出口的扩展，其引脚如图 6.3 所示。74HC373 内部有 8 个相同的 D 型（三态同相）锁存器，均受两个引脚控制，即 LE、OE，其输出端 O0～O7 可直接与总线相连。当三态允许控制端 OE 为低电平时，O0～O7 为正常逻辑状态，可用来驱动负载或总线；当其为高电平时，O0～O7 呈高阻态，既不能驱动总线，也不作为总线的负载，但锁存器内部的逻辑操作不受影响。当锁存允许引脚 LE 为高电平时，输出引脚 O0～O7 的状态随数据引脚 D0～D7 的状态变化而改变；当其为低电平时，输入的数据信号被锁存。

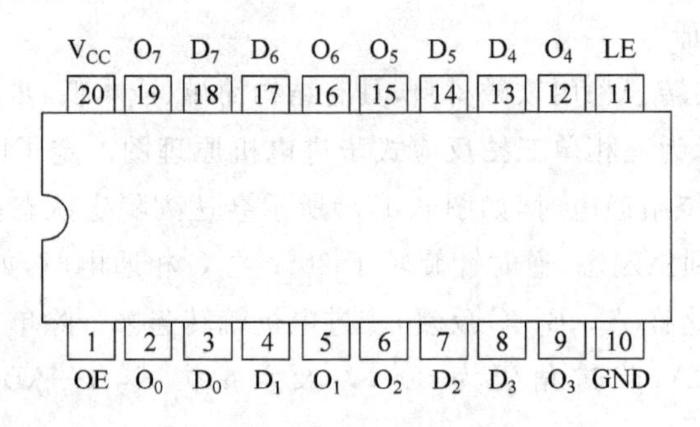

图 6.3 74HC373 引脚图

ULN2003 由 7 个 NPN 达林顿管组成，其中每一个达林顿管都串联一个 2.7kΩ 的基极电阻，在 5V 的工作电压下可以与 TTL 或 CMOS 电路相连。其工作电压高，电流大，灌电流可达 500mA，结构如图 6.4 所示。

6.1.2 电路介绍

步进电机的电路原理图如图 6.5 所示。将 LPC2136 引脚 P0.17～P0.19 与模拟总线 3-8 译码器的输入端相连，译码器的输出引脚 Y4 通过反相器连接 74HC373 的 LE 引脚，完成对 74HC373 的输出/锁存控制；将 LPC2136 引脚 P1.16～P1.19 与 74HC373 的输入引脚 3、

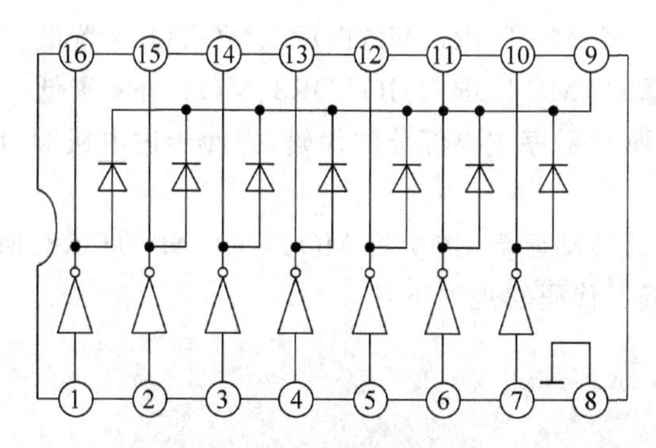

图 6.4　ULN2003 示意图

4、7、8 相连，将对应的输出引脚 2、5、6、9 分别与 ULN2003 的输入引脚 5、4、3、2 相连，通过达林顿管对电流的放大作用，将输入信号对应输出到 ULN2003 的输出引脚 12、13、14、15。程序中使用的是 MP28GA 型号的步进电机，5 根导线的颜色分别为红、橙、黄、粉、蓝，分别接图 6.5 中 J28 的 1～5 号引脚。

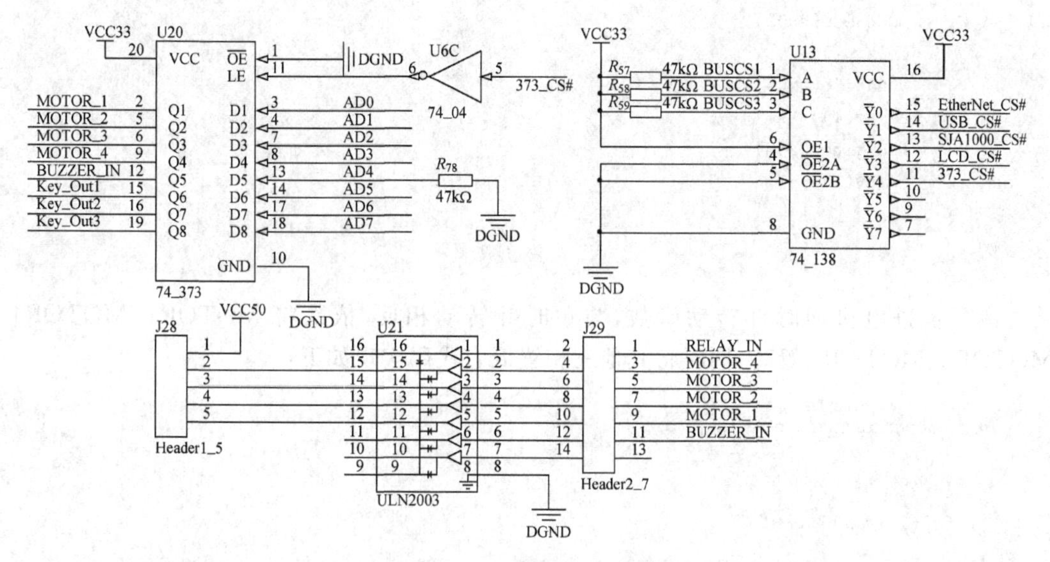

图 6.5　步进电机电路原理图

6.1.3　软件设计

程序中使用的步进电机为 MP28GA 型号的 5 线四相永磁式步进电机，其顺时针转动步骤如下。

(1) 将 MOTOR1 置高，MOTOR2、MOTOR3、MOTOR4 置低。

(2) 将 MOTOR2 置高，MOTOR1、MOTOR3、MOTOR4 置低。

(3) 将 MOTOR3 置高，MOTOR1、MOTOR2、MOTOR4 置低。

(4) 将 MOTOR4 置高，MOTOR1、MOTOR2、MOTOR3 置低。

步进电机的逆时针转动步骤如下。

(1) 将 MOTOR1 置高，MOTOR2、MOTOR3、MOTOR4 置低。

(2) 将 MOTOR4 置高，MOTOR1、MOTOR2、MOTOR3 置低。

(3) 将 MOTOR3 置高,MOTOR1、MOTOR2、MOTOR4 置低。

(4) 将 MOTOR2 置高,MOTOR1、MOTOR3、MOTOR4 置低。

下面分析步进电机驱动程序主要部分的代码,先使步进电机顺时针转动一段时间,再逆时针转动一段时间。

编写步进电机顺时针转动函数,依次将 MOTOR1、MOTOR2、MOTOR3、MOTOR4 置高,同时将其他三相置低。代码实现如下:

```
void stepMotorClockwise (void)
{
    int32 i = 0;
    for(i; i<500; i++)
    {
        BUSInit();
        BUSCSSet(1);                //373 使能
        BUSWrite(0x01);             //依次给每一相置高其他三相置低
        delay(1);
        BUSWrite(0x02);
        delay(1);
        BUSWrite(0x04);
        delay(1);
        BUSWrite(0x08);
        delay(1);
    }
}
```

编写步进电机逆时针转动函数,与顺时针转动相反,依次将 MOTOR1、MOTOR4、MOTOR3、MOTOR2 置高,同时将其他三相置低。代码实现如下:

```
void stepMotorAnticlockwise (void)
{
    int32 i = 0;
    for(i;i<500;i++)
    {
        BUSInit();
        BUSCSSet(1);                //373 使能
        BUSWrite(0x01);             //依次给每一相置高其他三相置低,与顺时针时顺序相逆
        delay(1);
        BUSWrite(0x08);
        delay(1);
        BUSWrite(0x04);
        delay (1);
        BUSWrite(0x02);
        delay (1);
    }
}
```

编写步进电机测试函数,使步进电机先顺时针转动再逆时针转动。代码实现如下:

```
void test(void)
{
    stepMotorClockwise();
    stepMotorAnticlockwise();
}
```

MP28GA 型号的步进电机 5 根导线的颜色分别为红、橙、黄、粉、蓝，分别接开发平台的 J28 从上往下的 1～5 号引脚。运行步进电机驱动程序，可以观察到步进电机先顺时针转动一段时间，后逆时针转动一段时间。

6.2　UART 模块

通用异步接收/发送装置（Universal Asynchronous Receiver/Transmitter，UART）用于低速串行通信协议。该协议占用较少的资源，对通信双方时钟同步性要求不高，广泛应用于通信领域中数据传输量较少的场合。UART 作为一种通用串行数据总线，可实现数据的全双工传输，在传输过程中将数据的每个字符逐位分时传输，单向传输仅占用一条数据线。

6.2.1　UART 工作原理概述

1. 异步串行通信的数据帧结构

异步串行通信的数据帧结构如图 6.6 所示。在串行数据传输的过程中，数据以字符为单元进行传输，每个字符包含 5～8 位有效数据，数据的每一位分时共用同一条数据线进行串行传输。字符的传输以一个低电平作为起始位，表示数据开始传输；紧接着是二进制编码的数据位；在数据位的后面是奇偶校验位，是否需要奇偶校验由相关寄存器进行设定；最后，字符传输以一个高电平作为停止位，表示数据传输结束。多个字符的传输没有时间间隔要求，在一个字符传输结束后，紧跟停止位的是若干空闲位，表示等待下一个字符进行传输。

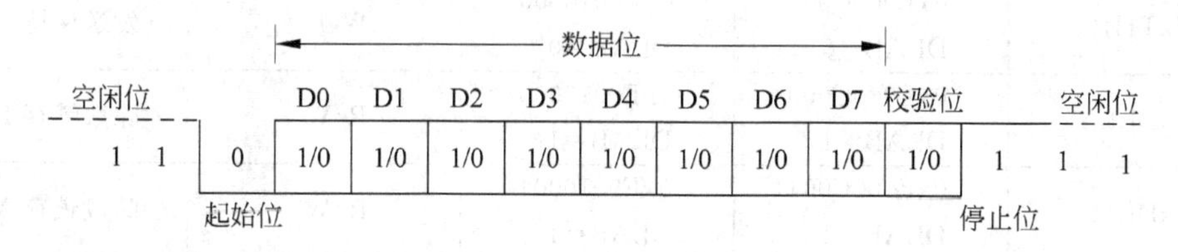

图 6.6　数据帧结构

2. RS232C 标准简介

RS232C 接口是一种用于串行通信的标准，全称为数据终端设备和数据通信设备之间串行二进制数据交换接口技术标准。该标准是由美国电子工业协会以及一些相关设备厂家联合制定的。该标准采用 DB25 作为连接器，随着技术的不断进步，DB25 逐步被 DB9 所取代。DB9 连接器一般用到的引脚有 2(RXD)、3(TXD)、5(GND)。RS232C 信号电平在正负值之间摆动，接收器工作电平典型值为＋3～＋12V 与－3～－12V，而发送端驱动器输出正电平一般为+5～+15V,负电平为-5～-15V。由于接收电平和发送电平的差值仅为2～3V,因此其共模抑制能力差,限制了最大传输距离。此外,RS232C是为点对点通信进行设计的,其驱动器的负载为3～7kΩ,适合本地设备之间的通信。

6.2.2 UART模块结构

1. UART模块概述

LPC2136的UART模块具有两个标准的异步串行口UART0与UART1,内置有波特率发生器,其内部结构和操作方法相同,均符合16C550工业标准。具有16字节收发FIFO,其中接收器FIFO的触发点可以设为1、4、8以及14字节。触发点决定了在激活中断之前,UART FIFO必须写入的字符数量,可通过UART FIFO控制寄存器UxFCR[7:6]进行控制。

2. UART模块引脚定义

UART引脚描述如表6.1所示。

表6.1 UART引脚描述

引脚	名称	描　述
P0.0	TxD0	串行输出,用于发送数据
P0.1	RxD0	串行输入,用于接收数据
P0.8	TxD1	串行输出,用于发送数据
P0.9	RxD1	串行输入,用于接收数据

3. UART寄存器定义

UART模块包含11个8位寄存器,如表6.2所示。

表6.2 UART寄存器映射

名　称	UART0地址	UART1地址	访问	描　述
UxRBR	0xE000C000 DLAB=0	0xE0010000 DLAB=0	RO	接收缓冲
UxTHR	0xE000C000 DLAB=0	0xE0010000 DLAB=0	WO	发送保持
UxDLL	0xE000C000 DLAB=1	0xE0010000 DLAB=1	R/W	除数锁存LSB
UxDLM	0xE000C004 DLAB=1	0xE0010004 DLAB=1	R/W	除数锁存MSB
UxIER	0xE000C004 DLAB=0	0xE0010004 DLAB=0	R/W	中断使能
UxIIR	0xE000C008	0xE0010008	RO	中断ID
UxFCR	0xE000C008	0xE0010008	WO	FIFO控制
UxLCR	0xE000C00C	0xE001000C	R/W	线控制
UxLSR	0xE000C014	0xE0010014	RO	线状态
UxSCR	0xE000C01C	0xE001001C	R/W	高速缓存
UxTER	0xE000C030	0xE0010030	R/W	发送使能

1）UART 接收器缓存寄存器——UxRBR

UxRBR 为 8 位只读寄存器，对 UART 接收缓存寄存器的最高字节进行存储，并可通过总线接口进行读出。最低位 LSB（Bit0）表示最早接收到的数据位。其位功能描述如表 6.3 所示。

表 6.3 UART 接收器缓存寄存器

UxRBR	名称	描　述
7：0	UxRBR	接收器缓存，用于存储 FIFO 中最早接收到的字节。只有当 UART 线控制寄存器的除数锁存访问位即 DLAB=0 时，才可以对 UxRBR 进行访问

2）UART 发送器保持寄存器——UxTHR

UxTHR 为 8 位只写寄存器，对 UART 发送缓存寄存器的最高字节进行存储，并可通过总线接口进行写入。最低位 LSB（Bit0）表示最早发送的数据位。其位功能描述如表 6.4 所示。

表 6.4 UART 发送器保持寄存器

UxTHR	名称	描　述
7：0	UxTHR	发送器保持，用于存储 Tx FIFO 中最新的字节。只有当 UART 线控制寄存器的除数锁存访问位即 DLAB=0 时，才可以对 UxTHR 进行访问

3）UART 除数锁存 LSB 寄存器——UxDLL

UxDLL 为 8 位可读写寄存器，当 DLAB 为 1 时可以对其进行访问。其位功能如表 6.5 所示。

表 6.5 UART 除数锁存 LSB 寄存器

UxDLL	名称	描　述
7：0	UxDLL	除数锁存 LSB 寄存器，与除数锁存 MSB 寄存器 UxDLM 共同决定 UART 模块的波特率

4）UART 除数锁存 MSB 寄存器——UxDLM

UxDLM 为 8 位可读写寄存器，当 DLAB 为 1 时可以对其进行访问。其位功能如表 6.6 所示。UxDLM 与 UxDLL 共同构成一个 16 位的除数，为 UART 保存 VPB 时钟的分频值，用于波特率发生器产生波特率（baud），且该波特率时钟应为波特率的 16 倍。计算公式如下所示：

$$16 \times \text{baud} = \frac{F_{\text{pclk}}}{\text{UxDLM,UxDLL}}$$

表 6.6 UART 除数锁存 MSB 寄存器

UxDLM	名称	描　述
7：0	UxDLM	除数锁存 MSB 寄存器，其与除数锁存 LSB 寄存器 UxDLL 共同决定 UART 模块的波特率

5）UART 中断使能寄存器——UxIER

UxIER 为 8 位寄存器，当 DLAB 为 0 时可以对其进行访问，用于 UART 中断源的使能，其位功能描述如表 6.7 所示。通过对 UART 线状态寄存器 UxLSR 进行读操作，可将 4 种中断的状态读出。

表 6.7 UART 中断使能寄存器

UxTHR	名　称	描　述
7∶3	—	—
2	Rx 线状态中断使能	该位为 0 时表示中断禁止，为 1 时表示中断使能
1	THRE 中断使能	该位为 0 时表示中断禁止，为 1 时表示中断使能
0	RBR 中断使能	该位为 0 时表示中断禁止，为 1 时表示中断使能。此外该位还控制着字符接收超时中断

6）UART 中断标识寄存器——UxIIR

UxIIR 为 8 位只读寄存器，用于标识一个挂起中断的中断源及其优先级。中断处理程序通过对 UxIIR 的前 4 位进行读取，即可确定中断的类型。中断标识寄存器的位功能描述如表 6.8 所示。

表 6.8 UART 中断标识寄存器

UxIIR	名　称	描　述
7∶6	FIFO 使能	等效于 UxFCR0
5∶4	—	—
3∶1	中断标识	当该 3 位为 011 组合时，表示线接收状态，即 RLS；为 010 时，表示接收数据可用，即 RDA；为 110 时，表示字符超时指示，即 CTI；为 001 时表示 THRE 中断。其他组合保留
0	中断挂起	该位为 0 时，表示有中断被挂起；为 1 时没有挂起的中断。挂起的中断类型可通过中断标识位确定

7）UART FIFO 控制寄存器——UxFCR

UART FIFO 控制寄存器为一个 8 位寄存器，用于对 UART Rx FIFO 与 UART Tx FIFO 进行控制操作，为实现 UART 的正常功能，UxFCR 的最低位必须置位。其位功能描述如表 6.9 所示。

表 6.9 UART FIFO 控制寄存器

UxFCR	名　称	描　述
7∶6	Rx 触发选择	Rx 触发选择决定了在 UART FIFO 写入相应的字符数量之后将会触发中断。具体选择有 00，触发点为 0，即 1 个字符；01，触发点为 1，即 4 个字符；10，触发点为 2，即 8 个字符；11，触发点为 3，即 14 个字符
5∶3	—	—
2	Tx FIFO 复位	该位置位时，UART Tx FIFO 所有字节将被清零，同时复位指针逻辑
1	Rx FIFO 复位	该位置位时，UART Rx FIFO 所有字节将被清零，同时复位指针逻辑
0	FIFO 使能	该位为 1 时，使能 FIFO 和 UxFCR[7∶1]的访问

8）UART线控制寄存器——UxLCR

UART线控制寄存器用于决定接收和发送数据的字符格式，位功能描述如表6.10所示。

表6.10 UART线控制寄存器

UxTHR	名 称	描 述
7	除数锁存访问位	该位为1时，表示使能访问除数锁存寄存器；该位为0时，表示禁止访问除数锁存寄存器。
6	间隔控制	该位为1时，使能间隔发送，同时输出引脚UART TxD强制为逻辑0；该位为0时，禁止间隔发送
5：4	奇偶选择	00表示奇数；01表示偶数；10表示强制为1；11表示强制为0
3	奇偶使能	该位为1，表示使能奇偶产生和校验；该位为0，表示禁止奇偶产生和校验
2	停止位选择	该位为1时表示有2个停止位，此时如果字长度选择为5位字符长度即UxLCR[1：0]为00时，表示有1.5个停止位。该位为0时，表示有1个停止位
1：0	字长度选择	00表示5位字符长度；01表示6位字符长度；10表示7位字符长度；11表示8位字符长度

9）UART线状态寄存器——UxLSR

UxLSR为8位只读寄存器，用于存储UART Rx与Tx的状态信息，具体位功能描述如表6.11所示。

表6.11 UART线状态寄存器

UxLSR	名称	描 述
7	RXFE	Rx FIFO错误。该位为1时，表示UxRBR存在UART Rx错误，即把带有奇偶错误或帧错误等Rx错误的字符存入UxRBR时，该位将被置位。该位为0时表示不存在UART Rx错误
6	TEMT	发送器空。该位为1时表示UxTHR和UxTSR为空；该位为0时表示UxTHR或UxTSR包含有有效数据
5	THRE	发送器保持寄存器空。该位为1时，表示UxTHR为空；该位为0时，表示UxTHR包含有有效数据
4	BI	间隔中断。该位为1时，表示间隔中断状态激活；该位为0时，表示间隔中断状态未激活
3	FE	帧错误。该位为1时，表示帧错误状态激活；该位为0时，表示帧错误状态未激活
2	PE	奇偶错误。该位为1时，表示奇偶错误状态激活；该位为0时，表示奇偶错误状态未激活
1	OE	溢出错误。该位为1时，表示溢出错误状态激活；该位为0时，表示溢出错误状态未激活
0	RDR	接收数据就绪。该位为1时，表示UxRBR包含有效数据；该位为0时，表示UxRBR无有效数据，即UxRBR为空

10）UART 高速缓存寄存器——UxSCR

UxSCR 为一个 8 位寄存器，可以自由对该寄存器进行读写操作。在对 UART 进行相应操作的过程中，该寄存器无效。其位功能描述如表 6.12 所示。

表 6.12　UART 高速缓存寄存器

UxTHR	名称	描　述
7：0	UxSCR	高速缓存寄存器，其包含一个可读写的字节

11）UART 发送使能寄存器——UxTER

UxTER 用于实现软件流的控制，其位功能如表 6.13 所示。

表 6.13　UART 发送使能寄存器

UxTER	名称	描　述
7	TxEN	该位为 1 时，在数据可用的情况下，UART 发送器将持续发送数据；该位为 0 时，UART 发送器停止工作
6：0	—	—

6.2.3　SP3232 及 UART 模块电路简介

SP3232 满足 EIA/TIA-232 和 V.28/V.24 通信协议，是 RS232 收发器对便携式应用设备的一种解决方案，是一个 2 驱动器/2 接收器的器件。

1. *SP3232 芯片引脚及定义*

SP3232 的引脚描述如表 6.14 所示。

表 6.14　SP3232 器件引脚描述

引脚名称	引 脚 描 述	引脚名称	引 脚 描 述
C1＋	倍压电荷泵电容的正极	R1IN	RS232 接收器输入
V＋	电荷泵产生＋5.5V 电压	R2IN	RS232 接收器输入
C1－	倍压电荷泵电容的负极	R1OUT	TTL/CMOS 接收器输出
C2＋	反相电荷泵电容的正极	R2OUT	TTL/CMOS 接收器输出
C2－	反相电荷泵电容的负极	T1IN	TTL/CMOS 驱动器输入
V－	电荷泵产生－5.5V 电压	T2IN	TTL/CMOS 驱动器输入
T1OUT	RS232 驱动器输出	GND	地
T2OUT	RS232 驱动器输出	VCC	＋3.0～＋5.5V 电源电压

2. *电路介绍*

UART 模块电路连接如图 6.7 所示。在实际使用过程中，需要将 UART 模块与 PC 的串口连接起来，由于 PC 的串口采用 RS232 电平，因此在电路设计过程中，用到了 SP3232 作为 RS232 的电平转换器。LPC2136 的 P0.0 引脚作为串行输出 TxD0，连接 T1IN 作为驱动器的输入；P0.1 引脚作为串行输入 RxD0，连接 R1OUT；P0.8 引脚作为串行输出 TxD1 与跳线 JP10 相连，P0.9 引脚作为串行输入 RxD1，经过电平转换芯片 74LVC162245 进行转换后与跳线 JP11 相连。两跳线若与接口 J21 相连，可扩展外围设备，若分别与芯片 SP3232

的 T2IN 及 R2OUT 相连，则通过芯片 SP3232 后和 PC 相连。J19 和 J20 均为 DB9 连接器，其 2 号引脚(RXD)分别与 SP3232 的 T1OUT 和 T2OUT 相连，3 号引脚(TXD)分别与 SP3232 的 R1IN 和 R2IN 相连。

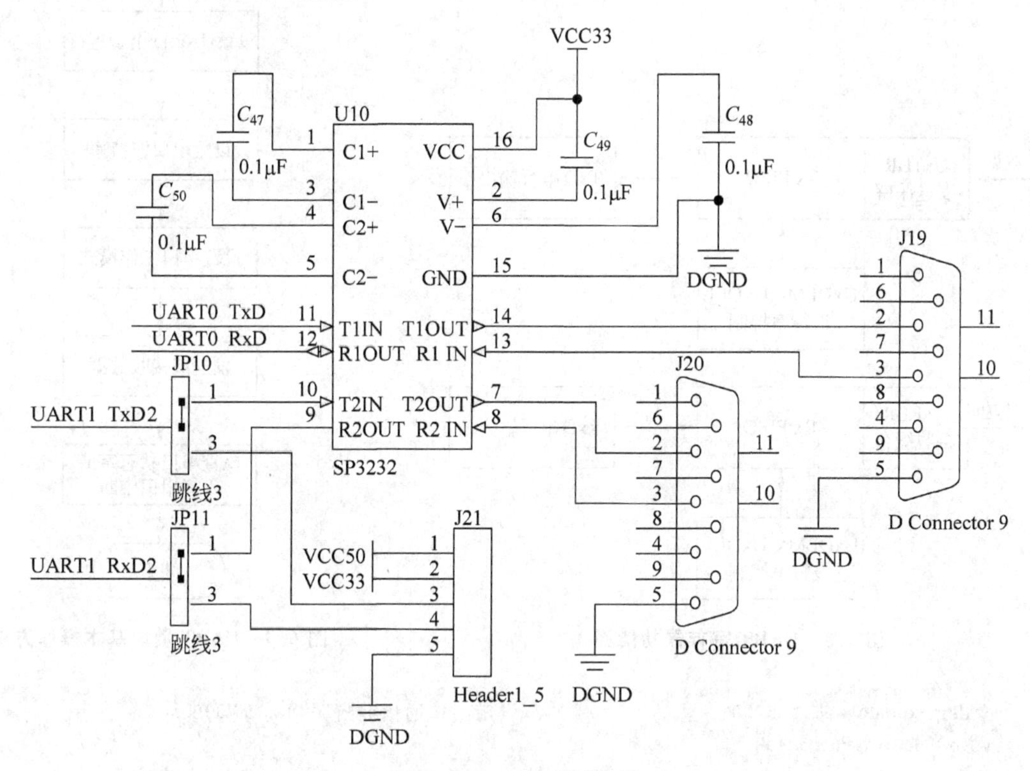

图 6.7　UART 模块电路

6.2.4　UART 模块编程示例

1. UART 模块的基本操作简介

LPC2136 的 UART 模块的寄存器功能如图 6.8 所示。

UxDLM 与 UxDLL 作为 UART 波特率发生器的除数锁存器，共同构成一个 16 位的除数，由波特率计算公式可以知，要得到所需的波特率值，只需对除数锁存寄存器进行相应的设置即可。UxRBR 作为数据接收缓冲，存储着 RxFIFO 的最高字节；UxTHR 作为发送保持，对 Tx FIFO 的最高字节进行存储。

UART 的基本操作方法如图 6.9 所示，通过 UxDLM 和 UxDLL 设置串口波特率；串口的工作模式则可通过对 UxLCR 及 UxFCR 的操作来控制。

2. 主要程序分析

实验采用查询方式，通过 UART0 接收上位机传来的字符串，然后回显到上位机的超级终端中进行显示。

编写 UART 模块初始化函数，首先选择 P0.0 与 P0.1 引脚为 UART0 功能，然后通过对 U0DLM 和 U0DLL 进行设置来获取实验需要的波特率，接着设定数据格式以及 FIFO 的触发点并使能，最后通过设置 U0IER 来允许接收中断。代码实现如下：

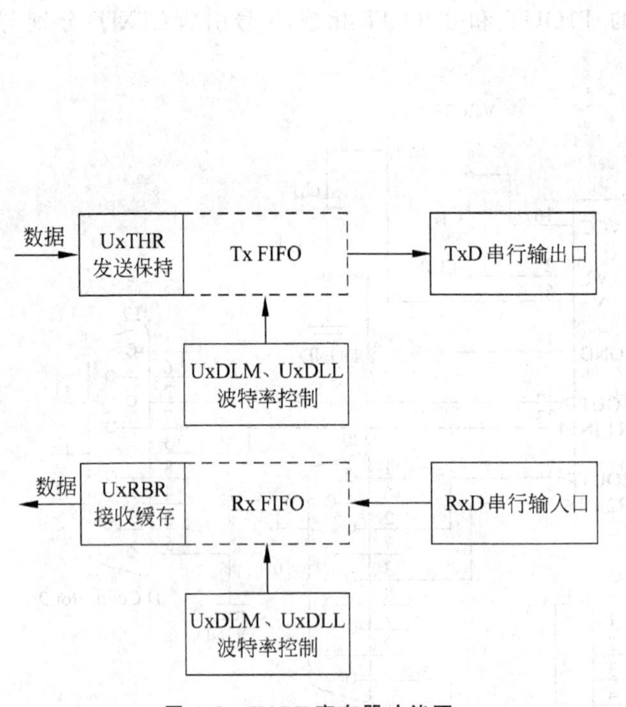

图 6.8　UART 寄存器功能图

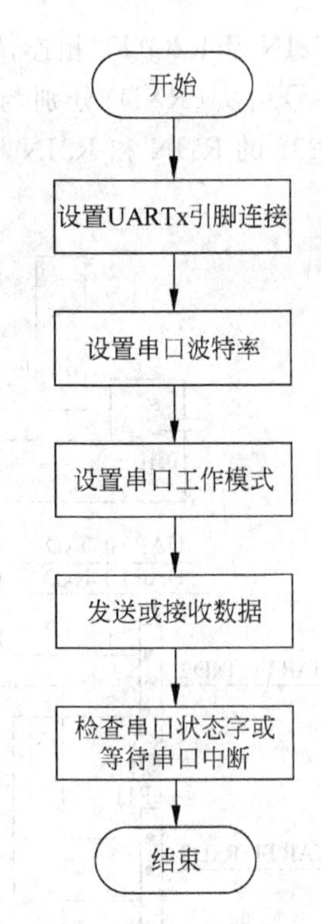

图 6.9　UART 模块基本操作方法

```
#define UART_BPS 115200                        //设定串口通信波特率为 115 200Bps
void UART0Init(void)
{
    uint16 Fdiv;
    PINSEL0 &= ~0x0F;
    PINSEL0 |= 0x05;                           //P0.0、P0.1 设置为串口模式

    U0LCR = 0x83;                              //DLAB = 1,允许设置波特率
    Fdiv = (Fpclk/16)/UART_BPS;                //设置波特率
    U0DLM = Fdiv / 256;
    U0DLL = Fdiv % 256;
    U0LCR = 0x03;                              //DLAB = 0,可以开始操作串口

    U0FCR = 0x81;                              //使能 FIFO,并设置触发点为 8B
    U0IER = 0x01;                              //允许接受中断
}
```

通过函数 UART0SendByte 向串口发送字节数据，函数采用查询的方式进行。如果 U0LSR 的 TEMT 位为 1 时，表示数据发送完毕。函数 UART0SendString 调用函数 UART0SendByte 实现了字符串的发送。代码实现如下：

```
void UART0SendByte(uint8 dat)
{
    U0THR = dat;                               //写入数据
```

```
    while(!(U0LSR & 0x40));                 //等待数据发送完毕
}

void UART0SendString(uint8 * str)
{
    while(1)
    {
        if( * str == '\0')                  //遇到结束符,退出
            break;
        UART0SendByte( * str++);            //发送数据
    }
}
```

通过函数 UART0GetByte 从串口接收 1B 数据，函数采用查询的方式进行。如果 U0LSR 的 RDR 位为 1 时，表示接收数据就绪。函数 UART0GetString 调用函数 UART0GetByte 实现了字符串的接收。代码实现如下：

```
uint8 UART0GetByte(void)
{
    uint8 rcv_dat;

    while(!(U0LSR & 0x01));                 //等待有可接收的数据
    rcv_dat = U0RBR;                        //读取数据

    return rcv_dat;
}

void UART0GetString(uint8 * s,uint32 n)
{
    for( ; n>0 ;n-- )
        * s++ = UART0GetByte ();
}
```

main 函数实现了从串口接收字符串，并发送到上位机的超级终端中进行显示。代码实现如下：

```
int main(void)
{
    uint8 str[32];
    UART0Init( );
    UART0SendString("请输入");
    UART0GetString(str,18);
    delay(10);
    UART0SendString(str);
    delay(10);
    while(1);
    return 0;
}
```

3. 运行结果分析

实验采用查询方式，通过 UART0 将来自上位机的数据再次回显到上位机之上进行显示。将实验平台和 PC 串口相连，打开超级终端并设置串口参数，其中波特率设为 115 200bps，8 位数据位，1 位停止位，无奇偶校验位。然后运行程序，在超级终端上将显示相应的字符串数据。

6.3 IIC 总线

IIC(Inter-Integrated Circuit)总线作为一种两线式串行总线，用于连接微控制器及其外围设备，具有控制方式简单，接口线较少，通信速率较高等优点，被广泛应用于微电子通信控制领域。

6.3.1 IIC 概述

IIC 总线由数据线 SDA 和时钟线 SCL 构成，其工作原理和电话网络类似，在总线上并连若干控制电路模块，这些模块根据其所要完成的功能，既可作为主控制器或被控制器，又可作为发送器或接收器使用。只有当每个模块所具有的号码被拨通后，相应的电路才能正常工作，根据这一特性每个模块都被赋予了唯一的地址。

IIC 模块的主控制器产生时钟信号，并通过时钟线 SCL 与被控制器进行时钟信号的同步，如图 6.10 所示为 IIC 总线数据传输模型。CPU 发出的控制信号可分为数据(包括控制量)和地址码两部分。数据是需要向被选通的设备传输的数据信息，控制量是对选通设备进行调整(如对比度、亮度等)的操作码，而器件的选址以及确定控制的种类可通过对地址码的操作进行。通过这种控制机制，使得每个模块虽然并接到同一总线上，却彼此之间互不影响、相互独立。IIC 总线控制信号格式如图 6.11 所示，其中 S 表示起始条件，P 为停止条件，A 为应答(SDA 为低)，$\overline{A}$ 为非应答(SDA 为高)，$R/\overline{W}$ 为读写控制。

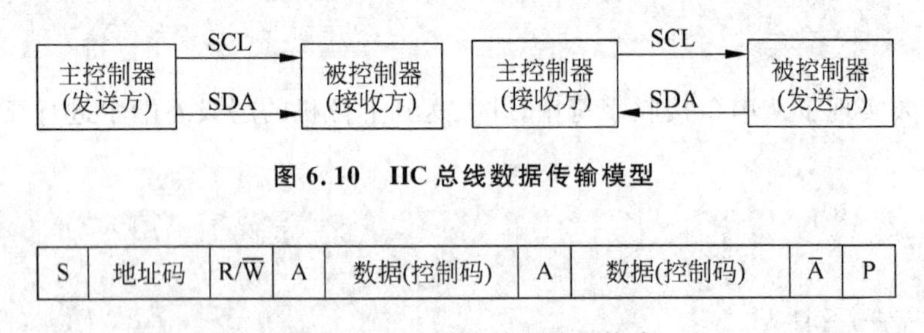

图 6.10　IIC 总线数据传输模型

图 6.11　IIC 总线控制信号格式

IIC 总线在数据传输的过程中，可分为 5 种传输状态，分别为开始信号、结束信号、空闲状态、数据传输状态、应答信号。

(1) 开始信号。当 SCL 为高电平时，SDA 发生负跳变，即由高电平向低电平跳变，表示开始信号，数据开始进行传输，只有当开始信号出现以后，才可以进行后续的 IIC 总线寻址或数据传输等操作。开始信号如图 6.12 所示。

(2) 结束信号。当 SCL 为高电平，SDA 发生正跳变，即由低电平向高电平跳变，表示结束信号,数据传输停止。在结束信号出现后,所有的 IIC 总线操作立即结束,并释放总线控制权。结束信号如图 6.13 所示。

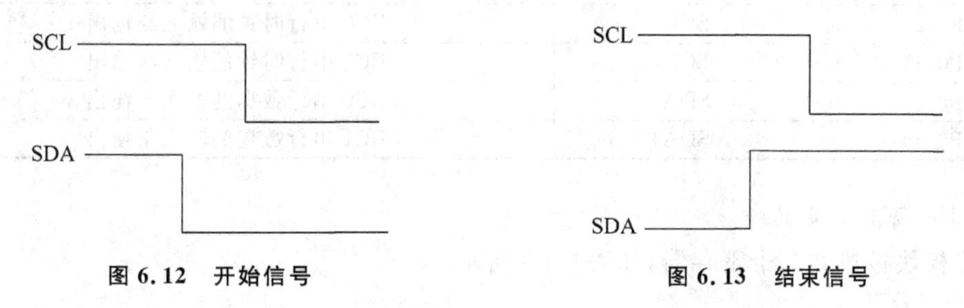

图 6.12　开始信号　　　图 6.13　结束信号

(3) 空闲状态与传输状态：当 SCL 为高电平,而 SDA 保持高电平(或低电平)不发生变化,则总线处于空闲状态或数据传输状态。

(4) 应答信号：当数据接收方接收到 8b 数据后,为表示数据已收到,向发送数据的器件发出特定的低电平脉冲作为应答信号。数据传输及响应信号的时序如图 6.14 所示。

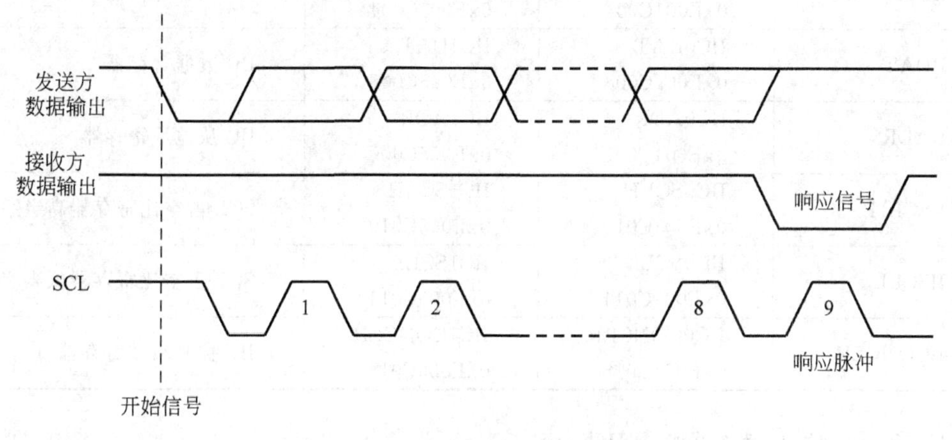

图 6.14　IIC 总线数据传输及响应信号时序图

开始信号产生后,总线处于占用状态,而随后传输的第一个字节数据为器件的控制字节,共 8 位。高 4 位为区分器件类型的类别识别符,随后的 3 位为片选位,最后一位为数据的传送方向位即读写控制位,0 表示主机发送数据,1 表示主机接收数据。IIC 总线数据进行传送时,在时钟线 SCL 为高电平期间,数据线 SDA 上的数据必须保持稳定,只有在时钟线 SCL 上的信号为低电平期间,数据线 SDA 上的数据状态才能改变。

6.3.2　IIC 模块结构

LPC2136 具有两个标准的 IIC 总线接口——IIC0 与 IIC1,通过可编程的实时时钟可以进行通信速率的调整。LPC2136 通过两个标准接口,可配置为主机、从机以及主/从机,主从之间可以进行双向数据传输,最高传送速率 100kbps。主机启动数据传输,并提供数据传输过程中的串行时钟信号 SCL。为避免总线上并接多个主机时出现冲突和数据丢失现象,IIC 总线采用了仲裁协议和同步机制。

1. IIC 模块引脚定义

IIC0 与 IIC1 接口相应引脚如表 6.15 所示。

表 6.15 IIC 引脚描述

引脚	名称	描　述
P0.2	SCL0	IIC0 串行时钟的输入与输出
P0.11	SCL1	IIC1 串行时钟的输入与输出
P0.3	SDA0	IIC0 串行数据的输入与输出
P0.14	SDA1	IIC1 串行数据的输入与输出

2. IIC 寄存器定义

IIC 模块接口共 7 个寄存器,如表 6.16 所示。

表 6.16 IIC 寄存器映射

名称	IIC0 名称和地址	IIC1 名称和地址	描　述
IICONSET	IIC0CONSET 0xE001C000	IIC1CONSET 0xE005C000	IIC 控制置位寄存器
IISTAT	IIC0STAT 0xE001C004	IIC1STAT 0xE005C004	IIC 状态寄存器
IIDAT	IIC0DAT 0xE001C008	IIC1DAT 0xE005C008	IIC 数据寄存器
IIADR	IIC0ADR 0xE001C00C	IIC1ADR 0xE005C00C	IIC 从地址寄存器
IISCLH	IIC0SCLH 0xE001C010	IIC1SCLH 0xE005C010	SCL 占空比寄存器高半字
IISCLL	IIC0SCLL 0xE001C014	IIC1SCLL 0xE005C014	SCL 占空比寄存器低半字
IICONCLR	IIC0CONCLR 0xE001C018	IIC1CONCLR 0xE005C018	IIC 控制清零寄存器

1) IIC 控制置位寄存器——IICONSET

IIC 控制置位寄存器的位功能描述如表 6.17 所示。其中 AA 表示应答标志位,当该位为 0 时,在 SCL 应答时钟脉冲之内,如果 IIC 接口处于主接收器模式或可寻址的从接收器模式时,并接收到一个数据字节,则返回一个非应答信号。当该位置位时,如果在 SCL 应答时钟脉冲之内出现了以下任意一个匹配条件,则将产生一个应答信号。

- 器件接收到从地址寄存器中保存的地址信息;
- 当 IIADR 中的通用调用位为 1 时,器件接收到通用调用地址;
- 当 IIC 接口处于主接收器模式或可寻址的从接收器模式时,接收到一个数据字节。

表 6.17 IIC 控制置位寄存器

IICONSET	名称	描　述
7	—	—
6	IIEN	IIC 接口使能位。当该位置 1 时,使能 IIC 接口。该位为 0 时,IIC 功能被禁止。向 IICONCLR 中的 IIENC 位写入 1 可清除 IIEN
5	STA	起始标志位。当该位为 1 时,IIC 接口进入主模式并发送一个起始条件,如果接口已经处于主模式,则发送一个重复的起始条件。如果该位置 1 而接口未进入主模式,则接口将进入主模式,并在总线空闲时产生一个起始条件

续表

IICONSET	名称	描述
4	STO	停止标志位。当该位为 1 时，如果接口处于主模式，则向总线发送停止条件，总线检测到停止条件时，自动清零 STO；如果接口处于从模式，置位该位使总线从错误状态中恢复
3	SI	IIC 中断标志位。该位置位表示接口进入了 IISTAT 标识的状态中的任何一种。在空闲的从器件和主器件中，该位分别用于指示一个开始条件和一个停止条件
2	AA	应答标志位。当该位为 1 时，若出现相应匹配条件时，将产生一个应答信号；当该位为 0 时，若出现相应匹配条件，则产生一个非应答信号
1	—	—
0	—	—

2）IIC 控制清零寄存器——IICONCLR

IIC 控制清零寄存器位功能如表 6.18 所示。

表 6.18　IIC 控制清零寄存器

IICONCLR	名称	描述
7	—	—
6	IIENC	该位用于 IIC 接口禁止，写入 1 时，清零 IICONSET 寄存器中的 IIEN 位；写入 0 无效
5	STAC	该位用于起始标志清零位，写入 1 时，清零 IICONSET 寄存器中的 STA 位；写入 0 无效
4	—	—
3	SIC	该位用于 IIC 中断标志清零位，写入 1 时，清零 IICONSET 寄存器中的 SI 位；写入 0 无效
2	AAC	该位用于应答标志清零位，写入 1 时，清零 IICONSET 寄存器中的 AA 位；写入 0 无效
1	—	—
0	—	—

3）IIC 状态寄存器——IISTAT

IIC 状态寄存器的位功能描述如表 6.19 所示。该寄存器为只读寄存器，共 8 位，其中低 3 位始终为 0，用于存储 IIC 接口的状态信息，一共可表示 26 种可能的状态代码。当该寄存器的值为 F8H 时，无可用的相关信息，且控制置位寄存器的 SI 位不会置位。

表 6.19　IIC 状态寄存器

IISTAT	描述
7：3	作为状态位
2：0	该 3 位始终为 0

4）IIC 数据寄存器——IIDAT

IIDAT 的位功能描述如表 6.20 所示。该寄存器为可读写寄存器，共 8 位，用于存储发送或接收的数据信息。当 CPU 对其进行访问时，SI 必须处于置位状态。

表 6.20 IIC 数据寄存器

IIDAT	描 述
7∶0	作为发送/接收数据位

5）IIC 从地址寄存器——IIADR

IIADR 的位功能描述如表 6.21 所示。该寄存器为可读写寄存器，共 8 位。IIADR 只能工作在从模式下，在主模式中该寄存器无效。

表 6.21 IIC 从地址寄存器

IIADR	名称	描 述
7∶1	地址	从模式地址
0	GC	该位作为通用调用位。当该位置位时，可识别通用调用地址(00h)

6）IIC SCL 占空比寄存器——IISCLH、IISCLL

IIC SCL 占空比寄存器(IISCL)分为 IISCLH 和 IISCLL 两部分，分别存储 SCL 占空比寄存器高半字和低半字数据，用于定义 SCL 高电平所保持的周期数和低电平的周期数。该寄存器位功能如表 6.22 和表 6.23 所示。不同的波特率可以通过设置 IISCLH 和 IISCLL 得到，二者的值可以不同，但是为了确保 IIC 通信速率保持在 0～400kHz 之间，规定 IISCLH 和 IISCLL 两个寄存器中的值最小为 4，具体的位频率计算公式如下所示。其中 IISCL 的高 16 位由 IISCLH 提供，低 16 位由 IISCLL 提供。

$$\text{位频率} = \frac{F_{\text{pclk}}}{\text{IISCL}}$$

表 6.22 IIC SCL 高电平占空比寄存器

IISCLH	描 述
15∶0	计数值，用于 SCL 高电平周期选择计数

表 6.23 IIC SCL 低电平占空比寄存器

IISCLL	描 述
15∶0	计数值，用于 SCL 低电平周期选择计数

6.3.3 EEPROM 存储器简介

实验中用到了 CAT24WC02/64 芯片，这是一种由 CATALYST 公司采用先进的 CMOS 技术生产的低功耗 2kB/64kB 串行 CMOS E2PROM，内部含有 256/8192 个字节。CAT24WC02/64 有一个 16/32B 页写缓冲器，此外还具有专门的写保护功能，可通过 IIC 总线接口进行相应的操作。

1. 存储器件的寻址

主器件通过发送一个开始信号启动发送过程，然后发送所要寻址的从器件地址，8 位从器件地址的高 4 位固定为 1010，随后的 3 位 E2、E1、E0 为器件的地址位，用来定义哪个器件以及器件的哪个部分被主器件访问，即实现片选功能。

从器件 8 位地址的最低位作为读写控制位，当为 1 时表示对从器件进行读操作，为 0 时表示对从器件进行写操作，在主器件发送起始信号和从器件地址字节后，CAT24WC02/64 监视总线并当其地址与发送的从地址相匹配时产生一个响应的应答信号，然后根据读写控制位的状态进行读或写操作。

2. 引脚描述

存储芯片的引脚描述如表 6.24 所示。

(1) E0，E1，E2。这三个引脚用于多个器件级联时设置器件地址，这些引脚悬空时，默认值为 0。

(2) SDA。串行数据/地址引脚，用于器件的数据发送与接收，该引脚是一个开漏输出引脚。

(3) SCL。串行时钟输入引脚，用于产生器件数据发送与接收的时钟。

(4) WC。写保护，若该引脚连接到 GND 或悬空，则允许器件进行读写操作；若连接到 VCC，则内存处在写保护状态下，不可进行写操作，只能进行读取操作。

表 6.24　CAT24WC02/64 引脚描述

引脚名称	描　述
E0，E1，E2	器件地址选择
SDA	串行数据/地址
SCL	串行时钟
WC	写保护
V_{CC}	+1.8～6.0V 工作电压
GND	地

3. 电路设计

实验平台上 EEPROM 硬件连接如图 6.15 所示。

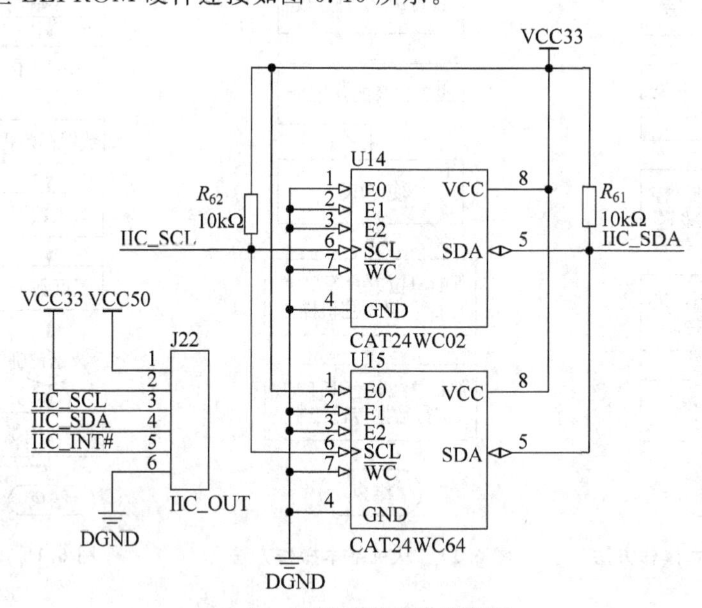

图 6.15　EEPROM 硬件连接图

在使用该模块进行 IIC 读写 EEPROM 前,需要将两个芯片的 SCL 与 SDA 引脚分别接到一个上拉电阻,保证 IIC 模块的正常工作。CAT24WC02 引脚 E0、E1、E2 接地;CAT24WC64 的引脚 E0 接 VCC,E1、E2 接地,通过这种电路设计,将两个芯片的地址码分别固定为 1010000 和 1010001,进而可以通过地址码对芯片进行选择。在电路设计过程中,为了实现 IIC 总线的可扩展性,设计了接口 J22,可以连接外部的附属模块,进行 IIC 相应的控制操作。

6.3.4 IIC 模块编程示例

1. IIC 模块的基本操作简介

LPC2136 具有两个标准的 IIC 接口,可配置为主机或从机,主机与从机的基本操作方法流程图分别如图 6.16 和图 6.17 所示。

通过设置 SCL 占空比寄存器(IISCLH、IISCLL)可对 IIC 总线时钟速率进行设定。IIC 总线的模式、IIC 的使能以及总线操作(例如发送开始标志或停止标志等)可通过对 IIC 控制置位寄存器 IICONSET 进行操作来实现。在 IIC 模块处于从机状态时,IIC 从地址寄存器 IIADR 有效,若总线对此地址进行访问,将会产生 IIC 中断,而 IIC 模块中数据的存储则借助于 IIC 数据寄存器 IIDAT 来实现。IIDAT 包含有要发送的数据或刚刚接收到的数据。

2. IIC 读写 CAT24WC02/64

本实验通过 IIC 模块向 CAT24WC02/64 写入若干个数据,然后读回校验。如果正确的话,LED2 闪烁,否则 LED1 闪烁。实验流程图如图 6.18 所示。

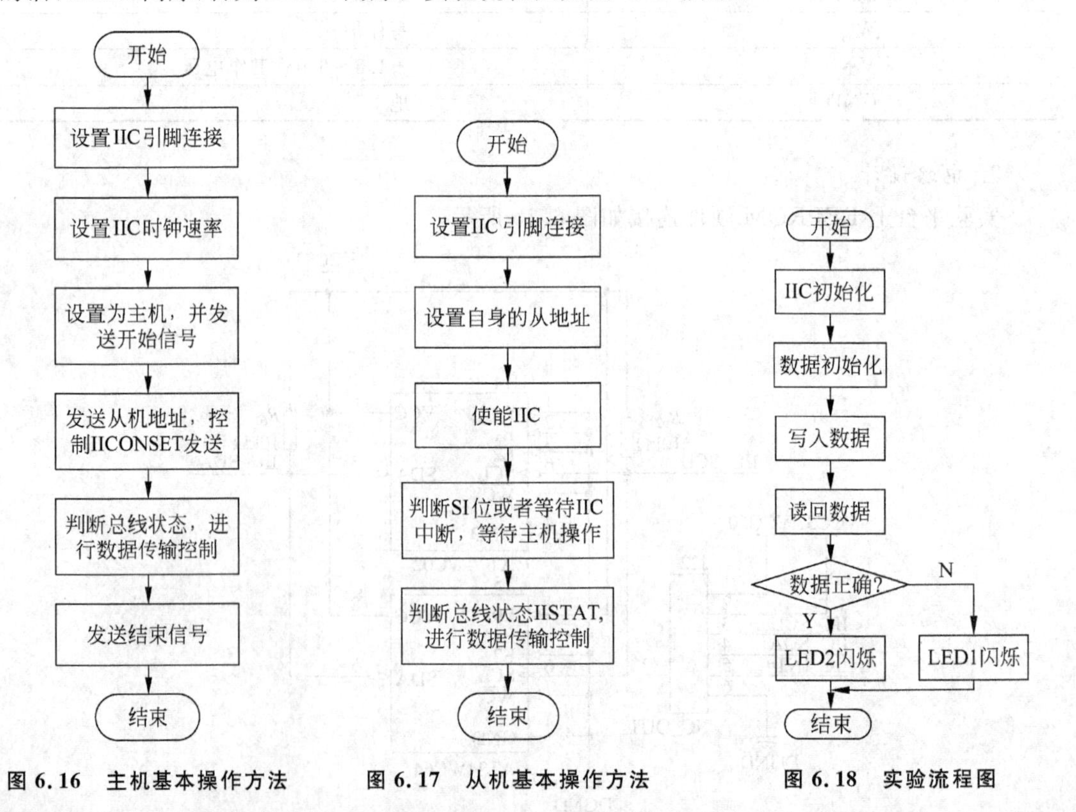

图 6.16 主机基本操作方法　　图 6.17 从机基本操作方法　　图 6.18 实验流程图

为完成本次实验,需要在 IIC 模块的相关文件中定义下面各全局变量:

```
//定义用于和 IIC 中断传递信息的全局变量
volatile uint8  I2C_sla;           //IIC 器件从地址
volatile uint32 I2C_suba;          //IIC 器件内部子地址
volatile uint8  I2C_suba_num;      //IIC 子地址字节数
volatile uint8  * I2C_buf;         //数据缓冲区指针
volatile uint32 I2C_num;           //要读取/写入的数据个数
volatile uint8  I2C_end;           //8767 IIC 总线结束标志: 结束总线是置 1
volatile uint8  I2C_suba_en;       //子地址控制.0——子地址已经处理或者不需要子地
                                   //址;1——读取操作;2——写操作
```

函数 IICInit 用于 IIC 模块的初始化,在该函数中分别实现了 IIC 总线的频率设定,引脚的初始化以及中断使能。代码实现如下:

```
void IICInit(uint32 Fi2c)
{
    if (Fi2c > 100000)
        Fi2c = 100000;

    PINSEL0 = (PINSEL0 & (~0xF0)) | 0x50;        //不影响其他引脚连接
    I2C0SCLH = (Fpclk/Fi2c + 1) / 2;             //设定 IIC 时钟

    I2C0SCLL = (Fpclk/Fi2c)/2;
    I2C0CONCLR = 0x2C;
    I2C0CONSET = 0x40;                           //使能主 IIC
    //设置 IIC 中断允许
    VICIntSelect = 0x00000000;                   //设置所有通道为 IRQ 中断
    VICVectCntl0 = (0x20 | 0x09);                //IIC 通道分配到 IRQ slot0,最高优先级
    VICVectAddr0 = (int32)irqIIC;                //设置 IIC 中断向量
    VICIntEnable = (1 << 9);                     //使能 IIC 中断
    MEMMAP = 2;
    IRQEnable();                                 //打开中断
}
```

函数 IICReadNByte 用于从有子地址器件任意地址开始读取 N 字节数据。参数 sla 表示器件的从地址,suba_type 表示子地址结构,suba 表示器件子地址,* s 表示数据接收缓冲,num 表示读取数据的个数。代码实现如下:

```
uint8 IICReadNByte(uint8 sla, uint32 suba_type, uint32 suba, uint8 * s, uint32 num)
{
    if(num > 0)                                  //判断 num 个数的合法性
    {                                            //参数设置
        if(suba_type == 1)
        {   //子地址为单字节
            IIC_sla     = sla + 1;               //读器件的从地址,R = 1
            IIC_suba    = suba;                  //器件子地址
            IIC_suba_num = 1;                    //器件子地址为 1B
        }
```

```
        if (suba_type == 2)
        {   //子地址为 2B
            IIC_sla      = sla + 1;                 //读器件的从地址,R=1
            IIC_suba     = suba;                    //器件子地址
            IIC_suba_num = 2;                       //器件子地址为 2B
        }
        if (suba_type == 3)
        {   //子地址结构为 8+X
            IIC_sla      = sla + ((suba >> 7 )& 0x0e) + 1;      //读器件的从地址,R=1
            IIC_suba     = suba & 0x0ff;            //器件子地址
            IIC_suba_num = 1;                       //器件子地址为 8+x
        }
        IIC_buf          = s;                       //数据接收缓冲区指针
        IIC_num          = num;                     //要读取的个数
        IIC_suba_en      = 1;                       //有子地址读
        IIC_end          = 0;

        //清除 STA,SI,AA 标志位
        IIC0CONCLR = (1 << 2)|                      //AA
                     (1 << 3)|                      //SI
                     (1 << 5);                      //STA

        //置位 STA,启动 IIC 总线
        IIC0CONSET = (1 << 5)|                      //STA
                     (1 << 6);                      //IICEN

        //等待 IIC 操作完成
        while(IIC_end == 0);
        if(IIC_end == 1)
            return 1;
        else
            return 0;
    }
    return 0;
}
```

函数 IICWriteNByte 用于向有子地址器件写入 N 字节数据,其结构与函数 IICReadNByte 相近,代码实现如下:

```
uint8 IICWriteNByte(uint8 sla, uint8 suba_type, uint32 suba, uint8 * s, uint32 num)
{
    if(num > 0)                                 //如果读取的个数为 0,则返回错误
    {   //设置参数
        if(suba_type == 1)
        {   //子地址为单字节
            IIC_sla      = sla;                 //读器件的从地址
            IIC_suba     = suba;                //器件子地址
            IIC_suba_num = 1;                   //器件子地址为 1B
        }
```

```
        if(suba_type == 2)
        {   //子地址为 2B
            IIC_sla        = sla;              //读器件的从地址
            IIC_suba       = suba;             //器件子地址
            IIC_suba_num   = 2;                //器件子地址为 2B
        }
        if(suba_type == 3)
        {   //子地址结构为 8 + X
            IIC_sla        = sla + ((suba >> 7 )& 0x0e);               //读器件的从地址
            IIC_suba       = suba & 0x0ff;     //器件子地址
            IIC_suba_num   = 1;                //器件子地址为 8 + X
        }

        IIC_buf            = s;                //数据
        IIC_num            = num;              //数据个数
        IIC_suba_en        = 2;                //有子地址,写操作
        IIC_end            = 0;

        //清除 STA,SI,AA 标志位
        IIC0CONCLR = (1 << 2)|                 //AA
                     (1 << 3)|                 //SI
                     (1 << 5);                 //STA

        //置位 STA,启动 IIC 总线
        IIC0CONSET = (1 << 5)|                 //STA
                     (1 << 6);                 //I2CEN

        //等待 IIC 操作完成
        while(IIC_end == 0);
        if(IIC_end == 1)
            return 1;
        else
            return 0;
    }
    return 0;
}
```

在实验中,我们定义了一个地址开关 #define CAT24WC02,用于进行器件地址的选择。在实验过程中,首先通过函数 IICInit (uint32 Fi2c)进行 IIC 初始化,通过参数 uint32 Fi2c 的设定,将 IIC 模块的总线速率设定为 100Kbps。在对数据进行初始化之后,通过函数 IICWriteNByte 将相应的数据写入存储器件中。在写入数据完毕后,将数据缓冲区清零,用于接下来存储读取的数据。从存储器件中读取数据可通过函数 IICReadNByte 实现。在读取数据之后,通过循环判断是否与写入的数据相匹配,如果匹配则通过 LED2 闪烁来显示相关提示信息,否则 LED1 闪烁。代码实现如下:

```
#define   CAT24WC02                        //地址切换开关,用于选择存储器件的地址
#ifdef    CAT24WC02
```

```
    #define ADDR   0xA0                //CAT24WC02 器件从地址
#else
    #define ADDR   0xA2                //CAT24WC64 器件从地址
#endif
#define  LED1     (1 << 21)
#define  LED2     (1 << 22)
#define NUM        10                  //定义操作数据的个数
void test()
{
    uint8 i;
    uint8 data_buf[32];
    for (i = 0; i < 10; i++)
        data_buf[i] = i + '0';         //数据 0～9,转换成 ASCII 码
    //往起始地址 0x00 开始写入 10 个数据
    IICWriteNByte(ADDR, ONE_BYTE_SUBA, 0x00, data_buf, 10);
    delay(10);

    //清零数据缓冲区,防止出错
    for (i = 0; i < 10; i++)
        data_buf[i] = 0;

    //读回刚才写入的数据
    IICReadNByte(ADDR, ONE_BYTE_SUBA, 0x00, data_buf, 10);

    //判断读回的数据是否正确
    for (i = 0; i < 10; i++)
    {
        if (data_buf[i] != (i + '0'))
        {
            //出错,LED1 闪烁
            while (1)
            {
                IO0PIN ^= LED1;
                delay(20);
            }
        }
    }
    //正确,LED2 闪烁
    while(1)
    {
        IO0PIN ^= LED2;
        delay(20);
    }
}
```

本程序默认使用 CAT24WC02,若注释掉 #define CAT24WC02 则使用 CAT24WC64。数据读写正确 LED2 闪烁,若将器件从地址修改为错误的地址,则数据读写错误,LED1 闪烁。

6.4 点阵型 LCD

12864 点阵型 LCD 是一种点阵图形液晶显示器，主要由行驱动器、列驱动器和 128×64 全点阵液晶显示器组成，可显示符号、汉字及图形，内置国家标准 GB 2312 码简体中文字形 ROM(CGROM)、半宽字形 ROM(HCGROM)、字符产生 RAM(CGRAM)、字符显示 RAM (DDRAM)、绘图 RAM(GDRAM)及 ICON RAM。其提供串行和 8 位并行两种连接方式，可与 CPU 直接相连，具有画面清除、光标显示、反白显示等多种功能。

6.4.1 工作原理

ST7920 可同时作为 12864 点阵型 LCD 的控制器和驱动器，提供一个包含 8192 个 16×16 位的中文字形 ROM、一个 126 个 16×8 位的半宽西文字形 ROM、一个包含 64×256 位的绘图 RAM、一个 240 位的 ICON RAM 和一个包含 4 组 16×16 位、提供造字功能的字符产生 RAM。ST7920 具有低功耗的特性，电源范围为 2.7～5.5V，可以满足电池操作携带式嵌入式系统的省电需求。ST7920 点阵型 LCD 驱动器由 33 个普通驱动器(Common)和 64 个段驱动器(Segment)组成，Segment 驱动器可由 ST7921 Segment 驱动器来提供扩充显示范围的功能。一个 ST7920 可以显示 1 行 8 个汉字或 2 行 4 个汉字，若配合 ST7921 使用，可扩充到 2 行 16 个汉字的显示。

1. ST7920 系列嵌入式系统硬件特性

- 提供串行接口及 8 位并行接口，可以采用串行和并行两种模式；
- 并行接口适配 M6800 时序，只需 R/W 读写选择、RS 数据/指令选择和 E 片选使能 3 根控制线；
- 自动电源启动复位功能；
- 内部自建振荡源；
- 64×16 位字符显示 RAM，范围为 16 汉字×4 行，LCD 显示范围为 16 汉字×2 行；
- 2MB 位中文字形 ROM，提供 8192 个中文字形(16×16 点阵)；
- 16KB 位半宽字形 ROM，提供 126 个西文字形(16×8 点阵)；
- 64×256 点阵绘图 RAM；
- 64×16 位字符产生 RAM；
- 5×16 位总共 240 点的 ICON RAM。

2. ST7920 系列嵌入式系统软件特性

- 文字与图形混合显示功能；
- 画面清除功能；
- 光标归位功能；
- 显示开/关功能；
- 光标显示/隐藏功能；

- 显示字体闪烁功能；
- 光标移位功能；
- 显示移位功能；
- 垂直画面旋转功能；
- 反白显示功能；
- 休眠模式。

3. 中文字库选择

ST7920-0A 内建 BIG-5 码繁体中文字形库，ST7920-0B 内建 GB 码简体中文字形库，用户在选用之前务必注明。

4. ST7920 引脚说明

ST7920 的引脚说明如表 6.25 所示。

表 6.25　ST7920 引脚说明

引脚	名称	电平	说　明
20	LEDK	0V	背光源负极
19	LEDA	+5V	背光源正极
18	Vout	负压	负压输出端(悬空)
17	RST	H/L	复位信号(低电平有效)
16	NC	—	空脚
15	PSB	H/L	H：并行模式；L：串行模式
14	DB7	H/L	数据 7
13	DB6	H/L	数据 6
12	DB5	H/L	数据 5
11	DB4	H/L	数据 4
10	DB3	H/L	数据 3
9	DB2	H/L	数据 2
8	DB1	H/L	数据 1
7	DB0	H/L	数据 0
6	E(SCLK)	H,H→L	使能信号
5	R/W(STD)	H/L	H：读；L：写
4	RS(CS)	H/L	H：数据；L：命令
3	VO	负压	驱动电压输入端(对比度调节端，悬空)
2	VDD	+5V	供电电源
1	VSS	0V	电源地

注：NC 代表空脚。

5. ST7920 指令表

RE 为基本指令集与扩充指令集的选择控制位，这两种指令集方式可以在 LCD 初始化时在“功能设定”指令里进行设置。当 RE=0 时，为基本指令集；当 RE=1 时，为扩充指令集，当变更 RE 后，将维持在这种指令集状态，使用相同指令集时，无须每次重设 RE 位。基本指令集表如表 6.26 所示，扩充指令集表如表 6.27 所示。

表 6.26　ST7920 指令表 1(基本指令集)

指令	指令码										说明	执行时间(540kHz)
	RS	RW	DB7	DB6	DB5	DB4	DB3	DB2	DB1	DB0		
清除显示	0	0	0	0	0	0	0	0	0	1	将 DDRAM 填满 20H，并且设定 DDRAM 的地址计数器(AC)到 00H	4.6ms
地址归位	0	0	0	0	0	0	0	0	1	X	设定 DDRAM 的地址计数器(AC)到 00H，并且将游标移到开头原点位置；这个指令并不改变 DDRAM 的内容	4.6ms
进入点设定	0	0	0	0	0	0	0	1	I/D	S	指定在资料的读取与写入时，设定游标移动方向及指定显示的移位	72μs
显示状态开/关	0	0	0	0	0	0	1	D	C	B	D=1：整体显示 ON；C=1：游标 ON；B=1：游标位置 ON	72μs
游标或显示移位控制	0	0	0	0	0	1	S/C	R/L	X	X	设定游标的移动与显示的移位控制位元；这个指令并不改变 DDRAM 的内容	72μs
功能设定	0	0	0	0	1	DL	X	0 RE	X	X	DL=1：(必须设为 1)；RE=1：扩充指令集动作；RE=0：基本指令集动作	72μs
设定 CGRAM 地址	0	0	0	1	AC5	AC4	AC3	AC2	AC1	AC0	设定 CGRAM 地址到地址计数器(AC)	72μs
设定 DDRAM 地址	0	0	1	AC6	AC5	AC4	AC3	AC2	AC1	AC0	设定 DDRAM 地址到地址计数器(AC)	72μs
读取忙碌标志(BF)和地址	0	1	BF	AC6	AC5	AC4	AC3	AC2	AC1	AC0	读取忙碌标志(BF)可以确认内部动作是否完成，同时可以读出地址计数器(AC)的值	0μs
写资料到 RAM	1	0	D7	D6	D5	D4	D3	D2	D1	D0	写入资料到内部的 RAM (DDRAM/CGRAM/IRAM/GDRAM)	72μs
读出 RAM 的值	1	1	D7	D6	D5	D4	D3	D2	D1	D0	从内部 RAM 读取资料 (DDRAM/CGRAM/IRAM/GDRAM)	72μs

注：X 表示该位为 0 或 1 都可以，下同。

表 6.27　ST7920 指令表 2(扩充指令集)

指令	指令码										说明	执行时间(540kHz)
	RS	RW	DB7	DB6	DB5	DB4	DB3	DB2	DB1	DB0		
待命模式	0	0	0	0	0	0	0	0	0	1	将 DDRAM 填满 20H，并且设定 DDRAM 的地址计数器(AC)到 00H	72μs

续表

指令	指令码										说明	执行时间（540kHz）
	RS	RW	DB7	DB6	DB5	DB4	DB3	DB2	DB1	DB0		
卷动地址或IRAM地址选择	0	0	0	0	0	0	0	0	1	SR	SR=1：允许输入垂直卷动地址；SR=0：允许输入IRAM地址	72μs
反白选择	0	0	0	0	0	0	0	1	R1	R0	选择4行中的任一行作反白显示，并可决定反白与否	72μs
睡眠模式	0	0	0	0	0	0	1	SL	X	X	SL=1：脱离睡眠模式；SL=0：进入睡眠模式	72μs
扩充功能设定	0	0	0	0	1	1	X	1 RE	G	0	RE=1：扩充指令集动作；RE=0：基本指令集动作；G=1：绘图显示ON；G=0：绘图显示OFF	72μs
设定IRAM地址或卷动地址	0	0	0	1	AC5	AC4	AC3	AC2	AC1	AC0	SR=1：AC5～AC0为垂直卷动地址；SR=0：AC3～AC0为ICON IRAM地址	72μs
设定绘图RAM地址	0	0	1	AC6	AC5	AC4	AC3	AC2	AC1	AC0	设定CGRAM地址到地址计数器(AC)	72μs

6. ST7920汉字显示坐标

ST7920 DDRAM范围为16汉字×4行，由于LCD显示屏显示范围为8汉字×4行，因此只能显示DDRAM中16汉字×2行的内容，其中将第1行和第2行的后半部在显示屏的第3行和第4行进行显示，第1行～第4行的起始地址分别为0x80、0x90、0x88和0x98。ST7920汉字显示坐标如表6.28所示。

表6.28　ST7920汉字显示坐标

行	X坐标							
Line1	80H	81H	82H	83H	84H	85H	86H	87H
Line2	90H	91H	92H	93H	94H	95H	96H	97H
Line3	88H	89H	8AH	8BH	8CH	8DH	8EH	8FH
Line4	98H	99H	9AH	9BH	9CH	9DH	9EH	9FH

7. ST7920的DDRAM和GDRAM显示

1) DDRAM

DDRAM提供64×2个位元组的空间，最多可以控制16字×4行(64个字)的中文字形显示，当将位元资料写入DDRAM时，可以分别显示CGROM、HCGROM和CGRAM的字形；ST7920A可以显示3种字形，分别是半宽的HCGROM字形、CGRAM字形和中文CGROM字形。各种字形详细编码如下：

(1) 显示半宽HCGROM字形：将8位元资料写入DDRAM中，编码范围为02H～7FH。

(2) 显示 CGRAM 字形：将 16 位元资料写入 DDRAM 中，共有 0000H、0002H、0004H 和 0006H 四种编码。

(3) 显示中文字形：将 16 位元资料写入 DDRAM，编码范围为 A1A1H～F7FEH。

2) GDRAM

GDRAM 提供 64×32 个位元组的记忆空间，最多可以控制 256×64 点的二维绘图缓冲空间，在更改 GDRAM 时，先连续写入水平与垂直的坐标值，再写入两个 8 位元资料到 GDRAM，地址计数器会自动加 1；在写入 GDRAM 时，绘图显示必须关闭，写入 GDRAM 的步骤如下：

(1) 关闭绘图显示功能。

(2) 将垂直的坐标(Y)写入 GDRAM 地址。

(3) 将水平的位元组坐标(X)写入 GDRAM 地址。

(4) 将 D15～D8 写入到 GDRAM 中。

(5) 将 D7～D0 写入到 GDRAM 中。

(6) 打开绘图显示功能。

6.4.2 电路介绍

12864 点阵型 LCD 的电路原理图如图 6.19 所示。由于 12864 点阵型 LCD 与将要介绍的 TFT-LCD 有相等的引脚数量(20 个引脚)，且电路连接相似，故在此采用双排接口设计，即图 6.19 的 J11，将 J11 的偶数引脚连接 12864 点阵型 LCD，奇数引脚连接 TFT-LCD。

下面介绍 12864 点阵型 LCD 的引脚连接。

将 J11 的 2 号引脚接地、4 号引脚接 3.3V 电压，为 LCD 供电。J11 的 32 号引脚为空脚，将其悬空。由于电路中没有用到对比度调节功能，因此将 J11 的 6 号(对比度调节端)、36 号(负压输出)引脚悬空。

12864 点阵型 LCD 有并行和串行两种连接模式。图 6.19 所示 J11 的 8 号、10 号、12 号和 30 号引脚分别连接跳线 JP2、JP3、JP6 和 JP7 的 1 号引脚，为默认情况下的跳线连接方式，即并行连接模式；当将其连接跳线 JP2、JP3、JP6 和 JP7 的 3 号引脚时，则采用串行连接模式。

将 J11 的 8 号引脚通过跳线 JP2 选择连接 ALE 引脚或 LCDSPI_CS＃引脚，ALE 引脚连接 LPC2136 处理器的 P0.31 引脚，为 LCD 并行模式下的数据/指令寄存器选择端；LCDSPI_CS＃引脚与 SPI 3-8 译码器的 Y4 引脚相连，为 LCD 串行模式下的片选信号。将 J11 的 10 号引脚通过跳线 JP3 选择连接 WR＃引脚或 MOSI 引脚，WR＃引脚连接 LPC2136 处理器的 P1.25 引脚，为 LCD 并行模式下的读/写选择端；MOSI 引脚与 LPC2136 处理器的 P0.18 引脚相连，为 LCD 串行模式下的串行数据发送端，可以选择使用 SPI 数据寄存器进行串行数据传输。将 J11 的 12 号引脚通过跳线 JP6 选择连接 LCD_CS＃引脚或 SCLK 引脚，LCD_CS＃引脚与模拟总线 3-8 译码器的 Y3 引脚相连，为 LCD 并行模式下的使能控制端；SCLK 引脚与 LPC2136 处理器的 P0.4 相连，为 LCD 串行模式下的 SPI 时钟线。将 J11 的 30 号引脚通过跳线 JP7 选择连接 3.3V 电压或地，当连接 3.3V 电压时，LCD 选择并行模式；当连接地时，LCD 选择串行模式。

将 J11 的 AD0～AD7 引脚分别连接 LPC2136 处理器的 P1.16～P1.23 引脚，为 LCD

并行模式下的数据线。将J11的34号引脚(LCD_RST#)与LPC2136处理器的RESET引脚相连,用于LCD的复位。J11的38号引脚(LCD_LIGHT)为LCD背光源正极,通过跳线JP5选择连接3.3V电压或2.64～3.3V电压,当连接3.3V电压时,LCD背光源点亮;当连接地时,LCD背光源熄灭。将J11的40号引脚接地,为LCD背光源负极。

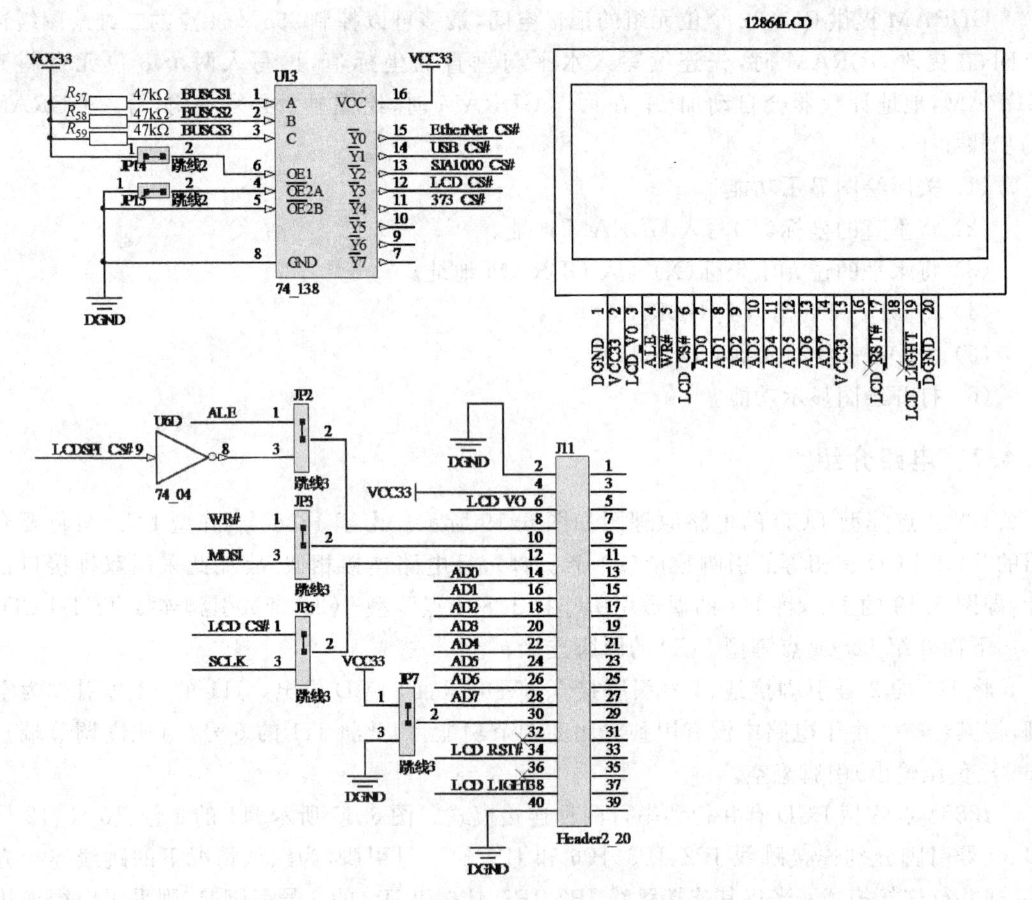

图6.19 12864点阵型LCD的电路原理图

6.4.3 软件设计

在此次程序设计中,首先,设置LPC2136处理器的P1.16～P1.23引脚、P1.25引脚和P0.31引脚为通用I/O口;然后,设置模拟总线3-8译码器片选(即LPC2136处理器引脚P0.17～P0.19),接着对LCD进行初始化;最后,设置显示坐标,完成LCD的显示。

12864点阵型LCD 8位并行数据写操作步骤:

(1) 确定写数据还是写命令。若写数据,则将RS置高;若写命令,则将RS置低。

(2) 将8位并行数据发送至LCD的数据线,将R/W至低,设为写模式。

(3) 将使能信号E先置高,然后置低,在下降沿将数据写入LCD。

下面分析12864点阵型LCD显示的主要代码。

编写宏,将COMM定义为0,设为LCD的命令模式,将DAT定义为1,设为LCD的数据输入模式。代码实现如下:

```
#define COMM 0              //控制命令模式
#define DAT 1               //数据输入模式
```

编写向 LCD 写入数据或命令函数，首先将 R/W 信号置低，将 LCD 设为写模式；然后控制 LCD 使能控制端 E 从高电平变为低电平，从而将数据或命令写入。代码实现如下：

```
void LCDWriteCommand(uint8 dat_comm,uint8 Lcd_data)
{
    if(dat_comm)
        LCDALEEnable(1);                //数据模式
    else
        LCDALEEnable(0);                //命令模式
    BUSWrite(Lcd_data);
    LCDReadWrite(0);                    //允许写
    LCDEnable(1);
    delayMicrosecond(500);              //需要延时大于 27μs
    LCDEnable(0);                       //使能 LCD 控制端 E
    delayMicrosecond(500);
}
```

编写 LCD 初始化函数，在命令模式下，首先将 LCD 功能设定为基本指令模式；然后将液晶显示屏清屏；最后设置显示格式。代码实现如下：

```
void LCDInit()                          //液晶初始化
{
    delayMicrosecond(10);               //外部复位
    LCDWriteCommand(COMM,0x30);         //功能设定为基本指令格式，地址归零
    delayMicrosecond(300);
    LCDWriteCommand(COMM,0x01);         //液晶清屏
    delayMillisecond(300);
                                        //设置显示格式：整体显示开、游标开、游标位置关
    LCDWriteCommand(COMM,0x0e);
    LCDWriteCommand(COMM,0xd8);         //设置显示格式：设定 DDRAM 地址
}
```

编写 LCD 设置坐标函数，设置纵坐标为 yy，横坐标为 xx。代码实现如下：

```
void LCDPosition(uint8 xx,uint8 yy)
{
    uint32 line;
    switch(yy)
    {
        case 0:line = 0x00;break;              //第 0 行从第 0x80 位起存储
        case 1:line = 0x10;break;              //第 1 行从第 0x90 位起存储
        //第 2 行从第 0x88 位起存储,第 0 行显示不下的内容可在此显示
```

```
        case 2:line = 0x08;break;
        //第 3 行从第 0xA0 位起存储,第 1 行显示不下的内容可在此显示
        case 3:line = 0x18;break;
        default :break;
    }
    LCDWriteCommand(COMM,0x80 + line + xx);
}
```

编写 LCD 显示字符串和汉字函数,在数据模式下,显示形参 str 字符数组中的数据。代码实现如下:

```
void LCDString(uint8 * str)
{
    while( * str!= '\0')
    {
        LCDWriteCommand(DAT, * str);
        str++;
    }
}
```

编写 LCD 显示自定义图像函数,在命令模式下设置为扩展指令格式,设置纵坐标和横坐标,向相应坐标写入图像数据。代码实现如下:

```
void LCDDefine(uint8 * str)
{
    uint32 m,n;
    LCDWriteCommand(COMM,0x34);                             //设置位扩展指令格式
    for(m = 0;m < 32;m++)
    {
        for(n = 0;n < 8;n++)
        {
            LCDWriteCommand(COMM,0x80 + m);                 //写纵坐标,00H～1FH
            LCDWriteCommand(COMM,0x80 + n);                 //写横坐标,00H～07H
            LCDWriteCommand(DAT,str[m * 16 + n * 2]);
            LCDWriteCommand(DAT,str[m * 16 + n * 2 + 1]);   //连续写两个数据
        }
    }

    for(m = 32;m < 64;m++)
    {
        for(n = 0;n < 8;n++)
        {
            LCDWriteCommand(COMM,0x80 + m - 32);            //写纵坐标,00H～1FH
            LCDWriteCommand(COMM,0x88 + n);                 //写横坐标,08H～0FH
            LCDWriteCommand(DAT,str[m * 16 + n * 2]);
            LCDWriteCommand(DAT,str[m * 16 + n * 2 + 1]);   //连续写两个数据
```

```
        }
    }
    LCDWriteCommand(COMM,0x30);              //基本指令格式
    LCDWriteCommand(COMM,0x01);              //清屏
    delayMillisecond(30);
    LCDWriteCommand(COMM,0x34);              //扩展指令格式
    LCDWriteCommand(COMM,0x36);              //显示自定义图形
}
```

首先，在主函数中选择 LPC2136 处理器的相应引脚模式，并初始化模拟总线 3-8 译码器的片选控制线和 LCD，然后，编写 12864 测试函数，设置坐标，在液晶显示屏上显示数据和图像。12864 测试代码实现如下：

```
void test()
{
    LCDPosition(0,0);
    LCDString("$大连理工大学$");
    LCDPosition(0,1);
    LCDString("WWW.DLUT.EDU.COM");
    LCDPosition(0,2);
    LCDString("☆红蚂蚁实验室☆");
    LCDPosition(0,3);
    LCDString("12864 LCD test");
    delayMillisecond(10);
    LCDDefine(Lcd_num);
}
```

将 12864LCD 模块插入 J11 接口中标有 GraphicLCD 的一侧，运行 12864 点阵型 LCD 的显示程序，LCD 分两屏显示，在第一屏的第 0 行显示“$大连理工大学$”，第 1 行显示 WWW.DLUT.EDU.COM，第 2 行显示“☆红蚂蚁实验室☆”，第 3 行显示 12864 LCD test，然后刷新屏幕，在第二屏中显示自定义图像。

6.5　TFT 型 LCD

常见的液晶显示器按物理结构分为 4 种：扭曲向列型(TN)、超扭曲向列型(STN)、双层超扭曲向列型(DSTN)、薄膜晶体管型(TFT)。TN-LCD 采用液晶显示中最基本的显示技术，工作原理较其他型号 LCD 简单，单纯的 TN-LCD 只有明暗两种情形，无法做到色彩变化，并且 TN-LCD 显示屏幕越大，其屏幕对比度会越差。STN-LCD 使用不同于 TN-LCD 的液晶材料，显示的色调以淡绿色和橘色为主，通过在传统的 STN-LCD 上添加彩色滤光片，可以使 STN-LCD 进行全彩显示。DSTN-LCD 显示效果相对 STN 来说有大幅度提高，在低端笔记本市场具有一定的优势，但其只能显示一定的颜色深度，不是真正的彩色显示

器。TFT-LCD是真正的彩色显示器，也称真彩显，它在液晶显示屏的每一个像素上都设置一个薄膜晶体管(TFT)，可有效地克服非选通时的串扰，使显示液晶屏的静态特征与扫描线数无关，因此可高速度、高亮度、高对比度地显示屏幕信息，大大提高了图像质量。目前TFT-LCD广泛应用于笔记本电脑和手机等屏幕显示设备。

6.5.1 工作原理

TFT-LCD显示模块的外部接口一般采用并行方式，并行总线接口有6800和8080两种模式。6800和8080的区别主要是总线的控制方式，6800是通过总使能(E)和读写选择(W/R)两条控制线进行读写操作，8080是通过读使能(RE)和写使能(WE)两条控制线进行读写操作。

1. 8080总线模式

8080总线模式又叫Intel总线模式，有RD读使能、WR写使能、D/I数据/指令选择和CS片选使能4根控制线。引脚定义如下：

- VCC：工作主电源；
- VSS：公共端；
- VEE：偏置负电源，常用于调整显示对比度；
- RES：复位线；
- DB0～DB7：双向数据线；
- D/I：数据/指令选择线(1：数据读写；0：命令读写)；
- CS：片选使能信号；
- WR：MPU向LCD写入数据控制线；
- RD：MPU从LCD读入数据控制线。

2. MzT35C1模块

MzT35C1模块是高画质的TFT-LCD控制器，它内置LCD控制器和驱动器，外部采用8位8080总线接口，分辨率为320×240，支持RGB三原色(R代表红色，G代表绿色，B代表蓝色)。

MzT35C1模块的3.5英寸TFT-LCD显示面板上，共分布着320×240个像素点，当打开显示时，面板上的像素点将与当前显示层显存中的数据一一对应；模块中每个像素点需要16位的数据(即2B长度)来表示该点的RGB颜色信息，所以模块内置一屏的显存共有320×240×16b的空间，通常我们以字节来描述其大小。其中B为D0～D4，G为D5～D10，R为D11～D15，显存单元分布图如图6.20所示。

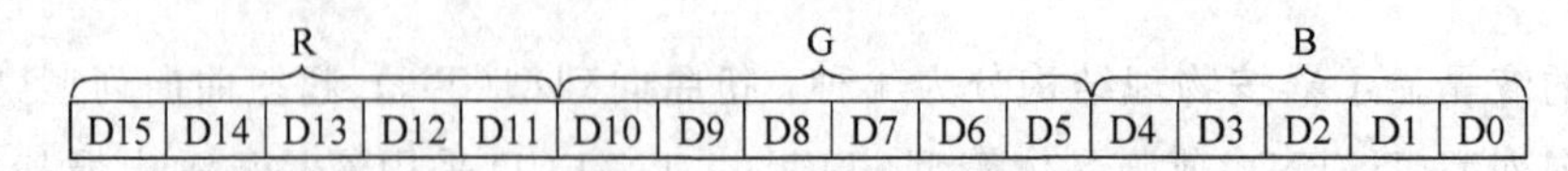

图6.20 显存单元分布图

MzT35C1模块内部有能够存储两屏LCD信息容量的显存，称作两个显存图层，但只能同时显示其中一屏信息，用户可以通过指令来指定当前LCD显示对应的显存图层。此外，还可以指定当前操作的显存图层，也就是说显示着的图层可以与操作着的图层不一样。

MzT35C1 控制寄存器如下：

1）Y 地址寄存器

当 D/I 为低电平时，从总线写入一个字节 0x00，此时控制寄存器指向 Y 地址寄存器（0x00），该寄存器须设置 16 位的寄存器数值，即为 Y 轴地址，实际上高 8 位为无用数据，低 8 位为指定的寄存器地址。对 Y 地址寄存器进行数据写入操作完成后，寄存器地址自动指向 X 地址寄存器。

2）X 地址寄存器

当 D/I 为低电平时，从总线写入一个字节 0x01，此时将控制寄存器指向 X 地址寄存器（0x01），该寄存器须设置 16 位的寄存器数值，即为 X 轴地址，实际上高 7 位为无用数据，低 9 位为指定的寄存器地址。对 X 地址寄存器进行数据写入操作完成后，寄存器地址自动指向显存寄存器。

3）显存操作寄存器

当 D/I 为低电平时，从总线写入一个字节 0x02，此时将控制寄存器指向显存操作寄存器（0x02），此后再对总线进行数据地读写操作时，将会写入或读出之前设置的 Y、X 轴地址所指向的显存数据。

4）背光设置寄存器

当 D/I 为低电平时，从总线写入一个字节 0x03，此时将控制寄存器指向背光设置寄存器（0x03），该寄存器须设置 16 位的寄存器数值，bit7 位为背光开关控制，为 1 时表示打开背光，为 0 表示关闭背光；bit6～bit0 为背光等级设置，范围为 0～127。

5）模块设置寄存器

当 D/I 为低电平时，从总线写入一个字节 0x04，此时将控制寄存器指向模块设置寄存器（0x04），该寄存器须设置 16 位的寄存器数值，bit7 位为当前显示图层设置（可为 0 或 1，分别表示 0 和 1 图层显存）；bit6 为当前操作图层显存设置（可为 0 或 1，分别表示 0 和 1 图层显存）；bit0 为显示开关，为 1 表示打开显示，为 0 表示关闭显示。

对 MzT35C1 模块的操作主要分为两种，一是对控制寄存器的地址写入，二是对数据的读写操作。D/I 控制线的高低电平状态用来区别当前的总线操作是对控制寄存器的地址写入还是对所指向的寄存器进行数据操作。当 D/I 为低电平时，表示当前的总线操作是对控制寄存器的地址进行操作；当 D/I 为高电平时，表示为对数据写入/读出操作。对控制寄存器进行操作前，须先对控制寄存器地址进行写入操作，以指明接下去的数据操作针对哪一个寄存器，操作步骤如下：

（1）在 D/I 为低电平的状态下，写入一个字节的数据，该字节为寄存器地址。

（2）在 D/I 为高电平的状态下，写入两个字节数据，第一字节为高八位，第二字节为低八位。

MzT35C1 模块的显示操作非常简便，需要改变某一个像素点的颜色时，只需在当前显示的显存图层中修改该点所对应的 2 个字节数据。而为了便于索引操作，模块将所有的显存地址分为 X 轴地址（X Address）和 Y 轴地址（Y Address），分别可以寻址的范围为 X Address＝0～319，Y Address ＝ 0～239，X Address 和 Y Address 交叉处对应着一个显存单元(2B)。只要索引到了某一个 X、Y 轴地址时,并对该地址的显存操作寄存器进行操作,便可对 TFT-LCD 显示器上对应的像素点进行操作。

MzT35C1 模块内部有一个显存地址累加器 AC,用于在读写显存时对地址进行自动累加,这在连续对屏幕显示数据操作时非常有用,特别是应用在图形显示、视频显示时。此外,AC 累加器为对 X Address 累加方式,具体为当累加到一行的尽头时,会切换到下一行的开始累加。

6.5.2 电路介绍

TFT-LCD 的电路原理图如图 6.21 所示。将 J11 的 1 号、5 号和 39 号引脚接地,3 号引脚接+5V 电压,为 TFT-LCD 供电。将 J11 的 7 号引脚(RD#)连接 LPC2136 处理器的 P1.24 引脚,为 TFT-LCD 的读信号,低电平有效。将 J11 的 9 号引脚(WR#)连接 LPC2136 处理器的 P1.25 引脚,为 TFT-LCD 的写信号,低电平有效。将 J11 的 11 号引脚(ALE)连接 LPC2136 处理器的 P0.31 引脚,为 TFT-LCD 的数据/指令寄存器选择端。将 J11 的 AD0~AD7 引脚分别连接 LPC2136 处理器的 P1.16~P1.23 引脚,为 TFT-LCD 的 8 位数据线。将 J11 的 29 号引脚(LCD_CS#)与模拟总线 3-8 译码器的 Y3 引脚相连,为 TFT-LCD 的片选使能控制端,低电平有效。将 J11 的 33 号引脚(LCD_RST#)与 LPC2136 处理器的 RESET 引脚相连,用于 TFT-LCD 的复位。

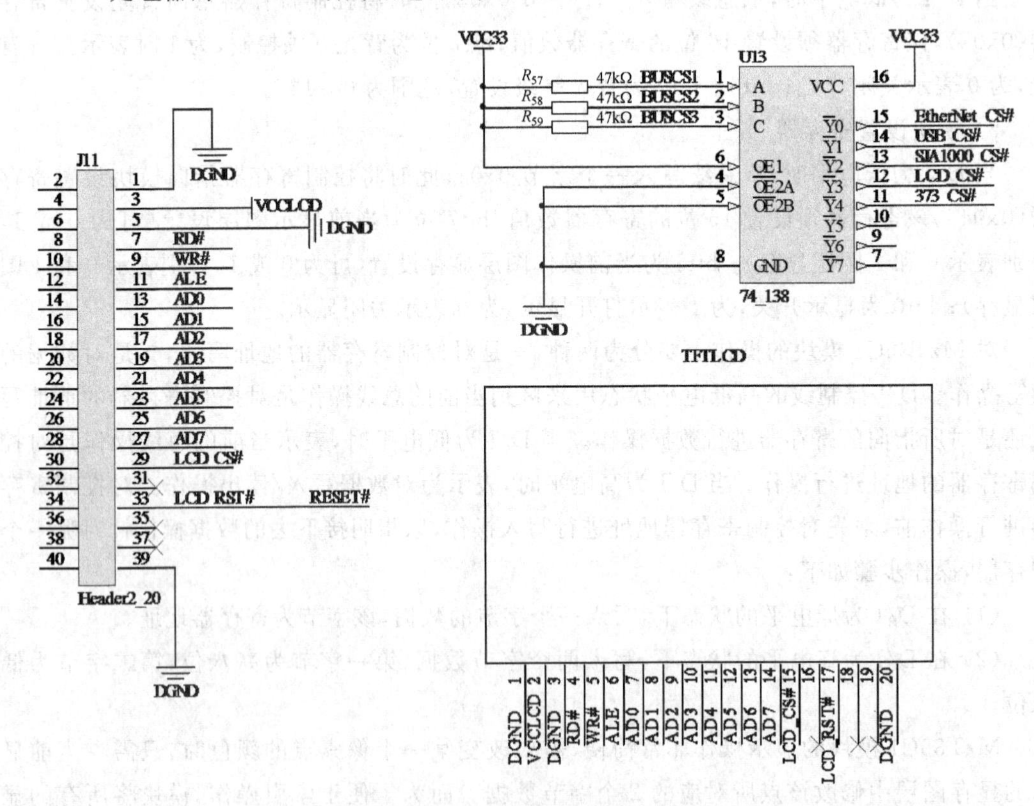

图 6.21 TFT-LCD 的电路原理图

6.5.3　软件设计

TFT-LCD 显示程序的总体设计流程如图 6.22 所示。

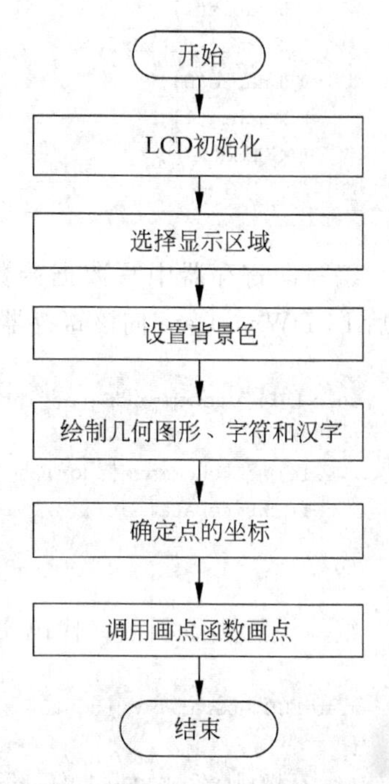

图 6.22　TFT-LCD 总体设计流程

TFT-LCD 2B 数据写操作步骤：

(1) 使能 TFT-LCD 片选信号。

(2) 确定写数据还是写命令。若写数据，则将 RS 置高；若写命令，则将 RS 置低。

(3) 向数据线传送高字节数据，先将 WR 写信号置低，然后置高，在上升沿将数据写入 LCD。

(4) 向数据线传送低字节数据，先将 WR 写信号置低，然后置高，在上升沿将数据写入 LCD。

(5) 释放 TFT-LCD 片选信号。

下面分析 TFT-LCD 显示主要部分的代码。

编写写入控制寄存器地址函数。首先，使能片选信号，将 D/I 置低，写入 2B 数据中的高字节，设置写信号从低电平到高电平，将高字节写入。再写入 2B 数据中的低字节，设置写信号从低电平到高电平，将低字节写入。最后释放片选信号。代码实现如下：

```
void LCDWriteCommand(uint16 cmd)
{
    BUSCSSet(6);                    //片选选择
    ALEEnable(0);                   //写命令
    BUSWrite(cmd>>8);               //写高字节
    WREnable(0);
    WREnable(1);                    //写使能
    BUSWrite(cmd&0xff);             //写低字节
    WREnable(0);
    WREnable(1);
    BUSCSSet(7);;                   //释放片选

}
```

编写写数据函数。首先使能片选信号，将 D/I 置高，写入 2B 数据中的高字节，设置写信号从低电平到高电平，将高字节写入。再写入 2B 数据中的低字节，设置写信号从低电平到高电平，将低字节写入。最后释放片选信号。代码实现如下：

```
void LCDWriteData(uint16 dat)
{
    BUSCSSet(6);
    ALEEnable(1);                   //该引脚为高时,写数据
    BUSWrite(dat>>8);               //写高字节
    WREnable(0);
```

```
    WREnable(1);
    BUSWrite(dat&0xff);                    //写低字节
    WREnable(0);
    WREnable(1);
    BUSCSSet(7);
}
```

编写向寄存器中写数据函数。首先调用 LCDWriteCommand，写入控制寄存器地址。然后 LCDWriteData 向该寄存器中写入数据。代码实现如下：

```
void LCDWriteCommandData(uint16 addr, uint16 dat)
{
    LCDWriteCommand(addr);                     //写寄存器地址
    LCDWriteData(dat);                         //向该寄存器写入数据
}
```

编写设置焦点函数。代码实现如下：

```
void LCDSetGramPoint(uint16 x, uint16 y)
{
    LCDWriteCommandData(0x0020,x);
    LCDWriteCommandData(0x0021,y);
    LCDWriteCommand(0x0022);                     //设置地址后重新启动写 RAM 命令
}
```

编写设置 TFT-LCD 区域函数，HAS 为初始的 x 坐标，VSA 为初始的 y 坐标，HEA 为终止的 x 坐标，VEA 为终止的 y 坐标，设置的区域范围为这 4 个坐标包围的区域。代码实现如下：

```
void LCDSetWindows(uint16 HAS, uint16 VSA,uint16 HEA, uint16 VEA)
{
    LCDWriteCommandData(0x0050,HSA);                 //向固定地址写参数，设置写区域
    LCDWriteCommandData(0x0051,HEA);
    LCDWriteCommandData(0x0052,VSA);
    LCDWriteCommandData(0x0053,VEA);
}
```

编写画点函数。首先调用 LCDSetGramPoint，设置焦点。然后向该焦点填充颜色，实现画点功能。代码实现如下：

```
void drawPoint(uint16 x,uint16 y,uint16 color)
{
    LCDSetGramPoint(x,y);                   //设置焦点，然后写数据
    LCDWriteData(color);
}
```

编写使任意矩形显示某种颜色的函数。首先调用 LCDSetWindows，设置一块矩形区

域；然后设置初始点，向该区域填充某种颜色。代码实现如下：

```
void displayOneColor(uint16 X,uint16 Y,uint16 W,uint16 H,uint16 Color)
{
    uint16 i,j;

    LCDSetWindows(X,Y,X + W - 1,Y + H - 1);                //先设置区域
    LCDSetGramPoint(X,Y);                                  //根据扫描方式不同而不同
    for(i = 0;i < H;i++)                                   //循环方式填充区域
    {
        for(j = 0;j < W;j++)
            LCDWriteData(Color);
    }
}
```

编写设置屏幕颜色函数。首先调用 LCDSetWindows，选择全屏区域；然后设置初始点，向全屏填充某种颜色。代码实现如下：

```
void displayFullScreenColor(uint16 color)
{
    uint16 X, Y;
    LCDSetWindows(LCD_Sx, LCD_Sy, LCD_Ex, LCD_Ey);
    LCDSetGramPoint(LCD_Sx,LCD_Sy);                        //根据扫描方式不同而不同
    for(X = 0; X < LCD_W; X++)
        for(Y = 0; Y < LCD_H; Y++)
            LCDWriteData(color);
}
```

编写画线函数 drawLine，可采用 Bresenham 画线算法来画线。x1 和 y1 为线段的起始点的 x 坐标和 y 坐标，x2 和 y2 为线段的终止点的 x 坐标和 y 坐标。由于函数较长，此处不再列出完整代码，画线步骤如下：

(1) 比较起始点与终点坐标，若终点在起始点上方，则调换两者坐标，使起始点在终点上方。

(2) 比较起始点与终点纵坐标，若起始点与终点处于同一水平线，则可直接调用画点函数画一条水平线。

(3) 若不是一条水平线，则采用中点画线算法寻找下一坐标点进行画线。根据线段与水平线的角度和起始点与终点的位置不同，分 4 种情况进行画线。第一种情况为终点在起始点右边并且 y 坐标的差值小于等于 x 坐标的差值，第二种情况为终点在起始点右边并且 y 坐标的差值大于 x 坐标的差值，第三种情况为终点在起始点左边并且 y 坐标的差值小于等于 x 坐标的差值，第四种情况为终点在起始点左边并且 y 坐标的差值大于 x 坐标的差值。

编写画实心矩形函数，调用 displayOneColor。代码实现如下：

```
void fillRectangle(uint16 x,uint16 y,uint16 w,uint16 h,uint16 color)
{
    displayOneColor(x,y,w,h,color);
}
```

编写画空心矩形函数，画出构成矩形的四条边，边的颜色与背景色不同，调用drawLline。代码实现如下：

```
void drawRectangle(uint16 x,uint16 y,uint16 w,uint16 h,uint16 color)
{
    drawLine(x,y,x + w,y,color);
    drawLine(x,y,x,y + h,color);
    drawLine(x + w,y + h,x,y + h,color);
    drawLine(x + w,y + h,x + w,y,color);
}
```

编写画三角形函数，画出构成空心三角形的三条边，边的颜色与背景色不同，调用drawLine。代码实现如下：

```
void drawTriangle(uint16 x1,uint16 y1,uint16 x2,uint16 y2,uint16 x3,uint16 y3,uint16 color)
{
    drawLine(x1,y1,x2,y2,color);
    drawLine(x1,y1,x3,y3,color);
    drawLine(x2,y2,x3,y3,color);
}
```

编写显示ASCII码函数，每个ASCII为16×8b，即16行×1B，需要16B。x和y为要显示汉字的起始坐标，c为要显示汉字的字库序号，color为要显示汉字的颜色。代码实现如下：

```
void writeEN8_16(uint16 x, uint16 y, uint16 c, uint16 color)
{
    uint8 temp;
    uint16 i,j;                    //循环用到的变量
    int32 point;
    point = c * 16;                //index(字库序号)的起始元素下标值,每个字 16B
    for(i = 0;i < 16;i++)
    {
        for(j = 0;j < 8;j++)
        {
            //先取出字模中的字节,然后移位得到该点的亮灭信息
            temp = ((EN[point])>>(7 - j))&0x01;
            if(temp == 1)
                drawPoint(x + j,y + i,color);
        }
        point++;
    }
}
```

编写显示字符串函数，x和y为要显示字符串的起始坐标，color为要显示字符串的颜色。为了避免字符串长度超出TFT-LCD的行范围和字符串的列坐标超出TFT-LCD的列范围，进行了对字符串进行换行和将字符串置顶操作。代码实现如下：

```
void writeString(uint16 x, uint16 y,char * str, uint16 color)
{
    int32 xp,yp;
    xp = x;
    yp = y;
    while( * str!= '\0')
    {
        if(xp >(LCD_W - 8))                 //换行
        {
            xp = 0;
            yp += 16;
        }
        if(yp >(LCD_H - 16))                //底端溢出置顶
            yp = 0;
        writeEN8_16(xp, yp, * str, color);
        str++;
        xp += 8;
    }
}
```

编写显示汉字函数，每个汉字为 16×16b，即 16 行×2B，需要 32B。x 和 y 为要显示汉字的起始坐标，index 为要显示汉字的字库序号，color 为要显示汉字的颜色。在显示汉字过程中，须根据组成汉字的字节的行号以及属于汉字左半部还是右半部，来确定要显示字节的坐标值。代码实现如下：

```
void writeZH16_16(uint16 x,uint16 y,uint16 index,uint16 color)
{
    uint8 temp;
    uint16 i,j;                             //循环用到的变量
    int32 point,m,n;
    point = index * 32;                     //index(字库序号)的起始元素下标值,每个字 32B

    for(i = 0;i < 32;i++)
    {
        for(j = 0;j < 8;j++)
        {
            //先取出字模中的字节,然后移位得到该点的亮灭信息
            temp = ((ZH[point])>>(7 - j))&0x01;
            if(temp == 1)
            {
                m = i&0x01;                 //确定是汉字的左边 8 个点还是右边 8 个点
                n = i>>1;                   //确定行号,每行 2B,该字的下标值除以 2
                if(m == 0)
                    drawPoint(x + j,y + n,color);               //显示左边 1B
                else
                    drawPoint(x + j + 8,y + n,color);           //显示右边 1B
            }
        }
```

```
        point++;
    }
}
```

编写显示图片函数，x 和 y 为要显示图片的起始坐标，w 和 h 分别为要显示图片的宽度和高度，img 为所保存图片的数组。代码实现如下：

```
void drawImage(uint16 x, uint16 y, uint16 w, uint16 h,const unsigned char * img)
{
    uint16 X,Y;
    uint16 coltemp;
    for(X = 0; X < w; X++)
    {
        for(Y = 0; Y < h; Y++)
        {
            coltemp = img[(Y + X * h) * 2 + 1];                //像素点的高 8 位
            coltemp = (coltemp << 8) | (img[(Y + X * h) * 2]);  //像素点的低 8 位
            drawPoint(x + X,y + Y,coltemp);
        }
    }
}
```

对 TFT-LCD 进行显示操作，将背景色设为灰色，并在显示屏上显示直线、矩形、字符、汉字和图像。首先，在主函数中对程序用到的硬件和 LCD 控制器进行初始化，然后编写 TFT-LCD 测试函数，将全屏刷为灰色，最后进行画线、画实心矩形、显示字符串和汉字以及显示图像操作。TFT-LCD 测试代码实现如下：

```
void test()
{
    displayFullScreenColor(GRAY);
    delayMillisecond(1000);
    drawLine(0,60,240,60,WHITE);
    fillRectangle(170,10,40,40,WHITE);
    drawLine(170,10,210,50,BLACK);
    drawLine(170,50,210,10,BLACK);
    drawImage(0,90,240,180,gImage_img);
    writeString(16,40,"^-^2010_ July _2nd ",YELLOW);
    writeZH16_16(32,20,0,RED);                    //年
    writeZH16_16(48,20,1,RED);                    //月
    writeZH16_16(64,20,2,RED);                    //日
}
```

将 MzT35C1 模块插入 J11 接口中标有 TFT-LCD 的一侧，运行 TFT-LCD 的显示程序，TFT-LCD 的背景色为灰色，在一条白线上方是汉字、字符串和白色实心矩形，白线下方是一幅图片的显示，显示结果如图 6.23 所示。

图 6.23　TFT-LCD 显示结果图

6.6　温度传感器

温度传感器能够采集温度并将其转换成可用电信号，通常由敏感元件和转换元件组成。利用微控制器和温度传感器构成的数字式智能温度计可以直接测量温度，得到温度的数字值并显示出来，简单方便，直观准确，在嵌入式系统中得到了广泛的应用。美国 Dallas 公司生产的单线数字温度传感器 DS18B20，可以把温度信号直接转换成串行数字信号供计算机处理，它具有体积小、测量温度范围宽、抗干扰能力强、使用方便等特点，适合构建经济的测温系统，被设计者们所青睐。

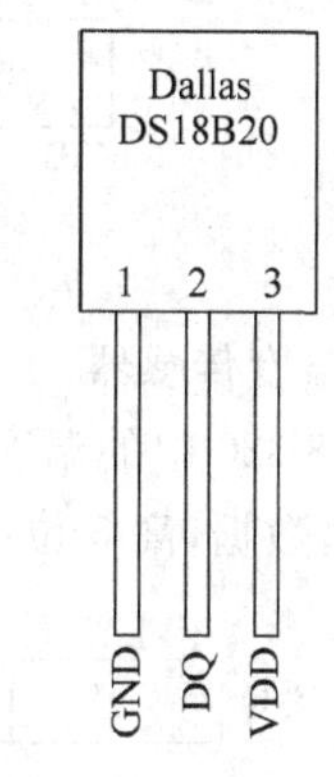

图 6.24　DS18B20 封装图

6.6.1　工作原理

1. 引脚介绍

常见的 DS18B20 封装如图 6.24 所示。

DS18B20 只有 3 个引脚，说明见表 6.29。

表 6.29　引脚说明

引脚	符号	描　述
1	GND	接地
2	DQ	数据输入/输出引脚
3	VDD	外接供电电源输入端

2. 特性

- 每个 DS18B20 包括一个唯一的序列号，支持联网寻址，在一条总线上可以挂接任意多个 DS18B20，实现多点测温。
- 单总线接口方式，仅需一根线就可实现微处理器与 DS18B20 的双向通信，且总线本身也可以向挂接的 DS18B20 供电，而无须额外电源。

- 测量温度范围宽，测量精度高，DS18B20 的测量范围为－55～＋125℃；在－10～＋85℃范围内，精度为±0.5℃。
- 支持 3～5.5V 电压范围，供电方式灵活，DS18B20 有两种供电方式，即数据总线供电方式和外部供电方式。
- DS18B20 的测量分辨率可通过程序设定为 9～12 位。
- 掉电保护功能，DS18B20 内部含有 EEPROM，在系统掉电以后，仍可保存分辨率及报警温度的设定值。
- DS18B20 测量温度时无须外部器件，零待机功耗。

3. 内部构成

DS18B20 内部结构主要由 4 部分组成：64 位光刻 ROM、温度传感器、非易失性温度报警触发器 TH 和 TL 及配置寄存器。

1）64 位光刻 ROM

每个 DS18B20 的 64 位光刻 ROM 中数据各不相同，其排列是：开始 8 位是嵌入式系统类型编码（DS18B20 的编码是 10H），接着的 48 位是一个唯一的序列号，最后 8 位是前面 56 位的 CRC 校验码，具体如图 6.25 所示。微控制器可以通过单总线对多个 DS18B20 进行寻址，从而实现一根总线上挂接多个 DS18B20 的目的。

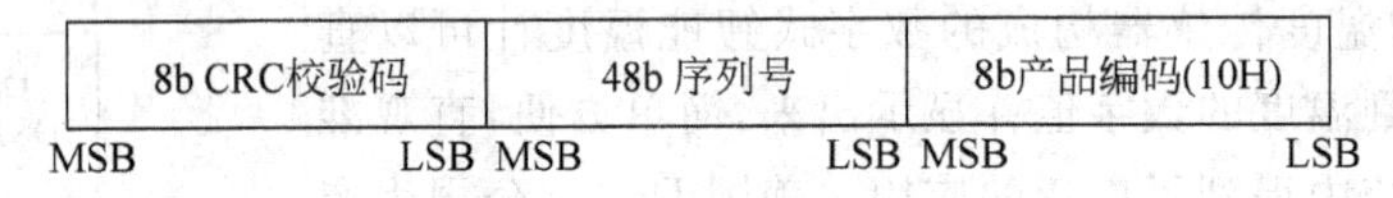

图 6.25　64 位光刻 ROM 排序

2）温度传感器

DS18B20 中的温度传感器完成温度的测量后，使用 2 个 8 位寄存器 MS 和 LS 以补码方式存储数据，高 5 位为符号位，低 11 位为数据位，具体温度存储方式如图 6.26 所示。

	bit7	bit6	bit5	bit4	bit3	bit2	bit1	bit0
LS Byte	2^3	2^2	2^1	2^0	2^{-1}	2^{-2}	2^{-3}	2^{-4}

	bit15	bit14	bit13	bit12	bit11	bit10	bit9	bit8
MS Byte	S	S	S	S	S	2^6	2^5	2^4

图 6.26　温度存储寄存器

正温度时 S＝0，直接将后面的 11 位二进制数转换为十进制数，例如，＋125℃的数字输出为 07D0H；负温度时 S＝1，将后面的二进制数取反加 1 再转成十进制数，例如，－55℃的数字输出为 FC90H。

3）温度报警触发器 TH 和 TL

DS18B20 中的低温触发器 TL、高温触发器 TH 分别用于设置低温、高温的报警数值，各由一个 EEPROM 字节构成。DS18B20 完成一个周期的温度测量后，将测得的温度值和 TL、TH 相比较，如果小于 TL 或大于 TH，表示温度越限，将该器件内的报警标志置位，并对主机发出的报警搜索命令做出响应。如果没有对 DS18B20 使用报警搜索命令，这两个寄存器可以作为一般用途的用户存储器使用。当需要修改上下限温度值时，只须使用一条存储器操作命令即可对 TL 和 TH 写入，十分方便。

4）配置寄存器

配置寄存器的格式如图 6.27 所示，低五位始终为 1，最高位 TM 是测试模式位，用于设置 DS18B20 是工作模式还是测试模式，该位在 DS18B20 出厂时被设置为 0，一般不需要改动，R1 和 R0 用来设置分辨率。

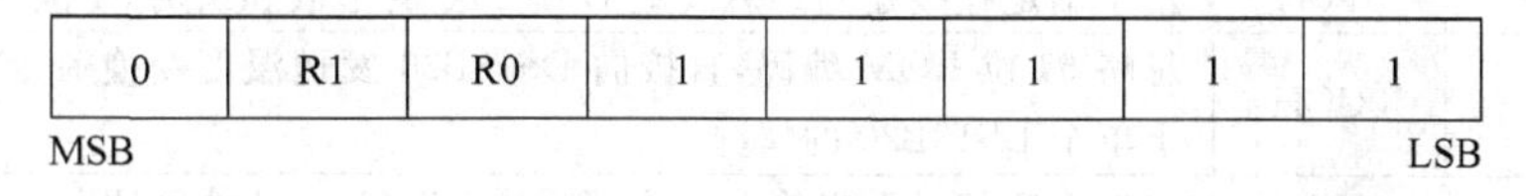

图 6.27　配置寄存器格式

配置寄存器中 R0、R1 的取值决定了温度转换的精度位数（即分辨率）及转换时间，具体关系如表 6.30 所示。

表 6.30　R0 和 R1 的取值

R0	R1	分辨率/b	最大转换时间/ms
0	0	9	93.75
0	1	10	187.5
1	0	11	375
1	1	12	750

5）高速暂存器

对 DS18B20 的 MS、LS、TH、TL 和配置寄存器的读写均需要通过高速暂存器。DS18B20 的高速暂存器由 9 个字节组成，第 1、2 字节是被测温度的数字量，分别为低位值和高位值，第 3、4、5 字节分别为 TH、TL 和配置寄存器的复制，每一次上电复位被重写，第 6 字节到第 8 字节为保留字节，第 9 字节为前面 8B 的 CRC 校验码，其格式如图 6.28 所示。暂存器中数据均采用低位在前，高位在后的方式进行读写。

温度值低位 LS Byte	温度值高位 MS Byte	高温限值 TH	低温限值 TL	配置寄存器	保留	保留	保留	8位 CRC校验

LSB　　MSB

图 6.28　高速暂存器格式图

4. 指令介绍

1）ROM 操作指令

在单线通信的条件下，当总线上挂有多个 DS18B20 时，必须区分出单个器件，才能进行存储器和控制器操作。因此，控制器必须首先提供下面 5 个 ROM 操作命令之一：读 ROM，匹配 ROM，搜索 ROM，跳过 ROM，报警搜索。这些命令对 64 位光刻 ROM 部分进行操作，具体如表 6.31 所示。

表 6.31　ROM 操作指令

指　　令	代码	功 能 描 述
读 ROM	33H	读取 DS18B20 光刻 ROM 中的 64 位编码，该命令仅限于单个 DS18B20 的情况

续表

指　令	代码	功能描述
匹配 ROM	55H	发出该命令后再发送 64 位 ROM 编码，单总线上内部 ROM 编码与其一致的 DS18B20 做出响应，该命令也可用于单个 DS18B20 的情况
搜索 ROM	0F0H	用于确定挂接在同一总线上 DS18B20 的个数和识别 64 位 ROM 地址
跳过 ROM	0CCH	忽略 64 位 ROM 编码，直接向 DS18B20 发送温度变换命令，该命令仅限于单个 DS18B20 的情况
报警搜索	0ECH	只有温度超过设定值上限或下限的 DS18B20 才响应该命令

2) 存储器操作指令

成功执行完一条 ROM 操作指令后，即可进行存储器操作，存储器操作指令共有 6 条，如表 6.32 所示。

表 6.32　存储器操作指令

指　令	代码	功能描述
温度转换	44H	进行温度转换，转换时间最长为 500ms(典型为 200ms)，当温度转换正在进行时，DS18B20 发送 0，当温度转换结束后，DS18B20 发送 1。若采用数据总线供电，则主机发出该命令后，必须提供至少相应于分辨率的温度转换时间的高电平，转换结果存入暂存器中
读暂存器	0BEH	该命令可读出暂存器的内容，可以发复位命令中止读取
写暂存器	4EH	该命令可以写暂存器的第 3、4、5 字节，可以发复位命令中止写入
复制暂存器	48H	将暂存器第 3、4、5 字节的内容复制到 TL、TH 和配置寄存器中，复制时 DS18B20 发送 0，复制完成后 DS18B20 发送 1
回调 EEPROM	0B8H	将 TL、TH 和配置寄存器中的内容恢复到暂存器的第 3、4、5 字节中，DS18B20 上电时自动执行
读供电方式	0B4H	读 DS18B20 的供电模式，数据总线供电时 DS18B20 发送 0，外接电源供电时 DS18B20 发送 1

6.6.2　电路介绍

DS18B20 的电路连接简单，在电路板上设计了一个 3 个引脚的接口，单总线通常要求外接一个 4.7～10kΩ 的上拉电阻，这样，当总线闲置时其状态为高电平，如图 6.29 所示。

在使用 DS18B20 测温时，将 DS18B20 对应的 3 个引脚分别插入接口，DS18B20 的引脚 DQ 与接口 2 相连，接口 2 连接到 LPC2136 处理器的引脚 P0.16 上，即可实现单线控制。与接口 2 相连的线上标记 18B20IO 表示输入或输出的数据信号。

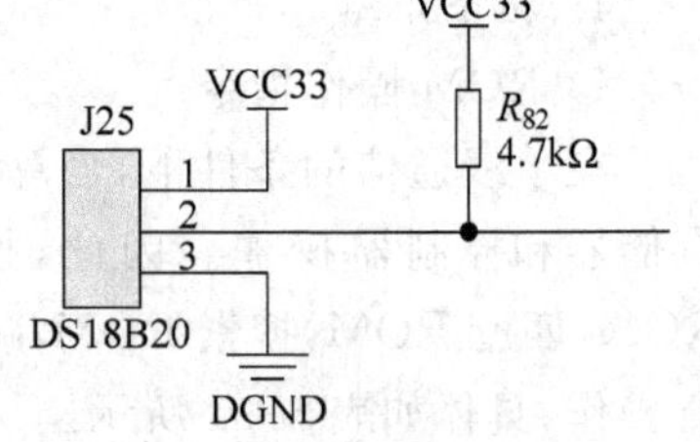

图 6.29　DS18B20 接口

6.6.3　软件设计

DS18B20 的工作协议流程是：首先，DS18B20 进行初始化。然后，主机向 DS18B20 发送 ROM 操作指令，接着主机向 DS18B20 发送存储器操作指令，接下来进行数据传输。

1. 对 DS18B20 进行初始化

在使用 DS18B20 进行测温之前，首先，必须进行初始化，初始化时序：主机先将数据总线置高并延时 2～6μs。然后，发出一个 480～960μs 的低电平，接着释放数据总线变为高电平，并在随后的 480μs 时间内对数据总线进行检测，如果有低电平出现说明总线上有器件已做出应答，若数据总线无低电平出现，说明总线上无器件应答。上电后，作为从机的 DS18B20 始终在检测数据总线上是否有 480～960μs 的低电平出现，如果有低电平出现，在数据总线转为高电平后等待 15～60μs 后，将数据总线电平拉低 60～240μs，做出响应存在脉冲，告诉主机本器件已做好准备。若没有检测到就一直在检测等待。具体的流程如图 6.30 所示。

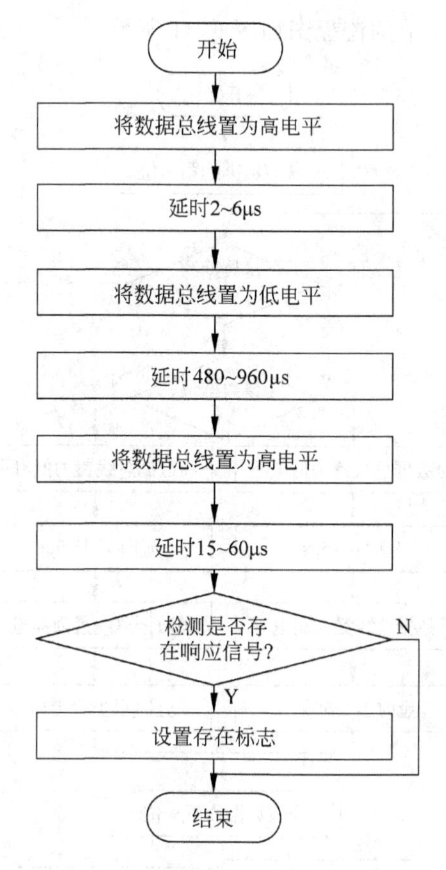

图 6.30　主机对 DS18B20 进行初始化

初始化程序代码如下：

```
uint8 DS18B20Init(void)
{
    uint8 flag = 0;                    //flag是总线上存在DS18B20器件的标志位
    IO0DIR |= 1<<16;                   //设置引脚为输出
    IO0SET |= 1<<16;                   //将DS18B20的数据总线拉高
    delay(2);                          //延时2μs
    IO0CLR |= 1<<16;                   //将DS18B20的数据总线拉低
```

```
    delay(900);                                 //延时 900μs
    IO0SET | = 1 << 16;                         //将 DS18B20 的数据总线拉高
    delay(50);                                  //延时 50μs
    //检测 P0.16 是否输出低电平
    IO0SET& = 0x00010000;
    if(IO0SET|0x00000000 == 0x00000000)
        flag = 1;                               //检测到低电平,表示有器件响应
    return flag;
}
```

2. 向 DS18B20 中写入数据

向 DS18B20 中写一个字节的流程图如图 6.31 所示。

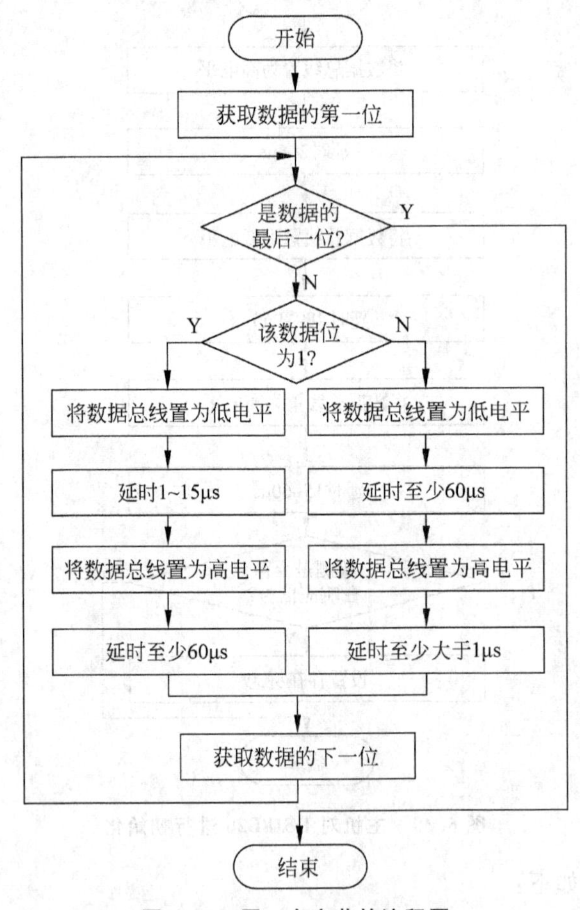

图 6.31　写一个字节的流程图

要向 DS18B20 中写数据,必须先知道写时序。DS18B20 的一个写周期最少为 60μs,最长不超过 120μs。主机先把数据总线拉低 1μs 表示写周期开始,接着若主机想写 0,则继续拉低电平最少 60μs 直至写周期结束,然后释放总线为高电平;若主机想写 1,在一开始拉低数据总线电平 1μs 后就释放数据总线为高电平,直到写周期结束。作为从机的 DS18B20 则在检测到数据总线被拉低后等待 15μs,然后从 15～45μs 之间开始对总线采样,在采样期内数据总线为高电平则为 1,若采样期内数据总线为低电平则为 0。

在代码实现时，向 DS18B20 中写入一个字节通过函数 writeOneChar 实现，函数的参数为想要写入的字节，具体代码如下所示：

```
void writeOneChar(int8 dat)
{
    int32 i;
    IO0DIR |= 1 << 16;                       //设置 P0.16 引脚为输出
    for (i = 0; i < 8; i++)
    {
        if (dat & 0x01)                      //如果该位是 1
        {
            IO0CLR |= 1 << 16;               //给脉冲信号
            delay(10);                       //延时 10μs,应少于 15μs
            IO0SET |= 1 << 16;               //给脉冲信号
            delay(100);                      //延时 100μs
        }
        else                                 //如果该位是 0
        {
            IO0CLR |= 1 << 16;               //给脉冲信号
            delay(100);                      //延时 100μs
            IO0SET |= 1 << 16;               //给脉冲信号
            delay(10);                       //延时 10μs,应大于 1μs
        }
        dat >>= 1;
    }
}
```

3. 从 DS18B20 中读取数据

要从 DS18B20 中读取数据，必须先知道读时序。DS18B20 的一个读周期至少为 60μs。主机把数据总线拉低 1μs 之后，释放数据总线为高电平，以让 DS18B20 把数据传输到数据总线上。作为从机的 DS18B20 在检测到总线被拉低 1μs 后，便开始输出数据。对于读数据也分读 0 和读 1 两种情况。若 DS18B20 要传送 0，则把数据总线拉为低电平直到读周期结束；若要传送 1，则释放数据总线为高电平。主机在一开始拉低数据总线 1μs 后释放数据总线，然后在包括前面的拉低数据总线电平 1μs 在内的 15μs 时间内完成对数据总线的采样检测，采样期内数据总线为低电平则确认为 0，为高电平则确认为 1。

参考上述读时序，从 DS18B20 中读取一个字节的流程图如图 6.32 所示。

在代码实现时，从 DS18B20 中读取一个字节通过函数 readOneChar 实现，函数的返回值就是读到的字节，具体代码如下所示：

```
int8 readOneChar(void)
{
    int32 I = 0;
    int32 dat = 0;
    for(i = 0; i < 8; i++)
    {
        dat >>= 1;
        IO0DIR |= 1 << 16;                   //设置 P0.16 引脚为输出
        IO0CLR |= 1 << 16;                   //将数据总线置为低电平
```

```
        delay(1);
        IO0SET |= 1 << 16;              //给脉冲信号
        delay(10);                      //此处延时时间不能太长,否则就会不稳定
        IO0DIR &= ~1 << 16;             //设置 P0.16 引脚为输入
        if(IO0PIN & (1 << 16))
            dat |= 0x80;
        delay(60);                      //延时 60μs
    }
    IO0DIR |= 1 << 16;                  //设置 P0.16 引脚为输出
    IO0SET |= 1 << 16;                  //给脉冲信号
    return (int8)dat;
}
```

设计程序,实现将 DS18B20 测得的温度通过 UART0 发送到超级终端显示。在主程序中初始化 UART 后,通过调用函数 ReadTemperature 来从 DS18B20 获得所测温度。该函数为本程序的核心函数,具体设计如图 6.33 所示。

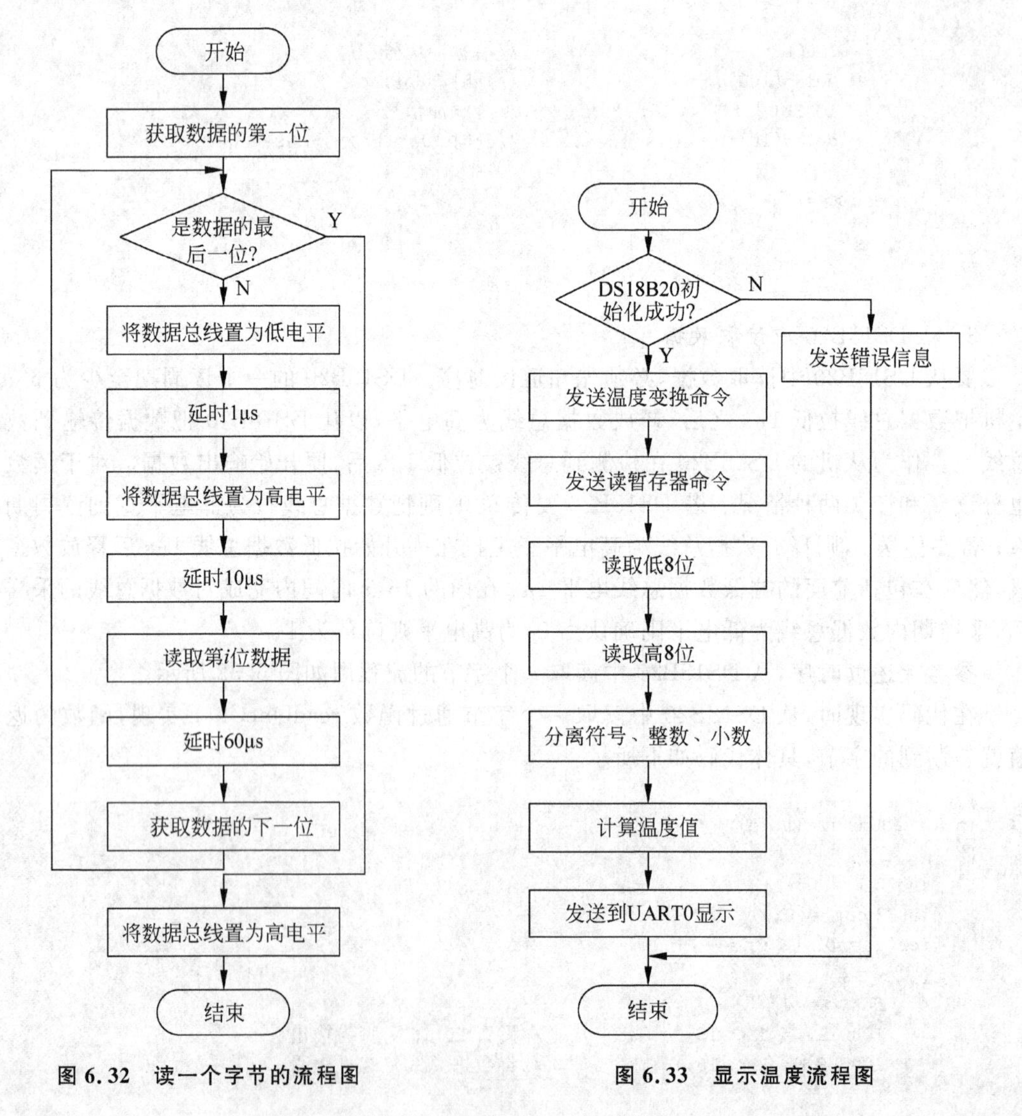

图 6.32　读一个字节的流程图　　　　**图 6.33　显示温度流程图**

因为 DS18B20 的工作协议流程是：首先 DS18B20 进行初始化；然后主机向 DS18B20 发送 ROM 操作指令，接着主机向 DS18B20 发送存储器操作指令，接下来进行数据传输。所以发送温度转换命令和发送读暂存器命令之间也需要初始化，且每次转换都时需要延时一段时间。程序中定义了数组 temper[20]，用来存放转换后的温度值，具体代码实现如下：

```
void readTemperature(void)
{
    uint8  ls;                                  //存放寄存器 LS(低 8 位)中的值
    uint8  ms;                                  //存放寄存器 MS(高 8 位)中的值
    uint8  sign;                                //存放符号位,0 为正,1 为负
    uint16 data;                                //存放温度的绝对值
    uint8  int_part;                            //存放温度值的整数部分的绝对值
    float  float_part;                          //存放温度值的小数部分的绝对值
    float  result;                              //存放温度值的结果
    uint32 part1;                               //存放温度值的整数部分
    uint32 part2;                               //存放温度值的小数部分

    if(DS18B20Init() == 0)                      //DS18B20 初始化
    {
        UART0SendString("无 DS18B20 器件响应!");
        return;
    }
    delay(2000);
    writeOneChar(SKIP_ROM);                     //只用到一个 DS18B20,无须匹配,发送 SKIP_ROM
    delay(2000);
    writeOneChar(CONVERT_TEMPERATURE);          //发送温度转换命令
    delay(1000);
    if(DS18B20Init() == 0)                      //DS18B20 初始化
    {
        UART0SendString("无 DS18B20 器件响应!");
        return;
    }
    delay(2000);
    writeOneChar(SKIP_ROM);                     //只用到一个 DS18B20,无须匹配
    //所以发送 SKIP_ROM
    delay(2000);
    writeOneChar(READ_SCRATCHPAD);              //发送读暂存器命令
    delay(2000);
    ls = readOneChar();                //读取暂存器的第一个字节,即寄存器 LS(低 8 位)中的数据
    delay(2000);                         //读取暂存器的第二个字节,即寄存器 MS(8 位)中的数据
    ms = readOneChar();
    delay(2000)

    sign = ms & 0xF0;                           //获取符号位
    data = (ms << 8) | ls;                      //获得数据部分的绝对值
    if(sign)                                    //温度为负的情况
        data = ~(data - 1);
    int_part = ((data & 0x0ff0) >> 4);          //求整数部分绝对值
    float_part = ( data & 0x000f) * 0.0625;     //求小数部分绝对值
```

```
        result = (float)int_part + float_part;

        if(sign)
            result = - result;                          //取反,为显示负号

        //通过 UART0 发送到串口终端显示
        if(sign)
            part1 = - int_part;                         //负温度情况,温度值的整数部分
        else
            part1 = int_part;                           //正温度情况,温度值的整数部分
        part2 = ( data & 0x000f) * 625;                 //温度值的小数部分

        sprintf(temper, "%d.%4d C\r\n", part1, part2);  //格式化输出函数
        UART0SendString(temper);              //将存放到数组 temper 中的温度值发送到串口显示
    }
```

在本次实验中,使用 DS18B20 进行温度的测量,程序正确运行时,被测量的温度将在串口终端显示,温度值精确到小数点后的 4 位。

6.7 实时时钟

实时时钟(Real Time Clock,RTC)由独立的 32.768kHz 晶体振荡器或基于 VPB 时钟的可编程预分频器作为脉冲源,用于向嵌入式系统提供截止到 2099 年的日历及计时功能。由于实时时钟的功耗低,可通过专用电源引脚连接外部电源,因而被广泛应用于带有 CPU 睡眠机制的嵌入式系统中。

6.7.1 实时时钟概述

LPC2136 的实时时钟模块可用于定时报警、日期显示及时间计时等模块,其功能原理图如图 6.34 所示。RTC 的时钟节拍计数器(CTC)是一个 15b 计数器,通过设置时钟控制寄存器(CCR)可进行时钟源的选择:一种可由 PCLK 分频获得,另一种可由独立振荡器提

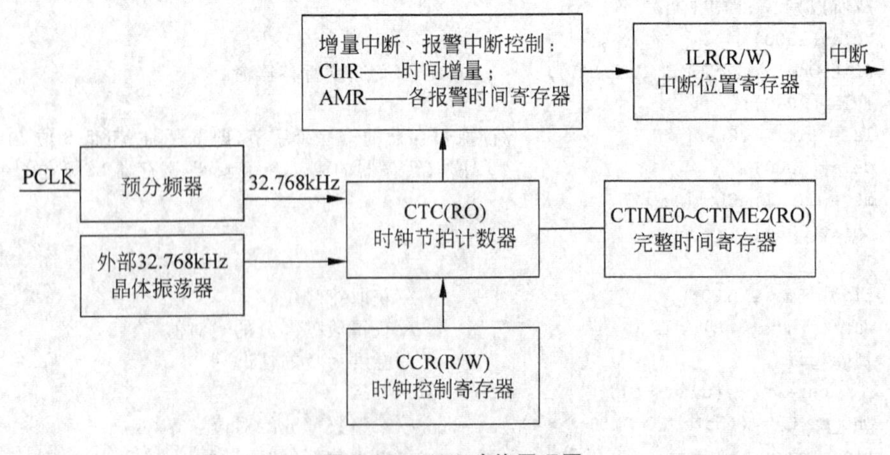

图 6.34　RTC 功能原理图

供。RTC 模块中断分为增量中断和报警中断，设置中断位置寄存器(ILR)中的位可以使能相应中断。增量中断由计数器递增中断寄存器(CIIR)控制，该寄存器每位对应一个特定计数器，若 CIIR 某位被置位，则对应计数器的值每增加一次就产生一次中断；报警中断由各报警寄存器如 ALSEC、ALMIN 等以及报警屏蔽寄存器(AMR)控制，若某一报警寄存器未被屏蔽，则当与对应时间计数器中的计数值匹配时，则会产生中断。

6.7.2　实时时钟模块结构

RTC 模块中寄存器可分为混合寄存器、时间寄存器、时间计数器、报警寄存器和预分频器 5 组，每一组寄存器用以实现特定功能。

1. 混合寄存器

混合寄存器由 5 个寄存器组成，如表 6.33 所示，分别对 RTC 模块进行相应控制。

表 6.33　混合寄存器

名　称	地　址	访问	描　述
中断位置寄存器 ILR	0xE0024000	R/W	用于指明中断源，向相应位写入 1 可清除该中断
时钟节拍计数器 CTC	0xE0024004	RO	该寄存器每秒计数 32 768 个时钟周期
时钟控制寄存器 CCR	0xE0024008	R/W	用于对时钟分频器进行控制
计数器递增中断寄存器 CIIR	0xE002400C	R/W	用于选择计数器，当该计数器的值每次增加时产生一次中断
报警屏蔽寄存器 AMR	0xE0024010	R/W	用于对报警寄存器进行屏蔽控制

1) 中断位置寄存器

中断位置寄存器(Interrupt Location Register，ILR，0xE0024000)用于指明中断源，即中断具体由哪些模块触发，每一位实现的功能如表 6.34 所示。将 ILR 的某一位置 1，则会清除相应的中断，写入 0 对寄存器无影响。

表 6.34　中断位置寄存器

位	名　称	描　述
1	RTCALF	该位为 1，表明中断是由报警寄存器产生
0	RTCCIF	该位为 1，表明中断是由计数器增量中断模块产生

2) 时钟节拍计数器

如表 6.35 所示，时钟节拍计数器(Clock Tick Counter，CTC，0xE0024004)共 16b，可通过时钟控制寄存器进行复位，其中第 0 位为保留位。CTC 是只读寄存器，每秒可以进行 32 768 个时钟周期的计数。

表 6.35　时钟节拍计数器

位	描　述
15：1	CTC 位于秒计数器之前，每秒计数 32 768 个时钟，当 CTC 有秒进位时，可对时间计数器进行更新
0	无

3）时钟控制寄存器

时钟控制寄存器(Clock Control Register，CCR，0xE0024008)用于控制时钟分频器，共5b，每一位的描述如表6.36所示。

表6.36 时钟控制寄存器

位	名 称	描 述
4	时钟源选 CLKSRC	该位为0，则时钟信号来自时钟节拍计数器计数预分频器；该位为1，则时钟源选择为外部独立的32.768kHz振荡器
3∶2	测试使能 CTTEST	正常情况下为0
1	CTC复位 CTCRST	该位为1，则复位时钟节拍计数器。在该位清0之前，时钟节拍计数器将一直保持复位状态
0	时钟使能 CLKEN	该位为1，则使能时间计数器；为0，则禁止时间计数器

4）计数器增量中断寄存器

当计数器的值每次增加时，计数器增量中断寄存器(Counter Increment Interrupt Register，CIIR，0xE002400C)选择一个计数器产生中断。在ILR[0]写入1之前，该计数器产生的中断一直保持有效。该寄存器各位描述如表6.37所示。

表6.37 计数器增量中断寄存器

位	名 称	描 述
7	IMYEAR	该位为1，每当年值加一时产生一次中断
6	IMMON	该位为1，每当月值加一时产生一次中断
5	IMDOY	该位为1，每当日期(年)值加一时产生一次中断
4	IMDOW	该位为1，每当星期值加一时产生一次中断
3	IMDOM	该位为1，每当日期(月)值加一时产生一次中断
2	IMHOUR	该位为1，每当小时值加一时产生一次中断
1	IMMIN	该位为1，每当分值加一时产生一次中断
0	IMSEC	该位为1，每当秒值加一时产生一次中断

5）报警屏蔽寄存器

用户可通过(Alarm Mask Register，AMR，0xE0024010)寄存器屏蔽任意报警寄存器。当非屏蔽的报警寄存器与对应时间计数值匹配时，则会产生报警中断，向中断位置寄存器的相应位写入1会清除该中断。报警屏蔽寄存器的位与报警寄存器位之间的关系如表6.38所示。

表6.38 报警屏蔽寄存器

位	功 能	描 述
7	AMRYEAR	该位为1时，年值不与报警寄存器进行比较
6	AMRMON	该位为1时，月值不与报警寄存器进行比较
5	AMDOY	该位为1时，日期(年)值不与报警寄存器进行比较
4	AMRDOW	该位为1时，星期值不与报警寄存器进行比较

续表

位	功　能	描　述
3	AMRDOM	该位为1时,日期(月)值不与报警寄存器进行比较
2	AMRHOUR	该位为1时,小时值不与报警寄存器进行比较
1	AMRMIN	该位为1时,分值不与报警寄存器进行比较
0	AMRSEC	该位为1时,秒值不与报警寄存器进行比较

2. 时间寄存器

时间寄存器由3个完整时间寄存器组成,如表6.39所示。这些完整时间寄存器均为只读寄存器,通过3次读操作,用户即可将所有时间计数器的值读出。

表6.39　时间寄存器组

名称	地　址	访问	规格	描　述
CTIME0	0xE0024014	RO	32	完整时间寄存器0
CTIME1	0xE0024018	RO	32	完整时间寄存器1
CTIME2	0xE002401C	RO	32	完整时间寄存器2

1) 完整时间寄存器0

完整时间寄存器0(Consolidated Time Register 0,CTIME0,0xE0024014)共32b,包含了秒、分、小时和星期的时间值,各位描述如表6.40所示。

表6.40　完整时间寄存器0

CTIME0	名称	描　述
31:27	保留	无
26:24	星期	星期值,范围为0～6
23:21	保留	无
20:16	小时	小时值,范围为0～23
15:14	保留	无
13:8	分	分值,范围为0～59
7:6	保留	无
5:0	秒	秒值,范围为0～59

2) 完整时间寄存器1

完整时间寄存器1(Consolidated Time Register 1,CTIME1,0xE0024018)共32b,包含了日期(月)、月和年的时间值,各位描述如表6.41所示。

表6.41　完整时间寄存器1

CTIME1	名　称	描　述
31:28	保留	无
27:16	年	年值,范围为0～4095
15:12	保留	无
11:8	月	月值,范围为1～12
7:5	保留	无
4:0	日期(月)	日期(月)值,范围为1～28,29,30或31

3) 完整时间寄存器 2

完整时间寄存器 2(Consolidated Time Register 2,CTIME2,0xE002401C)仅包含日期(年)的时间值,具体描述如表 6.42 所示。

表 6.42　完整时间寄存器 2

CTIME2	功　能	描　述
31 : 12	保留	无
11 : 0	日期(年)	日期(年)值,范围为 1～365(闰年为 366)

3. 时间计数器

时间计数器由 8 个可读写寄存器组成,如表 6.43 所示,用于初始化 RTC 的日历时间,其值不可用于计算,且必须进行初始化。在 RTC 模块正常工作情况下,该值可自动更新,用户通过重新设置时间计数器可人为改变 RTC 的值。

表 6.43　时间计数器寄存器组

名称	地　址	访问	描　述
SEC	0xE0024020	R/W	秒值,范围为 0～59
MIN	0xE0024024	R/W	分值,范围为 0～59
HOUR	0xE0024028	R/W	小时值,范围为 0～23
DOM	0xE002402C	R/W	日期(月)值,范围为 1～28,29,30 或 31
DOW	0xE0024030	R/W	星期值,范围为 0～6
DOY	0xE0024034	R/W	日期(年)值,范围为 1～365(闰年为 366)
MONTH	0xE0024038	R/W	月值,范围为 1～12
YEAR	0xE002403C	R/W	年值,范围为 0～4095

8 个时间计数器可以实现在其对应的时间间隔内计数值的递增,并在其定义的溢出点复位。各时间计数器之间的关系如表 6.44 所示。

表 6.44　时间计数器的关系和值

计数器	使　能	最小值	最　大　值
SEC	时钟发生器	0	59
MIN	SEC	0	59
HOUR	MIN	0	23
DOM	HOUR	1	28,29,30 或 31
DOW	HOUR	0	6
DOY	HOUR	1	365 或 366
MONTH	DOM	1	12
YEAR	MONTH/DOY	0	4095

4. 报警寄存器

报警寄存器由 8 个寄存器组成,若报警寄存器未被 AMR 屏蔽,则该寄存器中的值与其对应的时间计数器进行比较,如果两个值匹配成功,则将产生一次中断,如表 6.45 所示。

表 6.45　报警寄存器组

名　称	地　址	访问	描　述
ALSEC	0xE0024060	R/W	用于和 SEC 进行匹配,若成功则产生中断
ALMIN	0xE0024064	R/W	用于和 MIN 进行匹配,若成功则产生中断
ALHOUR	0xE0024068	R/W	用于和 HOUR 进行匹配,若成功则产生中断
ALDOM	0xE002406C	R/W	用于和 DOM 进行匹配,若成功则产生中断
ALDOW	0xE0024070	R/W	用于和 DOW 进行匹配,若成功则产生中断
ALDOY	0xE0024074	R/W	用于和 DOY 进行匹配,若成功则产生中断
ALMON	0xE0024078	R/W	用于和 MONTH 进行匹配,若成功则产生中断
ALYEAR	0xE002407C	R/W	用于和 EAR 进行匹配,若成功则产生中断

5. 基准时钟分频器

基准时钟分频由一个整数寄存器和一个小数寄存器组成,如表 6.46 所示,用于对高于 65.536kHz 的外部时钟源进行分频,为 RTC 提供稳定的 32.768kHz 的基准时钟。

表 6.46　基准时钟分频寄存器

名称	地　址	访问	描　述
PREINT	0xE0024080	R/W	预分频值的整数部分
PREFRAC	0xE0024084	R/W	预分频值的小数部分

1) 预分频整数寄存器

预分频整数寄存器(Prescaler Integer Register,PREINT,0xE0024080)的位描述如表 6.47 所示。预分频值的整数部分必须大于等于 1,其计算公式如下:

$$\text{PREINT} = \text{int}\left(\frac{F_{\text{pclk}}}{32\,768}\right) - 1$$

表 6.47　预分频整数寄存器

PREINT	功　能	描　述
15 : 13	保留	无
12 : 0	预分频整数	RTC 预分频值的整数部分

2) 预分频小数寄存器

预分频小数寄存器(Prescaler Fraction Register,PREFRAC,0xE0024084)的位描述如表 6.48 所示预分频值的小数部分计算公式如下:

$$\text{PREFRAC} = F_{\text{pclk}} - ((\text{PREINT} + 1) \times 32\,768$$

表 6.48　预分频小数寄存器

PREFRAC	功　能	描　述
15	保留	无
14 : 0	预分频小数	RTC 预分频值的小数部分

6.7.3 RTC 模块编程示例

1. 秒增量中断实验

秒增量中断实验流程图如图 6.35 所示，实验使用 RTC 模块作秒中断定时器，在发送秒增量中断时 LED 控制口取反，控制 3 个 LED 轮流闪烁。LED 控制口线输出低电平时，LED 点亮；输出高电平时，LED 熄灭。LED 的工作原理请参考 8.1.1 小节。

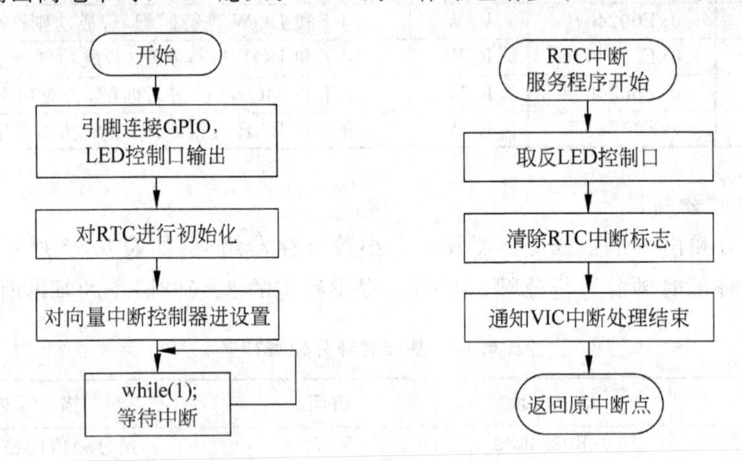

图 6.35 RTC 秒增量实验流程图

函数 RTCInterrupt 为 RTC 中断服务程序，首先，将 3 个 LED 控制口分别取反，实现 LED 的循环闪烁；然后，将 ILR 各位置 1，清除 RTC 中断标志，最后，通知向量中断控制器 VIC 中断处理服务已结束。代码实现如下：

```
void __irq RTC_Int(void)
{
    IO0CLR = (1 << 21);                    //LED1 点亮
    IO0SET = (1 << 22)|(1 << 23);          //熄灭 LED2 和 LED3
    delay(50);
    IO0CLR = (1 << 22);                    //LED2 点亮
    IO0SET = (1 << 21)|(1 << 23);          //熄灭 LED1 和 LED3
    delay(50);
    IO0CLR = (1 << 23);                    //LED3 点亮
    IO0SET = (1 << 21)|(1 << 22);          //熄灭 LED1 和 LED3
    delay(50);
    ILR = 0x03;                            //清除 RTC 增量中断标志
    VICVectAddr = 0;                       //向量中断结束
}
```

在 RTC 初始化函数中，对 RTC 模块进行初始化，包括设置秒增量产生中断、设置基准时钟以及启动 RTC 模块，接着，初始化向量中断控制器，包括设置 IRQ 中断、为中断通道分配优先级、设置中断服务程序地址等。部分代码实现如下：

```
MEMMAP = 2;
IRQEnable();                               //IRQ 中断使能
```

```
CCR = 0x12;                                 //RTC 使用独立振荡器
CIIR = 0x01;                                //设置秒值的增量产生一次中断
ILR = 0x03;                                 //清除 RTC 增量和报警中断标志
CCR = 0x11;                                 //启动 RTC
VICIntSelect = 0x00;                        //所有中断通道设置为 IRQ 中断
VICVectCntl0 = 0x20 | 0x13;                 //设置 RTC 中断通道分配最高优先级
VICVectAddr0 = (uint32)RTCIntterupt;        //设置中断服务程序地址
VICIntEnable = (1 << 13);                   //使能 RTC0 中断
```

运行代码，可看到 3 个 LED 循环闪烁。本实验采用外部独立振荡器，通过实验结果验证了 RTC 定时中断功能。

2. RTC 唤醒掉电 CPU 实验

该实验通过 RTC 模块产生的秒增量中断，实现唤醒处于掉电模式的 CPU。掉电模式下，系统的时钟振荡器停止工作，整个处理器芯片用来维持 RTC 振荡器的功耗极小。CPU 被 RTC 唤醒后，将 LED 控制口取反，然后重新进入掉电模式。实验流程图如图 6.36 所示。

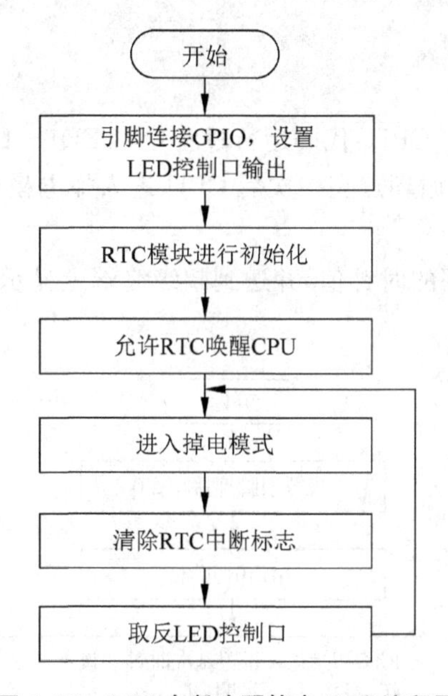

图 6.36 RTC 中断唤醒掉电 CPU 流程图

在该实验过程中，RTC 模块必须使用外部独立的振荡器作为时钟源。在 RTC 初始化函数中，进行 RTC 模块初始化，该步骤和上一实验过程一致，同时通过设置中断唤醒寄存器(INTWAKE)允许 RTC 唤醒 CPU。RTC 初始化函数及模块测试函数代码如下所示：

```
void RTCInit(void)
{
    CCR = 0x12;                             //使用独立振荡器
    CIIR = 0x01;                            //设置秒值的增量产生一次中断
    ILR = 0x03;                             //清除增量中断标志
    CCR = 0x11;                             //启动 RTC
    INTWAKE = 1 << 15;                      //允许 RTC 唤醒 CPU
```

```
}
void test(void)
{
    while(1)
    {
        PCON = 0x02;                        //CPU 进入掉电模式
        ILR = 0x01;                         //清除增量中断标志
        IO0CLR = (1 << 21);                 //LED1 亮
        IO0SET = (1 << 22)|(1 << 23);       //熄灭 LED2 和 LED3
        delay(10);
        IO0CLR = (1 << 22);                 //LED2 亮
        IO0SET = (1 << 21)|(1 << 23);       //熄灭 LED1 和 LED3
        delay(10);
        IO0CLR = (1 << 23);                 //LED3 亮
        IO0SET = (1 << 21)|(1 << 22);       //熄灭 LED1 和 LED2
        delay(10);
    }
}
```

程序利用 RTC 唤醒掉电 CPU，代码运行过程中，LED1～LED3 循环点亮。当 CPU 被唤醒后，依次点亮每个 LED，循环点亮一次后 CPU 进入掉电模式，如此往复。

3. 万年历显示实验

实验程序读取 RTC 内部的时钟值，并送到超级终端上显示万年历，实验流程如图 6.37 所示。

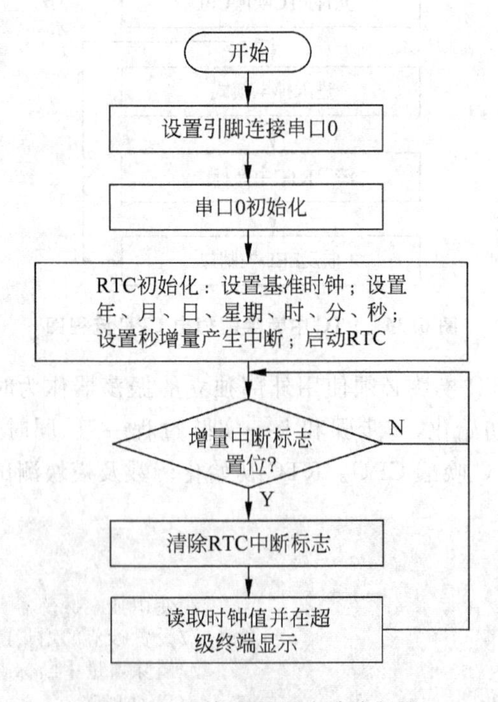

图 6.37 万年历显示实验流程图

函数 sendTimeRTC 用于读取 RTC 的时间值，并将其通过串口送到超级终端显示。其中调用的函数 PCDisplayChar 用于向 PC 机发送显示字符；函数 UART0SendString 用于向串口发送字符数据；函数 UART0SendByte 用于向串口发送字节数据。通过读取 RTC 模块中的 CTIME0～1 即可将 RTC 中的时间值读出，然后将读出的时间值进行处理，形成规范的时间显示结果，最后在超级终端上显示出来。代码实现如下：

```
void sendTimeRTC (void)
{
    uint32 datas;                                   //存放日期值
    uint32 times;                                   //存放时间值
    uint32 bak;
    //读取完整的时钟寄存器
    times = CTIME0;                                 //将 RTC 的星期、时、分、秒读入 times 中
    datas = CTIME1;                                 //将 RTC 的年、月、日(每月)读入 datas 中
    //获取年
    bak = (datas >> 16) & 0xfff;                    //年值从 CTIME1 的 16 位开始
    PCDisplayChar (SHOWTABLE[bak/1000]);            //获取年的千位,并显示
    bak = bak % 1000;
    PCDisplayChar (SHOWTABLE[bak/100]);             //获取年的百位,并显示
    bak = bak % 100;
    PCDisplayChar (SHOWTABLE[bak/10]);              //获取年的十位,并显示
    PCDisplayChar (SHOWTABLE[bak % 10]);            //获取年的个位,并显示
    UART0SendString ("年");
    //获取月
    bak = (datas >> 8) & 0x0f;                      //月值从 CTIME1 的 8 位开始
    PCDisplayChar (SHOWTABLE[bak/10]);
    PCDisplayChar (SHOWTABLE[bak % 10]);
    UART0SendString ("月");
    //获取日
    bak = datas & 0x1f;                             //日值从 CTIME1 的 0 位开始
    PCDisplayChar (SHOWTABLE[bak/10]);
    PCDisplayChar (SHOWTABLE[bak % 10]);
    UART0SendString ("日 星期");
    //获取星期
    bak = (times >> 24) & 0x07;                     //星期值从 CTIME0 的 24 位开始
    PCDisplayChar (SHOWTABLE[bak]);
    UART0SendString ("");
    //获取小时
    bak = (times >> 16) & 0x1f;                     //小时值从 CTIME0 的 16 位开始
    PCDisplayChar (SHOWTABLE[bak/10]);
    PCDisplayChar (SHOWTABLE[bak % 10]);
    UART0SendString (": ");
    //获取分钟
    bak = (times >> 8) & 0x3f;                      //分钟值从 CTIME0 的 8 位开始
    PCDisplayChar (SHOWTABLE[bak/10]);
    PCDisplayChar (SHOWTABLE[bak % 10]);
    UART0SendString (": ");
    //获取秒
```

```
    bak = times & 0x3f;                //秒钟值从 CTIME0 的 0 位开始
    PCDisplayChar (SHOWTABLE[bak/10]);
    PCDisplayChar (SHOWTABLE[bak % 10]);
    UART0SendByte (0x0D);
}
```

函数 RTCInit 实现了 RTC 模块的初始化，包括设置基准时钟、设置秒增量产生中断、设置时间值、启动 RTC 模块等。代码实现如下：

```
void RTCInit (void)
{
    CCR = 0x12;              //使用独立振荡器,禁止时间计数器
    //初始化万年历时间 2010 年 6 月 29 日 星期二 8:30:59
    YEAR = 2010;
    MONTH = 06;
    DOM = 29;
    DOW = 2;
    HOUR = 8;
    MIN = 30;
    SEC = 59;
    CIIR = 0x01;             //设置秒值的增量产生 1 次中断
    CCR = 0x11;              //启动 RTC
}
```

在主函数中，首先，设置处理器引脚连接 UART0，PINSEL0[1：0]=01 时为 TxD0；PINSEL0[3：2]=01 时为 RxD0，然后，通过函数 UART0Init 初始化串口，接着，初始化 RTC 模块，并判断增量中断标志位是否置位，若已置位，清除 RTC 中断，并调用函数 sendTimeRTC 将时间值发送到超级终端上进行显示。代码实现如下：

```
int main (void)
{
    UART0Init();
    RTCInit();
    while (1)
    {
        while ((ILR & 0x01) == 0);           //等待 RTC 增量中断
        ILR = 0x01;                          //清除中断标志
        sendTimeRTC();
    }
    return (0);
}
```

实验程序每隔一秒读取 RTC 内部时钟，并将读到的时间值经过一系列的转换，产生能在超级终端显示的数据，并显示。将实验平台和 PC 串口相连，打开超级终端并设置串口参数，其中波特率设为 115 200，8 位数据位，1 位停止位，无奇偶校验位。然后全速运行程序，将会在超级终端上显示万年历的时间值。

6.8　脉宽调制器

脉冲宽度调制(Pulse Width Modulation,PWM)是嵌入式系统常用功能之一,通过微处理器的数字输出有效地控制模拟电路,而无须进行 D/A 转换,从而最大限度地降低信号噪声。此外,PWM 具有操控灵活简单、动态响应出众等优点,广泛应用于电力、电子技术等行业。

6.8.1　脉宽调制器概述

1. 脉宽调制器工作原理简述

LPC2136 的 PWM 模块建立在标准定时器基础上,具有其所有特性。作为定时器匹配事件功能的扩展,该模块可在标准定时器功能与 PWM 模式之间进行选择。在选择 PWM 模式时,该模块的定时器计数器对外部时钟周期进行计数,获得的计数值与该模块所具有的 7 个匹配寄存器中所设定的比较值进行匹配比较,如果该值与设定的比较值相同,则会自动触发相应动作,如电平置高、翻转或无动作等。在输入信号发生跳变时,该模块可以通过 4 个捕获输入实时捕获定时器的值,并触发相应中断。PWM 功能的实现基础是匹配寄存器事件,用户通过 PWM 可以在处理器指定引脚上输出特定波形,并对上升沿和下降沿的具体位置进行控制。

LPC2136 处理器的 PWM 模块输出波形可分为单边沿输出和双边沿输出两类。

单边沿控制的 PWM 输出需使用两个匹配寄存器实现,其中一个匹配寄存器(PWMMR0)用于控制 PWM 周期,另一个匹配寄存器(PWMMR1～PWMMR6 之一)用于控制占空比,即 PWM 边沿的位置。由于所有 PWM 输出共用 PWMMR0,所以每添加一个额外的 PWM 输出,只需增加一个控制占空比的匹配寄存器即可。

双边沿控制的 PWM 输出需要使用 3 个匹配寄存器实现,其中 PWMMR0 用于控制 PWM 周期,另外两个匹配寄存器(PWMMR1～PWMMR6 中任意两个组合)分别用于控制 PWM 输出波形的前边沿和后边沿。与单边沿控制 PWM 输出原理相同,PWMMR0 被各路输出所共用,因此每添加一个额外的双边沿 PWM 输出,只需添加两个控制 PWM 边沿位置的匹配寄存器即可。

2. LPC2136 脉宽调制器特性

(1) PWM 建立在独立标准定时器之上,拥有 32 位预分频定时器计数器。

(2) PWM 拥有 7 个匹配寄存器(PWMMR0～PWMMR6),可以实现 6 个单边沿控制 PWM 输出、3 个双边沿控制 PWM 输出以及单边沿与双边沿的混合输出。所有单边沿 PWM 输出在周期开始时都为高电平,并在匹配发生前一直保持高电平,而双边沿 PWM 输出则可以在周期内任意位置产生边沿,便于同时产生正脉冲(上升沿先于下降沿出现)和负脉冲(下降沿先于上升沿出现)。

(3) 7 个匹配寄存器分别对应一个外部输出,当发生匹配事件时,可以自动触发相应动作。

(4) 通过 PWM 锁存使能寄存器(PWMLER)实现了匹配寄存器更新与 PWM 输出的

同步,进而避免了错误脉冲的出现。

(5) 脉冲输出的宽度和周期可以灵活设定。

6.8.2 PWM 模块结构

1. PWM 引脚描述

LPC2136 处理器的 PWM 引脚描述如表 6.49 所示。

表 6.49 PWM 引脚描述

引脚	名称	描述
P0.0	PWM1	PWM 通道 1 输出
P0.7	PWM2	PWM 通道 2 输出
P0.1	PWM3	PWM 通道 3 输出
P0.8	PWM4	PWM 通道 4 输出
P0.21	PWM5	PWM 通道 5 输出
P0.9	PWM6	PWM 通道 6 输出

2. PWM 模块寄存器定义

1) PWM 中断寄存器

PWM 中断寄存器(PWM Interrupt Register,PWMIR,0xE0014000)共 11b,其地址为 0xE0014000,每一位表示的具体功能及其描述如表 6.50 所示。其中 0～3 位分别作为 PWM 匹配通道 0～3 的中断标志,8～10 位分别作为 PWM 匹配通道 4～6 的中断标志,如果有中断产生,则相应的中断标志位将被置位。PWMMIR 的 4～7 位保留,用于将来的扩展使用。

表 6.50 中断寄存器

位	功能	描述
10	PWMMR6 中断	作为 PWM 匹配通道 6 的中断标志位
9	PWMMR5 中断	作为 PWM 匹配通道 5 的中断标志位
8	PWMMR4 中断	作为 PWM 匹配通道 4 的中断标志位
7	保留	—
6	保留	—
5	保留	—
4	保留	—
3	PWMMR3 中断	作为 PWM 匹配通道 3 的中断标志位
2	PWMMR2 中断	作为 PWM 匹配通道 2 的中断标志位
1	PWMMR1 中断	作为 PWM 匹配通道 1 的中断标志位
0	PWMMR0 中断	作为 PWM 匹配通道 0 的中断标志位

2) PWM 定时器控制寄存器

PWM 定时器控制寄存器(PWM Timer Control Register,PWMTCR,0xE0014004)共 4b,通过对每一位的操作,可以使能或复位定时计数器及使能 PWM,进而实现对 PWM 定时器计数器的控制。PWMTCR 寄存器每一位的功能及描述如表 6.51 所示。

表 6.51　定时器控制寄存器

位	功　能	描　述
3	PWM 使能	该位置为 1 时可使能 PWM 模式。如果对 PWM 匹配寄存器执行写操作，目标数据将会暂存在映像寄存器中，而 PWM 模式则可将映像寄存器连接到匹配寄存器。当发生 PWM 匹配 0 事件，并且 PWM 锁存使能寄存器中相对应的位被置位时，映像寄存器中的数据将被传输到目标匹配寄存器当中。为了避免发生映像寄存器内容失效的匹配事件，匹配寄存器应在 PWM 使能之前进行必要的设定
2	保留	
1	计数器复位	该位用于复位计数器。当置 1 时，PWM 定时器计数器和预分频计数器在 PCLK 的下一个上升沿同步复位，并在 TCR[1]恢复为 0 之前保持复位状态
0	计数器使能	该位用于使能计数器。当置 1 时，使能 PWM 定时器计数器和预分频计数器计数。置 0 时，计数器计数被禁止

3）PWM 定时器计数器

PWM 定时器计数器（PWM Timer Counter，PWMTC，0xE0014008）寄存器共 32b，每经过 PR+1 个时钟周期，其存储值加 1，进而实现了计数的过程，其中 PR 值为 PWM 预分频计数器的最大值。如果 PWMTC 寄存器在计数过程中没有被复位，则会计数到 0xFFFFFFFF，然后翻转到 0x00000000，该翻转过程不会发生中断。

4）PWM 预分频寄存器

PWM 预分频寄存器（PWM Prescale Register，PWMPR，0xE001400C）共 32b，每当达到该寄存器计数上限时，即每经过 PR+1 个时钟周期，PWMTC 寄存器的值加 1。例如当 PWMPR=0 时，每经过一个 PCLK 周期，PWM TC 寄存器的值加 1，当 PWMPR=n 时，每经过 n+1 个 PCLK 周期，PWMTC 的值加 1。使用 PWMPR 表示 PWMPR 寄存器中存放的数值，则经过分频后的时钟计数频率的计算公式如下：

$$\text{时钟计数频率} = \frac{F_{\text{pclk}}}{\text{PWMPR}+1}$$

5）PWM 预分频计数器寄存器

PWM 预分频计数器（PWM Prescale Counter，PWMPC，0xE0014010）寄存器每经过一个时钟周期，其值自动加 1，当该计数值达到 PWMPR 中存放的 PR 值时，PWMTC 寄存器的值加 1，从而实现了对时钟分频的控制和定时器计数器的计数功能。

6）PWM 匹配寄存器

PWM 区配寄存器（PWM Match Registers，PWMMR）PWMMR0～PWMMR6 中存放的数值若与 PWMTC 寄存器中的数值相匹配，则可自动触发复位定时计数器（Timer Counter，TC）、产生中断、停止 TC 计数等相对应的事件。具体匹配时触发动作的选择，则是通过设定 PWMMCR 寄存器中相应位来实现的。

7）PWM 匹配控制寄存器

PWM 匹配控制寄存器（PWM Match Control Register，PWMMCR，0xE0014014）用于控制 PWMMRn 寄存器和 PWMTC 寄存器中的数据发生匹配时，是否触发复位 TC 或产生中断。该寄存器每位的功能及描述如表 6.52 所示。

表 6.52 匹配控制寄存器

位	功 能	描 述
20	PWMMR6 停止	该位为 1,则 PWMMR6 与 TC 值发生匹配时将使 TC 和 PC 停止工作,并复位 PWMTCR[0]; 该位为 0,则禁止该功能
19	PWMMR6 复位	该位为 1,则 PWMMR6 与 TC 值发生匹配时将触发 TC 复位; 该位为 0,则匹配发生时触发复位将被禁止
18	PWMMR6 中断	该位为 1,则 PWMMR6 与 TC 值发生匹配时将产生中断; 该位为 0,则匹配发生时禁止中断产生
17	PWMMR5 停止	该位为 1,则 PWMMR5 与 TC 值发生匹配时将使 TC 和 PC 停止工作,并复位 PWMTCR[0]; 该位为 0,则禁止该功能
16	PWMMR5 复位	该位为 1,则 PWMMR5 与 TC 值发生匹配时将触发 TC 复位; 该位为 0,则匹配发生时触发复位将被禁止
15	PWMMR5 中断	该位为 1,则 PWMMR5 与 TC 值发生匹配时将产生中断; 该位为 0,则匹配发生时禁止中断产生
14	PWMMR4 停止	该位为 1,则 PWMMR4 与 TC 值发生匹配时将使 TC 和 PC 停止工作,并复位 PWMTCR[0]; 该位为 0,则禁止该功能
13	PWMMR4 复位	该位为 1,则 PWMMR4 与 TC 值发生匹配时将触发 TC 复位; 该位为 0,则匹配发生时触发复位将被禁止
12	PWMMR4 中断	该位为 1,则 PWMMR4 与 TC 值发生匹配时将产生中断; 该位为 0,则匹配发生时禁止中断产生
11	PWMMR3 停止	该位为 1,则 PWMMR3 与 TC 值发生匹配时将使 TC 和 PC 停止工作,并复位 PWMTCR[0]; 该位为 0,则禁止该功能
10	PWMMR3 复位	该位为 1,则 PWMMR3 与 TC 值发生匹配时将触发 TC 复位; 该位为 0,则匹配发生时触发复位将被禁止
9	PWMMR3 中断	该位为 1,则 PWMMR3 与 TC 值发生匹配时将产生中断; 该位为 0,则匹配发生时禁止中断产生
8	PWMMR2 停止	该位为 1,则 PWMMR2 与 TC 值发生匹配时将使 TC 和 PC 停止工作,并复位 PWMTCR[0]; 该位为 0,则禁止该功能
7	PWMMR2 复位	该位为 1,则 PWMMR2 与 TC 值发生匹配时将触发 TC 复位; 该位为 0,则匹配发生时触发复位将被禁止
6	PWMMR2 中断	该位为 1,则 PWMMR2 与 TC 值发生匹配时将产生中断; 该位为 0,则匹配发生时禁止中断产生
5	PWMMR1 停止	该位为 1,则 PWMMR1 与 TC 值发生匹配时将使 TC 和 PC 停止工作,并复位 PWMTCR[0]; 该位为 0,则禁止该功能
4	PWMMR1 复位	该位为 1,则 PWMMR1 与 TC 值发生匹配时将触发 TC 复位; 该位为 0,则匹配发生时触发复位将被禁止
3	PWMMR1 中断	该位为 1,则 PWMMR1 与 TC 值发生匹配时将产生中断; 该位为 0,则匹配发生时禁止中断产生

续表

位	功　能	描　述
2	PWMMR0 停止	该位为 1,则 PWMMR0 与 TC 值发生匹配时将使 TC 和 PC 停止工作,并复位 PWMTCR[0]; 该位为 0,则禁止该功能
1	PWMMR0 复位	该位为 1,则 PWMMR0 与 TC 值发生匹配时将触发 TC 复位; 该位为 0,则匹配发生时触发复位将被禁止
0	PWMMR0 中断	该位为 1,则 PWMMR0 与 TC 值发生匹配时将产生中断; 该位为 0,则匹配发生时禁止中断产生

8) PWM 控制寄存器

PWM 控制寄存器(PWM Control Register,PWMPCR,0xE001404C)共 16 位,用于 PWM 输出使能的控制及 PWM 通道类型的选择。PWM 通道类型的选择可分为单边沿和双边沿两种方式。该寄存器每位的功能及描述如表 6.53 所示。

表 6.53　PWM 控制寄存器

位	功　能	描　述
15	保留	—
14	PWMENA6	该位为 1,则 PWM6 输出使能;为 0,则 PWM6 输出被禁止
13	PWMENA5	该位为 1,则 PWM5 输出使能;为 0,则 PWM5 输出被禁止
12	PWMENA4	该位为 1,则 PWM4 输出使能;为 0,则 PWM4 输出被禁止
11	PWMENA3	该位为 1,则 PWM3 输出使能;为 0,则 PWM3 输出被禁止
10	PWMENA2	该位为 1,则 PWM2 输出使能;为 0,则 PWM2 输出被禁止
9	PWMENA1	该位为 1,则 PWM1 输出使能;为 0,则 PWM1 输出被禁止
8:7	保留	—
6	PWMSEL6	该位为 1 时,PWM6 的控制模式为双边沿; 该位为 0 时,PWM6 的控制模式为单边沿
5	PWMSEL5	该位为 1 时,PWM5 的控制模式为双边沿; 该位为 0 时,PWM5 的控制模式为单边沿
4	PWMSEL4	该位为 1 时,PWM4 的控制模式为双边沿; 该位为 0 时,PWM4 的控制模式为单边沿
3	PWMSEL3	该位为 1 时,PWM3 的控制模式为双边沿; 该位为 0 时,PWM3 的控制模式为单边沿
2	PWMSEL2	该位为 1 时,PWM2 的控制模式为双边沿; 该位为 0 时,PWM2 的控制模式为单边沿
1:0	保留	—

9) PWM 锁存使能寄存器

PWM 锁存使能寄存器(PWM Latch Enable Register,PWMLER,0xE0014050)为 8b 寄存器,在对 PWMMRn 执行写操作时,PWMLER 用于对 PWMMRn 寄存器的更新进行控制。当 PWMTCR[3]置位后,TC 将处于 PWM 模式。此时若对 PWMMRn 执行写操作,写入的数据将会暂时被保存在一个映像寄存器中。如果 PWM 匹配 0 事件发生,同时 PWMLER 寄存器的相应位被置位,则写入的数据将会从映像寄存器传输到目标匹配寄存器中。PWMLER在对匹配寄存器写入新数据的整个过程中起到了控制作用，如果PWMLER的相应位没有被置位，任何写入匹配寄存器的值都不会生效。写入匹配寄存器中的新数据将在PWM匹配0事件发生时生效，并决定下一个PWM周期。该寄存器每位的功能及描述如表6.54所示。

表6.54 锁存使能寄存器

位	功能	描述
7	保留	—
6	PWM匹配6锁存使能	若置位该位，则最后写入PWMMR6寄存器的数据将在下一次定时器复位时生效
5	PWM匹配5锁存使能	若置位该位，则最后写入PWMMR5寄存器的数据将在下一次定时器复位时生效
4	PWM匹配4锁存使能	若置位该位，则最后写入PWMMR4寄存器的数据将在下一次定时器复位时生效
3	PWM匹配3锁存使能	若置位该位，则最后写入PWMMR3寄存器的数据将在下一次定时器复位时生效
2	PWM匹配2锁存使能	若置位该位，则最后写入PWMMR2寄存器的数据将在下一次定时器复位时生效
1	PWM匹配1锁存使能	若置位该位，则最后写入PWMMR1寄存器的数据将在下一次定时器复位时生效
0	PWM匹配0锁存使能	若置位该位，则最后写入PWMMR0寄存器的数据将在下一次定时器复位时生效

3. PWM模块基本操作简介

PWM模块作为标准定时器的一个附加特性，在PWMTCR[3]复位的情况下，即不使能PWM模式，可作为标准定时器0/1使用。PWM的基本寄存器功能框图如图6.38所示。

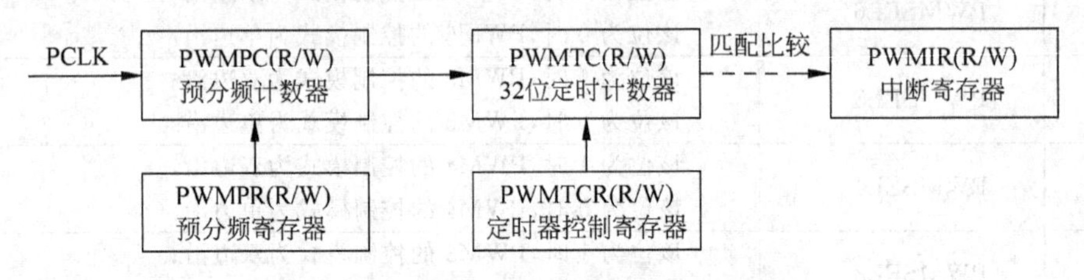

图6.38 PWM的基本寄存器功能框图

在图6.38中，外部时钟频率PCLK通过PWMPC进行分频，32位定时器PWMTC以分频结果为计数频率进行计数，即每经过PR+1个时钟周期PWMTC加1，其中PR值为PWM预分频计数器的计数最大值。通过对PWMTCR寄存器进行相应的设置，可以使能或复位定时计数器及使能PWM模式。由于中断是由匹配事件发生触发而不是TC计数溢出所触发，因此在图6.38中通过虚线将TC与中断寄存器进行连接。

如图6.39所示，PWMMRn寄存器中存放用于匹配的比较值，当该值与PWMTC中的数据相匹配时，则会按照PWMMCR中设置的规则执行相应的触发动作，即是否发生中断或TC复位。每个PWM通道的输出使能及输出控制模式类型可以通过设定PWMPCR寄存器进行选定，供选择的输出控制模式有单边沿和双边沿两种。当对PWMMRn寄存器进行数据更新时，只有在PWMLER寄存器的相应位被置位的情况下，写入的数据在下一次TC复位时才能够生效，从而确保了对PWMMRn寄存器中存放的比较值进行更新的过程中不会影响正常的PWM输出。

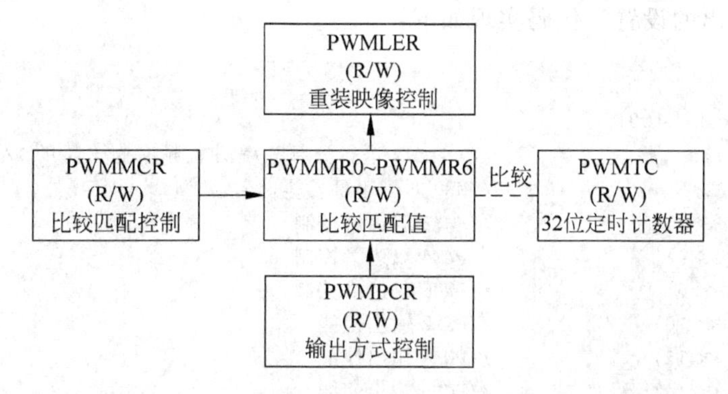

图6.39　PWM的比较匹配寄存器功能框图

PWM模块操作的基本步骤如下所示：

(1) 设置PINSEL0、PINSEL1中相应引脚作为PWM模块的输出。

(2) 对PWMPR寄存器进行设置，进而得到定时器计数器的计数频率。

(3) 对PWMMCR寄存器进行设置，选定匹配事件发生时将要触发的动作。

(4) 对PWMMRn进行设置，用户根据实际需求进行设置与TC匹配的比较值。

(5) 对PWMPCR寄存器进行设置，选定PWM输出控制模式及设定PWM输出使能。

(6) 对PWMTCR寄存器进行设置，使能计数器计数功能，同时进入PWM模式。

6.8.3　PWM模块编程示例

1. 单边沿PWM设置

PWM通道2输出50%占空比方波，占空比可以通过PWMMR0和PWMMR2寄存器来进行设定。由于不需要进行分频，所以寄存器PWMPR的值设为0。将PWMMCR寄存器设置为0x02来选定匹配事件发生时自动复位定时器。然后，使能PWM2单边沿输出，设置占空比，同时使能PWM匹配0和PWM匹配2锁存，最后，将计数器复位并使能PWM模式，代码实现如下：

```
PWMPR      = 0x00;              //PR设置为0,不进行分频,计数频率为Fpclk
PWMMCR     = 0x02;              //MR0匹配事件发生后复位定时器
PWMPCR     = 0x0400;            //使能单边PWM2输出
PWMMR0     = Fpclk / 1000;      //设置匹配速率
PWMMR2     = PWMMR0 / 2;        //设置占空比为50%
PWMLER     = 0x05;              //使能PWM匹配0和PWM匹配2锁存
PWMTCR     = 0x02;              //计数器复位
PWMTCR     = 0x09;              //计数器与PWM模式使能,启动PWM
```

2. 双边沿PWM设置

PWM2、PWM4、PWM6分别用于输出双边沿脉冲，输出脉冲的宽度和周期可以在程序中进行设置。首先，设定PWM计数频率为F_{pclk}的1/10，根据上文中时钟计数频率的计算公式可知，只需将 PWMPR 的值设定为 0x09 即可实现。然后，控制 PWMMCR 来选择匹配事件发生时触发复位 TC，并通过对 PWMPCR 中相应位进行置位操作实现 PWM2、PWM4、PWM6 的双边沿输出使能的设定。最后，通过设定相应的匹配寄存器即可实现对双边沿 PWM 输出的设置。代码实现如下：

```
uint32 tmp;
tmp     = Fpclk / 100;
PWMPR   = 0x09;                    //对 pclk 进行分频,PWM 计数频率为 Fpclk 的 1/10
PWMMCR  = 0x02;                    //MR0 匹配事件发生时复位 PWMTC
PWMPCR  = (1 << 2) |               //PWM2 双边沿控制
          (1 << 4) |               //PWM4 双边沿控制
          (1 << 6) |               //PWM6 双边沿控制
          (1 << 10) |              //PWM2 输出使能
          (1 << 12) |              //PWM4 输出使能
          (1 << 14);               //PWM6 输出使能
PWMMR0  = tmp;                     //PWM 速率控制/计数初值

PWMMR1  = 0;                       //设置 PWM2 的位置
PWMMR2  = (tmp / 8) * 7;
PWMMR3  = tmp / 4;                 //设置 PWM4 的位置
PWMMR4  = (tmp / 8) * 6;
PWMMR5  = (tmp / 8) * 3;           //设置 PWM6 的位置
PWMMR6  = (tmp / 8) * 5;
```

3. PWM 音乐输出实验部分介绍

在文件 music.h 中，实验程序对乐谱和频率对应的关系进行了预定义，对节拍和乐谱频率的详细代码实现如下：

以 4 分音符为 1 拍，节拍的定义：

```
#define TEMPO 8
#define _1     TEMPO * 4          //全音符
#define _1d    TEMPO * 6          //附点全音符
#define _2     TEMPO * 2          //2 分音符
#define _2d    TEMPO * 3          //附点 2 分音符
#define _4     TEMPO * 1          //4 分音符
#define _4d    TEMPO * 3/2        //附点 4 分音符
#define _8     TEMPO * 1/2        //8 分音符
#define _8d    TEMPO * 3/4        //附点 8 音符
#define _16    TEMPO * 1/4        //16 分音符
#define _16d   TEMPO * 3/8        //附点 16 分音符
#define _32    TEMPO * 1/8        //32 分音符
```

对低音、中音以及高音的定义：

```
//低音
#define _1DO    262
#define _1RE    294
#define _1MI    330
```

```
#define _1FA        349
#define _1SO        392
#define _1LA        440
#define _1TI        494
//中音
#define _DO         523
#define _RE         587
#define _MI         659
#define _FA         698
#define _SO         784
#define _LA         880
#define _TI         988
//高音
#define _DO1        1047
#define _RE1        1175
#define _MI1        1319
#define _FA1        1397
#define _SO1        1568
#define _LA1        1760
#define _TI1        1976
```

在实验代码中，将音乐曲谱放入NOTE[]数组中，将音乐节拍放入BEAT[]数组中，两个数组定义如下所示：

```
//音乐曲谱数组
const uint32 NOTE[] =
{
    _LA, _SO, _MI, _LA, _SO, _MI,
    _LA, _LA, _SO, _LA,
    _LA, _SO, _MI, _LA, _SO, _MI,
    _RE, _RE, _DO, _RE,
    _MI, _MI, _SO, _LA, _DO1, _LA, _SO,
    _MI, _MI, _SO, _DO,
    _MI, _MI, _MI, _MI, _MI,
    _1LA,_1LA,_1SO,_1LA,
};

//音乐节拍数组
const uint32 BEAT[] =
{
    _4, _8, _8, _4, _8, _8,
    _8, _4, _8, _2,
    _4, _8, _8, _4, _8, _8,
    _8, _4, _8, _2,
    _4, _8, _8, _8, _8, _8, _8,
    _8, _4, _8, _2,
    _4, _4, _4, _8, _8,
    _8, _4, _8, _2,
};
```

通过不断地读取乐谱数组中的数据，放入 PWMMR0 寄存器中并进行锁存来改变 PWM 输出频率，同时配合节拍数组中存放的延时参数，达到播放美妙的音乐的效果。

实验流程图如图 6.40 所示。

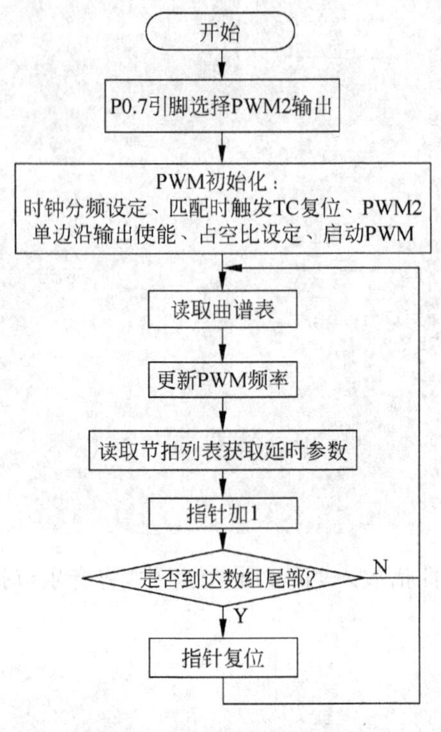

图 6.40 实验流程图

首先，要将 P0.7 引脚选择为 PWM2 功能，同时进行 PWM 初始化，包括时钟分频的设定、匹配时设定为触发 TC 复位、PWM2 单边沿输出使能、占空比设定、启动 PWM。然后，通过不断读取曲谱表和节拍表的数据来控制音乐的输出。代码实现如下：

```
int32 music (void)
{
    uint8 i;

    PINSEL0 = 0x02 << 14;                //P0.7 选择 PWM2 功能

    //PWM 初始化
    PWMPR = 0x00;                        //不分频,计数频率为 Fpclk
    PWMMCR = 0x02;                       //设置 PWMMR0 匹配时复位 PWMTC
    PWMPCR = 0x0400;                     //允许 PWM2 输出,单边 PWM
    PWMMR0 = Fpclk / 1000;
    PWMMR2 = PWMMR0 / 2;                 //50 % 占空比
    PWMLER = 0x05;                       //PWM0 和 PWM2 匹配锁存
    PWMTCR = 0x02;                       //复位 PWMTC
    PWMTCR = 0x09;                       //启动 PWM 输出

    while(1)
```

```
    {
        for(i = 0; i < (sizeof(NOTE) / 4); i++)
        {
            PWMMR0 = Fpclk / NOTE[i];          //设置输出频率
            PWMLER = 0x05;                     //更新匹配值后,必须锁存
            delayMusic(BEAT[i]);               //延时,控制播放速度
        }
    }
    return 0;
}
```

代码运行过程中,通过设定的 PWM 单边沿方波对蜂鸣器进行鸣响控制,同时通过对 PWMMR0 寄存器中数据的更新,改变了 PWM 的频率,进而产生了不同频率的声音,达到播放音乐的效果。其中 PWM 输出高电平时,蜂鸣器鸣响;输出低电平时,蜂鸣器关闭。

6.9 看 门 狗

在嵌入式系统中,由于微控制器受到外部干扰,常常会发生程序进入死循环或运行至错误地址的情况,看门狗(Watchdog,WD)能够在微控制器进入错误状态后使其重新复位,返回到正确的程序流程中。当看门狗被使能后,如果程序没有周期性地设置看门狗计时器的计时时间,看门狗就会产生一个复位信号,使处理器回到初始状态并重新运行。本节将介绍看门狗的工作原理和使用方法。

6.9.1 工作原理

正常运行的嵌入式系统的主程序通常为一个无限循环,不停地处理各种系统任务,完成单次循环的时间可以大致估算出来,若程序进入死循环或运行至错误地址,将导致系统单次循环运行时间大幅增加,可以利用这个性质来对系统运行流程进行纠正。

看门狗的主体是一个定时器,可以加计数或减计数,以减计数为例,看门狗在计数至 0 时会向处理器发出中断信号或系统复位信号。系统上电后,首先,将看门狗的定时时间初始化为略大于系统完成单次正常循环的时间值,然后,在系统的每一次循环中,重新设置看门狗定时器值,这一过程称为喂狗。因为喂狗的时间间隔总是小于看门狗的定时时间,所以程序正常执行时,看门狗不会发出中断信号或复位信号。若程序进入死循环或运行至错误地址处,导致单次循环时间大大增加,不能及时完成喂狗操作,此时看门狗定时器减至 0,向处理器发出中断或复位信号,使其进入到中断处理程序中对错误进行处理,或者直接复位,从而跳出错误的运行状态。

6.9.2 模块结构

LPC2136 看门狗模块的相关寄存器有 4 个,如表 6.55 所示。

表 6.55　看门狗模块相关寄存器

寄存器	名　称	描　述	地　址
WDMOD	看门狗模式寄存器	该寄存器包含看门狗定时器的基本模式和状态	0xE0000000
WDTC	看门狗定时器常数寄存器	该寄存器决定定时时间	0xE0000004
WDFEED	看门狗喂狗寄存器	向该寄存器先后写入 0xAA 和 0x55 重新设置看门狗定时器	0xE0000008
WDTV	看门狗定时器值寄存器	读该寄存器获取看门狗定时器的当前数值	0xE000000C

WDMOD 寄存器各位功能如表 6.56 所示。

表 6.56　WDMOD 寄存器

WDMOD	功　能	描　述
7：4	保留	—
3	WDINT	看门狗中断标志(只读),当看门狗发生超时,该位置位。产生的任何复位都会使该位清零
2	WDTOF	看门狗超时标志,当看门狗发生超时,看门狗超时标志置位。该标志由软件清零
1	WDRESET	看门狗复位使能位(只能置位),该位与 WDEN 共同确定看门狗的操作方式
0	WDEN	看门狗中断使能位(只能置位),该位与 WDRESET 共同确定看门狗的操作方式

看门狗通过设置 WDEN 和 WDRESET 位控制看门狗的操作,其控制方式如表 6.57 所示。一旦 WDEN 和 WDRESET 位被设置,就无法使用软件控制方式对其清零,这两位由外部复位或看门狗定时器溢出清零。

表 6.57　WDEN 与 WDRESET 操作方式

WDEN	WDRESET	描　述
0	X	看门狗关闭时的调试/操作
1	0	带看门狗中断的调试,但无 RESET 操作
1	1	带看门狗中断和 RESET 操作

WDTC 寄存器决定看门狗定时器喂狗间隔时间。喂狗时,WDTC 寄存器中的数值会重新装入看门狗定时器。该寄存器为 32 位寄存器,低 8 位在复位时置 1。若写入该寄存器的数值小于 0xFF,寄存器会将其数值置为 0xFF,因此,经过 4 分频的预分频器,定时间隔最小为时钟周期的 4×256 倍。

向 WDFEED 寄存器先后写入 0xAA 和 0x55 完成喂狗,一次有效的喂狗会使 WDTC 的值重新装入看门狗定时器。在 WDMOD 寄存器使能看门狗后,一次有效的喂狗能够启动看门狗,之后要在看门狗复位/中断前,进行喂狗操作,即先后写入 0xAA 和 0x55。若写入 0xAA 后未立即写入 0x55,则产生喂狗错误。一次喂狗错误的下一时钟周期将发生中断/复位,因此,应先关闭程序的其他中断,保证喂狗为一次原子性操作,避免产生喂狗错误。

WDTV 保存定时器的数值,读取 WDTV 能够获取当前看门狗定时器的计数值。

看门狗正常的运行过程如下：

(1) 设置喂狗时间间隔，即装载WDTC寄存器。

(2) 设置看门狗运行模式，即设置WDMOD寄存器。

(3) 向寄存器WDFEED写入看门狗喂狗时序，启动看门狗。

(4) 在定时器溢出前，进行有效喂狗。

当看门狗向下溢出时，产生看门狗中断/复位。可以检查WDTOF标志位确定看门狗是否满足中断/复位条件，WDTOF位必须由软件清零。

6.9.3　编程示例

1. 看门狗溢出复位

看门狗用来检测系统是否正常工作，超过设置的看门狗定时时间未进行喂狗操作，会导致系统产生复位。这里通过使用外部中断使系统不能按时进行喂狗操作，导致系统复位。外部中断通过按键实现。

系统上电后，首先，持续点亮LED1，然后，按下第一行的任意按键时，程序进入正常运行的无限循环中，翻转I/O口P0.21状态，LED1熄灭，在此循环中进行喂狗操作，如果LED1的状态变为持续闪烁，说明看门狗复位信号没有触发，系统运行正常。如果此时按下第二行的任意按键，导致程序进入模拟的错误状态(while(keys == 2))，导致不会执行到喂狗的语句，因此，看门狗定时器随即溢出，使系统复位。此时的现象应为LED1恢复持续点亮状态；如果按下第一行任意按键后直接按第三行的任意按键，产生一次喂狗错误，使系统复位，LED1恢复持续点亮状态。

定义全局变量keys用来记录按下按键的编号。代码如下：

```
int keys = 0;
```

编写初始化函数，设置各引脚功能。代码如下：

```
void GPIOInit(void)
{
    PINSEL0 = 0x00000000;
    PINSEL1 = 0x20000000;                //设置引脚连接GPIO
    PINSEL2 = PINSEL2 & (~0x08);         //P1[25 : 16]连接GPIO
    IO0DIR  = (1 << 21);                 //设置LED1控制口为输出
    IO0CLR  = (1 << 21);
}
```

编写看门狗初始化函数。首先，设置看门狗定时器的定时间隔。然后，设置看门狗定时器的工作模式为溢出产生中断并复位，最后进行一次喂狗操作启动看门狗。代码如下：

```
void WDTInit()
{
    WDTC = 0xFF000;                   //设置看门狗定时器参数
    WDMOD = 0x01;                     //设置看门狗模式: 中断且复位
    WDFEED = 0xAA;                    //喂狗时序,第一次喂狗启动WDT
```

```
    WDFEED = 0x55;
}
```

编写喂狗函数。首先进行短暂的延时，然后完成一次喂狗时序。代码如下：

```
void WDTFeed(void)
{
    int32 i;
    for(i = 0; i < 0x0FFF; i++);                        //喂狗周期
    WDFEED = 0xAA;                                      //喂狗时序
    WDFEED = 0x55;
}
```

编写错误的喂狗时序，即在写入 0xAA 后不写入 0x55，为测试错误喂狗做准备。代码如下：

```
void WDTFeedWrong(void)
{
    WDFEED = 0xAA;
    WDFEED = 0x54;
}
```

编写测试函数，在函数中要完成以下中断相关初始化工作。代码如下：

```
EXTMODE = 0x00;                         //设置 EINT3 为电平触发
                                        //极性寄存器使用默认值 0
IRQEnable();                            //使能 IRQ 中断
VICIntSelect = 0x00000000;              //设置所有中断分配为 IRQ 中断
VICVectCntl0 = 0x20 | 0x11;             //分配外部中断 3 到向量中断 0
VICVectAddr0 = (uint32)IRQ_Eint3;       //设置中断服务程序地址
EXTINT       = 0x08;                    //清除 EINT3 中断标志
VICIntEnable = 1 << 0x11;               //使能 EINT3 中断
```

编写测试主体。首先等待按下键盘第一行的任意按键，按下表明开始测试程序；然后进行看门狗的初始化。代码如下：

```
while(keys! = 1);
WDTInit();
```

进行正常情况的看门狗程序模拟，即按时喂狗，并维持 LED1 闪烁。当按下第二行的任意按键进入模拟程序出错，程序进入死循环，使程序不能够按时的完成喂狗操作，造成看门狗定时器溢出，产生复位；当按下第三行的任意按键产生一次错误的喂狗时序，直接造成看门狗产生复位。代码如下：

```
while(1)
{
    //用按键模拟导致无法周期性喂狗的意外情况
```

```
    while(keys == 2);                        //按下第二行的任意键停止喂狗
    if(keys == 3)
        WDTFeedWrong();                      //错误喂狗
    for(j = 0; j < 0xFF; j++)                //LED1 闪烁周期
        WDTFeed();                           //喂狗
    if((IO0SET & (1 << 21)) == 0)            //取反 LED 使其闪烁
        IO0SET = (1 << 21);
    else
        IO0CLR = (1 << 21);
}
```

编写中断处理函数。首先设置 74HC373 为输出状态,然后使能键盘的列线控制引脚输出低电平。代码如下:

```
BUSSet(1);
BUSWrite(0);
```

编写简单的按键识别程序,当某一个按键被按下时,其对应行线上产生一个低电平,从而确定了按下按键所在行,并使用变量 keys 记录行值。代码如下:

```
if((IO0PIN &(1 << 26)) != (1 << 26))
    keys = 1;
else if((IO0PIN & (1 << 27)) != (1 << 27))
    keys = 2;
else if((IO0PIN & (1 << 28)) != (1 << 28))
    keys = 3;
BUSWrite(0);
```

中断程序结束要清除中断标志和清除向量中断地址,这样才能有效地响应下一次的中断,即设置 EXTINT 寄存器的标志位和向量中断地址寄存器。代码如下:

```
while ((EXTINT & 0x08) != 0)
        EXTINT = 0x08;                  //清除 EINT 中断标志
VICVectAddr = 0;                        //向量中断结束
```

运行程序,首先能够看到红色的 LED1 被点亮,表明程序初始化完成,但还未进入无限循环中;然后按下第一行的任意键,能够看到 LED1 开始闪烁,表明程序正常运行,喂狗有效;此时按下第二行的任意键,发现 LED1 持续点亮,表明看门狗发出复位信号,程序被复位,已经回到起始状态;按下第一行任意键之后再按下第三行的任意键,LED1 持续点亮,说明产生了一次喂狗错误,导致程序复位。

2. 看门狗溢出中断

看门狗溢出中断示例的软件设计与看门狗溢出复位相似,不同的地方在于要编写看门狗溢出中断处理函数,且看门狗的溢出中断标志为只读位,不能由软件清除,因此看门狗中断函数只能够进入一次,若要重复测试,必须要硬件复位或重新启动实验平台。

首先持续点亮 LED1,然后按下第一行的任意按键,LED1 变为闪烁状态,表明系统正常运行,即在周期性的进行喂狗操作。此时按下第二行的任意按键,程序进入模拟的错误状态(while(keys == 2);),不能执行到喂狗语句,看门狗定时器溢出发出中断信号,在中断处理程序中令 LED2 闪烁 5 次,返回主函数后令 LED1 恢复闪烁;如果按下第一行按键后直接按下第三行的任意按键,产生一次喂狗错误,触发看门狗中断,重复上述中断处理过程。由于看门狗中断标志位为只读位,运行一次程序只能进入一次中断处理函数,因此,不能同时测试看门狗定时器超时和看门狗喂狗错误,要复位或重启实验平台再次测试。

修改看门狗溢出复位代码,首先修改看门狗初始化函数中 WDMOD 寄存器的初始值为 0x01,表明看门狗溢出只产生中断。修改后的看门狗初始化函数代码如下:

```
void WDTInit(void)
{
    WDTC = 0xFF000;                 //设置看门狗定时器参数
    WDMOD = 0x01;                   //设置看门狗模式:中断且复位
    WDFEED = 0xAA;                  //喂狗时序,第一次喂狗启动 WDT
    WDFEED = 0x55;
}
```

修改中断初始化部分代码,添加看门狗中断,代码如下:

```
VICVectCntl1 = 0x20 | 0x0;                     //分配看门狗中断到向量中断 1
VICVectAddr1 = (uint32)WDT_Int;                //设置中断服务程序地址
VICIntEnable = (1 << 0x11)|(1 << 0x00);        //使能外部中断 3 和看门狗中断
```

编写看门狗中断函数,函数主要实现关闭 LED1,使 LED2 闪烁 5 次后退出,代码如下:

```
void __irq WDTInt (void)
{
    uint32 i;
    IO0SET = (1 << 21);
    for (i = 0; i < 0x5; i++)
    {
        IO0CLR = (1 << 22);          //LED2 闪烁
        delay(50);
        IO0SET = (1 << 22);
        delay(50);
    }
    IO0SET = (1 << 21);
    keys = 0;
    WDMOD = 0x00;                    //清除看门狗超时位 WDTOF
    VICIntEnClr = 1 << 0x00;         //看门狗溢出中断只能通过禁止 VIC 的方式返回
    VICVectAddr = 0x00;              //通知 VIC 中断结束
}
```

运行程序,能够看到 LED1、LED2 均被点亮,表明程序初始化完成,但还未进入无限循环中；按下第一行的任意键，LED1闪烁，表明看门狗正常工作；然后按下第二行的任意按键能够看到，LED1熄灭，LED2闪烁5次后，LED1恢复闪烁状态，表明程序进入看门狗中断，运行结束后返回主函数；当再次按下第二行的任意键时，可以看到LED1、LED2均不发生变化，表明不能够再次进入中断；复位或重启实验平台能够再次观察看门狗中断现象。

6.10　模/数、数/模转换

模/数转换器(A/D Converters，ADC)是把模拟信号转换成数字信号，数/模转换器(D/A Converters，DAC)是把数字信号转换成模拟信号。它们是模拟系统与数字系统接口的关键部件，广泛应用于雷达、通信、电子对抗、声呐、卫星、导弹、测控系统、地震、医疗、仪器仪表、图像和音频等领域。本节主要介绍A/D、D/A的工作原理以及LPC2136的A/D、D/A模块的功能、寄存器定义和典型用法，同时通过实例详细描述了LPC2136的A/D、D/A转换功能。

6.10.1　工作原理

1. A/D转换器工作原理

A/D转换器是将一个电压模拟信号转换为一个数字信号。由于数字信号本身不具有实际意义，仅仅表示相对大小，因此需要一个参考模拟量作为A/D转换的标准，比较常见的参考标准为最大的可转换信号大小，A/D转换器输出的数字量表示输入信号相对于参考信号的相对量。A/D转换器最重要的参数是转换的精度，通常用输出数字信号的位数表示，位数越多表示转换器能够分辨输入信号的能力越强，转换器的性能也就越好。A/D转换一般要经过采样、保持、量化及编码4个阶段。在实际电路中，有些阶段是合并进行的，如采样和保持，量化和编码在转换过程中是同时实现的。下面介绍A/D转换器的几个主要性能参数：

(1) 分辨率。数字量变化一个最小量时模拟信号的变化量，定义为满刻度与2^n的比值。分辨率又称精度，通常以数字信号的位数来表示。

(2) 转换速率。完成一次从模拟转换到数字的A/D转换所需的时间的倒数，常用单位是ksps和Msps，表示每秒采样千/百万次(Kilo/Million Samples per Second)。

(3) 量化误差。由于A/D的有限分辨率而引起的误差，即有限分辨率A/D的阶梯状转移特性曲线与无限分辨率A/D(理想A/D)的转移特性曲线(直线)之间的最大偏差。通常是一个或半个最小数字量的模拟变化量，表示为1LSB、1/2LSB。

(4) 线性度。实际转换器的转移函数与理想直线的最大偏移。

2. D/A转换器工作原理

D/A转换器是将一个数字输入信号转换为一个模拟输出信号。数字量是代表物理量大小的二进制数字，对于有权码，每位代码都有一定的位权。为了将数字量转换成模拟量，必须将每1位代码按其位权大小转换成相应的模拟量，然后将这些模拟量相加，即可得到与数字量成正比的总模拟量，从而实现了数字信号到模拟信号的转换。

D/A 转换器由数码寄存器、模拟电子开关电路、解码网络、求和电路及基准电压几部分组成。数字量以串行或并行方式输入、存储于数据寄存器中，数据寄存器输出的各位数码，分别控制对应位的模拟电子开关，使数码为 1 的位在位权网络上产生与其权值成正比的电流值，再由求和电路将各种权值相加，即得到数字量对应的模拟量。

(1) 分辨率。指最小模拟输出量(对应数字量仅最低位为 1)与最大量(对应数字量所有有效位为 1)之比。

(2) 建立时间。是将一个数字量转换为稳定模拟信号所需的时间，也可以认为是转换时间。D/A 中常用建立时间来描述其速度，而不是 A/D 中常用的转换速率。

6.10.2　LPC2136 的 A/D 模块介绍

LPC2136 具有 2 个 10 位 8 路 A/D 转换器。A/D 转换器的基本时钟由 VPB 时钟提供，每个转换器包含一个可编程分频器，可将时钟调整至逐步逼近转换所需的 4.5MHz(最大值)，完全满足精度要求的转换需要 11 个时钟周期。启动 A/D 转换的方式非常灵活，既可以单路软件启动，也可以设置为 Burst 模式对某几路信号逐个循环采样。

1. 模块特性

- 2 个 10 位逐次逼近式 A/D 转换器；
- 8 个引脚复用为输入脚；
- 掉电模式；
- 测量范围：0～3.3V；
- 10 位转换时间：大于或等于 2.44μs；
- 一个或多个输入的 Burst 转换模式；
- 可选择由输入跳变或定时器匹配信号触发转换；
- 2 个转换器的全局启动命令。

2. 引脚描述

LPC2136 处理器 A/D 模块引脚描述如表 6.58 所示。

表 6.58　A/D 模块引脚描述

引脚名称	类型	引 脚 描 述
AD0.7：0 和 AD1.7：0	输入	模拟输入。A/D 转换器单元可测量输入信号的电压。注意：这些模拟输入通常连接到引脚上，即使引脚复用寄存器将它们设定为端口引脚。通过将这些引脚驱动成端口输出来实现 A/D 转换器的简单自测。当使用 A/D 转换器时，模拟输入引脚的信号电平在任何时候都不能大于 V_{DDA}，否则，读出的 A/D 值无效。如果在应用中未使用 A/D 转换器，则 A/D 输入引脚用作可承受 5V 电压的数字 I/O 口
Vref	参考电压	参考电压。该引脚连接到 A/D 转换器的 Vref 信号
V_{DDA}，V_{SSA}	电源	模拟电源和地。它们分别与标称为 V_{DD} 和 V_{SS} 的电压相同，但为了降低噪声和出错概率，两者应当隔离

3. 寄存器描述

A/D 转换器包含 3 个寄存器，如表 6.59 所示。

表 6.59 A/D 寄存器

名称	描述	访问	复位值	AD0 地址和名称	AD1 地址和名称
ADCR	A/D 控制寄存器。A/D 转换开始前,必须写入 ADCR 寄存器来选择工作模式	读/写	0x00000001	0xE0034000 AD0CR	0xE0060000 AD1CR
ADDR	A/D 数据寄存器。该寄存器包含 ADCDONE 位(当 DONE 位为 1 时)和 10 位的转换结果	读/写	NA	0xE0034004 AD0DR	0xE00604004 AD1DR
ADGSR	A/D 全局启动寄存器。写入该地址(在 A/D0 地址范围内)来同时启动 2 个 A/D 转换器的转换	只写	0x00	0xE0034008 ADGSR	

1) A/D 控制寄存器

A/D 控制寄存器(A/D Control Register,ADCR)(AD0CR 和 AD1CR)控制 A/D 转换通道选择、转换速率、转换精度和起始条件等,其位功能描述如表 6.60 所示。

表 6.60 A/D 控制寄存器

ADCR	名称	描述	复位值
31：28	保留	—	0
27	EDGE	边沿选择。该位只有在 START 字段为 010～111 时有效。 0：在所选 CAP/MAT 信号的下降沿启动转换； 1：在所选 CAP/MAT 信号的上升沿启动转换	0
26：24	START	启动控制。当 BURST 为 0 时,这些位控制着 A/D 转换是否启动和何时启动。 000：不启动(PDN 清零时使用该值)； 001：立即启动转换； 010：EDGE 选择的边沿出现在 P0.16 引脚时启动转换； 011：EDGE 选择的边沿出现在 P0.22 引脚时启动转换。 注意：START 选择 100～111 时 MAT 信号不必输出到引脚上。 100：EDGE 选择的边沿出现在 MAT0.1 时启动转换； 101：EDGE 选择的边沿出现在 MAT0.3 时启动转换； 110：EDGE 选择的边沿出现在 MAT1.0 时启动转换； 111：EDGE 选择的边沿出现在 MAT1.1 时启动转换	000
23：22	TEST1：0	这两位用于器件测试。00＝正常模式,01＝数字测试模式,10＝DAC 测试模式,11＝一次转换测试模式	0
21	PDN	1：A/D 转换器处于正常工作模式； 0：A/D 转换器处于掉电模式	0
19：17	CLKS	突发模式时钟选择该字段用来选择 Burst 模式下每次转换使用的时钟数和所得 ADDR 转换结果的 LS 位中可确保精度的位的数目,CLKS 可在 11 个时钟(10b)～4 个时钟(3b)之间选择： 000：11 个时钟,可确保精度为 10b； 001：10 个时钟,可确保精度为 9b； ⋮ 111：4 个时钟,可确保精度为 3b	000

续表

ADCR	名称	描　述	复位值
16	BURST	突发模式。如果该位为0,转换由软件控制,需要11个时钟方能完成。如果该位为1,A/D转换器以CLKS字段选择的速率重复执行转换,(如果必要)并从SEL字段中为1的位对应的引脚开始扫描。A/D转换器启动后的第一次转换的是SEL字段中为1的位中的最低有效位对应的模拟输入,然后是为1的更高有效位对应的模拟输入(如果可用)。重复转换通过清零该位终止,但该位被清零时并不会终止正在进行的转换	0
15∶8	CLKDIV	时钟分频。将VPB时钟(PCK)进行(CLKDIV的值+1)分频得到A/D转换时钟,转换时钟必须小于或等于4.5MHz。典型地,软件将CLKDIV编程为最小值来得到4.5MHz或稍低于4.5MHz的时钟,但某些情况下(例如高阻抗模拟电源)可能需要更低的时钟	0
7∶0	SEL	输入通道选择。从AD0.7～AD0.0引脚中选择采样和转换输入脚。位0选择引脚AD0.0,位7选择引脚AD0.7。软件控制模式下,这些位中只有一位可被置位。硬件扫描模式下,SEL可为1～8中的任何一个值。SEL为零时等效于为0x01	0x01

2) A/D数据寄存器

A/D数据寄存器(A/D Data Register,ADDR)(AD0DR和AD1DR)包含A/D转换完成标志和得到的数据等信息,其位功能描述如表6.61所示。

表6.61 A/D数据寄存器

ADDR	名称	描　述	复位值
31	DONE	A/D转换结束时,该位置位。该位在ADDR被读出和ADCR被写入时清零。如果ADCR在转换过程中被写入,该位置位,启动一次新的转换	0
30	OVERUN	Burst模式下,如果在转换产生LS位的结果前一个或多个转换结果丢失和覆盖,该位置位。在非FIFO操作中,该位通过读ADDR寄存器清零	0
29∶27	保留	保留,这些位读出为0,用户不应将其置位	0
26∶24	CHN	这些位包含的是LS位的转换通道	X
23∶16	保留	保留,这些位读出时为0,用户不应将其置位	0
15∶6	V/Vref	当DONE为1时,该字段包含一个二进制数,用来代表SEL字段选中的A_{in}引脚的电压。该字段根据Vref引脚上的电压对A_{in}引脚的电压进行划分。该字段为0表明A_{in}引脚的电压小于、等于或接近于V_{SSA};该字段为0x3FF表明A_{in}引脚的电压接近于、等于或大于Vref。 为了测试的需要,写入到该字段的数据捕获到移位寄存器,寄存器的移位时钟为A/D转换器时钟。仅当TEST1∶0为10时,寄存器的MS位供给A/D转换器的DINSERI输入	X
5∶0	保留	—	0

3）A/D 全局启动寄存器

A/D 全局启动寄存器(A/D Global Start Register，ADGSR)用于同时控制两路 A/D 转换的启动，其位功能描述如表 6.62 所示。

表 6.62　A/D 全局启动寄存器

ADGSR	名称	描　述	复位值
31：28	保留	保留，用户软件不要向其写入 1。从保留位读出的值未被定义	0
27	EDGE	该位只有在 START 字段为 010～111 时有效。 0：在所选 CAP/MAT 信号的下降沿启动转换； 1：在所选 CAP/MAT 信号的上升沿启动转换	0
26：24	START	当 BURST 为 0 时，这些位控制着 A/D 转换是否启动和何时启动： 000：不启动(PDN 清零时使用该值)； 001：立即启动转换； 010：寄存器位 27 选择的边沿出现在 P0.16/EINT0/MAT0.2/CAP0.2 引脚时启动转换； 011：寄存器位 27 选择的边沿出现在 P0.22/TD3/CAP0.0/MAT0.0 引脚时启动转换 注意：START 选择 100～111 时 MAT 信号不必输出到引脚上。 100：寄存器位 27 选择的边沿出现在 MAT0.1 时启动转换； 101：寄存器位 27 选择的边沿出现在 MAT0.3 时启动转换； 110：寄存器位 27 选择的边沿出现在 MAT1.0 时启动转换； 111：寄存器位 27 选择的边沿出现在 MAT1.1 时启动转换	X
23：17	保留	保留，用户软件不要向其写入 1。从保留位读出的值未被定义	0
16	BURST	如果该位为 0，转换由软件控制，需要 11 个时钟方能完成。如果该位为 1，A/D 转换器以 CLKS 字段选择的速率重复执行转换，(如果必要)并从 SEL 字段中为 1 的位对应的引脚开始扫描。A/D 转换器启动后的第一次转换的是 SEL 字段中为 1 的位中的最低有效位对应的模拟输入，然后是为 1 的更高有效位对应的模拟输入(如果可用)。重复转换通过清零该位终止，但该位被清零时并不会终止正在进行的转换	X
15：0	保留	保留，用户软件不要向其写入 1。从保留位读出的值未被定义	0

6.10.3　LPC2136 的 D/A 模块介绍

1. 模块特性

- 10 位数/模转换器；
- 电阻串联结构；
- 缓冲输出；
- 掉电模式；
- 选择的转换速率与功率有关。

2. 引脚描述

LPC2136 处理器 D/A 模块的引脚描述如表 6.63 所示。

表 6.63 D/A 模块引脚描述

引脚名称	类型	引脚描述
Aout	输出	模拟输出。当 DACR 写入一个新值选择好设定时间后,该引脚上的电压(相对 V_{SSA})为 VALUE /1024×Vref
Vref	参考电压	参考电压。该引脚连接到 D/A 转换器的 Vref 信号
V_{DDA}与 V_{SSA}	电源	模拟电源和地。它们分别与标称为 V_{DD}和 V_{SS}的电压相同,但为了降低噪声和出错概率,两者应当隔离

3. 寄存器描述

D/A 转换寄存器(D/A Convert Register,DACR)是一个读/写寄存器,包含用于模拟转换的数字值和一个调节转换性能与功率间关系的位。寄存器的位 5:0 保留,供给更高性能的 D/A 转换器将来使用。其位功能描述如表 6.64 所示。

表 6.64 D/A 转换寄存器

DACR	名称	描 述	复位值
31:17	保留	—	0
16	BIAS	该位为 0 时,DAC 的设定时间最大为 1μs,最大电流为 700μA。 该位为 1 时,DAC 的设定时间为 2.5μs,最大电流为 350μA	0
15:6	VALUE	当该字段写入一个新值选择好设定时间后,A_{out}引脚上的电压(相对 V_{SSA})为 VALUE/1024×Vref	0
5:0	保留	—	0

6.10.4 电路介绍

AD/DA 的电路原理图如图 6.41 所示。

下面介绍 AD/DA 的引脚连接。

将接口 J27 的 1 号引脚接 5V 电压,2 号引脚接 3.3V 电压,3 号引脚接模拟 3.3V 电压,8 号引脚接模拟地,9 号引脚接数字地,作为衡量 AD/DA 转换电压的参考电压。将 J27 的 4 号引脚连接 JP18 的 3 号引脚,5 号引脚连接 JP20 的 3 号引脚,6 号引脚连接 JP19 的 3 号引脚,7 号引脚作为 DA1 的测试点 J32,在电路中并未使用。将 J23 连接模拟地,作为模拟地的测试点,将 J24 连接模拟电压 3.3V,作为模拟电压 3.3V 的测试点。将 JP18 的 1 号引脚连接电位器,模拟电压范围为 0~3.3V,作为 A/D 转换器的输入模拟电压。在默认状态下,将 JP18 的 1 号引脚通过跳线连接 AD0IN,AD0IN 引脚连接 LPC2136 处理器的 14 号引脚 AD0.2,将 J26 作为 AD0 的测试点,用于测量 AD0IN 的输入模拟电压;将 JP19 的 1 号引脚通过跳线连接 DA0OUT,DA0OUT 引脚连接 LPC2136 的 9 号引脚 AOUT,用于将数字电压转换为模拟电压;将 JP20 的 1 号引脚通过跳线连接 AD1IN,AD1IN 引脚连接 LPC2136 的 35 号引脚 AD1.2;然后将 JP19 的 1 号引脚与 JP20 的 1 号引脚通过 100Ω 的电阻相连,这样,DA0OUT 转换出的模拟电压作为 AD1IN 的输入电压,进而将其转换成数字电压。

6.10.5 软件设计

示例程序采用图 6.41 中的 DA0OUT 和 AD1IN 进行 AD/DA 的转换测试,程序流程图如图 6.42 所示。

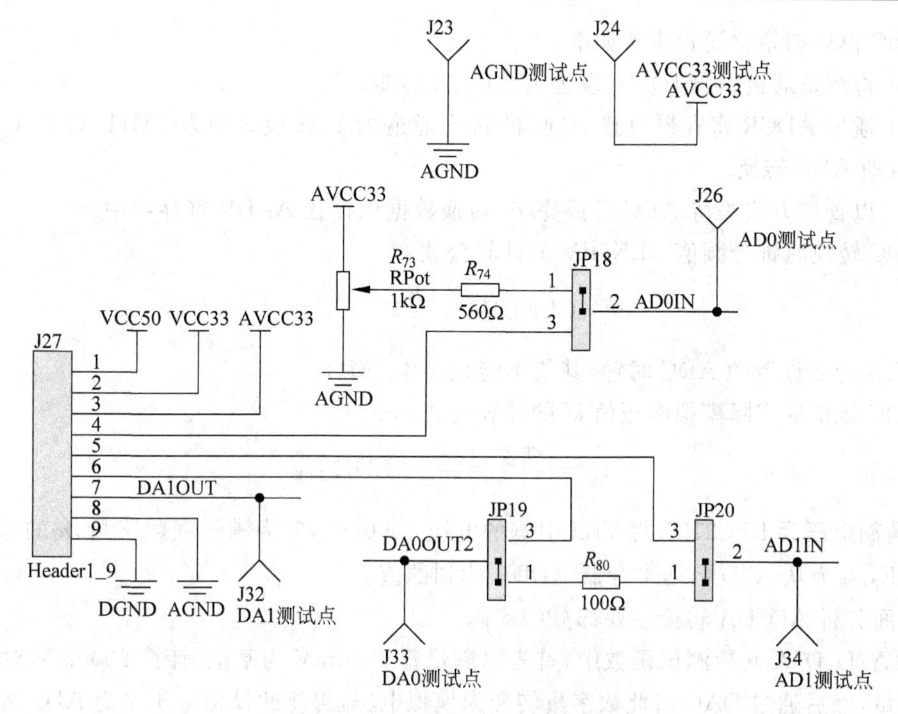

图 6.41　AD/DA 电路原理图

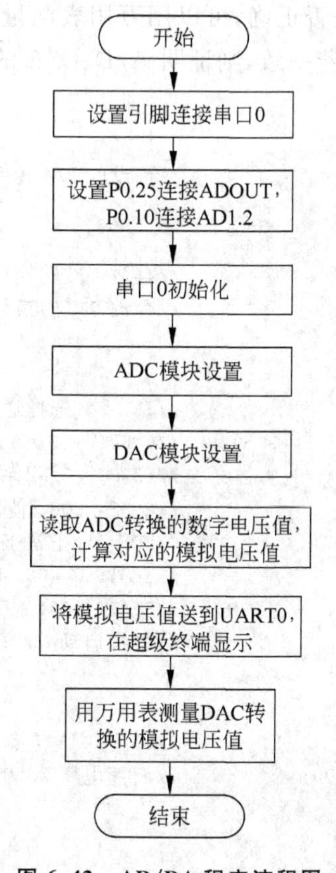

图 6.42　AD/DA 程序流程图

ADC 模块初始化设置步骤如下：

(1) 将测量通道引脚 P0.10 设置为 AD1.2 功能。

(2) 通过 ADCR 寄存器设置 ADC 的转换通道为 2，转换时钟为 1MHz 以及工作模式等，并启动 ADC 转换。

(3) 以查询方式等待 ADC 转换完毕，转换数据保存在 ADDR 寄存器中。

ADC 转换时钟分频值 CLKDIV 的计算公式：

$$\text{CLKDIV} = \frac{F_{\text{pclk}}}{F_{\text{adclk}}} - 1$$

其中，F_{acclk} 为要设置的 ADC 时钟，其值不能大于 4.5MHz。

ADC 转换的实际模拟电压值 U 的计算公式：

$$U = \frac{\text{满额电压}}{2^n}\text{VALUE}_{\text{ADDR}}$$

其中，满额电压为 LPC2136 的 Vref 引脚的电压 2500mV，2^n 为满量程数字量，n 的值为 10，$\text{VALUE}_{\text{ADDR}}$ 为从 A/D 数据寄存器 ADDR 读到的值。

下面分析 AD/DA 转换主要部分的代码。

在 A/D、D/A 转换测试函数中，首先以满量程 2500mV 为基准，计算 2000mV 对应的电压数字量，然后通过 DAC 将此数字量转变为模拟电压，再将此模拟电压作为 AD1 通道 2 的输入电压加以采样，并进行 A/D 转换，将得到的数字量换算成电压值输出到超级终端。为了检验 A/D、D/A 的电压转换是否正确，可以用万用表测量 DAC 转换得到的模拟电压值，与超级终端显示的值进行对比，若一致，则证明 A/D、D/A 的电压转换正确，反之则不正确。代码实现如下：

```
#define UWL 2000                               //预设的 D/A 转换后输出电压值
void test(void)
{
    uint32 ADC_Data;                           //存放 ADC 转换后的值
    uint32 DAC_Data;                           //存放 DAC 转换值
    uint8 str[20];
    //进行 ADC 模块设置
    AD1CR = (1 << 2) |                         //SEL = 4,选择通道 2
            ((Fpclk/1000000 - 1) << 8) |       //CLKDIV = Fpclk/1 000 000 - 1,转换时钟为 1MHz
            (0 << 16) |                        //BURST = 0,软件控制转换操作
            (0 << 17) |                        //CLKS = 000, 使用 11clock 转换,可保精度 10 位
            (1 << 21) |                        //PDN = 1,正常工作模式(非掉电工作模式)
            (0 << 22) |                        //TEST1:0 = 00,正常工作模式(非测试模式)
            (1 << 24) |                        //START = 001,直接启动 ADC 转换
            (0 << 27);                         //直接启动 ADC 转换时,此位无效

    //进行 DAC 模块设置
    DAC_Data = UWL * 1024;                     //10 位 D/A 转换,1024 级
    DAC_Data = DAC_Data / 2500;                //满额电压 2.50V
    delay(10);

    //开始进行 D/A 及 A/D 转换
```

```
    ADC_Data = AD1DR;                      //读取 ADC 结果,并清除 DONE 标志位

    DACR = (DAC_Data << 6);                //将 VALUE 的值设置为计算好的 DAC_Data 的值,
                              //BIAS 设为 0,DAC 的设定时间最大为 1μs,最大电流为 700μA
    AD1CR |= 1 << 24;                      //START = 001,启动 ADC,进行第一次转换
    while ((AD1DR&0x80000000) == 0);       //循环直到 AD0DR 的 31 位为 1(DONE),
                                           //等待转换结束
    AD1CR |= 1 << 24;                      //再次启动转换
    while ((AD1DR & 0x80000000) == 0);     //等待转换结束
    ADC_Data = AD1DR;                      //读取 ADC 结果
    ADC_Data = (ADC_Data >> 6) &0x3ff;     //将值右移至最低位,便于计算终端显示的值
    ADC_Data = ADC_Data * 2500;            //满额电压 2.50V
    ADC_Data = ADC_Data / 1024;            //10 位 A/D 转换,1024 级
    sprintf(str, "%4d mV", ADC_Data);
    UART0SendByte(0x0D);                   //向终端发送回车键,使显示的值在一行中不断刷新
    UART0SendString(str);
}
```

用串口线将 PC 和主板的 UART0 相连,打开超级终端,对其相应参数进行设置,波特率选择 115 200bps,无奇偶校验,8b 数据位,1b 停止位。运行 A/D、D/A 转换程序,预设的 D/A 转换电压值为 2000mV,通过 D/A 将其所对应的数字电压转换为模拟电压,然后通过 A/D 将 D/A 输出的模拟电压转换为数字电压,再将数字电压转换成实际电压值,通过串口输出到超级终端,会有 2000mV 的电压显示。

6.11　PS/2 接口

PS/2 是一种键盘和鼠标的专用接口,其命名来源于 1987 年 IBM 公司推出的个人电脑 PS/2 系列。PS/2 鼠标连接方式取代了旧式串口鼠标连接方式,PS/2 键盘连接方式则取代了 IBM 公司早期嵌入式系统 PC/AT 上所设计的 5 脚 DIN 接口连接方式。PS/2 的键盘与鼠标接口虽在电气特性上十分相似,但与鼠标接口的单向数据传输不同,键盘接口需要双向传送,因此,如果键盘和鼠标插反,大部分电脑主板对其将不能识别。

在嵌入式系统中,通常使用的键盘都是专用键盘,这类键盘采用单独设计制作的方式,成本较高、硬件连线较多、可靠性较低。因此,在有较多按键需求的嵌入式应用系统中,采用 PC 系统中广泛使用的 PS/2 接口键盘是一种很好的选择。

6.11.1　PS/2 接口工作原理

1. 电气特性

PS/2 接口为 mini DIN 6 引脚的连接器,如图 6.43 所示。

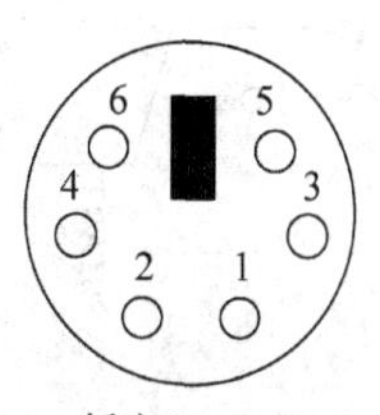

图 6.43　PS/2 接口

PS/2 设备有主从之分,主设备采用 Female 插座,从设备采用 Male 插头,现在广泛使用的 PS/2 键盘鼠标接口大多工作在从设备方式下。PS/2 接口引脚定

义如表 6.65 所示。

表 6.65 PS/2 引脚定义

引　脚	名　称	描　述
1	Data	数据线
2	Reserved	保留
3	GND	接地
4	VCC	供电+5V
5	CLK	时钟信号线
6	Reserved	保留

2. 数据帧格式

PS/2 主从设备之间的数据传输采用双向同步串行方式：通信双方通过 Data 数据线交换数据，采用 CLK 时钟信号线实现同步。在通信过程中，数据以帧为单位传输，每个数据帧包含 11～12 个位，按传输时间的先后顺序分别为：起始位、数据位、奇偶校验位、停止位和应答位，其中应答位为可选，具体含义如表 6.66 所示。PS/2 主从设备间传输数据的最大时钟频率为 33kHz，设备正常工作在 10～20kHz 范围内，周期约为 50～100μs。

表 6.66 数据帧格式

位	说　明
1 个起始位	低电平，用逻辑 0 表示
8 个数据位	数据的低位在前，高位在后
1 个奇偶校验位	采用奇校验
1 个停止位	高电平，用逻辑 1 表示
1 个应答位	仅用在主设备对从设备的通讯中

3. 从设备到主设备的通信

PS/2 接口总线包括数据线 Data 和时钟信号线 CLK，这两条线外接上拉电阻，不通讯时为高电平。当从设备向主设备发送数据时，首先需要检测时钟信号线，如果检测到高电平，则开始传输数据；否则，说明总线忙，从设备必须等待，直到总线空闲才能获得总线控制权，然后开始传输数据。每一个数据帧由 11b 组成，发送时序及每一位的含义如图 6.44 所示。

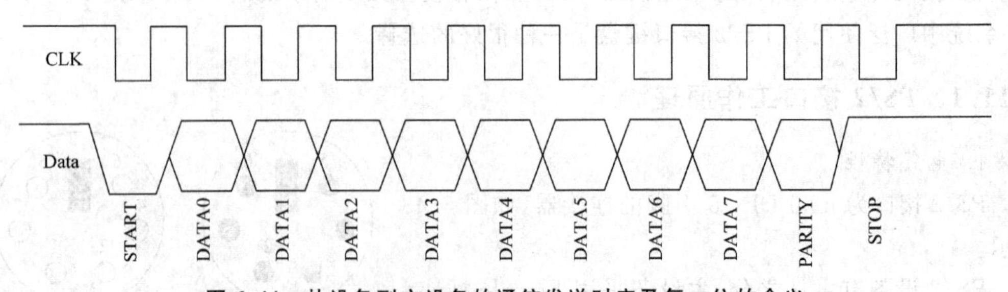

图 6.44 从设备到主设备的通信发送时序及每一位的含义

由图 6.44 可知，数据帧传输以起始位开始，然后为 8 个数据位（一般采用 ASCII 编码），接着为奇偶校验位，根据约定，采用奇校验方式，即使包括奇偶校验位在内的传输数据帧中 1 的个数为奇数，最后以停止位作为一帧数据传输的结束标志，通知接收方数据传输完毕。与主设备通信时，时钟信号由从设备产生，从设备在时钟信号线 CLK 为高电平时改变数据线 Data 的状态，主设备在时钟信号线 CLK 的下降沿读入数据线 Data 的状态。在停止位发送后，时钟线自动上浮至高电平，从设备在发送下一个数据帧前至少应该等待 50ms，给主设备处理接收到的字节的时间。

4. 主设备到从设备的通信

时钟信号由从设备产生，因此当主设备要向从设备发送命令时，首先必须把时钟信号线和数据线设置为"请求发送状态"，具体做法如下：主设备首先要拉低时钟信号线 CLK 至少 100μs 来抑制通信，然后拉低数据线 Data，释放时钟信号线 CLK。从设备必须在不超过 10ms 的时间间隔内检测"请求发送状态"，检测到此状态后就开始产生时钟信号，首先令 CLK 为低电平。主设备在 CLK 为低电平时，改变数据线 Data 的状态，准备发送开始位。主设备在时钟信号线 CLK 为低电平时改变数据线 Data 的状态，从设备在时钟信号线 CLK 上升沿读取数据线 Data 的状态。主设备在发送完 8 个数据位后发送停止位，从设备在读到停止位后，将数据线 Data 拉低，然后将时钟信号线 CLK 拉低(形成 CLK 的下降沿)，向主设备发送应答信号 ACK，表示一帧数据被接收成功，此时数据传输的每一帧由 12 位组成，其时序和每一位含义如图 6.45 所示。与从设备到主设备通信相比，其每个帧数据多一个 ACK 位。

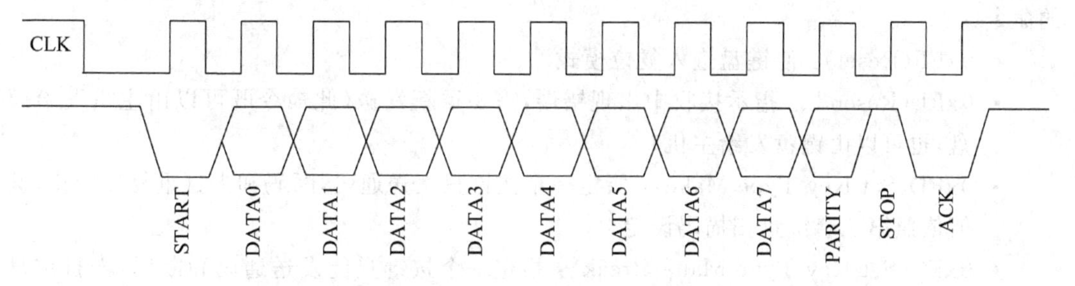

图 6.45　主设备到从设备的通信发送时序及每一位的含义

如果主设备在第 11 个时钟脉冲后不释放数据线，从设备将继续产生时钟信号直到数据线被释放，然后从设备将产生一个错误。

主设备可以通过将时钟信号线 CLK 拉低来抑制从设备通讯。例如，当 PC 和 PS/2 键盘通信时，PC 是主机，可以抑制 PS/2 键盘发送数据，而 PS/2 键盘不能抑制 PC 发送数据。

6.11.2　PS/2 键盘编码与命令集

1. PS/2 键盘编码

当键盘检测有按键被按下、释放或持续按住时，将发送扫描码信息到主机。扫描码有通码(Make Code)和断码(Break Code)两种类型，当一个键被按下或持续按住时，键盘发送通码到主机，当一个键被释放时键盘发送断码到主机。每个按键对应唯一的通码和断码，所有的通断码就组成了扫描码集，目前有三套标准的扫描码集，现代的 PS/2 键盘默认采用第二套扫描码集。

根据键盘按键扫描码的不同，可将按键分为三类。

第一类按键：通码为 1B，形式为 0xXX，断码形式为 0xF0 + 0xXX。例如 A 键，其通码为 0x1C,断码为 0xF0 0x1C。

第二类按键：通码为 2B,形式为 0xE0 + 0xXX,断码形式为 0xE0 + 0xF0 + 0xXX。例如右 Ctrl 键,其通码为 0xE0 0x14 ,断码为 0xE0 0xF0 0x14。

第三类按键：共有两个,分别是 Print Screen 键和 Pause 键。Print Screen 键通码为 0xE0 0x12 0xE0 0x7C,断码为 0xE0 0xF0 0x7C 0xE0 0xF0 0x12；Pause 键通码为 0xE1 0x14 0x77 0xE1 0xF0 0x14 0xF0 0x77,断码为空。

组合按键的扫描码按照按键发生的次序进行发送,例如,需要显示一个大写字母“A”,可以按照下面的顺序按键：首先按下左 Shift 键不放,再按下 A 键,然后释放 A 键,最后释放左 Shift 键。其中左 Shift 的通码是 0x12,断码是 0xF0 0x12,那么主机接收到的一串数据为 0x12 0x1C 0xF0 0x1C 0xF0 0x12。

按键的扫描码不能通过简单的公式计算得到,只能查表获得。读者可通过网络或查阅相关书籍获得常见按键的通码和断码。

2. PS/2 键盘命令集

主机可以通过向 PS/2 键盘发送命令来对键盘进行设置或者获得键盘的状态。每发送一个字节,主机都会从键盘获得一个应答 0xFA,重发(Resend)和回应(Echo)命令除外。因此如果是带参数的多字节命令,主机需发送完一个字节,然后接收到 0xFA,才能发送下一个字节,键盘应答任何命令后都会清空输出缓冲区。下面列出了所有可能由主机发给键盘的命令：

- 0xFF(Reset)：使键盘进入复位模式。
- 0xFE(Resend)：指示接收中出现错误,需要重新发送(此命令既可以由主机发给键盘,也可以由键盘发给主机)。
- 0xFD(Set Key Type Make)：指定一个按键只发送通码,断码和击打重复被禁止,键值依照第三套键盘扫描码设定。
- 0xFC(Set Key Type Make/Break)：指定一个按键只能发送通码和断码,击打重复被禁止,键值按照第三套键盘扫描码设定。
- 0xFB(Set Key Type Make/Typematic)：指定一个按键只能发送通码和击打重复,断码被禁止,键值按照第三套键盘扫描码设定。
- 0xFA(Set All Keys Type Typematic/Make/Break)：缺省设置,所有键的通码、断码和击打重复都使能。
- 0xF9(Set All Keys Make)：设置所有键只能发送通码,断码和击打重复被禁止。
- 0xF8(Set All Keys Make/Break)：设置所有键只能发送通码和断码,击打重复被禁止。
- 0xF7(Set All Keys Make/Typematic)：设置所有键只能发送通码和击打重复,断码被禁止。
- 0xF6(Set Default)：载入缺省的击打速率/延时(10.9cps/500ms),键值依照第二套扫描码集,执行 0xFA 命令。
- 0xF5(Disable)：键盘停止扫描,执行 0xF6 命令,等待进一步指令。
- 0xF4(Enable)：重新使能键盘。
- 0xF3(Set Typematic Rate/Delay)：主机在这条命令后会发送一个字节的参数对击

打速率和延时进行设置。

- 0xF2(Read ID)：键盘回应两个字节的设备 ID(0xAB,0x83)。
- 0xF0(Set Scan Code Set)：设置或读取当前使用的扫描码，参数为 0x01、0x02 或 0x03 时分别选择扫描码集的第一套、第二套或第三套，参数为 0x00 时读取当前扫描码集。
- 0xEE(Echo)：键盘回复一个 0xEE。
- 0xED(Set/Reset/LEDs)：本命令后跟随一个字节参数，用来设置键盘上 Num Lock，Caps Lock，Scroll Lock LED 的状态。

6.11.3　电路介绍

PS/2 接口的时钟信号线 CLK 和数据线 Data 都是集电极开路结构，因此必须外接上拉电阻，其结构原理图如图 6.46 所示，S1、S2、S3 接地，为 PS/2 接口外壳提供保护。一般上拉电阻设置在主设备中，不通讯时这两条信号线保持高电平，当有输出时会被拉为低电平，通讯结束后又自动上浮至高电平。

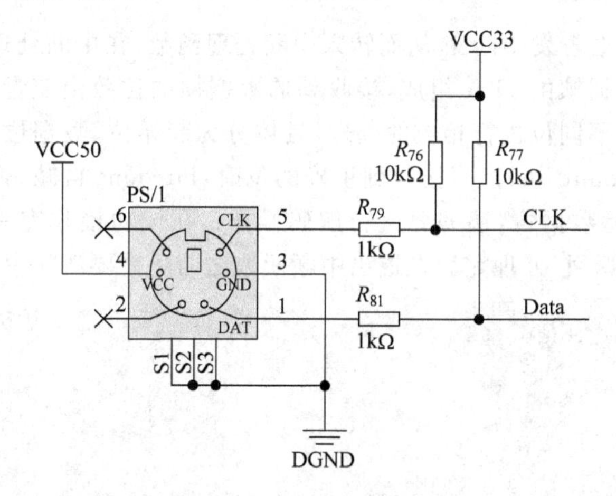

图 6.46　PS/2 插座原理图

PS/2 接口的数据线 Data 和处理器芯片的任意一个输入/输出引脚相连，时钟信号线与处理器芯片一个具有中断功能的引脚相连。在下面介绍的实验中，使用杜邦线将 LPC2136 处理器的 P0.16(EINT0)引脚与 PS/2 时钟信号线 CLK 相连；P0.20(GPIO)引脚与 PS/2 数据线 Data 相连。

6.11.4　软件设计

设计代码，实现实验平台通过 PS/2 接口读取键盘按键，并通过 UART0 发送到 PC 的超级终端，在超级终端上显示按键值。

1. 代码分析

首先，须对 UART0 和 PS/2 接口进行初始化，在 UART0 的初始化中完成端口模式和发送模式的设置及波特率的设定。对于 PS/2 接口的初始化，根据硬件连接方式，须将与 PS/2 数据线 Data 相连的引脚 P0.20 设置为输入模式，与时钟信号线 CLK 相连的引脚 P0.16 设置为中断模式，并将其中断方式设置为下降沿中断方式，初始化中断，代码如下：

```
void keyborardInit(void)
{
    //初始化 PS2DAT
    PINSEL1 &= ~(0x3 << 8);                           //P0.20 设置为 GPIO bit 9:8 -> 00
    IODIR0 &= ~(1 << 20);                             //设置为输入模式

    //初始化 PS/2 CLK 下降沿中断
    PINSEL1 = PINSEL1 & ~(1 << 1) | (1 << 0);        //P0.16 设置为 EINT0 bit 1:0 -> 01
    VICIntSelect = 0x00000000;                        //设置所有中断分配为 IRQ 中断
    VICVectCntl1 = 0x20 | 14;                         //分配 EINT0 中断到向量中断 1
    VICVectAddr1 = (uint32)eint0IRQ;                  //设置中断服务程序地址
    EXTINT |= (1 << 0);                               //清除 EINT0 中断标志
    EXTMODE |= (1 << 0);                              //EINT0 使用边沿触发
    EXTPOLAR &= ~(1 << 0);                            //EINT0 下降沿触发
    VICIntEnable = (1 << 14);                         //使能 EINT0 中断
    IRQEnable();                                      //使能 IRQ 中断
}
```

当按键被按下时会触发中断 0，从而转入中断处理函数，在中断处理函数中接收来自键盘的字符。每一个数据帧由 11 位组成，接收到的数据帧的位数由变量 bitcount 表示，设计时需要根据接收到的不同位进行相应的处理，具体分为起始位、数据位、奇偶校验位和停止位 4 类。初始化 bitcount 为 11，当接收到正确的位时，bitcount 自减，否则返回退出中断处理函数，若接收到的是数据位，还需要进行解码操作。在成功接收完一帧数据后，bitcount 复位为 11，否则出错返回，处理完后在退出中断函数之前还需要清除中断标志，代码如下：

```
void __irq eint0IRQ(void)
{
    //接收起始位
    if(bitcount == 11)
    {
        if(IOPIN0 & (1 << 20))          //如果接收到的不是起始位
            return;
        else
            bitcount--;
    }
    //接收奇偶校验位
    else if(bitcount == 2)
    {
        if(IOPIN0 & (1 << 20))          //如果校验位等于 1
            pebit = 1;
        else
            pebit = 0;
        bitcount--;
    }
    //接收停止位
    else if(bitcount == 1)
    {
```

```
        if(IOPIN0 & (1 << 20))          //若停止位正确
        {
            bitcount = 11;              //复位位计数变量
            keyDecode(recdata);         //解码获得此键值的 ASCII 值并保存
            recdata = 0;                //清除接收数据
        }
        else                            //如果出错
        {
            bitcount = 11;
            recdata = 0;
        }
    }
    //接收 8 个数据位
    else
    {
        recdata >>= 1;
        if(IOPIN0 & (1 << 20))
            recdata |= 0x80;
        bitcount--;
    }

    EXTINT |= 0x01;                     //清除 EINT0 中断标志
    VICVectAddr = 0x00;                 //通知 VIC 向量中断结束
}
```

中断处理代码中,在接收到数据位时需要调用 keyDecode 函数,对接收到的键盘扫描码进行解码,因为键盘的扫描码值并不和字母的 ASCII 码值相对应,为了在超级终端显示正常的字母形式,必须对接收到字符进行转换。键盘的扫描码值共有 3 种类型,解码时需根据类型不同而进行不同的操作。

下面的函数只对第一种类型的扫描码进行了解码操作,这些按键的扫描码均由 3B 组成,第 1 个字节为通码,2、3 字节为断码。通过对通码即接收的第 1 个字节进行分析就可以知道是哪个按键被按下。

```
uint8 keyDecode(uint8 sc)
{
    static uint8 shift = 0;          //Shift 键是否按下标志: 1—按下,0—未按
    static uint8 up = 0;             //键已放开标志: 1—放开,0—按下
    uint8 i,flag = 0;

    if(sc == 0xf0)                   //如果收到的是扫描码的第 2 个字节,00xf 表示按键断开标志
    {
        up = 1;
        return 0;
    }
    else if(up == 1)                 //如果收到的是扫描码的第 3 个字节
    {
        up = 0;
        if((sc == 0x12) || ( sc == 0x59))
```

```
            shift = 0;
        return 0;
    }

    //如果收到的是扫描码的第 1 个字节
    if((sc == 0x12) || (sc == 0x59))          //如果是左右 Shift 键
    {
        shift = 1;                              //设置 Shift 按下标志
        flag = 0;
    }
    else
    {
        if(shift)                               //对同时按下 Shift 的另外一个键进行解码
        {
            for(i = 0;(shifted[i][0] != sc) && shifted[i][0];i++);
            if (shifted[i][0] == sc)
            {
                pushChar(shifted[i][1]);
                flag = 1;
            }
        }
        else                                    //直接对按键进行解码
        {
            for(i = 0;(unshifted[i][0] != sc) && unshifted[i][0];i++);
            if(unshifted[i][0] == sc)
            {
                pushChar(unshifted[i][1]);
                flag = 1;
            }
        }
    }
    if(flag)
        return 1;
    else
        return 0;
}
```

函数的参数 sc 表示从键盘接收的扫描码字节，返回值为 0 表示接收到的数据无效，返回值为 1 表示接收到有效的数据。解码函数将按键的扫描码转换成相应的 ASCII 编码信息并压入缓存，再从缓存中取出 ASCII 码值就可通过串口 0 进行发送并显示在 PC 的超级终端上。

2. 操作步骤

实际操作时，向实验平台的 PS/2 接口中插入 PS/2 键盘，然后用串口通信线连接实验平台的 UART0 接口和 PC 的串口，完成硬件链接后，打开 PC 机的串口通信软件，对其相应参数进行设置，波特率选择 115 200bps，无奇偶校验，8 位数据位，1 位停止位。运行程序，当按下键盘按键时，可以在串口终端观察到对应按键的显示字符，说明程序操作成功。

6.12　MP3 音乐播放

MP3(MPEG-1 Audio Layer 3)是当今较流行的一种数字音频编码和有损压缩格式，它能够大幅度压缩音频数据量，而音质不会明显下降。现在，MP3 播放器已经走进了千家万户，使用者也遍布各个年龄段和各个文化阶层。

MP3 播放器是指能够播放 MP3 格式文件的音乐播放器，具有体积小、控制简单等特点，可以方便地拿在手里或装在口袋中，在使用时，用户可以创建自己的个性化音乐列表，随时欣赏自己喜欢的音乐。

MP3 播放器通常集成 MP3 解码芯片，通过解码 MP3 音乐文件播放出音乐，本节将介绍 MP3 解码芯片 VS1003 的工作原理，并使用 VS1003 完成电路设计。

6.12.1　MP3 文件格式

为统一视频和音频文件标准，1988 年，业内组建了活动图像专家组(Moving Picture Experts Group，MPEG)，其成员均为视频、音频领域的技术专家。MPEG 特指活动影音压缩标准，MP3 音频文件使用 MPEG1 标准中的声音部分，即 MPEG 音频层。MPEG 音频根据压缩质量和编码复杂程度划分为三层，即 Layer1、Layer2、Layer3，其分别对应 MP1、MP2、MP3 这三种声音文件。MPEG 音频编码的层次越高，其编码器越复杂，压缩率也越高，MP1 和 MP2 的压缩率分别为 4∶1 和 6∶1～8∶1，而 MP3 的压缩率则高达 10∶1～12∶1，例如，播放时间为 1min 的无压缩数码流(PCM)文件，需要 10MB 的存储空间，而使用 MP3 压缩编码进行压缩后只需 1MB 空间。但是 MP3 采用的是有损压缩方式，会造成一定程度的音乐失真。为了降低声音失真度，MP3 采用“感官编码技术”，即编码时先对音频文件进行频谱分析，用过滤器滤掉噪音信号，然后使用量化的方法将剩下的每一位打散排列，最后形成具有较高压缩比的 MP3 文件，从而使压缩后的文件在回放时，其声音效果能够接近编码前文件的声音效果。

MP3 文件大体分为三部分，分别为 TAG_V2、Frame 和 TAG_V1。为使 MP3 文件能够存放一些有效的说明信息，制定出了 ID3 标准，其规定了说明信息的形式，TAG_V2 采用 ID3V2，TAG_V1 采用 ID3V1，其分别是 ID3 标准中的第一和第二个版本，包含了音乐文件的作者、作曲、专辑等信息，其中 ID3V2 长度不固定，ID3V1 长度固定为 128B；Frame 为帧，分为帧头和数据实体两部分，前者记录 MP3 文件的位率、采样率、版本等信息，后者存储 MP3 文件的音频数据，帧之间相互独立。

6.12.2　电路介绍

1. MP3 解码芯片

VS1003 是由芬兰 VLSI 公司出品的一款 MP3/WMA/MIDI 音频解码和 ADPCM 编码芯片。其集成了一个高性能低功耗的 DSP 处理器核 VS_DSP、5KB 的指令 RAM、0.5KB 的数据 RAM、串行控制和数据输入接口、4 个通用 I/O 口和一个 UART 串行接口；同时片内带有一个可变采样率的 ADC、一个立体声 DAC 以及音频耳机放大器。

VS1003 共有 48 个引脚,其各引脚功能如表 6.67 所示。

表 6.67 VS1003 引脚说明

引脚	名称	描 述
48	LINE IN	线路输入
47	AGND3	模拟地
46	LEFT	左声道输出
45	AVDD2	模拟电源
44	RCAP	基准滤波电容
43	AVDD1	模拟电源
42	GBUF	公共地缓冲器
41	AGND2	模拟地
40	AGND1	模拟地
39	RIGHT	右声道输出
38	AVDD0	模拟电源
37	AGND0	模拟地,低噪声参考地
34	GPIO1	通用 I/O1
33	GPIO0/SPIBOOT	通用 I/O0 /SPIBOOT,使用 100kΩ 下拉电阻
32	TEST	保留做测试,连接至 IOVDD
31	CVDD3	处理器核电源
30	SO	串行输出
29	SI	串行输入
28	SCLK	串行总线的时钟
27	TX	UART 发送口
26	RX	UART 接收口,不用时接 IOVDD
24	CVDD2	处理器核电源
23	XCS	片选输入,低电平有效
22	DGND4	处理器核与 I/O 地
21	DGND3	处理器核与 I/O 地
20	DGND2	处理器核与 I/O 地
19	IOVDD2	I/O 电源
18	XTALI	晶振输入
17	XTALO	晶振输出
16	DGND1	处理器核与 I/O 的地
15	VCO	时钟压控振荡器 VCO 输出
14	IOVDD1	I/O 电源
13	XDCS/BSYNC	数据片选端/字节同步
10	GPIO3/SDATA	通用 I/O3 /串行数据总线数据
9	GPIO2/DCLK	通用 I/O2 /串行数据总线时钟
8	DREQ	数据请求,输入总线
7	CVDD1	处理器核电源
6	IOVDD0	I/O 电源
5	CVDD0	处理器核电源
4	DGND0	处理器核与 I/O 地

续表

引脚	名称	描　述
3	XRESET	低电平有效,异步复位端
2	MICN	反相差分话筒输入,自偏压
1	MICP	同相差分话筒输入,自偏压

可以使用 SPI 接口与 VS1003 进行通信,VS1003 具有一个串行数据接口(Serial Data Interface,SDI)和一个串行控制接口(Serial Control Interface,SCI),可以通过 SCI 读写寄存器控制 VS1003。SCI 接口协议包含了一个字节指令,一个字节地址和两个字节数据。VS1003 的 SCI 接口在发送数据时,数据字节以高位在前发送,同时在每次 SCI 操作后,DREQ 引脚被置 0,在 DREQ 变为 1 之前不能进行新的 SCI/SDI 操作。指令字节有以下两种形式,如表 6.68 所示。

表 6.68　SCI 数据传输指令编码

操作名称	指令码
读数据	0b00000011
写数据	0b00000010

SCI 接口的相关寄存器如表 6.69 所示。

表 6.69　SCI 寄存器

寄存器地址	复位值	寄存器缩写(SCI_)	描　述
0x0	0x800	MODE	模式控制
0x1	0x3C	STATUS	VS1003 状态
0x2	0	BASS	内置低音/高音增强器
0x3	0	CLOCKF	时钟频率+倍频数
0x4	0	DECODE_TIME	每秒解码次数
0x5	0	AUDATA	Misc 音频数据
0x6	0	WRAM	RAM 写/读
0x7	0	WRAMADDR	RAM 写/读基址
0x8	0	HDAT0	流头数据 0
0x9	0	HDAT1	流头数据 1
0xA	0	AIADDR	用户代码起始地址
0xB	0	VOL	音量控制
0xC	0	AICTRL0	应用控制寄存器 0
0xD	0	AICTRL1	应用控制寄存器 1
0xE	0	AICTRL2	应用控制寄存器 2
0xF	0	AICTRL3	应用控制寄存器 3

这里介绍在实现音乐播放时主要使用的几个寄存器:SCI_MODE、SCI_STATUS、SCI_BASS、SCI_CLOCKF、SCI_AUDATA、SCI_VOL。

SCI_MODE 用于控制 VS1003 的操作,其复位值为 0x800,各位功能如表 6.70 所示。

表 6.70 SCI_MODE 寄存器功能

位	名称	功能	值	描述
14	SM_LINE_IN	ADPCM 录音源选择	0	麦克风
			1	线路输入
13	SM_ADPCM_HP	ADPCM 高通滤波允许	0	否
			1	是
12	SM_ADPCM	ADPCM 录音允许	0	否
			1	是
11	SM_SDINEW	VS1002 自身 SPI 模式	0	否
			1	是
10	SM_SDISHARE	共享 SPI 片选	0	否
			1	是
9	SM_SDIORD	SDI 位顺序	0	高位在前
			1	低位在前
8	SM_DACT	DCLK 有效沿	0	上升沿
			1	下降沿
7	SM_SETTOZERO2	设置为 0	0	是
			1	否
6	SM_STREAM	流模式	0	否
			1	是
5	SM_TESTS	允许 SDI 测试	0	不允许
			1	允许
4	SM_PDOWN	掉电	0	电源开
			1	掉电模式
3	SM_OUTOFWAV	跳出 WAV 解码	0	否
			1	是
2	SM_RESET	软件复位	0	不复位
			1	复位
1	SM_SETTOZERO	设置为 0	0	是
			1	否
0	SM_DIFF	微分	0	正常同相音频
			1	左声道反相

当 SM_SDINEW 被置 0 时，VS1003 进入 VS1001 兼容模式，具体内容请参考官方提供的数据手册，这里不做详细介绍；当 SM_SDINEW 为 1 时，VS1003 进入 VS1002 有效模式，其引脚定义如表 6.71 所示。

表 6.71 SDI/SCI 引脚定义

SDI 引脚	SCI 引脚	描述
XDCS	XCS	高电平使串行接口进入等待模式，结束当前操作，同时强制使串行输出 SO 为高阻态。如果 SM_SDISHARE 为 1，不使用 XDCS，但是此信号在 XCS 中产生
SCK		串行时钟输入。在 XCS 变为低电平时，SCK 的第一个上升沿标志着第一位数据被写入

续表

SDI 引脚	SCI 引脚	描 述
SI		串行输入，如果片选有效，SI 就在 SCK 的上升沿处采样
—	SO	串行输出，在读操作时，数据在 SCK 的下降沿处从此引脚通过移位的方式输出，在写操作时为高阻态

SCI_STATUS 为 VS1003 的状态寄存器，提供 VS1003 当前状态信息，其内容如表 6.72 所示。

表 6.72 SCI_STATUS 寄存器

位	名 称	描 述
6：4	SS_VER	版本
3	SS_APDOWN2	模拟驱动器掉电
2	SS_APDOWN1	模拟内部掉电
1：0	SS_AVOL	模拟音量控制

SCI_BASS 为重音/高音设置寄存器，如表 6.73 所示。VS1003 内置重音增强器，其使用高质量的重音增强 DSP 算法，能够最大限度地避免音频削波。音频削波是指因为要输出的信号振幅超过了放大器的输出能力，结果振幅的峰值部分被削掉，导致失真。当 SB_AMPLITUDE 不为零时，重音增强器使能。可以根据个人需要来设置 SB_AMPLITUDE。例如，SCI_BASS = 0x00f6，即对 60Hz 以下的音频信号进行 15dB 的增强。当 ST_AMPLITUDE 不为零时，高音增强将使能。例如，SCI_BASS = 0x7a00，即 10kHz 以上的音频信号进行 10.5dB 的增强。

表 6.73 SCI_BASS 寄存器

位	名称	描 述
15：12	ST_AMPLITUDE	高音控制，1.5dB 步进(－8～7，为 0 表示关闭)
11：8	ST_FREQLIMIT	最低频限 1000Hz 步进(0～15)
7：4	SB_AMPLITUDE	低音加重，1dB 步进(0～15，为 0 表示关闭)
3：0	SB_FREQLIMIT	最低频限 10Hz 步进(2～15)

SCI_CLOCKF 寄存器分为三部分，如表 6.74 所示。

表 6.74 SCI_CLOCKF 寄存器

位	名称	描述
15：13	SC_MULT	时钟倍频数
12：11	SC_ADD	允许倍频
10：0	SC_FREQ	时钟频率

SC_MULT 使内部倍频器有效，通过 XTALI 的倍乘，得到一个较高的频率的 CLKI，其值与 SC_MULT 对应的值如表 6.75 所示。

表 6.75　SC_MULT 倍频

SC_MULT 值	对应编码	CLKI
0	0x0000	XTALI
1	0x2000	XTALI × 1.5
2	0x4000	XTALI × 2.0
3	0x6000	XTALI × 2.5
4	0x8000	XTALI × 3.0
5	0xA000	XTALI × 3.5
6	0xC000	XTALI × 4.0
7	0xE000	XTALI × 4.5

SC_ADD 用来设定在 WMV 流解码时额外增加的倍频值，其值与允许倍频值的关系如表 6.76 所示。

表 6.76　SC_ADD 允许倍频

SC_ADD 值	对应编码	倍频增量
0	0x0000	禁止修改
1	0x0800	0.5 倍
2	0x1000	1.0 倍
3	0x1800	1.5×倍

当 XTALI 输入时钟不是 12.288MHz 时才需要设置 SC_FREQ，其默认值为 0，即 VS1003 默认使用的是 12.228MHz 的输入时钟。

SCI_AUDATA 寄存器为当前的采样率和使用的声道。当进行正确的解码时，该寄存器的[15：1]位为当前的采样率，第 0 位为使用的声道；其中采样率必须为 2 的倍数，第 0 位为 0，表示单声道数据，第 0 位为 1，表示立体声数据。写该寄存器能够直接改变采样率。

2. 电路设计

MP3 音乐播放的硬件原理图如图 6.47 所示。

VS1003 的 I/O 电源引脚 IOVDD0～IOVDD2 连接数字电源 VCC33，模拟电源引脚 AVDD0～AVDD2 连接模拟电源 SVCC33，在数字电源和模拟电源之间连接电感，当数字电源信号发生较大变化时，模拟电源仍能够缓慢完成信号转变；VS1003 控制器内核电源引脚 CVDD0～CVDD3 连接到稳压管输出引脚上，获得 2.5V 电压；VS1003 左、右声道输出引脚 LEFT、RIGHT 和公共地缓冲器引脚 GBUF 连接音乐输出设备插孔，可以外接耳机或音箱等输出设备；同相差分话筒输入引脚 MICP 和反相差分话筒输入引脚 MICN 连接麦克，完成音频输入；数据片选端/信号同步引脚 XDCS/BSYNC 连接主板上 SPI 3-8 译码器输出引脚 15；片选输入引脚 XCS 连接主板上 SPI 3-8 译码器输出引脚 14；串行输出引脚 SO 连接 LPC2136 处理器引脚 P0.5，完成音乐播放的数据输出；串行输入引脚 SI 连接 LPC2136 处理器引脚 P0.6，完成数据输入；串行总线时钟引脚 SCLK 连接 LPC2136 处理器引脚 P0.4，完成数据传输时的时钟输入；数据请求引脚 DREQ 连接 LPC2136 处理器引脚 P0.15，控制数据的传输；VS1003 控制器地引脚 DGND0～DGND4 连接 DGND；模拟地引脚 AGND0～

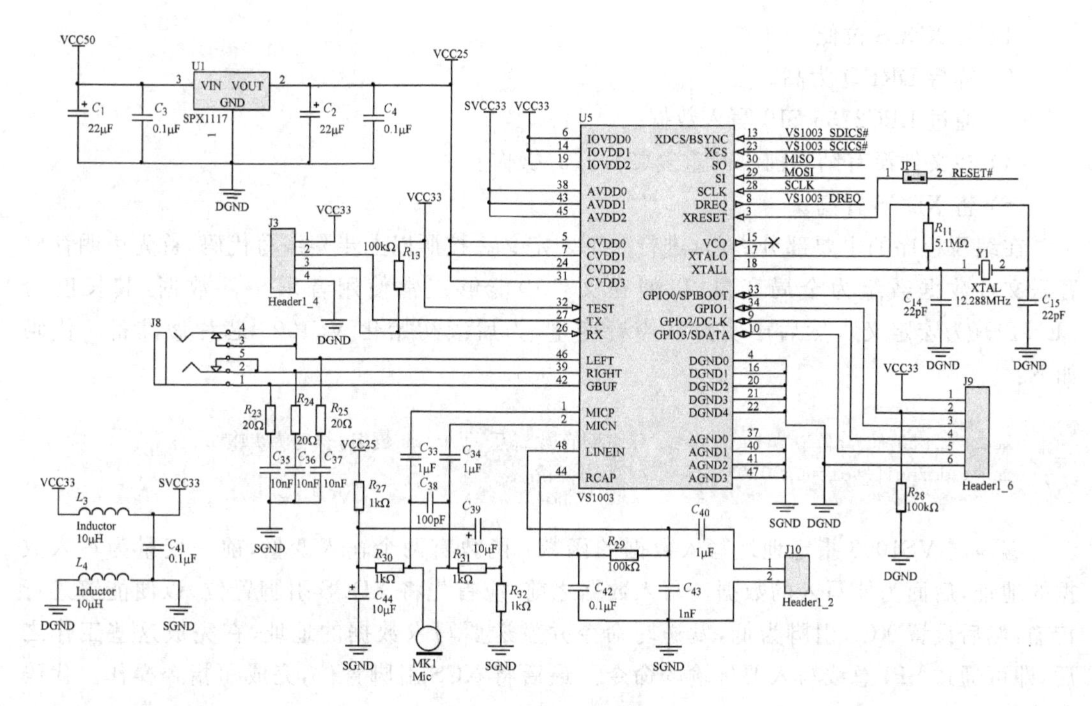

图 6.47　硬件原理图

AGND3 连接 SGND；晶振输入引脚和输出引脚分别连接频率为 12.288MHz 晶振的两端；其余引脚通过跳线引出，以备扩展或测试用。

6.12.3　软件设计

进行软件设计时，要把待播放的 MP3 文件解码成一个数组，并保存为. h 文件。软件编程时，将该. h 文件添加到工程下。生成的数组应为以下格式：

```
uint8 const music[LENTH] =
{
    0x30, 0x26, 0xb2, 0x75, 0x8e, 0x66, 0xcf, 0x11, 0xa6, 0xd9, 0x0, 0xaa, 0x0, 0x62,
    …
    0x94, 0x35, 0x89, 0x71, 0x84, 0x11, 0xa8, 0xab, 0xc2, 0x4, 0x59, 0x60, 0x21, 0x18
}
```

定义宏，为后续编程做准备。代码如下：

```
#define  SPI0_CS_OUT()        IO0DIR |= 7<<11;     //设置控制 XCS 的引脚为输出
#define  SPI0_CS_SET()        SPICSSet(7);         //设置 XCS 为高
#define  SPI0_CS_CLR()        SPICSSet(4);         //设置 XCS 为低
#define  VS1003_XDCS_OUT()    IO0DIR |= 7<<11      //设置控制 XDCS 的引脚为输出
#define  VS1003_XDCS_SET()    SPICSSet(7)          //设置 XDCS 为高
#define  VS1003_XDCS_CLR()    SPICSSet(0)          //设置 XDCS 为低
```

在使用 VS1003 的 SCI 接口进行数据传输时，应注意各信号的状态变化，使用 VS1003 SCI 接口进行数据传输的大致过程如下：

(1) 将 XDCS 拉低。

(2) 等待 DREQ 为高。

(3) 通过 LPC2136 SPI 写入数据。

(4) 在文件没有结束前不断重复(2)与(3)操作。

(5) 将 XDCS 置高。

在编写程序的主要部分之前，进行一下宏定义。按照以上步骤编写代码，首先声明存放音乐文件数据数组为全局变量，以便在文件中能够正常使用音乐文件数据，其长度为 LENTH(为宏定义)，然后声明默认声音变量，为后续初始化 VS1003 芯片做准备。代码如下：

```
extern uint8 music[LENTH];          //声明存放音乐的 music 数组,长度为 LENTH
uint16 default_vol = 0x0000;        //默认音量值
```

编写向 VS1003 指定地址写入数据的函数：函数有两个输入变量，前一变量为写入数据的地址，后面为要写入的数据。写入数据之前，应首先将 XDCS 引脚置位，以便能够进行传输，然后设置 XCS 引脚为低，发送写命令并发送要写入数据的地址，在完成这些工作之后，即可通过 SPI 总线写入要传输的命令。最后将 XCS 引脚置位，完成写指令操作。代码如下：

```
void VS1003WriteRegister(uint8 addr,uint16 dat)
{
    VS1003_XDCS_SET();                     //把 XDCS 置位,以便发送命令
    SPI0_CS_CLR();                         //把 CS 引脚拉低

    SPIReadWrite(VS1003_WRITE_COM);        //发送写命令

    SPIReadWrite(addr);                    //发送寄存器地址

    SPIReadWrite((uint8)(dat>>8));         //发送命令高字节
    SPIReadWrite((uint8)(dat));            //发送命令低字节

    SPI0_CS_SET();                         //再把 CS 引脚置位
}
```

编写写入数据函数：首先把 XDCS 拉低，然后发送数据，发送结束后，将 XCS 置位。代码如下：

```
void VS1003WriteData(uint8 dat)
{
    VS1003_XDCS_CLR();                     //XDCS 拉低以传送音乐数据
    SPIReadWrite(dat);                     //发送数据 dat
    SPI0_CS_SET();                         //再把 CS 置位结束数据传送
}
```

编写 SPI 接口及 LPC2136 相关引脚功能的初始化函数：设置连接 XCS、XDCS、DREQ

的 LPC2136 引脚为输出功能，并初始化 SPI 总线。代码如下：

```
void SPI0Init(uint8 speed)
{
    SPI0_CS_OUT();                          //设置 XCS 为输入
    VS1003_XDCS_OUT();                      //设置 XDCS 为输出
    VS1003_DREQ_IN();                       //设置 DREQ 为输入
    PINSEL0 &= ～(0x3F << 22);              //设置 GPIO 接口
    SPICSInit();                            //初始化 SPI 接口
    SPIInit();
}
```

编写向 VS1003 发送数据的函数：发送数据时，DREQ 必须为高电平，因此应等待 DREQ 引脚状态为高电平时进行数据传输。代码如下：

```
void VS1003SendData(uint8 dat)
{
    while ((IO0PIN & VS1003_DREQ) == 0);          //等待 DREQ 置 1,使能 VS1003
    VS1003WriteData(dat);                         //向 VS1003 发送数据
}
```

在使用 VS1003 芯片提供的 SCI 接口进行数据传输之前，应对 VS1003 进行初始化，初始化应包括复位、模式设置、启动数据传输等。VS1003 SCI 接口的初始化过程大致如下：

(1) 硬件复位，将 XRESET 拉低。

(2) 延时，将 XDCS、XCS、XRESET 置高。

(3) 向 MODE 中写入播放模式。

(4) 等待 DREQ 为高。

(5) 设置 VS1003 的时钟、采样率、设置重音、设置音量。

(6) 向 VS1003 发送 4B 的无效数据，启动 SPI。

其代码如下：

```
void VS1003Init(void)
{
    SPI0Init(8);                                            //SPI 初始化
    VS1003_XRESET_CLR();                                    //硬件复位
    VS1003DelayMicrosecond(100);
    VS1003_XDCS_SET();                                      //XDCS 置位
    SPI0_CS_SET();                                          //XCS 置位
    VS1003_XRESET_CLR();
    VS1003WriteRegister(VS1003_SPI_MODE,0x0804);            //设置播放模式
    VS1003DelayMicrosecond(100);
    while ((IO0PIN & VS1003_DREQ) == 0);
    VS1003WriteRegister(VS1003_SPI_CLOCKF,0x9800);          //设置时钟 3 倍频
    VS1003DelayMicrosecond(100);
    VS1003WriteRegister(VS1003_SPI_AUDATA,0xBB81);          //采样率 48kHz,立体声
    VS1003DelayMicrosecond(100);
```

```
    VS1003WriteRegister(VS1003_SPI_BASS,0x0055);        //设置重音
    VS1003DelayMicrosecond(100);
    VS1003WriteRegister(0xb,default_vol);               //设置音量
    VS1003DelayMicrosecond(100);

    VS1003SendData(0);                                  //向 VS1003 发送 4 个字节
    VS1003SendData(0);                                  //无效数据,启动 SPI
    VS1003SendData(0);
    VS1003SendData(0);
    VS1003_XDCS_SET();
}
```

编写音乐播放函数：将 XDCS 拉低，以发送数据，然后调用发送数据函数完成数据发送，最后再将 XDCS 置位。代码如下：

```
void test(void)
{
    unsigned int i = 0;
    for(i = 0;i < LENTH;i++)              //向 VS1003 发送长度为 LENTH 的音乐数组
        VS1003SendData(music[i]);

    while(1);
}
```

编写主函数，完成测试。代码如下：

```
int main(void)
{
    VS1003Init();                         //初始化设置
    while(1)
        test();                           //播放音乐
}
```

插上电源并将开发平台与 PC 通过 JTAG 仿真器相连，然后将程序烧写至开发平台，运行代码，可以在外接的耳机或音箱等输出设备中听见播放的音乐。

6.13　SD 卡

安全数码卡(Secure Digital Memory Card)简称 SD 卡，由日本松下、东芝及美国 SanDisk 公司于 1999 年 8 月共同开发研制，是一种基于半导体快闪记忆器的大容量存储卡设备。它从多媒体卡(Multi-Media Card，MMC)的基础上发展而来，其尺寸和 MMC 卡差不多，但比 MMC 卡厚，以容纳更大容量的存储单元，且 SD 卡兼容 MMC 卡。

目前，市场上的 SD 卡容量由 8MB 到 32GB 不等，重量只有 2g 左右，理论上数据传输率可达 300Mb/s，且移动灵活、安全可靠，被广泛使用在数码相机、手机和个人数字助理等便

携式设备中。

6.13.1　工作原理

1. SD 卡的物理接口

普通 SD 卡的外形尺寸为 24mm×32mm×2.1mm，其接口如图 6.48 所示。

为了方便管理，通常将 SD 卡空间分为若干扇区，每个扇区为 512B，这里所说的扇区是指物理扇区，和程序中的逻辑扇区并不完全一样，例如程序要对扇区 0 操作，这个逻辑扇区 0 可能被转换到物理扇区 8。

SD 卡支持两种通信模式：SPI 模式和 SD 模式，在不同的通信模式下，各个引脚功能不同，具体如表 6.77 所示。

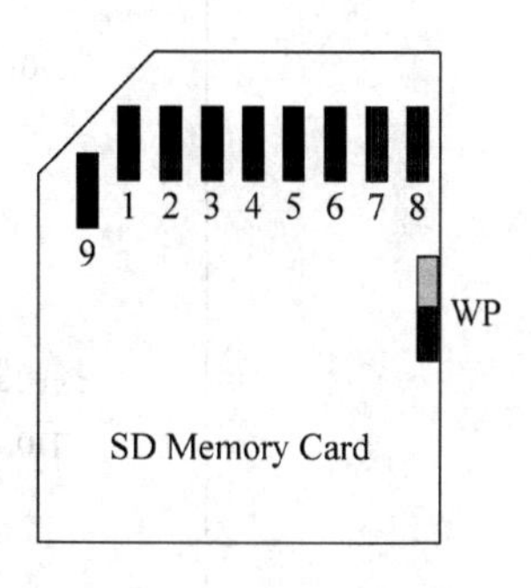

图 6.48　SD 卡接口

表 6.77　SD 卡接口引脚

引脚	SD 模式		SPI 模式	
	名称	描　述	名称	描　述
1	CD/DAT3	卡的检测/数据线	$\overline{CS}$	片选
2	CMD	命令/响应	DI	数据输入
3	VSS1	电源地	VSS1	电源地
4	VDD	电源	VDD	电源
5	CLK	时钟	SCLK	时钟
6	VSS2	电源地	VSS2	电源地
7	DAT0	数据线 Bit0	DO	数据输出
8	DAT1	数据线 Bit1	RSV	保留
9	DAT2	数据线 Bit2	RSV	保留

在实际工作时，控制器只能选择上述两种模式中的一种与 SD 卡进行通信，下面简单介绍这两种模式。

2. SD 模式

在 SD 模式下，控制器使用 SD 总线访问 SD 卡，由控制器和多个 SD 卡构成星形拓扑结构，如图 6.49 所示。

其中，CLK 为控制器向 SD 卡发送的时钟信号，用于同步双方通信；CMD 为双向命令/响应信号；D0～D3(即 DAT0～DAT3)为 4 个双向数据信号；VDD 为电源正极，一般电压范围为 2.7～3.6V；VSS1 和 VSS2 为地。所有 SD 卡共用时钟信号 CLK、电源 VDD 和地 VSS1 及 VSS2，而命令信号线 CMD 和数据线 D0～D3 则是每个 SD 卡独立拥有。

通信时，时钟信号 CLK 由控制器产生，控制器与 SD 卡之间通过命令信号线 CMD 和数据线 DAT0～DAT3 实现信息交换。

3. SPI 模式

目前，大部分微控制器自身都带有硬件 SPI 接口，基本上与 SD 卡的 SPI 接口兼容，所以使用微控制器的 SPI 接口访问 SD 卡很方便。在 SPI 模式下，控制器使用 SPI 总线访问 SD 卡。

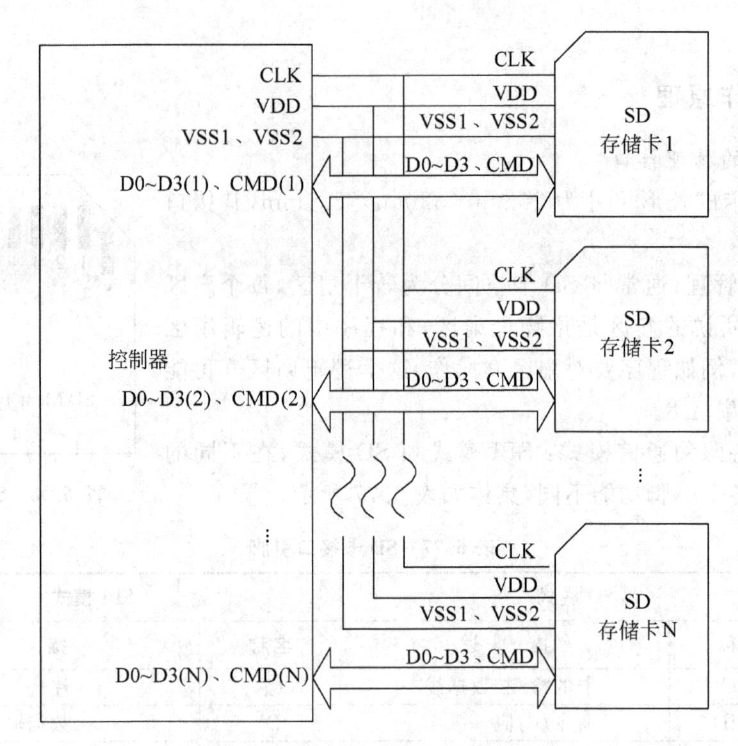

图 6.49　SD 模式的总线结构图

SPI 总线以字节为单位进行数据传输，各信号线具体说明如表 6.78 所示。

表 6.78　信号线说明

信号线	功能描述
CS	控制器向 SD 卡发送的片选信号
SCLK	控制器向 SD 卡发送的时钟信号
DI	控制器向 SD 卡发送的单向数据信号
DO	SD 卡向控制器发送的单向数据信号

SPI 模式下 SD 卡的总线结构图如图 6.50 所示。当需要连接多张 SD 卡时，控制器需要利用片选信号线(CS)对 SD 卡进行选择。例如，当需要与 SD 卡 1 进行通信时，控制器将其片选信号 CS1 拉低，同时将其他片选信号线置高，即表示 SD 卡 1 被选中，此时，在 SCLK 的节奏下，控制器与 SD 卡 1 即可通过 DI、DO 数据线交换数据。

SD 卡启动时默认处于 SD 模式，它在 CS 信号为低电平时，通过接收一个复位命令进入 SPI 模式，具体实现步骤在后面代码分析部分进行介绍。

4. SD 卡寄存器

SD 卡内部设有 7 个寄存器，其中有 4 个携带配置信息，分别是寄存器卡标识寄存器(Card Identification Register，CID)、卡特征数据寄存器(Card Specific Data Register，CSD)、卡配置寄存器(SD Card Configuration Register，SCR)和工作条件寄存器(Operating Conditions Register，OCR)，具体如表 6.79 所示。

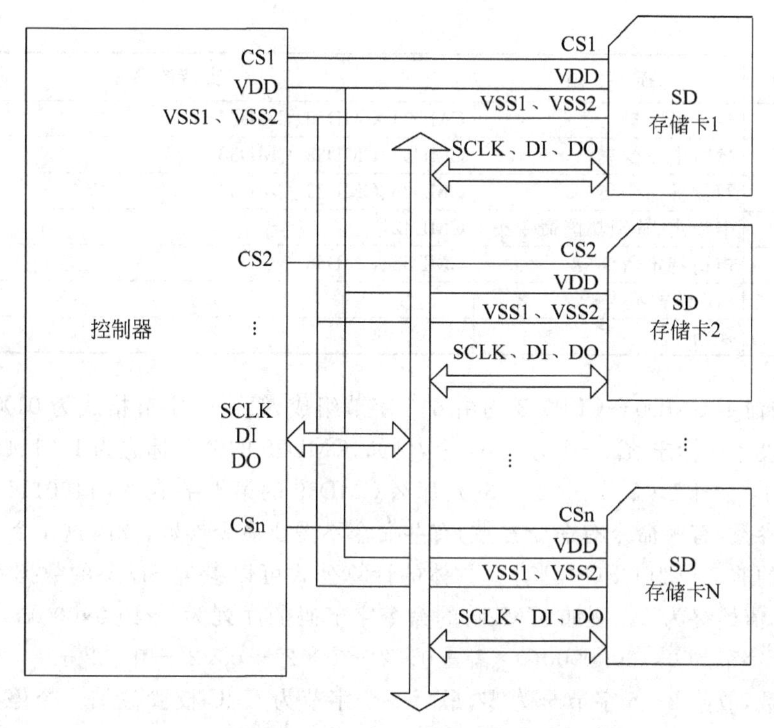

图 6.50　SPI 模式的总线结构图

表 6.79　SD 卡寄存器

名称	宽度/b	描　　述
CID	128	卡的识别码,用于识别单个卡的编号
CSD	128	卡的特征数据,关于卡工作条件的相关信息
SCR	64	SD 配置寄存器,关于卡特殊功能的特征信息
OCR	32	工作条件寄存器,显示访问卡数据时所需电压范围

在 SPI 模式下,对 SD 卡的读写操作一般不涉及其他寄存器操作,故这里不作详细介绍,感兴趣的读者可以自行查阅相关资料。

5. SD 卡的命令

SD 卡的命令集中共有 64 个命令,分别为 CMD0～CMD63。这些命令被分为 12 类,为 class0～class11,这些命令类被储存在 CSD 寄存器中。每个命令类支持命令集中的一部分指令,SD 模式和 SPI 模式支持的命令类并不完全相同,这里以 SPI 模式为例进行介绍,具体如表 6.80 所示。

表 6.80　SD 卡的命令类

命令类	描　　述	支持的命令
class0	基本命令集	CMD0、CMD1、CMD9、CMD10、CMD12、CMD13、CMD58、CMD59
class1	SPI 模式不支持	—
class2	读卡命令集	CMD16、CMD17、CMD18
class3	SPI 模式不支持	—

续表

命令类	描　述	支持的命令
class4	写卡命令集	CMD24、CMD25、CMD27
class5	擦除卡命令集	CMD32、CMD33、CMD38
class6	写保护命令集	CMD28、CMD29、CMD30
class7	卡锁定、解锁功能命令集	CMD42
class8	申请特定命令集	CMD55、CMD56
class9	SPI 模式不支持	—
class10～class11	保留	—

SD 卡的命令 CMD0～CMD63 均由 6 个字节组成，第 1 个字节格式为 01XXXXXX，其中低 6 位代表命令标志，命令标志共 64 个，例如，CMD39 的命令标志为 100111($1\times2^5+0\times2^4+0\times2^3+1\times2^2+1\times2^1+1\times2^0=39$)，那么 CMD39 的第 1 字节为 01100111；第 2～5 个字节为命令参数，有些命令有命令参数，有些命令不需要命令参数，此时这 4 个字节全为零；第 6 个字节的前 7 位为 CRC 校验位，具体的计算公式可以参考 SD 卡的数据手册，最后一位为停止位，值始终为 1。例如，CMD0 的命令字节码的序列为 0x40 0x00 0x00 0x00 0x00 0x95，其第 1 字节为 0x10000000($0\times2^5+0\times2^4+0\times2^3+0\times2^2+0\times2^1+0\times2^0=0$)，且该命令无须参数，故第 2～5 字节全为零，最后一个字节为 CRC 校验位加一个停止位，在 SPI 模式下，CRC 校验默认是被忽略的，除了复位命令 CMD0 最后一个字节必须是 0x95 外，其他命令最后一个字节均可以设为 0xFF。在具体代码实现时如需要命令的字节码，可查找 SD 卡数据手册获得。

所有的命令如表 6.81 所示。

表 6.81　SD 卡的命令集

命令索引	SPI 模式	命令参数	简　写	命令描述
CMD0	是	无	GO_IDLE_STATE	复位 SD 卡
CMD1	是	无	SEND_OP_COND	激活卡的初始化处理
CMD2～CMD4,7	否	—	—	—
CMD5～CMD6,8	保留			
CMD9	是	无	SEND_CSD	SD 卡发送数据(CSD 寄存器)
CMD10	是	无	SENF_CID	SD 卡发送卡 ID(CID 寄存器)
CMD11	否	—	—	—
CMD12	是	无	STOP_TRANSMISSION	强制在读多个数据块的操作期间中止传送
CMD13	是	无	SEND_STATUS	卡发送它的身份寄存器
CMD14～CMD15	否	—	—	—
CMD16	是	[31：0]块长度	SET_BLOCKEN	设定后面所有数据块(读/写)的长度字节
CMD17	是	[31：0]数据地址	READ_SINGLE_BLOCK	读取一个大小定义为 SET_BLOCKEN 的数据块

续表

命令索引	SPI 模式	命令参数	简　写	命令描述
CMD18	是	[31：0]数据地址	READ_MULTIPLE_BLOCK	从卡中向主控制器持续不断地传送数据块，直到 STOP_TRANSMISSION 命令终止
CMD19,CMD21～CMD23	保留			
CMD20	否	—	—	—
CMD24	是	[31：0]数据地址	WRITE_BLOCK	写入大小为 SET_BLOCKEN 的数据块
CMD25	是	[31：0]数据地址	WRITE_MULTIPLE_BLOCK	从主控器向 SD 卡内持续不断写入数据块，直到停止传送标志被发送
CMD26	否	—	—	—
CMD27	是	无	PROGRAM_CSD	对 CSD 中可编程改写的位进行编程操作
CMD28	是	[31：0]数据地址	SET_WRITE_PROT	设置写保护位
CMD29	是	[31：0]数据地址	CLR_WRTIE_PROT	清除写保护位
CMD30	是	[31：0]写保护地址	SEND_WRITE_PROT	可以让卡发送写保护位来查询位的状态
CMD31	保留			
CMD32	是	[31：0]数据地址	ERASE_WR_BLK_START_ADDR	设置需要擦除的首个可写块地址
CMD33	是	[31：0]数据地址	ERASE_WR_BLK_END_ADDR	设置需要擦除的最后可写块地址
CMD34～CMD37	保留			
CMD38	是	[31：0]填充位	ERASE	擦除所有先前设定的可写块
CMD39～CMD40	否	—	—	—
CMD41～CMD54	保留			
CMD55	是	[31：0]填充位	APP_CMD	通知卡下一个命令是特殊命令
CMD56	是	[31：0]填充位 [0：0]RD/WR	GEN_CMD	向卡发送或从卡接收数据块来获得通用/特殊的命令集
CMD57	保留			
CMD58	是	无	READ_OCR	从卡中读取 OCR 寄存器的内容
CMD59	是	[31：0]填充位， [0：0]CRC 选项	CRC_ON_OFF	切换 CRC 可选项的开和关状态，1 在可选位上表示 CRC 被打开，0 表示关闭
CMD60～CMD63	否	—	—	—

6.13.2 电路介绍

LPC2136 处理器芯片只提供 SPI 接口而未提供 SD 接口，故这里以 SPI 模式为例，介绍 SD 卡的硬件接口电路，具体如图 6.51 所示。

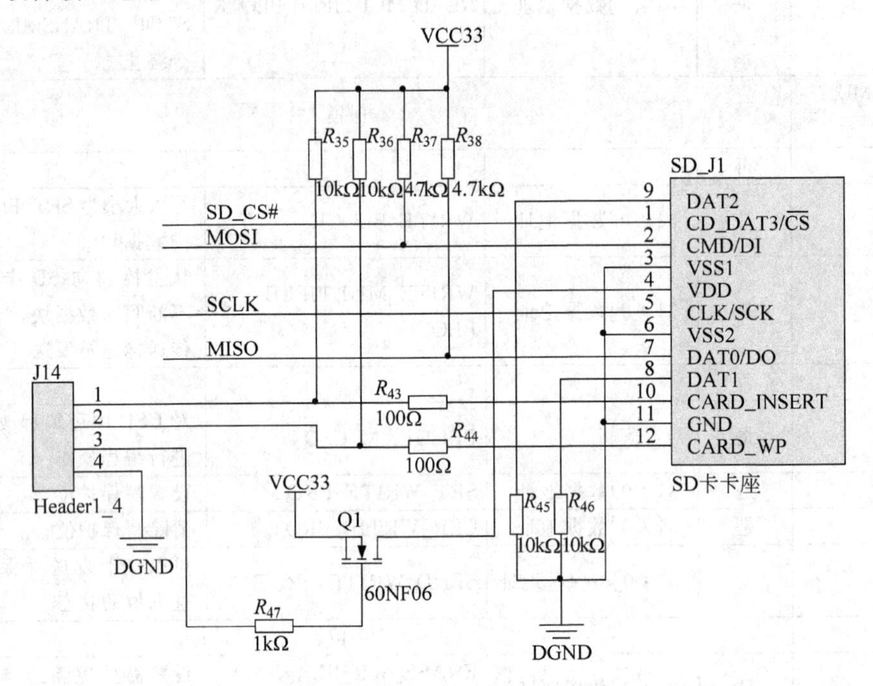

图 6.51 SD 卡接口连接电路图

SD_CS＃为 SPI 模式下的片选信号，用于选择 SD 卡，由 LPC2136 处理器的 I/O 口通过 SPI 3-8 译码器生成；SCLK 为 SPI 模式下的时钟信号，由 LPC2136 处理器直接发出，用于同步通信两端的数据传输；MOSI 为 SPI 模式下的 SD 卡输入信号，由 LPC2136 处理器直接输出；MISO 为 SPI 模式下的 SD 卡输出信号，经过 74LVTH162245 电平转换芯片与 LPC2136 处理器相连并作为其输入。SCLK、MISO、MOSI 分别与 LPC2136 处理器的引脚 P0.4、P0.5 和 P0.6 相连。SD_CS＃、SCLK、MOSI、MISO 均直接连到 SD 卡卡座接口上，为了与 MMC 卡的接口兼容，MOSI、MISO 均须连接上拉电阻，阻值可在几千欧到几十千欧之间，同时，将在 SPI 模式下无须使用的信号 DAT2 和 DAT1 分别接下拉电阻，阻值一般为 10kΩ 左右。

SD 卡接口引脚 CARD_INSERT 用来检测卡片是否完全插入到卡座中，当卡片完全插入时，由于卡座内部触点连接到 GND 而使其输出低电平，否则由于上拉电阻的存在而使该引脚输出高电平；接口引脚 CARD_WP 用来检测是否进行了 SD 卡的写保护，其原理与检测卡片是否完全插入时一样，卡片被写保护时，CARD_WP 输出高电平，否则输出低电平。

为了对卡重新上电复位而无须拔出卡，卡的供电采用可控方式。可控电路采用 N 型 MOS 管 60NF06，通过控制接口 J14 引脚 3 的电平实现卡的供电控制：当 J14 引脚 3 为低电平时，60NF06 关断，不给卡供电；当 J14 引脚 3 为高电平时，60NF06 开通，电源 VCC33 给卡供电。

6.13.3　软件设计

在下面的程序设计中，实现对 SD 卡的单块读写操作，并将读写数据结果通过串口显示出来。程序设计流程如图 6.52 所示。

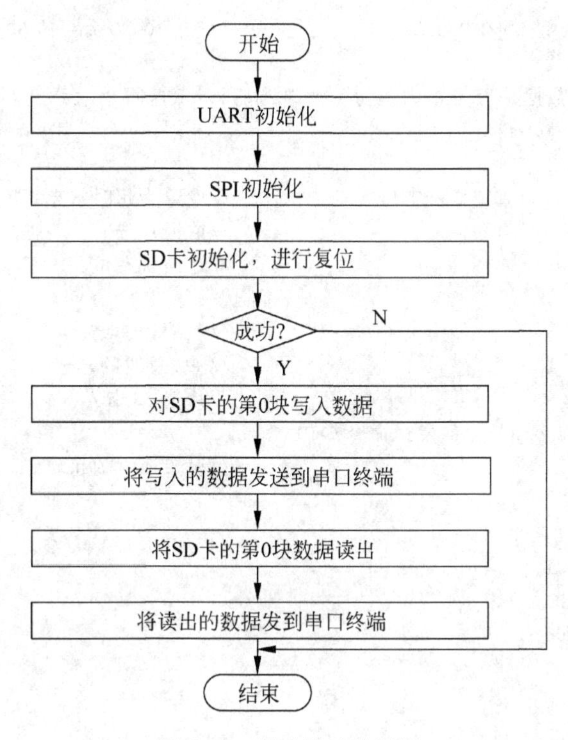

图 6.52　程序设计流程图

程序开始，依次对 UART、SPI、SD 卡进行初始化，初始化成功后向 SD 卡的第 0 个扇区写入数据，之后再将 SD 卡的第 0 个扇区数据读出，并将写入数据和读出数据通过 UART 发送到超级终端进行观察。

对于 UART 和 SPI 的初始化，前面设计的程序案例中已有介绍，这里不再重复。

接着需要对 SD 卡进行初始化，因为 SD 卡上电后默认为 SD 模式，所以需要将模式切换 SPI，实现方法为：上电后，延时大于 74 个时钟周期，然后向 SD 卡发送复位命令 CMD0，在收到 SD 卡回复的响应数据 0x01 后，连续向 SD 卡发送用于激活卡初始化处理的命令 CMD1，当接收到其发回的 0x00 响应时，就完成了 SD 模式到 SPI 模式的切换。由于 SD 卡的命令长度均为 6B，故定义一个 6B 长度数组 SDCmd 存储一条命令，具体代码如下：

```
SDStatus = 0;
SPICSSet(7);                           //不片选 SD 卡
for(i = 0; i < 10; i++)                //通过 80 个时钟周期使 SD 初始化到 SPI 模式
    SDRDData[i] = 0xFF;                //在 SD 卡上电期间需要往 SD 卡发送连续的高电平 1

SPISendString( SDRDData, 10 );
SPICSSet(6);                           //片选 SD 卡
```

```
SDCmd[0] = 0x40;
SDCmd[1] = 0x00;
SDCmd[2] = 0x00;
SDCmd[3] = 0x00;
SDCmd[4] = 0x00;
SDCmd[5] = 0x95;
SPISendString( SDCmd, SD_CMD_SIZE );                //发送 CMD0 命令使 SD 卡进行复位

//判断 SD 卡的返回数据是否为 0x01,若是,则 SD_response 返回 0,表示其复位完成
if( SDResponse(0x01) == 1 )
{
    SDStatus = IDLE_STATE_TIMEOUT;                  //设置为超时状态
    SPICSSet(7);                                    //取消片选
    return SDStatus;                                //返回状态位
}
SPICSSet(7);                                        //取消片选
SPIReceiveByte();                                   //SPI 总线的延迟
SPICSSet(6);                                        //片选 SD 卡
//下面在返回 0 之前必须持续的发送命令 CMD1
i = MAX_TIMEOUT;                                    //设置最大的超时
do
{
    SDCmd[0] = 0x41;
    SDCmd[1] = 0x00;
    SDCmd[2] = 0x00;
    SDCmd[3] = 0x00;
    SDCmd[4] = 0x00;
    SDCmd[5] = 0xFF;
    SPISendString( SDCmd, SD_CMD_SIZE );
    i--;
} while ( (SDResponse(0x00) != 0) && (i>0) );      //等待返回 0x00 的应答
if( i == 0 )                                        //如果超时
{
    SDStatus = OP_COND_TIMEOUT;                     //设置状态
    SPICSSet(7);                                    //取消片选
    return SDStatus;                                //返回状态
}
                                                    //取消片选
SPICSSet(7);
SPIReceiveByte();                                   //实现 SPI 总线延迟
SPICSSet(6);                                        //片选 SD 卡
```

在 SD 卡进入 SPI 模式后，需要对读写数据块的长度进行设定。块的起始地址必须和扇区的边界对齐，块的长度大小默认为 512B。对于写操作，合法的块长度只能是 512B，如果设置块的长度小于 512B，将会导致执行写操作时发生错误；而对于读操作，读取的长度可以是 1～512 个 B。这里通过发送命令 CMD16 来设置块的长度，具体代码如下：

```
SDCmd[0] = 0x50;
SDCmd[1] = 0x00;
SDCmd[2] = 0x00;
SDCmd[3] = 0x02;                                    //块长度设置为 512B
SDCmd[4] = 0x00;
SDCmd[5] = 0xFF;
SPISendString( SDCmd, SD_CMD_SIZE );                //发送命令对块的长度进行设置
if( (SDResponse(0x00)) == 1 )                       //如果应答返回为 0x00 表示成功
{
    SDStatus = SET_BLOCKLEN_TIMEOUT;                //如果失败则设置状态为超时
    SPICSSet(7);                                    //取消片选
    return SDStatus;                                //返回状态
}
```

设置完块的长度后，SD 卡的初始化完成。

SD 卡的读写操作可分为多个数据块和单个数据块，这里只介绍单个数据块的读写操作，多个数据块的读写操作类似，感兴趣的读者可以自行练习。在数据传输时，使用 CRC 校验使通信可靠性更高，但 CRC 运算也带来传输速度的损失，在 SPI 模式下传输数据一般不需要进行 CRC 校验，但依然要求主从机发送 CRC 码，只是数值可以是任意值，主机的 CRC 码通常设为 0x00 或 0xFF。

在对 SD 卡进行操作前，先定义读写缓冲区，分别为 SDRDData 和 SDWRData，初始化读缓冲区内容为全 0，写缓冲区为将要写入 SD 卡的数据，宏 SD_DATA_SIZE 的值是 512，代表一个扇区大小为 512B，定义如下：

```
BYTE SDWRData[SD_DATA_SIZE];  //写数据缓冲区
BYTE SDRDData[SD_DATA_SIZE];  //读数据缓冲区
```

SD 卡单个数据块的写操作具体实现流程如图 6.53 所示。

其中，在发送命令 CMD24 前，需要根据操作代码块的地址来计算并填充 CMD24 的第 2～5 个字节。因为块的起始地址必须和扇区的边界对齐，在计算起始地址时，扇区号需要左移 9 位 ($2^9=512$) 来获得相应的地址，具体写操作实现代码如下所示：

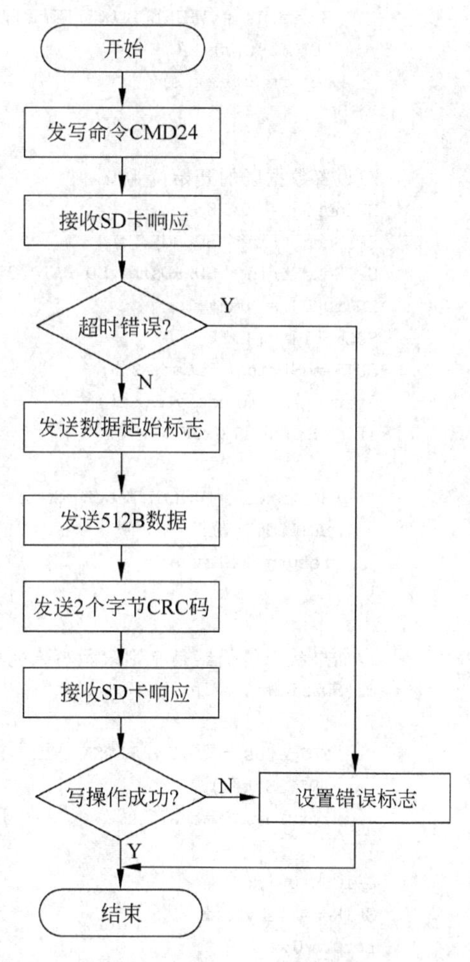

图 6.53 SD 卡写操作流程

```
uint8 SDWriteBlock(uint16 block_number)
{
    uint32 addr;
    uint8 Status;
    addr = block_number << 9;                    //计算起始块地址
    SPICSSet(6);                                 //取消片选
    //发送 CMD24 命令将数据写入到 SD 卡中
    SDCmd[0] = 0x58;
    SDCmd[1] = (addr&0xFF000000)>> 24;           //写操作起始地址的 24～31 位
    SDCmd[2] = (addr&0x00FF0000)>> 16;           //写操作起始地址的 16～23 位
    SDCmd[3] = (addr&0x0000FF00)>> 8;            //写操作起始地址的 8～15 位
    SDCmd[4] = (addr&0x000000FF)>> 0;            //写操作起始地址的 0～7 位
    SDCmd[5] = 0xFF;
    SPISendString(SDCmd, SD_CMD_SIZE );          //发送 CMD24 命令进行数据的写入
    if((SDResponse(0x00)) == 1)                  //如果返回为 0x00 则表示写入数据成功
    {
        SDStatus = WRITE_BLOCK_TIMEOUT;          //失败则设置状态为写入超时
        SPICSSet(7);                             //取消片选
        return SDStatus;                         //返回状态
    }

    //设置数据区的开始位为 0
    SDCmd[0] = 0xFE;
    SPISendString( SDCmd, 1 );
    SPISendString( SDWRData, SD_DATA_SIZE );     //将数据缓冲区的数据写入到 SD 卡
    SDCmd[0] = 0xFF;                             //发送 16 位 CRC 虚拟校验码
    SDCmd[1] = 0xFF;
    SPISendString( SDCmd, 2 );
    Status = SPIReceiveByte();                   //读回上一操作的结果状态
    if ( (Status & 0x0F) != 0x05 )               //判断块写操作是否成功
    {
        SDStatus = WRITE_BLOCK_FAIL;             //设置状态为写失败
        SPICSSet(7);                             //取消片选
        return SDStatus;                         //返回状态
    }

    //如果状态位仍然是 0 则表示写未完成或卡处于 busy 的状态
    if(SDWaitWriteFinish() == 1)                 //判断写操作是否完成
    {
        SDStatus = WRITE_BLOCK_FAIL;             //设置状态为写失败
        SPICSSet(7);                             //取消片选
        return SDStatus;                         //返回状态
    }
    SPICSSet(7);                                 //取消片选
    SPIReceiveByte();                            //实现 SPI 总线延迟
    return 0;
}
```

其中函数 SDResponse 原型为 uint8 SDResponse(uint8 response)，参数 response 是希

望得到的应答位，为相应读写状态宏定义的代码值。若得到相应应答，则该函数返回 0，否则返回 1。

判断 SD 卡写操作是否完成的函数 SDWaitWriteFinish 的具体代码如下：

```
uint8 SDWaitWriteFinish( void )
{
    int32 count = 0xFFFF;                    //设置最大超时
    uint8 result = 0;
    while( (result == 0) && count )
    {
        result = SPIReceiveByte();           //获取状态
        count--;
    }
    if( count == 0 )
        return 1;                            //失败，由于超时而退出
    else
        return 0;                            //成功
}
```

SD 卡单个数据块的读操作具体实现流程如图 6.54 所示。

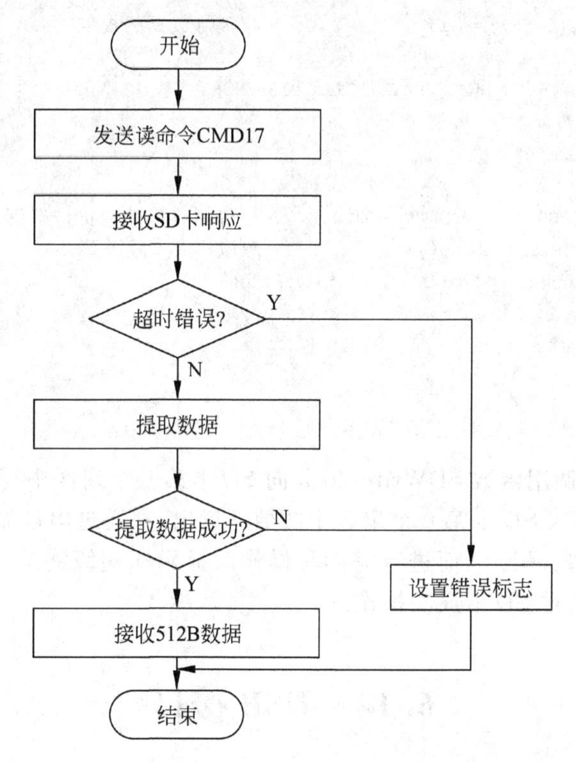

图 6.54　SD 卡读操作流程

其中，在发送 CMD17 命令时，需要根据操作代码块的地址来计算 CMD17 的第 2～5 个字节，计算原理同命令 CMD24，具体写操作实现代码如下所示：

```
uint8 SDReadBlock(uint16 block_number)
{
    uint32 addr;
    uint16 Checksum;
    addr = block_number << 9;                    //计算起始块地址
    SPICSSet(6);                                 //片选 SD 卡

    //发送 CMD17 表示要从 SD 卡中读数据
    SDCmd[0] = 0x51;
    SDCmd[1] = (addr&0xFF000000)>> 24;          //读操作起始地址的 24～31 位
    SDCmd[2] = (addr&0x00FF0000)>> 16;          //读操作起始地址的 16～23 位
    SDCmd[3] = (addr&0x0000FF00)>> 8;           //读操作起始地址的 8～15 位
    SDCmd[4] = (addr&0x000000FF)>> 0;           //读操作起始地址的 0～7 位
    SDCmd[5] = 0xFF;
    SPISendString(SDCmd, SD_CMD_SIZE );          //发送读数据的命令
    if((SDResponse(0x00)) == 1)                  //如果应答位 0x00 表示命令发送完成
    {
        SDStatus = READ_BLOCK_TIMEOUT;           //如果失败则设置状态为读超时
        SPICSSet(7);                             //取消片选
        return SDStatus;                         //返回状态
    }
    if((SDResponse(0xFE)) == 1)                  //等待数据的提取
    {
        SDStatus = READ_BLOCK_DATA_TOKEN_MISSING;
        SPICSSet(7);
        return SDStatus;
    }
    SPIReceive( SDRDData, SD_DATA_SIZE );        //将相应块的数据进行读出
    Checksum = SPIReceiveByte();                 //取出 CRC 校验码
    Checksum = Checksum << 0x08 | SPIReceiveByte();
    SPICSSet(7);                                 //取消片选
    SPIReceiveByte();
    return 0;
}
```

在主函数中通过调用函数 SDWriteBlock 向 SD 卡第 0 个扇区中写入数据，通过调用函数 SDReadBlock 将写入 SD 卡第 0 个扇区中的数据读出，并通过串口显示到超级终端上，由于初始化时读缓冲区数据为 0，而进行完读写操作后显示在超级终端上的读写缓冲区中的数据完全相同，可说明对 SD 卡成功操作。

6.14 USB 接口

为了解决计算机外设种类日益增加与主板插槽和端口有限之间的矛盾，1995 年 Compaq、Intel、Microsoft、IBM、NEC 等 7 家公司联合推出了新一代标准接口总线—通用串行总线（Universal Serial Bus，USB），该总线是一种连接外围设备的通信总线，最多可同时连接 127 个设备。和传统的并口和串口相比，USB 接口灵活，支持热插拔，并且能够提供外

设电源,因而在嵌入式系统中得到了广泛应用。

1996 年由 Intel、Compaq、Microsoft 等公司联合推出的通信协议 USB1.0,适用于主机和中低档外设之间的数据传输,两年后升级为 USB1.1,全速为 12Mb/s,低速为 1.5Mb/s。2000 年 4 月正式发布的 USB2.0 标准,速度可达 480Mb/s,足以满足一般大数据量高速设备的传输要求。为了进一步提高协议效率,以 Intel 为首的公司提出了 USB3.0,除了传输速度大幅提高之外,USB3.0 还引入了新的电源管理机制,支持待机、休眠等状态。各 USB 协议兼容性很好,目前主要采用的是 USB1.1 和 USB2.0。

6.14.1 USB 接口简介

1. 物理接口

USB 是标准统一的规范,但 USB 接口有多种,最常见的是 A 型接口,如图 6.55 所示,图中 B 型 USB 接口为 Mini B 型 4Pin 接口,这种接口多用于数码嵌入式系统中。

一般 USB 接口有 4 根信号线,分别是 VBUS、GND、D+和 D−,其中 D+和 D−是一对差模的信号线,具体引脚定义如表 6.82 所示。

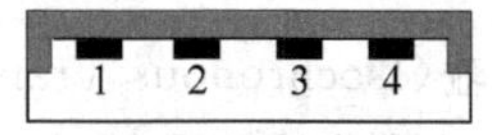

A型接口

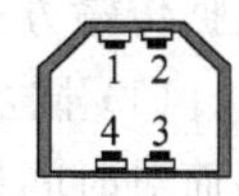

B型接口

图 6.55 USB 接口

表 6.82 标准 USB 接口引脚

引脚	信号线	功 能
PIN 1	VBUS	供电,一般接 5V 电源
PIN 2	D−	传输数据
PIN 3	D+	传输数据
PIN 4	GND	接地

2. USB 接口特点

USB 接口提供了简单的、标准的连接类型,减少了硬件复杂性,简化了 USB 外设的设计,具体来说,它具有以下优点:

(1) 支持热插拔,在不关闭主机电源的情况下可以安全的插上和断开 USB 设备。

(2) 连接方便,能够自动识别设备,自动安装驱动程序并对设备进行配置,无须用户手动配置,一个 USB 接口理论上可以连接 127 个 USB 设备。

(3) 应用范围广泛,USB 接口提供低速 1.5Mb/s 的速率、全速 12Mb/s 的速率和高速 480Mb/s 的速率来适应各种不同类型的外设。针对突然发生的非连续传送,接口可以保证固定带宽。

(4) 供电方式灵活,USB 设备供电方式有两种,分别是自行供电和总线供电。

(5) 成本低廉,易于升级。

6.14.2 USB 协议

1. 基本概念

在具体介绍 USB 协议之前,需要知道端点(Endpoint)和管道(Pipe)的概念。

(1) 端点。USB 设备中的逻辑连接点,可以进行数据收发的最小单元。在 USB 系统中，每个端点都有唯一的地址，由设备地址和端点号给出，在USB协议中用4位二进制位标识端点号，每个设备最多有16个端点，每个端点都有一定的特性，包括传输方式、带宽、数据包的容量等。端点必须在设备配置后才能生效(端点0除外)，通常端点0为控制端点，用于传送配置和控制信息，其余端点一般为数据端点，用于主机和设备之间通信数据的存放。

(2) 管道。主机和设备端点之间数据传输的模型，共有两种类型，分别为无格式的流管道(Stream Pipe，其中传输的数据没有USB定义的结构)和有格式的消息管道(Message Pipe，其中传输的数据必须有USB定义的结构)。主机和设备端点0之间连接的管道称为控制管道，通过控制管道可以获得USB设备的完整信息。

2. 总线传输方式

USB协议规定在总线上传输的数据格式，一个全速的数据帧有1500B，而低速的帧只有187B。帧的作用是分配带宽给不同的数据传输方式，在USB协议中规定了4种不同的数据传输方式。

(1) 同步传输(Isochronous Transfer)。用于需要连续传输数据且对数据正确性要求不高而对时间极为敏感的外部设备，如执行即时通话的网络电话等。同步传输提供了确定的带宽并保持数据传输的速率恒定，没有数据重发机制，要求有较强的容错性。同步传输方式的发送和接收方都必须保证传输速率的匹配，不然会造成数据的损失，数据传输使用数据流管道，单向传输，如果一个外设需要双向传输，则必须使用另一个端点。

(2) 中断传输(Interrupt Transfer)。用于传输数据量较小，分散且不可预测，但需要即时处理，以达到实时效果的设备。中断传输是单向的，即外设到主机，具有最大服务周期保证，即在规定时间内保证有一次数据传输，且有数据传输保证，在必要时可以重试，键盘、游戏操纵杆和鼠标等就属于这一类型。

(3) 控制传输(Control Transfer)。用来处理主机到USB设备的数据传输，主要进行查询、配置和给USB设备发送通用命令，只能通过消息管道进行，支持双向传输，数据量通常较小，且有数据传输保证，在必要时可以重试。控制传输主要用在主机和USB设备端点0之间的传输，但是指定供应商的控制传输可能用到其他的端点。

(4) 批量传输(Bulk Transfer)。用于没有带宽和间隔时间要求的大量数据的传送和接收，采用流管道，单向传输，如果一个外设需要双向传输，则必须使用另一个端点。批量不能保证传输的速率，但有数据传输保证，在必要时可以重试，以保证数据的准确性，通常打印机、扫描仪和数码相机属于这种类型。

3. USB数据单元

USB采用令牌包(Token Packet)、数据包(Data Packet)和握手包(Handshake Packet)的传输机制，所有的总线操作都可以归结为这3种包的传输。在令牌包中指定数据包去向或来源的设备地址和端点，从而保证只有一个设备对被广播的数据包或令牌包作出响应，握手包表示传输的成功与否。除了上述3种包外还有一种特殊包，用于低速操作。

根据包功能的不同，在USB1.1中定义了10种包，可分为以下4类：

(1) 令牌包：OUT(输出)、IN(输入)、SOF(帧起始)和SETUP(设置)。

(2) 数据包：DATA0、DATA1。

(3) 握手包：确认包ACK、无效包NAK、出错包STALL。

(4) 特殊包：PRE。

在 USB2.0 中又增加了几种类型以满足高速传输的需要，其中，数据包类增加了 DATA2 和 MDATA，握手包类增加了 NYET，特殊包类则增加了 ERR、SPLIT、PING、RESERVED。一个 USB 包，通常由同步域(SYNC Field)、标识域(Packet Identifier Field，PID)、地址域(Address Field)、帧号域(Frame Number Field)、数据域(Data Field)和 CRC 校验域组成，以上这些描述符的具体含义及格式可以查阅 USB 协议获得。

4. USB 主机和 USB 设备

USB 协议将使用 USB 进行数据传输的双方分划为两种角色：主机(Host)和设备(Device/Salve)，并且规定数据传输只能发生在主机和设备之间。

(1) USB 主机

USB 主机控制总线上所有的 USB 设备的数据通信过程，一个 USB 系统中只有一个 USB 主机，USB 主机检测 USB 设备的连接和断开、管理主机和设备之间的标准控制通道、管理主机和设备之间的数据流、收集设备的状态和统计总线的活动、控制和管理主机控制器与设备之间的电气接口，每毫秒产生一帧数据，同时对总线上的错误进行管理和恢复。

(2) USB 设备

通过总线与 USB 主机相连的称为 USB 设备。USB 设备接收 USB 总线上的所有数据包，根据数据包的地址域来判断是否接收；接收后通过响应 USB 主机的数据包与 USB 主机进行数据传输。

6.14.3　USB 控制芯片介绍

1. 控制芯片

一般来讲，USB 控制器分为两种，一种集成在微控制器内部，另一种是独立的 USB 控制芯片。CH375 属于后者，是一个 USB 总线的通用接口芯片，支持 USB-HOST 主机方式和 USB-DEVICE/SLAVE 设备方式，且能进行方式间的动态切换，其芯片封装如图 6.56 所示。

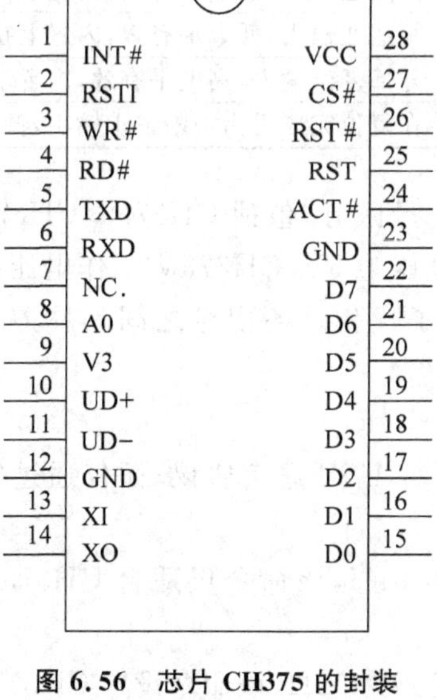

图 6.56　芯片 CH375 的封装

该芯片共有28个引脚,各引脚说明如表6.83所示。

表6.83 USB控制芯片引脚说明

引脚号	引脚名称	类型	引脚说明
28	VCC	电源	正电源输入端
27	CS#	输入	片选控制输入,低电平有效,内置上拉电阻
26	RST#	输出	电源上电复位和外部复位输出,低电平有效
25	RST	输出	电源上电复位和外部复位输出,高电平有效
24	ACT#	输出	在内置固件的USB设备方式下是USB设备配置完成状态输出,低电平有效; 对于CH375芯片,在USB主机方式下是USB设备连接状态输出,低电平有效
23	GND	电源	公共接地端
22～15	D7～D0	双向三态	8位双向数据线,内置上拉电阻
14	XO	输出	晶体振荡的反相输出端,需要外接晶体及振荡电容
13	XI	输入	晶体振荡的输入端,需要外接晶体及振荡电容
12	GND	电源	公共接地端
11	UD−	双向三态	USB总线的D-数据线
10	UD+	双向三态	USB总线的D+数据线,内置可控的上拉电阻
9	V3	电源	在3.3V电源电压时外接VCC输入外部电源,在5V电源电压时外接容量为0.01μF退耦电容
8	A0	输入	地址线输入,区分命令口和数据口,内置上拉电阻,当A0=1时可以写命令,当A=0时可以读写数据
7	NC.	空脚	必须悬空
6	RXD	输入	串行数据输入,内置上拉电阻
5	TXD	输入 输出	仅用于USB主机方式,USB设备方式只支持并口,在复位器件为输入引脚,内置上拉电阻,如果在复位器件输入低电平则使能并口,否则使能串口,复位完成后为串口数据输出
4	RD#	输入	读选通输入,低电平有效,内置上拉电阻
3	WR#	输入	写选通输入,低电平有效,内置上拉电阻
2	RSTI	输入	外部复位输入,高电平有效,内置下拉电阻
1	INT#	输出	在复位完成后为中断请求输出,低电平有效

CH375芯片以型号后缀字母区分,包括CH375S、CH375A、CH375V和CH375B。其中CH375S和CH375A工作电压为5V,CH375V工作电压为3.3V,CH375B工作电压为3.3V或5V,且对传输速度做了优化。各型号之间具体差别可查看CH375芯片的数据手册。

2. 控制命令

CH375芯片使我们不必了解USB通信协议,而仅通过发送命令来控制USB的通信,常用的CH375的命令如下:

- GET_IC_VER:代码为01H,该命令仅适合CH375A芯片,用来获取芯片及固件版本。
- SET_BAUDRATE:代码为02H,该命令设置CH375的串口通信波特率。

- ENTER_SLEEP：代码为 03H，该命令仅适合 CH375A 芯片，使其进入低功耗睡眠挂起状态。
- RESET_ALL：代码为 05H，该命令使 CH375 硬件复位。
- CHECK_EXIST：代码为 06H，该命令测试工作状态，以检查 CH375 是否正常工作，该命令需要输入一个任意数据，如果 CH375 正常工作，则 CH375 的输出数据是输入数据的按位取反。
- SET_DISK_LUN：代码为 0BH，该命令仅适合 CH375A 芯片，用来设置 USB 存储设备的当前逻辑单元号。
- SET_USB_MODE：代码为 15H，该命令用来设置 USB 工作模式。
- ABORT_NAK：代码为 17H，该命令放弃当前 NAK 的重试。
- GET_STATUS：代码为 22H，该命令获取中断状态并取消中断请求。
- RD_USB_DATA：代码为 28H，该命令从当前 USB 中断的端点缓冲区读取数据块，并释放缓冲区。
- WR_USB_DATA7：代码为 2BH，该命令向 USB 主机端点的输出缓冲区或者 USB 端点 2 的上传缓冲区写入数据块。
- DISK_INIT：代码为 51H，该命令初始化 USB 存储设备。
- DISK_SIZE：代码为 53H，该命令获取 USB 存储设备的容量。
- DISK_READ：代码为 54H，该命令从 USB 存储区读取数据块。
- DISK_RD_GO：代码为 55H，该命令表示继续执行 USB 存储设备的读操作。
- DISK_WRITE：代码为 56H，该命令向 USB 存储设备写数据块。
- DISK_WR_GO：代码为 57H，该命令表示继续 USB 存储设备的写操作。
- DISK_INQUIRY：代码为 58H，该命令查询 USB 存储设备的特性。
- DISK_READY：代码为 59H，该命令检查 USB 存储设备是否就绪。
- DISK_R_SENSE：代码为 5AH，该命令检查 USB 存储设备的错误。
- DISK_MAX_LUN：代码为 5DH，该命令获取 USB 存储设备的最大单元号。
- CMD_RET_SUCCESS：代码为 51H，该命令说明操作成功。
- CMD_RET_ABORT：代码为 5FH，该命令说明操作失败。

其余命令以及上述这些命令的具体使用方法可以参考 CH375 的数据手册。

3. 内部结构和读写要求

CH375 芯片内部具有 7 个物理端点，分别为端点 0、端点 1 上传端点、端点 1 下传端点、端点 2 上传端点、端点 2 下传端点、主机输出端点和主机输入端点。其中，端点 0 是默认端点，支持上传和下传，上传和下传缓冲区各 8B；端点 1 上传和下传缓冲区各 64B，上传端点的端点号是 81H，下传端点的端点号是 01H；端点 2 上传和下传缓冲区各 64B，上传端点的端点号是 82H，下传端点的端点号是 02H；主机端点与端点 2 合用同一组缓冲区，主机端点的输出缓冲区就是端点 2 的上传缓冲区，主机端点的输入缓冲区就是端点 2 的下传缓冲区。CH375 的端点 0、1、2 只用于 USB 设备方式，在 USB 主机方式下只需要用到主机端点。

通过并行总线对 CH375 芯片进行读写，所有操作都是由一个命令码、若干个输入数据和若干个输出数据组成，部分命令不需要输入数据或没有输出数据。命令操作步骤如下：

(1) 在 A0=1 时向命令端口写入命令代码。

(2) 如果该命令具有输入数据,则在 A0=0 时依次写入输入数据,每次 1B。

(3) 如果该命令具有输出数据,则在 A0=0 时依次读取输出数据,每次 1B。

命令码之间的时间间隔最小为 2μs; 命令码和数据码之间的间隔时间最小为 2μs,最大为 100μs,数据码和数据码之间的间隔时间最小为 1μs,最大为 100μs。

6.14.4 电路介绍

LPC2136 芯片内部没有集成 USB 控制器,必须外接器件,电路采用前述 USB 控制芯片 CH375,它支持 USB1.1 并兼容 USB2.0,具体电路结构如图 6.57 所示。

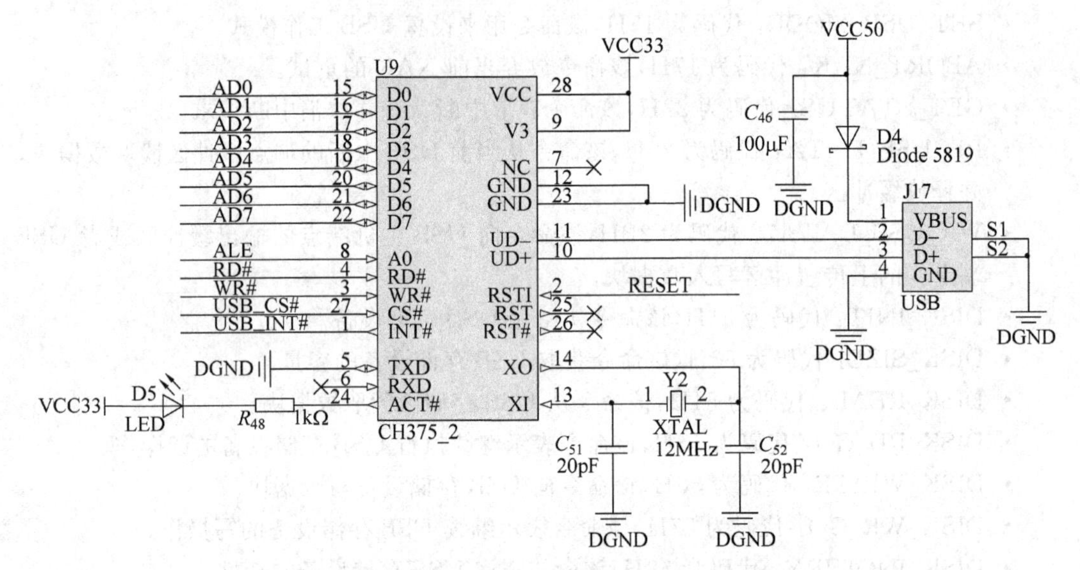

图 6.57 USB 接口电路

CH375 的引脚 5 接地,即 TXD 为低电平,CH375 的串口功能被禁止,并口被使能。并口信号线包括 8 位双向数据线 AD0~AD7、读选通信号线 RD#、写选通信号线 WR#、片选信号线 USB_CS#、中断输出信号线 USB_INT#以及地址输入信号线 ALE。其中,AD0~AD7 分别与 LPC2136 的引脚 P1.16~P1.23 相连,RD#与 LPC2136 的引脚 P1.24 相连,WR#与 LPC2136 的引脚 P1.25 相连,USB_CS#是 LPC2136 通过模拟总线 3-8 译码器生成的片选信号,对 CH375 进行选通,USBINT#与 LPC2136 的引脚 P0.16 相连,选择中断 EINT0 模式,ACT#为输出引脚,与 LPC2136 的引脚 P0.31 相连,低电平有效,正常工作时 LED2 亮。

这里采用了给 USB 插座单独供电,使 USB 设备刚插上时的电容 Cap2 充电过程不影响芯片 CH375 和 LPC2136。当 USB 设备拔出时,为了缓解电压瞬间下降,在 USB 电源供给线中串接二极管 5819,并联独立的储能电容 Cap2。

6.14.5 软件设计

下面介绍两个程序实例,分别是从 USB 工作在设备模式和主机模式下进行介绍的。

1. USB 工作在设备模式下

这个实例通过总线函数编写 USB 读写数据和命令的时序，完成向 PC 中写数据和从 PC 读数据，实现 USB 在设备模式下的读写功能。具体程序设计流程图如图 6.58 所示。

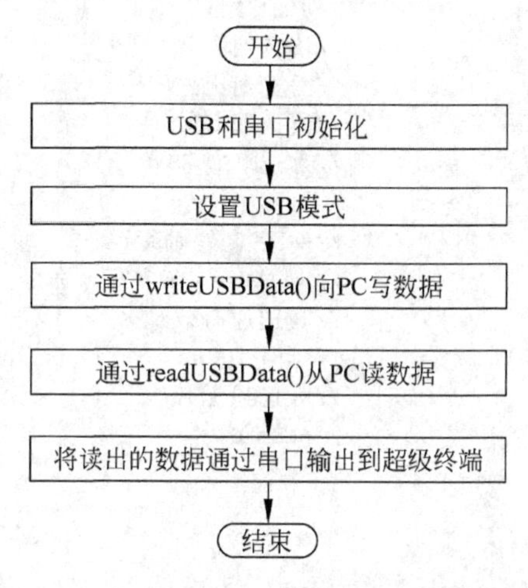

图 6.58 程序设计流程图

首先需要对 UART 和 USB 进行初始化，对于 UART 的初始化，前面设计的程序案例中已有介绍，这里不再重复。USB 的初始化中需要对片选信号 USB_CS# 和中断信号 USB_INT# 进行设置，USB_INT# 采用 EINT0，即转化为对 EINT0 的设置，具体实现代码如下：

```
void USBInit(void)
{
    PINSEL1 = (PINSEL1&0x00)|(0x01 << 0x00);

    lab = 0x00;
    BUSInit();                              //初始化总线
    BUSCSSet(4);                            //片选 USB_CS#
    BUSWrite(0);                            //清零数据线
    BUSCSSet(7);                            //取消片选

    EXTMODE = 0x00;                         //设置 EINT0 为电平触发,低电平有效
    VICIntSelect = 0x00000000;              //设置所有中断分配为 IRQ 中断
    VICVectCntl0 = 0x20 | 0x0E;             //分配外部中断 0 到向量中断 0
    VICVectAddr0 = (uint32)eint0IRQ;        //设置中断服务程序地址
    EXTINT = 0x01;                          //清除 EINT0 中断标志
    VICIntEnable = 1 << 0x0E;               //使能 EINT0 中断
}
```

初始化完成后需对 USB 的模式进行设置，就需要使用到写命令和写数据函数，因为后续的读写命令中也使用到这些函数，在这里先进行介绍。

写命令函数和写数据函数基本一样，唯一不同的地方是，写命令需要在 CH375 的引脚 A0 为高电平时写入，即 ALE 信号为高电平。具体实现代码如下：

```
//写命令时序
void writeCommand(uint8 i)
{
    BUSCSSet(7);                        //取消片选
    RDEnable(1);                        //读选通无效
    WREnable(1);                        //写选通无效
    ALEEnable(0);                       //读选通有效
    BUSCSSet(4);                        //片选 USB_CS#

    ALEEnable(1);                       //ALE = 1,写命令
    BUSWrite(i);                        //向 AD0～AD7 内写入命令
    WREnable(0);                        //写选通有效
    delayMicrosecond(100);              //延时 100μs
    WREnable(1);                        //写选通无效
    ALEEnable(0);                       //ALE = 0
}

//写数据时序
void writeData(uint8 i)
{
    BUSCSSet(7);                        //取消片选
    RDEnable(1);                        //读选通无效
    WREnable(1);                        //写选通无效
    ALEEnable(0);                       //读选通有效
    BUSCSSet(4);                        //片选 USB_CS#

    BUSWrite(i);                        //向 AD0～AD7 内写入数据
    WREnable(0);                        //写选通有效
    delayMicrosecond(100);              //延时 100μs
    WREnable(1);                        //写选通无效
}
```

除了写命令和写数据外，还需要读数据，读函数相对比较简单，只需要对读选通信号线RD＃进行设置即可，具体实现代码如下：

```
//读数据时序
uint8 readData(void)
{
    uint8 ret;                    //用来存放读出的数据

    RDEnable(0);                  //读选通有效
    ret = BUSRead();              //读数据并放到临时变量 ret 中
    RDEnable(1);                  //读选通无效
    return ret;                   //返回读出的数据
}
```

对 USB 模式进行设置时使用命令 SET_USB_MODE，该命令需要输入一个数据，该数据是模式代码：模式代码为 00H 时切换到未启用的 USB 设备方式，这是上电或复位后的

默认方式；模式代码为 01H 时切换到已启用的 USB 设备方式，这是外部固件模式；模式代码为 02H 时切换到已启用的 USB 设备方式，这是内置固件模式；模式代码为 04H 时切换到未启用的 USB 主机方式；模式代码为 05H 时切换到已启用的 USB 主机方式，不产生 SOF 包；模式代码为 06H 时切换到已启用的 USB 主机方式，自动产生 SOF 包；模式代码为 07H 时切换到已启用的 USB 主机方式，复位 USB 总线。这里通过传递参数 i=2，切换到已启用的 USB 设备方式，设置模式函数实现代码如下：

```
uint8 setUSBMode(uint8 i)
{
    writeCommand(CMD_SET_USB_MODE);       //写命令 SET_USB_MODE
    writeData(i);                         //写模式代码 02H
    delayMicrosecond(500);
    return readData();
}
```

USB 模式设置完后，可以进行读写操作。首先介绍写操作，写操作中需要使用到命令 WR_USB_DATA7，该命令向 USB 端点 2 的上传缓冲区写入数据块。该命令有两个参数，第一个为输入数据的长度，第二个为后续数据流的字节数，主程序实现时通过调用函数 writeUSBData(8,aa)实现将数组 aa 中的 8 个字节写入 PC 中，函数 writeUSBData 的具体实现代码如下：

```
void writeUSBData(uint8 i,uint8 a[])
{
    int32 j = 0;
    writeCommand(CMD_WR_USB_DATA);         //写命令 WR_USB_DATA7
    writeData(i);                          //第一个命令参数：数据长度
    for(;j<i;j++)                          //写后续数据
        writeData(a[j]);
}
```

也可以从 PC 读数据，读操作通过函数 readUSBData 的调用来执行，在这个过程中，需要使用到读命令 RD_USB_DATA，该命令从当端点 2 的下传缓冲区中读取数据块，首先读取的输出数据是数据块长度，即后续数据流的字节数，然后是后续的数据，函数 readUSBData 实现代码如下：

```
uint8 *readUSBData()
{
    uint8 *aa,i = 1;                       //定义数组 aa 来存放读到的数据
    writeCommand(CMD_RD_USB_DATA);         //写命令 WR_USB_DATA7
    *aa = readData();                      //读数据流的字节数，放入 aa[0]
    for(;i<= *aa;i++)                      //读后续数据
        *(aa + i) = readData();

    return aa;                             //返回读到的数据
}
```

将读到的数据通过串口输出函数输出到超级终端上显示，需要说明的是上面的写数据和读数据并没有联系。在这个程序中需要使用一个和PC通信的软件——USB设备CH372或CH375调试工具，该软件一般在购买USB芯片时附送，打开后界面如图6.59所示。

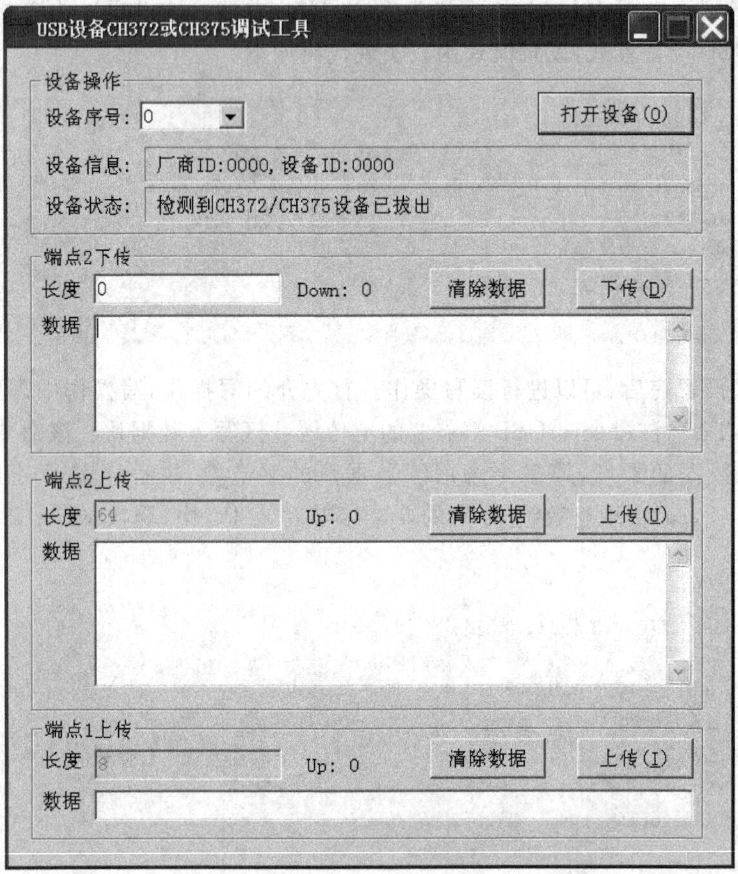

图6.59　PC通信软件

实验时，用一条USB连接线通过USB接口将实验平台与PC相连，打开USB设备CH372或CH375调试工具和串口通信软件，并对串口通信软件的相应参数进行设置，波特率选择115 200bps，无奇偶校验，8位数据位，1位停止位。运行程序，在程序执行到对USB模式的设置代码段后，可以看到USB设备CH372或CH375调试工具软件中【设备操作】中的【设备状态】显示"检测到CH372/CH375设备已插入"。在端点2的下传框中分别输入数据的长度和要传的数据，单击下传。在串口终端中可以看到下传的数据。在端点2的上传框单击【上传】按钮，程序中数组aa中的8B就会显示到下面数据框中。

2. USB工作在主机模式下

该实例对插入USB接口的U盘进行初始化，并读取U盘的容量，实现USB在主机模式下相应功能。

主程序比较简单，首先初始化USB设备和串口，这里不作重复介绍。设置USB模式时，模式代码设为06H，表示切换到已启用的USB主机方式，自动产生SOF包。主程序设计流程图如图 6.60 所示。

程序主体通过循环来实现，当 USB 设备的状态发生改变时，由主程序切换到中断服务程序进行处理，处理完成后返回主程序继续循环。主程序主要代码如下：

```
if(getLable() == 0xFF)                //当检测到有 USB 设备已经连接
{
        diskInit();                   //U 盘初始化
        delayMillisecond(1100);
        diskSize();                   //获得 U 盘大小
        delayMillisecond(50);
}
```

模式设置完成后，就可以检测 USB 设备是否被插入，主程序中通过标志位来检测，标志位在中断程序中改变，当进入中断程序时，处理程序就会根据当前状态对连接标志位进行设置，这样在主程序中就可以检测出 USB 设备的插入和拔出。中断程序的流程如图 6.61 所示。

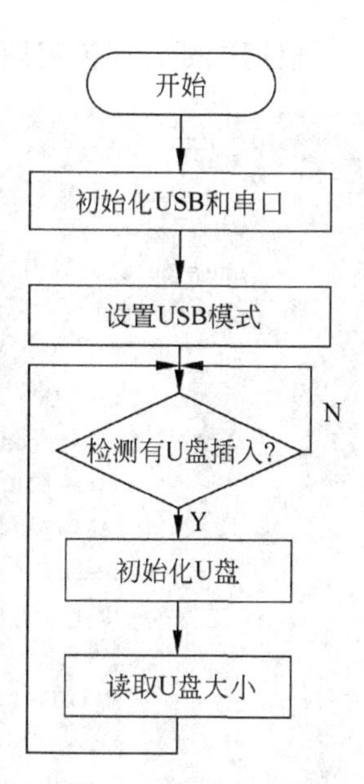

图 6.60　主程序流程图

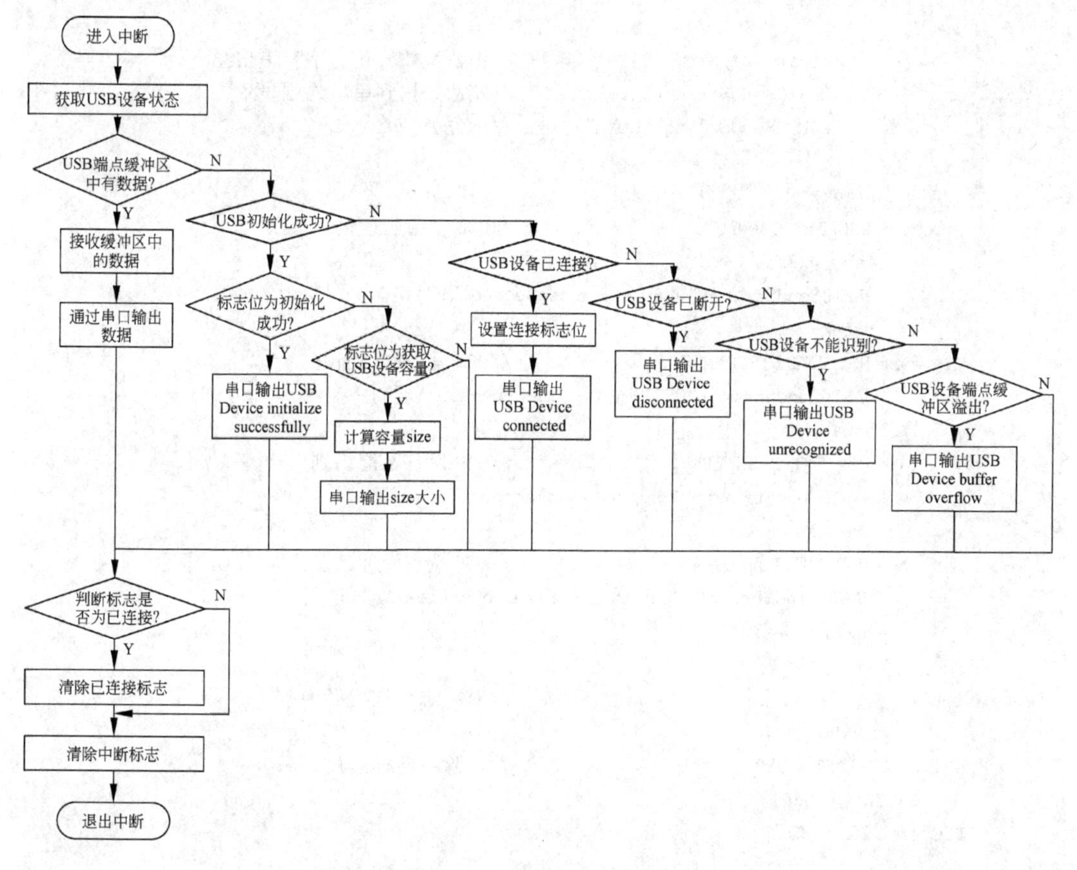

图 6.61　中断程序流程图

根据中断程序流程图,编写程序代码如下:

```
void __irq eint0IRQ ()
{
    uint8 sta;
    sta = getStatus();                          //获得 USB 设备当前的状态
    switch(sta)
    {
        case USB_INT_EP2_OUT:                   //读取 USB 设备的数据
            data = readUSBData();
            data++;
            UART0SendString(data);
            break;
        case USB_INT_SUCCESS:                   //USB 存储设备初始化成功
            if(lab == CMD_DISK_INIT)
                UART0SendString("USB Device initialize successfully.\n");
            else if(lab == CMD_DISK_SIZE)
            {
                data = readUSBData();           //第一个是数据长度,以后是数据流
                size = ((((((*(data + 1)<<8) | *(data + 2))<<8) | *(data + 3))<<8) | *(data
+ 4))>> 11;
                itoa(size,data,10);             //将整型数转化为字符串信息
                UART0SendString(data);          //发送数据到串口终端显示
                UART0SendString("MB\n");        //单位为 MB
            }
            break;
        case USB_INT_CONNECT:                   //USB 设备已连接
            lab = 0xFF;
            UART0SendString("USB Device connected.\n");
            break;
        case USB_INT_DISCONNECT:                //USB 设备已经断开
            UART0SendString("USB Device disconnected.\n");
            break;
        case USB_INT_DISK_ERR:                  //USB 设备不能识别
            UART0SendString("USB Device unrecognized.\n");
            break;
        case USB_INT_BUF_OVER:                  //USB 端点缓冲区溢出
            UART0SendString("USB Device buffer overflow.\n");
            break;
    }
    if(lab!= 0xFF)                              //对标志位进行设置
        lab = 0x00;
    while ((EXTINT & 0x01) != 0)                //清除中断标志位
        EXTINT = 0x01;
    VICVectAddr = 0;
}
```

在中断程序中，在获取 USB 设备大小时，需要计算 size，具体公式是：size =((((((*(data+1)<<8)|*(data+2))<<8)|*(data+3))<<8)|*(data+4))>>11；数据 data 的前 4B 表示的是 USB 存储设备总扇区数，数据 data 的后 4B 表示的是每个扇区的字节数，默认每个扇区字节数为 512B，而打印时采用的单位是 MB，所以要将获得的结果右移 11 位。

在实验时，向实验平台的 USB 接口中插入 U 盘，打开串口通信软件，并对其相应参数进行设置，波特率选择 115 200bps，无奇偶校验，8 位数据位，1 位停止位。运行程序，可以观察到指示灯由灭变亮，并且能在串口终端观察到相应的输出信息。

6.15　CAN 总线

随着汽车工业的快速发展，各种电子控制系统被开发出来用以满足客户在汽车安全性、舒适性等方面日益增长的需求。由于这些系统对可靠性的要求以及通信过程中所需数据类型不尽相同，因此出现了多总线结构，线束的数量也随之增加。为了最大限度地节约布线与维护成本、提高稳定性及抗干扰能力，20 世纪 80 年代中期，德国电气商博世(Bosch)公司研发出面向汽车的 CAN 总线通信协议。

CAN 总线是目前国际上应用最广泛的现场总线之一。在汽车制造工业中，通过 CAN 总线连接发动机管理系统、传感器、变速箱控制器、仪表装备等，以实现车载电子控制装置与微处理器之间的信息交换，其传输速度可以达到 1Mbps。由于 CAN 总线具有传输距离远、布线简易、稳定可靠等特点，目前已被广泛应用于航天、船舶、工业设备等方面。

6.15.1　CAN 总线概述

1. CAN 总线工作原理简述

CAN 通信协议是一种串行通信协议，主要用于定义不同设备间信息传递的规则及方式，其定义的层次结构符合开放系统互连模型(OSI)的一般定义。通信在逻辑上发生于不同设备间相对应的协议层中，实际信息传递则是在同一设备相邻两层之间进行，并通过物理层中的物理介质将不同设备进行互连。由于 CAN 总线规范中只定义了 ISO/OSI 中最底层的数据链路层和物理层，用户可以根据各自不同的工作领域制定与之相适应的 CAN 应用协议。

CAN 系统一般使用屏蔽双绞线作为物理层传输信号线，并使用差分信号作为传输信号。传输信号线一般情况下使用两条即可，分别称作 CAN_H 和 CAN_L，如果工作环境中存在强干扰，还须添加屏蔽地(CAN_G)用于屏蔽干扰信号。CAN 系统规定 1 和 0 这两个逻辑值分别用“隐性”和“显性”表示。在“隐性”状态下，CAN_H 和 CAN_L 输入差分电压近似为 0V。在“显性”状态下，CAN_H 与 CAN_L 的输入差分电压约为 2V。

2. CAN 总线特性

CAN 具有十分优越的特点，包括：

- 成本低,总线利用率高,经济效益高;
- 布线简单,配置灵活;
- 数据传输距离远,速率高;
- 错误检测及标定机制稳定可靠;
- 根据报文的标记决定接收或屏蔽该报文;
- 当总线处于空闲状态,若发送的信息遭到破坏,系统可实现自动重发。

6.15.2 CAN 协议概述

1. CAN 总线的数据结构

根据 ISO/OSI 基本参照模型中的层次定义,CAN 通信协议的结构可以分为两个层次,分别是数据链路层和物理层。ISO/OSI 基本参照模型的定义如表 6.84 所示。

表 6.84 ISO/OSI 基本参照模型定义

层次结构名称	层次结构定义
7 层:应用层	最高层,由实际应用程序提供用户可利用的服务
6 层:表示层	将不同数据格式的信息转换成系统能够理解的表现形式
5 层:会话层	依靠底层的通信功能来实现数据的正确收发
4 层:传输层	对两通信节点间的数据传输进行控制,如传送错误的修复,用以保证通信的质量
3 层:网络层	进行网络连接的建立和维护,如数据传送的路由选择或中断
2 层:数据链路层	将物理层上传输的数据位进行排列
1 层:物理层	规定了通信介质的物理特性,如信号规格等,以实现两不同设备间的物理连接

当发送器向接收器发送信息时,并不只是发送数据本身,同时还将属性数据放入数据包一起进行传输。该数据包包含 7 个数据区,分别为开始区(1 位)、优先级别区(11 位)、检验区(6 位)、数据区(64 位)、安全区(16 位)、确认区(2 位)和结束区(7 位),如图 6.62 所示。

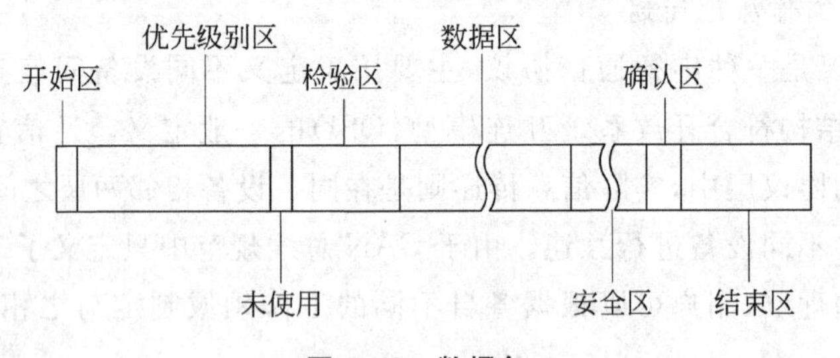

图 6.62 数据包

2. 优先级确认

CAN 总线通过串行方式进行数据传递,如果多个控制器同时开始传送数据,那么在总线上就会发生数据冲突。为解决上述问题,在 CAN 通信协议中引入了仲裁机制,以确保信息和时间均不会损失。当有多个控制器试图同时发送数据时,每个控制器所对应的接收器根据数据的优先级进行仲裁,如果当前控制器发送的数据优先级低于其他控制器所发送的数据优先级,发送器停止发送,从而使整个控制器进入接收状态。

在信息数据中有 11b 的优先级别区，前 7b 既是发送数据的控制器标识符，同时又代表了该数据的优先级，从左至右，零越多代表优先级越高。后 4b 则是这个控制器发送数据的编号，例如发动机控制单元既要发送转速信号，又要发送水温等信号，则后 4b 就有所不同。发动机控制单元如图 6.63 所示。

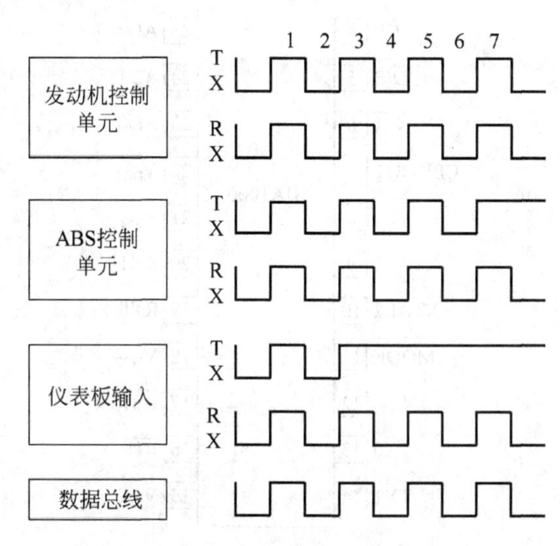

图 6.63　发动机控制单元

3. 帧的种类简介

报文传输是通过以下 4 种类型的帧进行。帧类型如表 6.85 所示。

表 6.85　帧类型

帧类型	帧　用　途
数据帧	将数据从发送器传输到接收器
遥控帧	接收器向具有相同标识符的发送器请求数据的帧
错误帧	任何单元在检测到总线错误时就发出错误帧
帧间隔	在相邻数据帧或遥控帧之间提供附加的延时

6.15.3　CAN 总线控制器 SJA1000 概述

1. SJA1000 芯片简介

SJA1000 是一个独立的 CAN 总线控制器，在汽车和普通的工业环境中有着广泛的应用。作为 PCA82C200CAN 控制器的替代嵌入式系统，其具有一系列先进的功能，适合于多种应用，同时在引脚和电气上与 PCA82C200 控制器完全兼容。SJA1000 在支持原有 BasicCAN 模式的基础上，增加了一种新的工作模式即 PeliCAN，该模式支持具有更多新特性的 CAN2.0B 协议。工作模式可以通过时钟分频寄存器中的 CAN 模式位来选择，复位时默认的工作模式是 BasicCAN 模式。

2. SJA1000 芯片引脚及定义

SJA1000 的引脚如图 6.64 所示，引脚定义如表 6.86 所示。

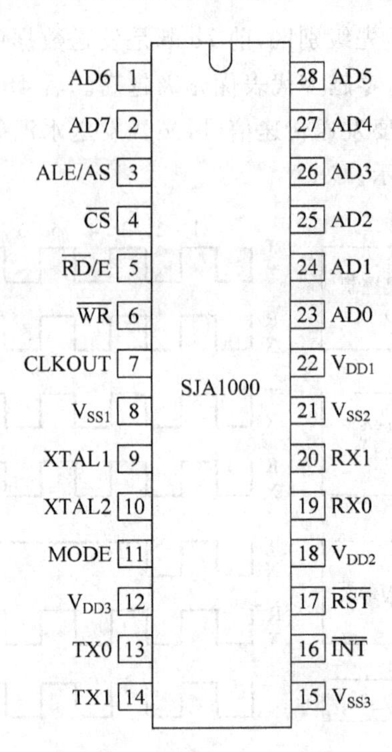

图 6.64　SJA1000 芯片引脚

表 6.86　SJA1000 芯片引脚定义

引脚	符号	说　明
22	VDD1	逻辑电路的 5V 电源
21	VSS2	输入比较器的接地端
20,19	RX1,RX0	从物理的 CAN 总线输入到 SJA1000 的输入比较器；显性电平将会唤醒 SJA1000 的睡眠模式；如果 RX1 比 RX0 的电平高，就读显性电平，反之读隐性电平；如果时钟分频寄存器的 CBP 位被置位，CAN 输入比较器就被旁路，以减少内部延时(此时连有外部收发电路)，这种情况下只有 RX0 是激活的；隐性电平被认为是逻辑高，而显性电平被认为是逻辑低
18	VDD2	输入比较器的 5V 电源
17	$\overline{RST}$	复位输入，用于复位 CAN 接口(低电平有效)
16	$\overline{INT}$	中断输出，用于中断微控制器，在内部中断寄存器各位都被置位时，$\overline{INT}$低电平有效。它是开漏输出，且与系统中的其他INT是线性关系。此引脚上的低电平可以把该控制器从睡眠模式中激活
15	VSS3	输出驱动器接地
14	TX1	从 CAN 的输出驱动器 1 输出到物理线路上
13	TX0	从 CAN 的输出驱动器 0 输出到物理线路上
12	VDD3	输出驱动的 5V 电源
11	MODE	模式选择输入：1＝Intel 模式，0＝Motorola 模式
10	XTAL2	振荡放大电路输出，使用外部振荡信号时漏极开路输出
9	XTAL1	输入到振荡器放大电路，外部振荡信号由此输入
8	VSS1	接地

续表

引脚	符号	说　明
7	CLKOUT	SJA1000 产生并提供给微控制器的时钟输出信号,时钟信号来源于内部振荡器且通过编程驱动时钟控制寄存器的时钟关闭位可禁止该引脚输出
6	$\overline{\text{WR}}$	微控制器$\overline{\text{WR}}$信号(Intel 模式)或 RD/$\overline{\text{WR}}$信号(Motorola 模式)
5	$\overline{\text{RD}}$/E	微控制器$\overline{\text{RD}}$信号(Intel 模式)或 E 使能信号(Motorola 模式)
4	$\overline{\text{CS}}$	片选信号输入,低电平时表示允许访问 SJA1000
3	ALE/AS	ALE 输入信号(Intel 模式),AS 输入信号(Motorola 模式)
28～23,2,1	AD7～AD0	地址/数据总线

3. SJA1000 电路介绍

实验原理图如图 6.65 所示。

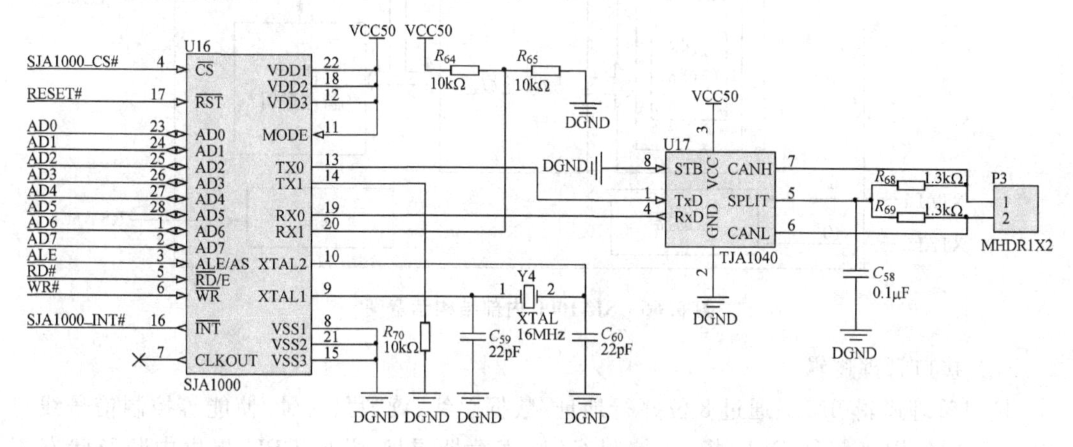

图 6.65　实验电路原理图

在原理图中,使用 TJA1040 高速 CAN 收发器连接 CAN 控制器 SJA1000 与 CAN 总线。SJA1000 TX0 引脚与收发器 TXD 引脚相连,可将数据从 SJA1000 控制器发送到 CAN 总线上;RX0 引脚与收发器 RXD 相连,用于从 CAN 总线上读取数据到控制器。TJA1040 STB 引脚置低,使收发器处于正常的工作模式,如果置高,则收发器处于待机模式,本例中该引脚接地;其 SPLIT 引脚通过并联两个 1.3kΩ 的电阻为 CAN 总线提供稳定的电压值为 VCC/2 的共模电压;TJA1040 通过 CANH 和 CANL 连接到 CAN 总线上。

LPC2136 处理器引脚 P0.14 与 CAN 控制器 SJA1000 的$\overline{\text{INT}}$引脚相连,用于向 SJA1000 提供中断信号,低电平有效;LPC2136 处理器 RESET# 引脚与 CAN 控制器$\overline{\text{RST}}$引脚相连,用于向其提供复位信号,低电平有效;LPC2136 处理器引脚 P0.31 与 CAN 控制器 ALE 引脚相连,为其提供 ALE 信号;LPC2136 处理器引脚 P1.24 和 P1.25 分别与 CAN 控制器$\overline{\text{RD}}$和$\overline{\text{WR}}$引脚相连,作为$\overline{\text{RD}}$和$\overline{\text{WR}}$输入信号;LPC2136 处理器 P1.16～P1.23 引脚通过电平转换芯片 162245 和 CAN 控制器引脚 AD0～AD7 相连,提供地址/数据信息;CAN 控制器 MODE 引脚置高表示选择为 Intel 模式;XTAL1、XTAL2 引脚与外部频率为 16MHz 晶振相连,为 CAN 控制器提供时钟信号。

4. SJA1000 内部结构及功能简介

SJA1000 内部结构示意图如图 6.66 所示。

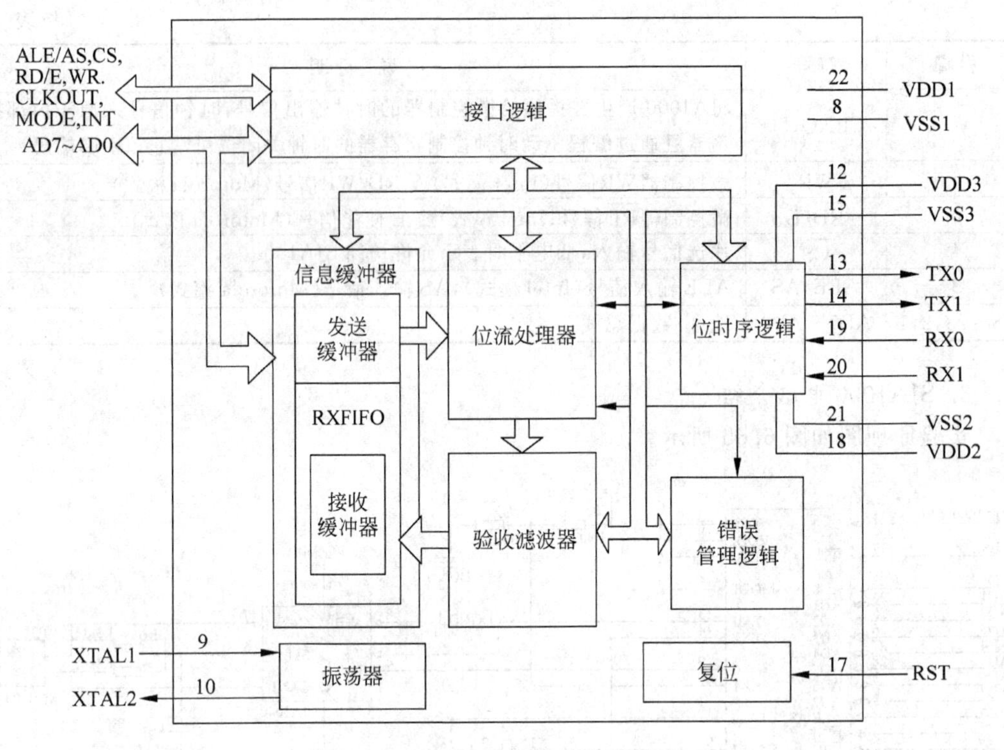

图 6.66　SJA1000 内部结构示意图

(1) 接口管理逻辑

接口管理逻辑(IML)通过 8 位并行地址/数据总线、读、写、时钟、使能等控制信号线与 CPU 相连接,用来解释 CPU 指令,控制 CAN 寄存器寻址,并向 CPU 提供中断及状态等信息。

(2) 发送缓冲器

作为 CPU 和位流处理器(BSP)之间的接口,发送缓冲器(TXB)通过 CPU 写入、BSP 读出,能够存储发送器发送到 CAN 网络上的完整信息。

(3) 接收缓冲器

作为 CPU 和验收滤波器之间的接口,接收缓冲器(RXB,RXFIFO)可被 CPU 访问,并接收 CAN 总线上传来的信息以及进行信息的存储。

(4) 验收滤波器

验收滤波器(ACF)通过将数据和接收识别码的内容相比较的方式,来决定是否接收该信息。如果信息被验收通过,则将该信息存储到 RXFIFO 中。

(5) 位流处理器

位流处理器(BSP)位于发送缓冲器、RXFIFO 和 CAN 总线之间,可以进行数据流的控制,此外,还具有在总线上执行错误检测、仲裁填充等功能。

(6) 位时序逻辑

位时序逻辑(BTL)在信息传输开始时同步 CAN 总线上的位流(硬同步),并在其后接收一条信息时再次同步下一次传送(软同步),主要用于监视串行的 CAN 总线和处理与总线有关的位时序。此外,它还提供了可编程的间段来补偿传播延迟时间、相位转换和定义采样点和一位时间内的采样次数。

(7) 错误管理逻辑

错误管理逻辑(EML)接收位流处理器的错误报告,然后通知位流处理器和接口管理逻辑进行错误统计,主要用于传送层模块的错误管制。

SJA1000 作为 CAN 控制器,在系统中的作用可以通过图 6.67 展现出来。

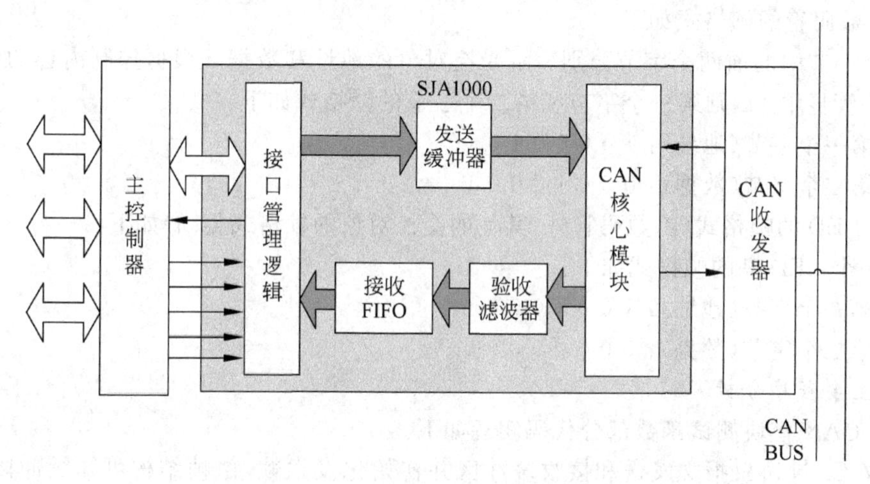

图 6.67　CAN 控制器 SJA1000 的模块结构

6.15.4　实验使用的通信协议及主要程序分析

1. 通信协议简析

实验过程中使用博创公司出品的 CAN 模块,主要包含 LED、蜂鸣器、数码管和步进电机等功能。

模块上受控对象的数据都紧跟在该对象唯一地址的后面,并根据该数据做出相应动作,例如 LED 亮或灭、蜂鸣器鸣叫等。CAN 通信最多一次可以发送 8B 数据,本实验只用到前两个字节,分别表示受控对象的地址和数据。下面给出各个受控对象的地址、控制数据及帧格式。

1) 受控对象的地址

受控对象地址分配如表 6.87 所示。

表 6.87　受控对象地址分配

受控对象名称	受控对象地址	受控对象名称	受控对象地址
LED1	0x81	蜂鸣器	0x84
LED2	0x82	数码管	0x85
LED3	0x83	步进电机	0x86

2) 控制内容

- 高电平点亮 LED;
- 高电平使蜂鸣器鸣叫;
- 使用数码管显示数字,直接用要显示的该数字表示即可,例如使数码管显示 17,直接发送 0x17；

- 通过 A/D 的采样值来直接控制步进电机的旋转角度方向，具体参考公式(AD2－AD1)×3/8，最后将这个处理过的数据作为步进电机的数据。AD2 和 AD1 分别表示后一次和前一次的采样值。

3) 控制帧格式

(1) 数码管的帧格式如下：

八个字节中的前两个字节分别表示受控对象的地址和数据。根据控制内容的说明，若要使数码管显示 11，则第一个字节和第二个字节的帧格式如下：

- 第一个字节(地址)：1 0 0 0 0 1 0 1；
- 第二个字节(数据)：0 0 0 1 0 0 0 1。

(2) LED 的帧格式(除数码管外，其他的受控对象的帧格式相同)如下：

第一个 LED 亮的帧格式如下：

- 第一个字节(地址)：1 0 0 0 0 0 0 1；
- 第二个字节(数据)：0 0 0 0 0 0 0 1。

2. 主要程序分析

(1) CAN 模块测试函数部分代码实现如下。

定义 CAN 协议报文发送和接收缓冲区并初始化发送帧，由帧结构可知缓冲区大小应为 13B，数据帧的前三个字节包括开始位、优先级别等信息，代码实现如下：

```
uint8 ucSendBuf[13];            //定义报文发送缓冲区
ucSendBuf[0] = 0x08;            //初始化前三个字节
ucSendBuf[1] = 0xff;
ucSendBuf[2] = 0xff;
```

控制蜂鸣器响的实现代码如下所示，其中 sendData 函数用于串行发送数据帧，通过替换受控对象的控制数据和地址信息可以实现对步进电机、LED 等其他受控对象的控制。代码实现如下：

```
ucSendBuf[3] = 0x84;                //用于存放受控地址信息
ucSendBuf[4] = 0x01;                //用于存放受控对象数据
for(i = 5;i<11;i++)
    ucSendBuf[i] = 0xa;
sendData (ucSendBuf);               //发送数据 ucSendBuf
```

(2) CAN 模块控制芯片的初始化函数部分实现如下：

判断是否成功进入复位工作模式，如果不成功，则输出错误信息，函数 SJAEnterResetMode 使 CAN 控制器进入复位工作模式；如果成功返回 1，否则返回 0。代码实现如下：

```
if(SJAEnterResetMode())
{
    ErrorFlag = 0;
    UART0SendString(cErrInfo[ERR_ENTER_RETSET]);      //输出复位错误信息提示
    return 0;
}
```

初始化完成后，CAN 总线的默认波特率为 100kbps，由于博创 CAN 模块的波特率使用 250kbps，所以在代码中须将 CAN 总线波特率设置成 250kbps，其中 SJASetBaudrate 函数用于设置波特率，代码实现如下：

```
if(SJASetBaudrate(BYTERATE_250k))
{
    ErrorFlag = 0;
    UART0SendString(cErrInfo[ERR_SET_BAUD]);       //输出设置波特率错误信息提示
    return 0;
}
```

设置时钟值。通过函数 SJASetOutClock (uint8 Out_Control, uint8　Clock_Out)完成，第一个参数 Out_Control 用于存放 CAN 控制器输出控制寄存器(OC)的参数设置；第二个参数 Clock_Out 用于存放 CAN 控制器时钟分频寄存器(CDR)的参数设置。代码实现如下：

```
if(!SJASetOutClock (0xaa,0xc0))
{
    ErrorFlag = 0;
    UART0SendString(cErrInfo[ERR_OUTPUT_CLKD]);       //输出设置时钟错误信息提示
    return 0;
}
```

向 RX 缓冲区起始地址寄存器写入 0x00，对 CAN 控制器进行硬件复位，代码实现如下：

```
writeCan(REG_RBSA,0x00);
```

SJASetObject(uint8 * PCAN_ACR,uint8 * PCAN_AMR)函数用于设置 CAN 节点的通信对象。参数 PCAN_ACR 用于存放 CAN 控制器验收代码寄存器(ACR)的参数设置；参数 PCAN_AMR 用于存放 CAN 控制器接收屏蔽寄存器(AMR)的参数设置。值得注意的是该子程序只能用于复位模式，代码实现如下：

```
if(SJASetObject (ucAcr,ucAmr))
{
    ErrorFlag = 0;
    UART0SendString(cErrInfo[ERR_SET_FILTER]);       //输出设置屏蔽寄存器错误信息提示
    return 0;
}
```

进入自接收模式并退出复位工作模式，代码实现如下：

```
writeCan(REG_MODE,0x0c);                              //正常发送模式
if(!SJAQuitResetMode ())
{
    ErrorFlag = 0;
    UART0SendString(cErrInfo[ERR_QUIT_RETSET]);       //输出退出复位错误信息提示
    return 0;
}
```

(3) 函数 readCan(uint8 Addr)用于读取 SJA1000 中地址值为 Addr 的地址处所存数据,成功后返回该地址处数据。

为了获取指定地址处的存储数据,首先将 ALE 置低,同时使能 RD、WR 及 CS 信号,并将地址信息输入到地址总线 A7～A0,然后将 ALE 置高。再按照 ALE、CS、RD 的顺序分别将其置低,即完成对地址的设置。对方发送数据后,按照 RD、CS 的顺序分别置高,即实现对数据的读取,读周期时序图如图 6.68 所示。

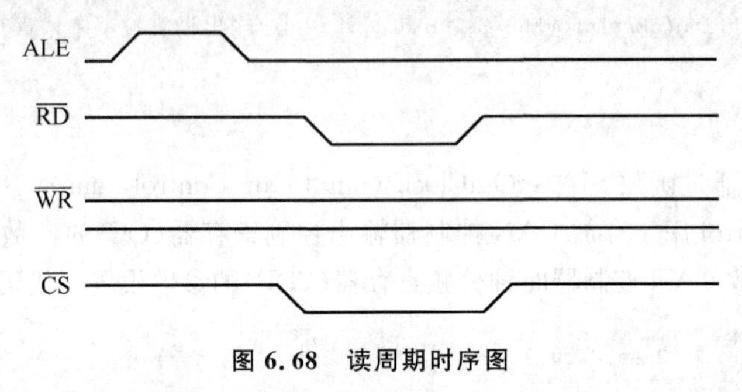

图 6.68 读周期时序图

代码实现如下:

```
IO0DIR = IO0DIR|0x80000000;          //将 P0.31 设置为输出
IO0CLR = IO0CLR|0x80000000;          //使 P0.31 输出低电平从而使控制器 ALE 信号置低
IO1DIR = IO1DIR|0x02000000;          //将 P1.25 设置为输出
IO1SET = IO1SET|0x02000000;          //使 P1.25 输出高电平,为控制器提供WR使能信号
IO1DIR = IO1DIR|0x01000000;          //将 P1.24 设置为输出
IO1SET = IO1SET|0x01000000;          //使 P1.24 输出高电平,为控制器提供RD使能信号
IO0DIR = IO0DIR|(0x000E0000);        //输出 CAN_cs_on
IO0SET = IO0SET|(0x000E0000);        //全部输出 1

//数据地址共 8 位,从 P1.16 开始一共 8 条,设为输出模式,将地址信息放入地址中
IO1DIR = IO1DIR|0x00FF0000;
IO1SET = IO1SET|(Addr << 16);
IO1CLR = IO1CLR|(((~Addr)<< 16)&0x00ffffff);
i = 2;                               //此处添加空指令用于保证时序的正确
IO0DIR = IO0DIR|0x80000000;          //ALE 置高
IO0SET = IO0SET|0x80000000;
i = 3;
IO1SET = IO1SET|(Addr << 16);        //再次输出地址,确保一致
IO1CLR = IO1CLR|(((~Addr)<< 16)&0x00ffffff);
i = 4;
IO0DIR = IO0DIR|0x80000000;          //ALE 置低电平
IO0CLR = IO0CLR|0x80000000;
IO0DIR = IO0DIR|(0x000E0000);        //输出,CS置低
IO0SET = IO0SET|(0x00040000);        //P0.18 置高
IO0CLR = IO0CLR|(0x000A0000);
IO1DIR = IO1DIR|0x1000000;           //RD置低
IO1CLR = IO1CLR|0x1000000;
i = 5;
i = 6;
```

```
IO1DIR = IO1DIR&0xFF00FFFF;          //数据口为输入
i = 7;
while(i < 15)
    i++;
//获得数据
data = IO1PIN;
retdata = (data >> 16)&0x00FF;
i = 8;
IO1DIR = IO1DIR|0x01000000;          //RD置高
IO1SET = IO1SET|0x01000000;
IO0DIR = IO0DIR|(0x000E0000);        //输出,CS置高
IO0SET = IO0SET|(0x000E0000);        //全部输出 1
```

(4) 函数 writeCan(uint8 Addr,uint8 Data)用于向 SJA1000 中值为 Addr 的地址处写入数据 Data。

写数据与读数据的原理基本相同,将上述读周期的时序中对 RD 信号的操作替换成对 WR 信号的操作,即可得到写周期的时序关系,写周期时序图如图 6.69 所示。

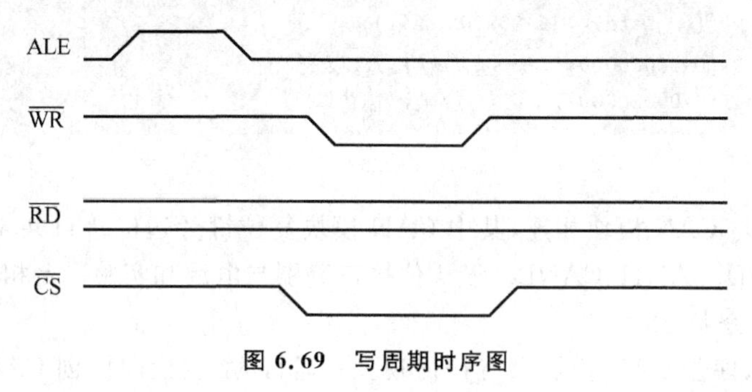

图 6.69　写周期时序图

代码实现如下:

```
IO1DIR = IO1DIR|0x00FF0000;                    //数据口为输出
IO1SET = IO1SET|(Addr << 16);                  //输出数据的地址
IO1CLR = IO1CLR|(((~Addr)<< 16)&0x00ffffff);
IO0DIR = IO0DIR|(0x000E0000 );                 //CS 置高,输出
IO0SET = IO0SET|(0x000E0000);                  //全部输出 1
IO0DIR = IO0DIR|0x80000000;                    //ALE 置低
IO0CLR = IO0CLR|0x80000000;
IO1DIR = IO1DIR|0x02000000;                    //WR置高
IO1SET = IO1SET|0x02000000;
IO1DIR = IO1DIR|0x01000000;                    //RD置高
IO1SET = IO1SET|0x01000000;
i = 2;
IO0DIR = IO0DIR|0x80000000;                    //ALE 置高
IO0SET = IO0SET|0x80000000;
i = 3;
IO1SET = IO1SET|(Addr << 16);                  //再次输出地址,确保一致
IO1CLR = IO1CLR|(((~Addr)<< 16)&0x00ffffff);
```

```
i = 4;
IO0DIR = IO0DIR|0x80000000;              //ALE 置低
IO0CLR = IO0CLR|0x80000000;
IO0DIR = IO0DIR|(0x000E0000);            //输出,CS置低
IO0SET = IO0SET|(0x00040000);
IO0CLR = IO0CLR|(0x000A0000);
IO1DIR = IO1DIR|0x02000000;              //WR置低
IO1CLR = IO1CLR|0x02000000;
i = 5;
IO1DIR = IO1DIR|0x00FF0000;              //输出数据
IO1SET = IO1SET|(Data << 16);
IO1CLR = IO1CLR|(((~Data)<< 16)&0x00ffffff);
while(i < 15)
   i++;
i = 6;
IO1DIR = IO1DIR|0x02000000;              //WR置高
IO1SET = IO1SET|0x02000000;
IO1SET = IO1SET|(Data << 16);            //再次输出数据,确保一致
IO1CLR = IO1CLR|(((~Data)<< 16)&0x00ffffff);
IO0DIR = IO0DIR|(0x000E0000);            //输出,CS置高
IO0SET = IO0SET|(0x000E0000);            //全部输出 1
```

3. 操作步骤

将实验平台与 CAN 模块相连,其中 CAN 模块复位键旁边的接口共 4 位,从复位键起依次为+5V、GND、CANH、CANL。该 4 位接口分别与电源和实验平台相连。

4. 运行结果分析

程序运行前,博创 CAN 模块没有任何现象;运行时,主板向博创 CAN 模块发送数据包来控制该模块,博创模块蜂鸣器响、LED 灯闪烁、数码管显示 77(具体数字可以在程序中设定)和步进电机转动等现象。

第3篇　多核心单片机教学实验平台设计

- 单片机平台系统需求分析与总体设计
- 模块设计与软件分析

第7章 单片机平台系统需求分析与总体设计

本章将介绍多核心单片机教学实验平台的系统概述、需求分析与系统设计等内容。

7.1 系统概述

单片机学习需采用理论与实践相结合的方式，理论知识相对抽象，学习者可通过观察实验现象来加深对相关理论知识的认识，进而掌握单片机系统的开发过程。目前市场上单片机系统种类繁多，学习不同的单片机系统往往需要购买不同的开发板，这些开发板均由单片机和外围硬件模块组成，虽然采用的单片机各不相同，但是外围硬件模块比较相似，工作原理有共同之处。与第2篇介绍多核心嵌入式科研平台采用同样思路，本篇设计了一款硬件模块功能齐全、能够涵盖到大部分典型嵌入式应用的多核心单片机教学实验平台。该平台包括一块主板和一块AVR转接板，单片机可直接插在主板上，或通过AVR转接板插到主板上工作，控制主板上的硬件模块。

考虑到处理器和AVR转接板都可以插接到主板上工作，因此选用的处理器应该具有较大相似性，经过综合比较，选用8051系列单片机和AVR系列单片机。前者应用最为广泛，资料齐全，价格低廉；后者采用精简指令集，执行速度快、功耗低、性价比高，这两种处理器都具有典型性。8051系列单片机的具体型号为AT89S52，40引脚PDIP封装，具有32个通用I/O口；AVR系列单片机的具体型号为ATmega32，同样40引脚PDIP封装，具有32个通用I/O口。这两种处理器的封装形式和I/O引脚数目相同，为AVR转接板设计及AVR转接板与主板间的接口设计带来很大便利；两种处理器的片内硬件资源有很大交集，便于设计主板的硬件结构和接口。

系统总体结构如图7.1所示，硬件部分包括电路主板及AVR转接板，主板包括单片机插座、ISP接口、板载硬件模块和扩展接口4个部分，AT89S52单片机可直接插接在主板上工作，ARV单片机可通过AVR转接板插接在主板上工作。

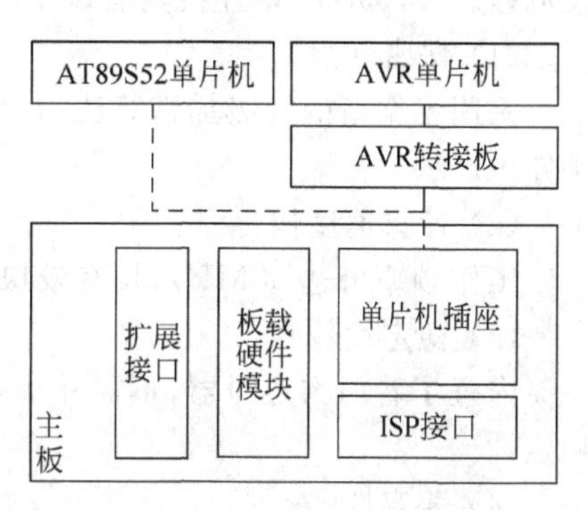

图7.1 系统总体结构

基于以上设计方式，该实验平台可工作在两种模式下，分别为51单片机模式与AVR单片机模式。

1. 51单片机模式

将AT89S52插入主板的单片机插座，在主板上通过跳线选择51复位方式，由主板向处理器供电，处理器控制主板的所有硬件资源；可通过编程器与PC的USB接口相连，在PC的集成开发环境控制下，可调试、下载程序到多核心单片机教学实验平台。

2. AVR 单片机模式

将 ATmega32 通过 AVR 转接板插入主板的单片机插座，在主板上通过跳线选择 AVR 复位方式，由主板向处理器供电，处理器控制主板的所有硬件资源；同样可通过编程器与 PC 的 USB 接口相连，在 PC 的集成开发环境控制下，可调试、下载程序到多核心单片机教学实验平台。

本设计方案可以用不同的单片机来控制主板资源，在教学和实验过程中，可使用同一块主板，而根据不同需求更换不同的单片机，可以有效降低实验成本。

7.2 系统需求分析

与第 2 篇介绍的多核心嵌入式科研平台相同，本篇的多核心单片机教学实验平台也定位于学习和实验，面向人群为单片机电路设计和单片机编程的初学者及希望进行单片机技术方面具体实践的嵌入式系统设计者、软件设计者和爱好者。

多核心单片机教学实验平台基于 AT89S52 单片机和 ATmega32 单片机，集成了流水灯模块、键盘模块、数码管显示模块、LED 点阵模块、继电器模块、蜂鸣器模块、语音模块，扩展了点阵 LCD 接口、串行接口、红外接口、步进电机接口、温度传感器接口。

7.2.1 硬件需求分析

1. 处理器选型

对于单片机系统来说，硬件是基础，处理器是核心，所以处理器选型是设计单片机系统的关键。由于该系统定位于多核心设备，因此至少需要选择两种单片机，选择的原则是典型、实用、适合教学，并且两种处理器的封装形式和功能要尽量接近，以适合在同一套主板上使用。

目前应用较多、影响力较大的单片机有 8051 系列单片机、PIC 系列单片机、AVR 系列单片机和 MSP430 系列单片机等。经过综合考虑，决定选用 8051 系列中的 AT89S52 单片机和 AVR 系列中的 ATmega32 单片机。

8051 是目前单片机的主流产品，ATMEL 公司获得 8051 内核技术后，相继推出了 AT89C51 系列单片机和 AT89S51 系列单片机，其中前者内置了可反复擦写的 Flash 程序存储器，有效降低了开发成本；后者则在此基础上支持 ISP 在线程序下载，进一步简化了开发流程。AT89S51 单片机具有以下特点。

(1) 保密性强。

采用了全新的 3 级加密算法，几乎不可能解密，程序的保密性大大增强，可更有效地保护知识产权。

(2) 计算速度快。

工作频率可达 33MHz，具有较快的计算速度。

(3) 稳定性较强。

内置了看门狗定时器，不需外接相关电路，可防止程序跑飞，增强了抗干扰能力，提高了稳定性。

(4) 兼容性强。

向下完全兼容 AT89C51 等早期产品，AT89C51 的相关程序完全可以在 AT89S51 单片机上运行。

AT89S52 在 AT89S51 的基础上进行了增强。AT89S51 拥有 4KB 可在线编程 Flash 程序存储器、2 个 16 位可编程定时器/计数器和 5 个中断源；而 AT89S52 则拥有 8KB 可在线编程 Flash 程序存储器、3 个 16 位可编程定时器/计数器和 6 个中断源。此外，AT89S52 支持两种软件可选择节电模式，性价比更高。

AVR 系列单片机是 Atmel 公司推出的高速 8 位单片机，采用精简指令集和哈佛结构，内置可反复擦写的 Flash 程序存储器。AVR 系列单片机采用 8 位机与 16 位机相折中的硬件设计方式，克服了基于累加器结构的瓶颈问题，提高了指令执行速度。AVR 系列单片机具有高性能、低功耗、高性价比等特点，广泛应用于工业控制、仪器仪表、家用电器、汽车电子等各个领域。AVR 单片机的优势包括：

(1) 易于入门。

支持 ISP 在线编程，设计者只需把调试通过的程序直接在线写入 AVR 单片机，即可开发 AVR 系列单片机的片内资源。

(2) 执行速度快。

AVR 单片机是高速 8 位单片机，具有单周期指令系统，又具有预取指令功能，可实现流水作业。

(3) 稳定性高。

内置可编程的看门狗定时器，可防止程序跑飞，具有上电复位和掉电检测功能，提高了稳定性。

(4) I/O 口功能强大。

AVR 单片机的 I/O 口灌电流可达 20mA，拉电流可达 40mA，可直接驱动 LED 或继电器，属于工业级产品。此外，AVR 单片机内置模拟比较器，I/O 口可用于 A/D 转换。

ATmega 系列是 AVR 单片机中的高档产品，其 PDIP 封装形式与 AT89S52 单片机类似，容易制作转接板。因此，可选择 PDIP 封装形式的 AT89S52 和 ATmega32 作为多核心单片机教学实验平台的处理器。

2. 主板硬件模块需求

主板硬件模块选择过程较为烦琐，需要考虑众多因素，例如硬件模块类型、数量、典型性、布局、对处理器 I/O 引脚资源的需求程度等。由于处理器引脚资源有限，部分硬件模块可通过引脚复用来共享处理器引脚。经过综合考虑，结合对 AT89S52 及 ATmega32 功能特点的分析，确定主板硬件模块包括内容如表 7.1 所示。

表 7.1 主板硬件模块内容

功　　能	说　　明
LED	4 个，用于流水灯实验
按键	6 个，用于查询或中断输入实验
继电器	1 个，用于继电器实验
蜂鸣器	1 个，用于简单音乐播放实验
数码管	1 个 4 位八段数码管，用于数字显示实验
LED 点阵	1 个 8×8 点阵，用于显示实验
语音控制	1 个 ISD4004 语音芯片、1 个话筒，用于声音录放实验

除以上硬件模块外,主板还需要如表 7.2 所示的扩展接口,以扩展外围设备。

表 7.2 主板扩展接口

接 口	说 明
点阵型 LCD 接口	1 个,用于连接点阵型 LCD
步进电机接口	1 个,用于连接步进电机
串行接口	1 个,用于实现单片机与 PC 通信
温度传感器接口	1 个,用于 DS18B20 温度传感器
红外接口	1 个,用于 VS1838B 红外传感器
ISP 接口	1 个,用于连接 ISP 下载线

7.2.2 软件需求分析

多核心单片机教学实验平台的软件需求部分,主要为针对各个模块所设计的实验范例程序,包括硬件驱动程序和与硬件无关的上层应用程序。由于实验平台采用 AT89S52 与 ATmega32 两种类型处理器,因此软件部分也包括对应的两个版本。软件运行在硬件平台上,由硬件模块决定了软件功能,软件功能需求如表 7.3 所示。

表 7.3 软件功能需求

模块名称	软 件 功 能
流水灯	控制 LED 亮灭实现流水灯的不同显示效果
蜂鸣器	控制蜂鸣器振动频率播放简单音乐
数码管	控制数码管各段亮灭显示数字
LED 点阵	控制点阵行列信号实现图文显示效果
语音控制	通过按键命令实现声音信号的录音、放音
键盘控制	通过查询或中断的方式识别按键并用数码管显示
继电器	通过 I/O 口控制继电器的开、关
点阵型 LCD 接口	通过查询字库显示汉字、字符和数字,以及显示点阵图形
串行接口	实现串口终端与单片机之间的通信
温度传感器接口	测量环境温度并通过 LCD 显示
步进电机接口	通过按键命令控制电机的运转方向和转速
红外接口	检测红外遥控器输入,并显示相应键值

7.3 系统设计

系统支持的硬件模块和扩展接口明确之后,下一步需考虑如何进行设计,即需要设计一块电路主板以及一块 AVR 转接板,以支持该平台的两种工作模式:51 单片机模式与 AVR 单片机模式。

7.3.1 AVR 转接板设计

为了使多核心单片机教学实验平台可以支持 AT89S52 和 ATmega32 两种处理器,需要通过 AVR 转接板将 ATmega32 单片机的引脚映射至 AT89S52 单片机的引脚位置，AVR 转接板如图 7.2 所示。这两种单片机都采用 40 引脚 PDIP 的封装形式，只需将功能相同的引脚通过电路连接，从而控制主板硬件资源。具体映射方式为，ATmega32 单片机的 32 个 I/O 口 PA0～PD7 通过 AVR 转接板映射至 AT89S52 的对应 I/O 口 P0.0～P3.7，前者的 2 个晶振引脚 XTAL1、XTAL2 通过 AVR 转接板映射至后者的对应引脚，前者的 VCC、GND 和 $\overline{\text{RESET}}$ 引脚通过 AVR 转接板映射至后者的对应引脚，前者的 AREF 和 AVCC 引脚通过 AVR 转接板映射至后者的 VPP 和 $\overline{\text{PSEN}}$ 引脚。此外，ATmega32 单片机的 31 号引脚 GND 接地，AT89S52 单片机的 30 号引脚 $\overline{\text{PROG}}$ 悬空。

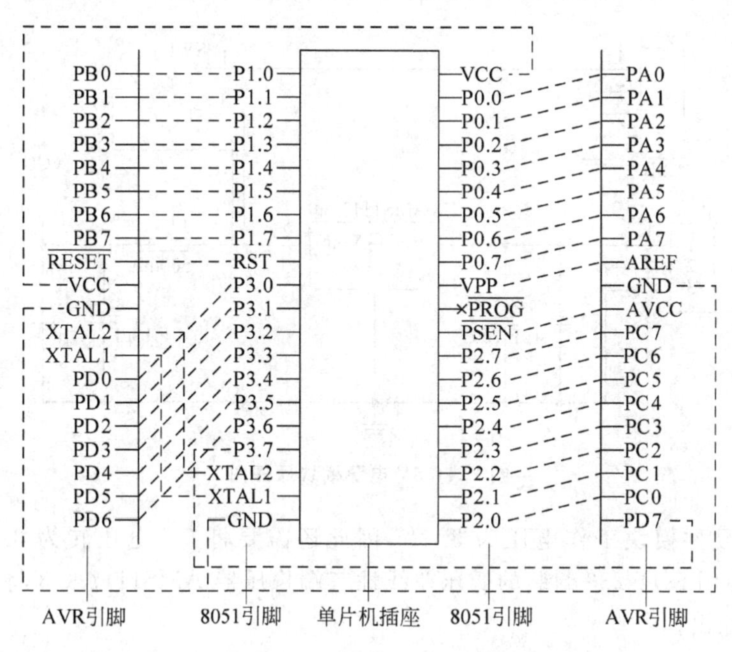

图 7.2　AVR 转接板示意图

7.3.2　主板硬件模块设计

主板包括多种硬件模块和接口，其硬件结构如图 7.3 所示。

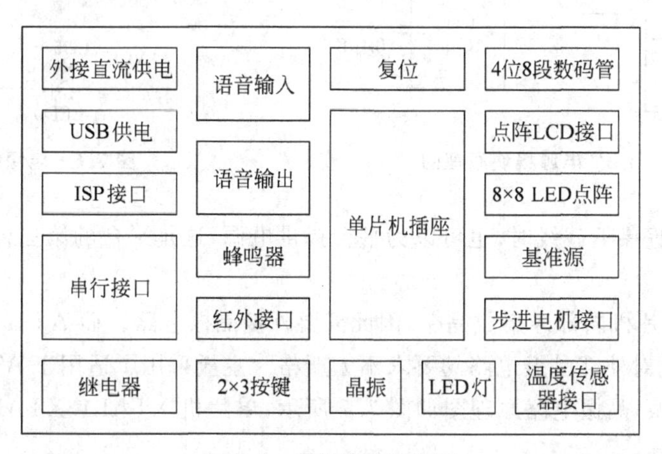

图 7.3　主板硬件结构图

主板上设计了40针单片机插座，供AT89S52单片机及AVR转接板插接。主板上还设计了电源模块、晶振电路和复位电路等基础电路部分。下面简要介绍这三部分基础电路。

1. 电源模块

主板电源采用外接电源和USB两种方式供电，利用三掷开关在这两种供电方式之间切换，原理如图7.4所示。在外接电源供电方式下，6.5～12V输入电压经过SOT-233封装的低压差线性三端稳压器AMS1117-5.0稳定为5±0.05V输出。USB供电方式下，可通过USB连接线将主板连接至电脑，由电脑的USB接口直接向主板提供5V电源。5V电源经过保险丝为主板上的各个硬件模块供电。

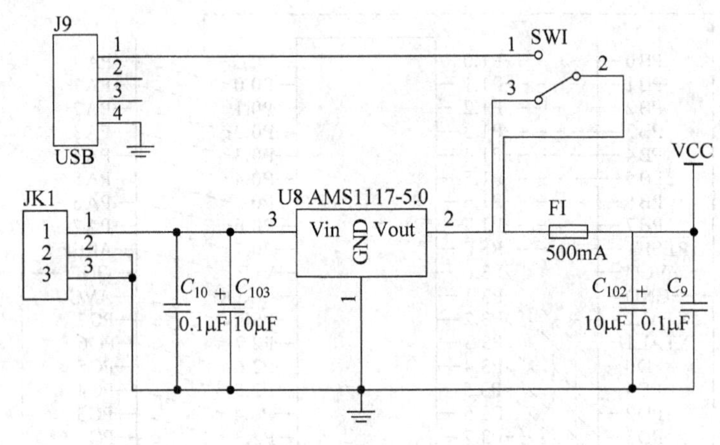

图7.4　5V电源模块原理图

部分主板硬件模块工作电压为3.3V，因此还需要将5V电压转为3.3V电压。如图7.5所示，使用SOT-233封装的低压差线性三端稳压器AMS1117-3.3将5V输入电压转换为3.3V输出。

另外，设计了如图7.6所示的电源指示灯电路。当电源工作正常时，发光二极管LD5正向导通，LD5被点亮。R26阻值为1kΩ，起限流作用。

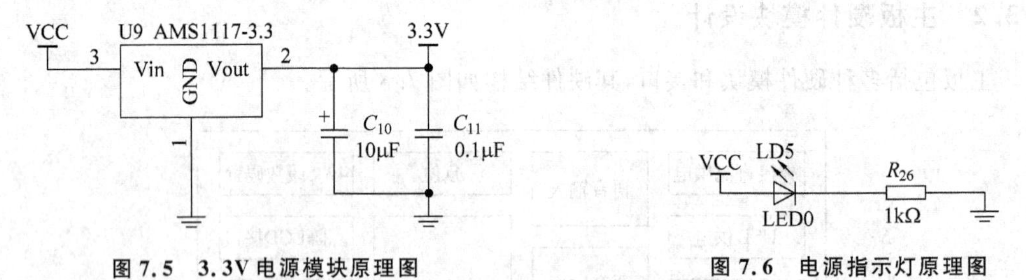

图7.5　3.3V电源模块原理图　　　　图7.6　电源指示灯原理图

当连接ISP程序下载线时，也可以为平台提供电源，这是平台的第三种供电方式。

2. 晶振电路

AT89S52单片机内部未集成晶振，因此需要外接晶振电路。而ATmega32单片机内部集成了晶振，因此对外部晶振电路的要求不太严格。主板采用了适用于AT89S52单片机的11.0592MHz晶振，晶振电路原理图如图7.7所示，单片机XTAL1、XTAL2时钟引脚与图中的对应引脚相连。

3. 复位电路

复位电路如图 7.8 所示，AT89S52 单片机为高电平复位，而 ATmega32 单片机为低电平复位，因此需要通过跳线来选择两种单片机的复位方式。

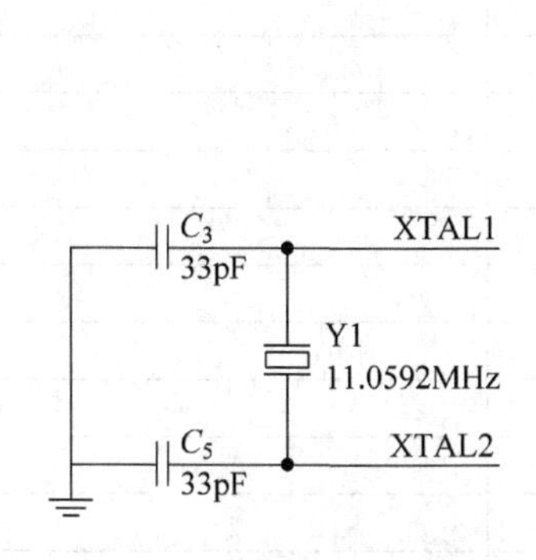

图 7.7　晶振电路原理图

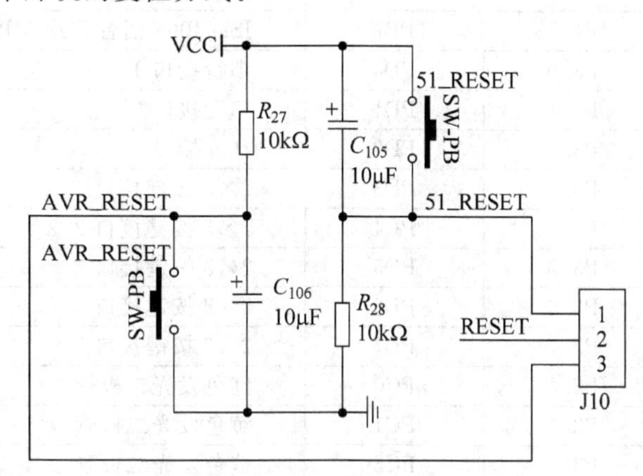

图 7.8　复位电路原理图

1) 51 单片机模式

当选用 AT89S52 单片机时，应用跳线连接 J10 的 1、2 引脚。上电瞬间，电容 C_{105} 相当于短路，51_RESET 引脚与 VCC 连通，完成上电复位。电路稳定后，电容 C_{105} 相当于断路，下拉电阻使 51_RESET 引脚置为低电平。按下相应复位键，将会使 51_RESET 引脚与 VCC 连通，完成复位。

2) AVR 单片机模式

当选用 ATmega32 单片机时，应用跳线连接 J10 的 2、3 引脚。上电瞬间，电容 C_{106} 相当于短路，AVR_RESET 引脚与地连通，完成上电复位。电路稳定后，电容 C_{106} 相当于断路，上拉电阻使 AVR_RESET 引脚置为高电平。按下相应复位键，将会使 AVR_RESET 引脚与地连通，完成复位。

7.3.3　处理器资源分配

主板上硬件模块和扩展接口较多，而处理器引脚资源有限，因此需要复用部分引脚。主板模块与处理器引脚的对应关系如表 7.4 所示，共复用了 10 条 I/O 引脚。不需在系统正常运行时使用 ISP 接口，因此可以与语音芯片复用 I/O 引脚；不需同时使用功能相似的数码管与点阵型 LCD，因此数码管与点阵型 LCD 也可复用 I/O 引脚。

表 7.4　处理器引脚分配表

AT89S52	ATmega32	用　途　1	用　途　2
P1.0	PB0	ISD 4004 语音芯片/SS 接口	
P1.1	PB1	ISD 4004 语音芯片 MOSI 接口	
P1.2	PB2	ISD 4004 语音芯片 MISO 接口	
P1.3	PB3	蜂鸣器控制端口	
P1.4	PB4	继电器控制端口	
P1.5	PB5	ISD 4004 语音芯片/SS 接口	ISP 接口 MOSI

续表

AT89S52	ATmega32	用 途 1	用 途 2
P1.6	PB6	ISD 4004 语音芯片 MOSI 接口	ISP 接口 MISO
P1.7	PB7	ISD 4004 语音芯片 MISO 接口	ISP 接口 SCK
P3.0	PD0	串行接口 1	
P3.1	PD1	串行接口 2	
P3.2	PD2	红外接口	
P3.3	PD3	2×3 按键接口 1	
P3.4	PD4	2×3 按键接口 2	
P3.5	PD5	2×3 按键接口 3	
P3.6	PD6	2×3 按键接口 4	
P3.7	PD7	2×3 按键接口 5	
P2.0	PC0	红色发光二极管	
P2.1	PC1	黄色发光二极管	
P2.2	PC2	蓝色发光二极管	
P2.3	PC3	白色发光二极管	
P2.4	PC4	温度传感器接口	
P2.5	PC5	液晶显示屏数据端口 1	4 位 8 段数码管段选信号 1
P2.6	PC6	液晶显示屏数据端口 2	4 位 8 段数码管段选信号 2
P2.7	PC7	液晶显示屏数据端口 3	4 位 8 段数码管段选信号 3
P0.7	PA7	液晶显示屏/RST 信号	4 位 8 段数码管位选信号 1
P0.6	PA6	液晶显示屏 PSB 信号	4 位 8 段数码管位选信号 2
P0.5	PA5	液晶显示屏 E(SCLK)信号	4 位 8 段数码管位选信号 3
P0.4	PA4	液晶显示屏 R/W 信号	4 位 8 段数码管位选信号 4
P0.3	PA3	液晶显示屏 CS 信号	
P0.2	PA2	8×8 LED 点阵 DATA 接口	
P0.1	PA1	8×8 LED 点阵 STCLK 接口	
P0.0	PA0	8×8 LED 点阵 SHCLK 接口	

7.4 软件框架

使用多核心单片机教学实验平台进行软件开发，需要了解其软件开发框架，下面介绍基于 AT89S52 的软件开发框架。

参考 2.3.2 小节介绍的基于 LPC2136 的系统开发流程，在使用 Keil C51 建立好工程后，除了编写自己的程序代码外，还须添加头文件 reg52.h，其中定义了标识符和地址的对应关系。特殊功能寄存器定义如图 7.9 所示，reg52.h 文件中，首先定义了特殊功能寄存器 SFR 的标识符和字节地址的对应关系，第一列是数据类型，sfr 是 Keil C51 中定义 8 位特殊功能寄存器的一种扩充数据类型；第二列是标识符；最后一列是字节地址。例如 sfr P0 = 0x80，定义了以 0x80 为字节地址的 P0 I/O 口。reg52.h 还对特殊功能寄存器中的可寻址位进行了定义，如图 7.10 所示，包括定时器/计数器 0 和 1 的控制寄存器 TCON、中断允许寄存器 IE、中断优先级寄存器 IP、串行口控制寄存器 SCON、I/O 口 P1 和 P3 中的可寻址位。可通过使用 reg52.h 中的标识符对单片机中的相应地址进行读写操作。

```
/*  BYTE Registers  */
sfr P0    = 0x80;
sfr P1    = 0x90;
sfr P2    = 0xA0;
sfr P3    = 0xB0;
sfr PSW   = 0xD0;
sfr ACC   = 0xE0;
sfr B     = 0xF0;
sfr SP    = 0x81;
sfr DPL   = 0x82;
sfr DPH   = 0x83;
sfr PCON  = 0x87;
sfr TCON  = 0x88;
sfr TMOD  = 0x89;
sfr TL0   = 0x8A;
sfr TL1   = 0x8B;
sfr TH0   = 0x8C;
sfr TH1   = 0x8D;
sfr IE    = 0xA8;
sfr IP    = 0xB8;
sfr SCON  = 0x98;
sfr SBUF  = 0x99;

/*  8052 Extensions  */
sfr T2CON  = 0xC8;
sfr RCAP2L = 0xCA;
sfr RCAP2H = 0xCB;
sfr TL2    = 0xCC;
sfr TH2    = 0xCD;
```

图 7.9　特殊功能寄存器定义

```
/*  BIT Registers  */
/*  PSW  */
sbit CY    = PSW^7;
sbit AC    = PSW^6;
sbit F0    = PSW^5;
sbit RS1   = PSW^4;
sbit RS0   = PSW^3;
sbit OV    = PSW^2;
sbit P     = PSW^0; //8052 only

/*  TCON  */
sbit TF1   = TCON^7;
sbit TR1   = TCON^6;
sbit TF0   = TCON^5;
sbit TR0   = TCON^4;
sbit IE1   = TCON^3;
sbit IT1   = TCON^2;
sbit IE0   = TCON^1;
sbit IT0   = TCON^0;

/*  IE  */
sbit EA    = IE^7;
sbit ET2   = IE^5; //8052 only
sbit ES    = IE^4;
sbit ET1   = IE^3;
sbit EX1   = IE^2;
sbit ET0   = IE^1;
sbit EX0   = IE^0;
```

图 7.10　可寻址位定义

编写好软件后，在选项设置时，需要注意以下两点：第一，在工程配置对话框的 Target 中确认芯片是 AT89S52，然后将晶振 Xtal(MHz)设成常用的频率 11.0592。第二，在 Output 选项卡中选中 Create HEX File，这样编译后，会在工程目录下生成一个与工程名称一致的后缀为.hex 的文件。

这些选项都设置好之后，即可进行编译、链接操作，然后按照以下步骤将.hex 文件写入到单片机中运行：

(1) 用 ISP 下载线连接实验平台的 ISP 接口与 PC 的 USB 接口。

(2) 接通平台电源。

(3) 在 PC 上运行 PROGISP 软件，将.hex 文件写入到单片机中。在首次使用 PROGISP 软件时，还需安装驱动。

注：PROGISP 的相关介绍请参见 2.8.6 小节。

第8章 模块设计与软件分析

本章以AT89S52单片机为例，介绍多核心单片机教学实验平台上的硬件模块及相关范例程序。

8.1 流 水 灯

8.1.1 工作原理

发光二极管(Light-Emitting Diode，LED)是半导体二极管的一种，由PN结构成，具有单向导电性。当向发光二极管提供正向电压后，从P区注入N区的空穴和由N区注入P区的电子移动到PN结附近数微米范围内，分别与N区的电子和P区的空穴复合，产生自发辐射的荧光。不同半导体材料中电子和空穴所处的能量状态不同，因此电子和空穴复合时释放出的能量也不同，释放出的能量越多，发出的光的波长越短。不同化合物制成的发光二极管发光颜色不同，如：磷砷化镓二极管发红光，磷化镓二极管发绿光，碳化硅二极管发黄光。最常用的是发红光、绿光或黄光的二极管，常作为仪器设备的指示灯。可通过控制I/O引脚来实现LED的流水灯显示效果。

8.1.2 电路介绍

流水灯模块的电路原理图如图8.1所示。将颜色依次为红、黄、绿、蓝的发光二极管LED1、LED2、LED3、LED4的负极与AT89S52的P2.0～P2.3引脚相连，正极与VCC连接。电阻R_{22}～R_{25}的阻值为1kΩ，起限流作用。当单片机输出高电平时，LED灯灭；输出低电平时，LED灯亮。通过控制单片机的4个引脚的电平，就可以控制LED灯的亮灭顺序。

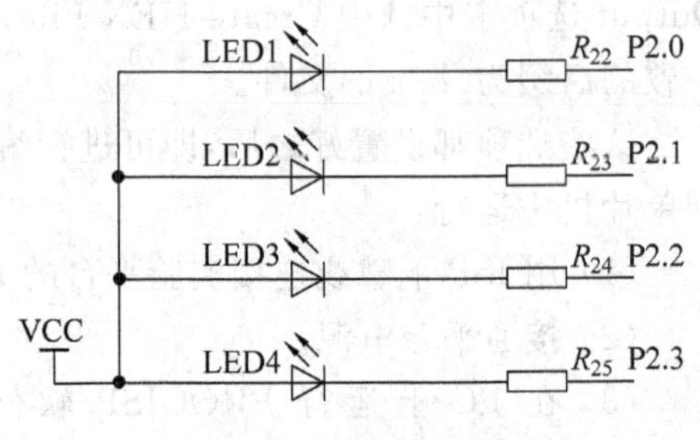

图8.1 流水灯模块电路原理图

8.1.3 软件设计

下面分析流水灯模块的主要代码。

编写流水灯显示函数，首先设置一个初值为1的8bit变量temp，在循环中，把temp取反后的值赋给P2口，稍作延时，然后将temp左移一位，如此循环，即可实现流水灯顺序点亮的效果，代码实现如下：

```
void LED_display()
{
```

```
    uchar i;
    uchar temp = 1;
    for(i = LIGHT_NUM;i > 0;i -- )        //LED 循环点亮
    {
        P2 = ~temp;                       //点亮一个 LED
        delay_ms(800);
        temp <<= 1;                       //temp 移位,更改点亮的 LED 位置
    }
}
```

大部分模块函数都调用了 public_func.c 中的两个延时函数。这两个延时函数均由 C 语言实现,因此只能做到大致延时。如需精确定时,可使用汇编语言编写延时函数。

延时函数代码实现如下:

```
//延时函数,在采用 Keil C51 编译器,且晶振频率为 11.0592MHz 时,调用一次该函数时间约为 9i + 16μs,i 是函数的参数
void delay_us(uint i)
{
    while(i -- );
}
//延时函数,在采用 Keil C51 编译器,且晶振频率为 11.0592MHz 时,延时约 ims
void delay_ms(uint i)
{
    while(i -- )
    {
        delay_us(112);
    }
}
```

在实验平台的单片机插座上插入 AT89S52 单片机,为实验平台接通电源,然后将复位电路的跳线帽连接至 51_RESET 引脚。用 ISP 下载线连接宿主机和实验平台,将调试好的程序写入 AT89S52,可以观察到,流水灯按红、黄、绿、蓝的顺序被循环点亮。

8.2 键盘和数码管

键盘作为输入设备,向用户提供了系统控制的接口。键盘一般分为编码键盘和非编码键盘两种。

编码键盘本身除了按键外,还包括产生键码的硬件电路。只要按下某一个按键,就能够生成该键的编码,因此需要编写的输入程序较为简单。不过由于其硬件较复杂,在单片机系统中使用得不多。

非编码键盘是由若干个按键组成的开关矩阵。在非编码键盘中,按下某一按键只能使该按键所在回路导通,必须使用软件程序来识别按下按键的位置,因此非编码键盘的软件设计相对复杂。由于非编码键盘硬件结构简单,目前在单片机系统中使用较为普遍。

本节主要介绍非编码键盘和数码管。

8.2.1 工作原理

1. 按键的抖动问题

目前常用的按键均依靠机械触点的闭合与断开来产生有效电信号，实际使用时，按键被按下或断开的瞬间均会产生抖动，表现为机械触点的多次闭合或断开，可能被软件识别为多次按下或抬起，从而产生错误的识别结果，因此必须去除按键的抖动，按键去抖可以采用硬件或软件的形式。

硬件去抖是在处理器连接键盘的 I/O 引脚的地方接入一个基本 RS 触发器，利用触发器的特性去除按键的抖动。软件去抖使用延时方式，按键抖动时间的长短由按键的机械特性决定，一般为 5～10ms，按键按下的稳定时间通常由用户决定，为零点几秒至数秒。在判断按键被按下的程序段后，添加一个 10ms 的延时子程序，然后再次判断是否有键按下，如果判断确实有键按下，再进入相应的按键识别程序。这样可以有效地避免按键抖动造成的识别错误。

2. 键盘工作原理

单片机系统中常用的键盘按照结构组成方式可以分为独立式键盘和矩阵式键盘两类，其中独立式键盘采用一个 I/O 口控制一个按键，驱动电路简单，通常应用于系统中需要较少按键的情形；在按键数量较多时，为减少 I/O 口的占用，将按键排成行列形式，采用线反转法或扫描法识别按键，构成矩阵式键盘。下面详细介绍矩阵式键盘的工作原理。

矩阵式键盘是指将按键排成矩阵的形式，按键分布于矩阵行和列的交点上，每一个按键的一端连接行线，另一端连接列线，当按键按下时，行线和列线接通，因此，可以使用行(列)线输入，列(行)线输出的方式识别被按下的按键。

矩阵式键盘的扫描程序应首先判断是否有键按下，然后在有键按下时识别具体的按键位置。判断按键按下的方式有三种，分别为查询、定时检测和中断。查询方式中，在特定的控制程序段执行按键识别程序，程序采用循环判断的方式，等待按键被按下和抬起；定时检测方式中，通过定时器定时，在一定的时间段内执行按键识别程序，判断按键状态；中断方式中，每当有键按下时即触发按键中断，在中断处理程序中完成按键识别。

下面简要介绍采用线反转法的查询方式按键识别程序流程。

(1) 将行线置为高电平，列线置为低电平，并不断地检测行线状态。

(2) 当行线上产生低电平时，说明有键按下，且当前为低电平的行线为按下按键所在行。

(3) 将列线置为高电平，行线置为低电平，同时检测列线状态，当前为低电平的列线为按下按键所在列。

通过以上过程，能够识别出用户按下键的所在位置，获取用户想要输入的信息。同独立式键盘相比，使用矩阵式键盘可以节省处理器的 I/O 口，但同时会增加处理器的处理时间，占用处理器资源。

3. 数码管工作原理

数码管通常由八段发光二极管构成，其中 a～g 七段构成了数字 8 的形状，另外一段用 dp 表示，用来显示小数点。通常八段数码管按照内部接线方式的不同可以分为共阳极和共阴极两类，其结构如图 8.2 所示。共阳极数码管内部的八段发光二极管的阳极连接在一起，阴极引向器件外部，在工作时，将阳极一端接至电源正极，在某一段发光二极管的阴极上提供一个低电平，能够将其点亮，形成需要显示的数字或字符。共阴极数码管则将阴极连接在一起，并接地，工作时，在某一段发光二极管的阳极上提供高电平，能够将其点亮，形成需要显示的数字或字符。

4. 74HC595 工作原理

74HC595 是一款高速 CMOS 器件，带有 8 位移位寄存器和存储寄存器，能够将串行输入转化为并行输出，其引脚图如图 8.3 所示。

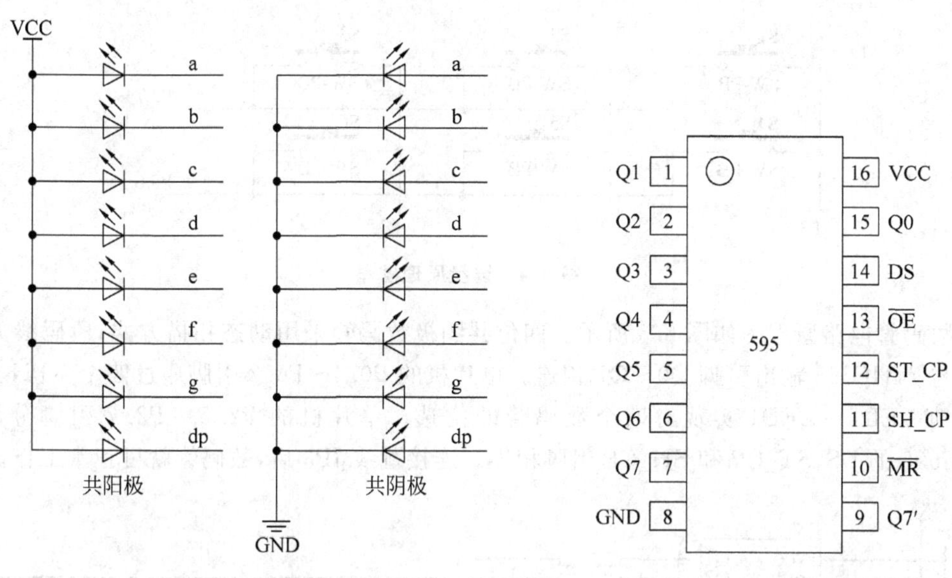

图 8.2　数码管结构

图 8.3　74HC595 引脚图

其引脚标号与引脚功能对应如表 8.1 所示。

表 8.1　74HC595 引脚说明

符号	引脚	描　述
VCC	16	电源
Q0～Q7	15,7～1	并行数据输出
DS	14	串行数据输入
$\overline{OE}$	13	输出使能，低电平有效
ST_CP	12	存储寄存器锁存时钟输入
SH_CP	11	移位寄存器时钟输入
$\overline{MR}$	10	移位寄存器清零，低电平有效
Q7′	9	串行数据输出
GND	8	地

使用 74HC595 作为数码管显示驱动时，主要功能为将串行数据线上提供的串行数据输入转化为并行数据输出，该过程通过移位实现。

在移位时钟信号 SH_CP 的上升沿，74HC595 采集串行数据 DS 引脚信号，将信号移入移位寄存器中；在 ST_CP 的上升沿，移位寄存器中的内容被送入存储寄存器并输出到 Q0～Q7 引脚上。因此，在进行 8 位数据传输时，SH_CP 引脚连接时钟，DS 引脚连接串行输入数据，数据的最低位应在 SH_CP 产生上升沿之前传输到 DS 引脚上，并在下一个上升沿之前将数据的下一位送到 DS 引脚上，8 个时钟周期后，移位寄存器中保存一个 8bit 的数据。ST_CP 引脚的上升沿将数据送到存储寄存器中并输出。

8.2.2 电路介绍

实验平台采用 2×3 矩阵式键盘，其原理图如图 8.4 所示，行线连接至单片机的 P3.6 和 P3.7 引脚，列线连接至单片机的 P3.3～P3.5 引脚。

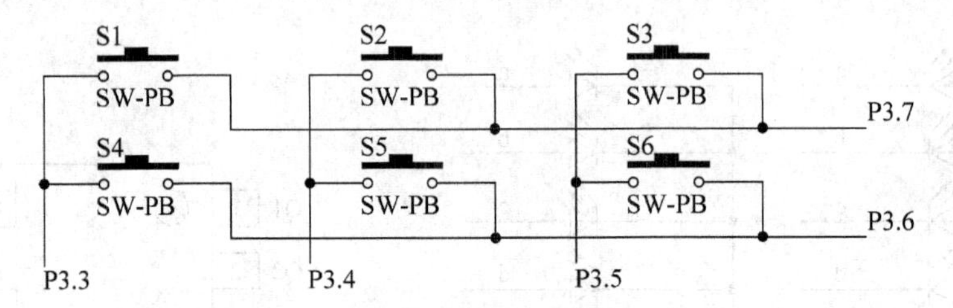

图 8.4 键盘原理图

数码管电路原理图如图 8.5 所示。四位共阴极数码管采用动态扫描方式，段码线 a～p 分别与 74HC595 输出引脚 Q0～Q7 相连。单片机的 P0.4～P0.7 引脚通过四个 NPN 三极管驱动 LED1～LED4 实现对四个数码管的位选。单片机的 P2.5～P2.7 引脚分别与 74HC595 的 DS、ST_CP 和 SH_CP 引脚相连。连接跳线 JP3 后，数码管就可正常工作。

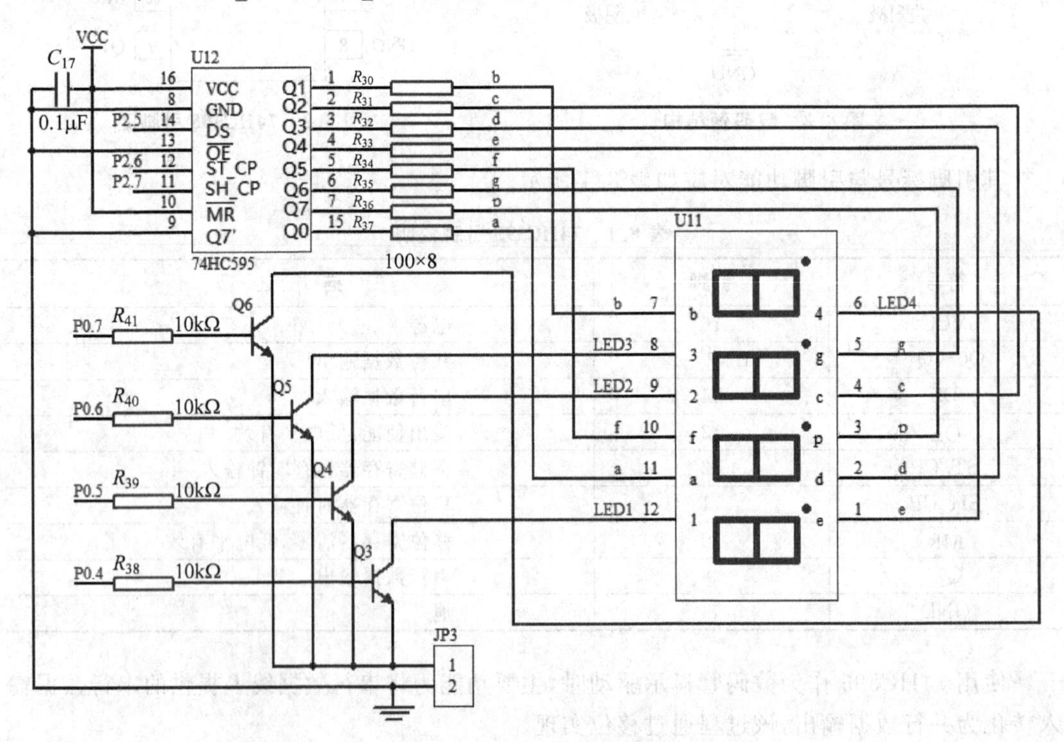

图 8.5 数码管电路原理图

8.2.3　软件设计

使用数码管观察按键结果，分别按下 S1、S2、S3、S4 和 S5 等按键时，在四个数码管中显示相应按键键值，按下 S6 键时，退出程序。键盘数码管模块流程图如图 8.6 所示。

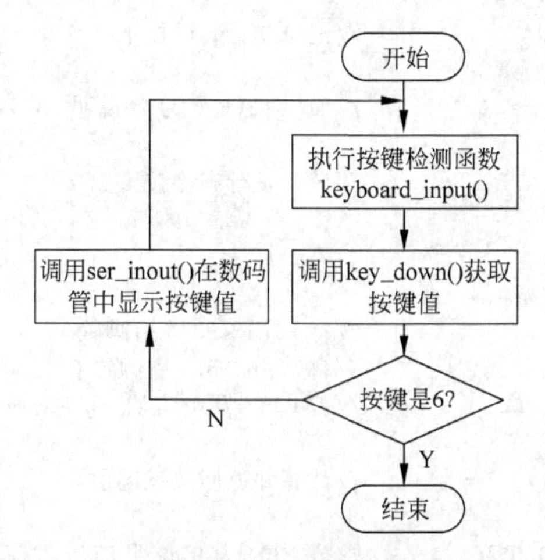

图 8.6　键盘数码管模块程序流程图

首先，循环检测是否有按键被按下，当有按键被按下时，获取按键键值。如果按键键值为 6，则退出程序；否则在数码管中显示键值，等待下一个按键被按下。

先做如下定义：

```
#define CLR 0
#define SET 1
sbit STCP = P2^6;
sbit SHCP = P2^7;
sbit DS = P2^5;
uchar table[] = {0x3f,0x06,0x5b,0x4f,0x66,0x6d,0x7d};    //共阴极数码管显示 0～6 时的输入
数据
```

编写按键检测函数来判断是否有按键按下，同时识别相应键值。首先将行线引脚 P3.6 和 P3.7 置 1，列线引脚 P3.3～P3.5 置 0，若 P3.6 或 P3.7 引脚变为 0，说明其对应的行有按键按下。然后将列线引脚 P3.3～P3.5 置 1，行线引脚 P3.6 和 P3.7 置 0，若 P3.3、P3.4 或 P3.5 引脚变为 0，说明其对应的列有按键按下，最后根据行列值计算出按键键值。代码实现如下：

```
uchar key_down()
{
    uchar index;
    P3 = P3|0xc0;                //将 P3.6、P3.7 引脚置 1
    P3 = P3&0xc7;                //将 P3.3～P3.5 引脚置 0
    while(P3>>3 == 0x18);        //P3 右移 3 位后的值为 0x18 说明没有键按下
    delay_ms(15);                //去除按键抖动
```

```
    //有按键按下并计算按键值
    if(P3 >> 3 != 0x18)             //P3 右移 3 位后的值不为 0x18 说明有键按下
    {
        if(P3 >> 3 == 0x08)         //如果 P3.7 为 0,说明 P3.7 对应行有按键按下
        {
            index = 0;              //记录 0 行有键按下
        }
        else if(P3 >> 3 == 0x10)    //如果 P3.6 变为 0,说明 P3.6 对应行有按键按下
        {
            index = 1;              //记录 1 行有键按下
        }

        //判断哪列有键按下
        P3 = P3|0x38;               //将 P3.3～P3.5 引脚置 1
        P3 = P3&0x3F;               //将 P3.6、P3.7 引脚置 0
        if(P3 >> 3 == 0x06)         //若 P3.3 为 0,说明 P3.3 对应列有按键按下
        {
            return index * 3 + 1;   //计算并返回按键键值
        }
        if(P3 >> 3 == 0x05)         //若 P3.4 为 0,说明 P3.4 对应列有按键按下
        {
            return index * 3 + 2;   //计算并返回按键键值
        }
        if(P3 >> 3 == 0x03)         //若 P3.5 为 0,说明 P3.5 对应列有按键按下
        {
            return index * 3 + 3;   //计算并返回按键键值
        }
    }
}
```

编写数码管显示函数,参数 datas 是准备在数码管中显示的数据,经过 74HC595 串并转换,可并行送入数码管中显示。代码实现如下:

```
void ser_inout(uchar datas)
{
    uchar i;
    STCP = CLR;                     //将 P2.6 引脚置 0
    for(i = 0 ; i < 8 ; i++)
    {
        SHCP = CLR;                 //将 P2.7 引脚置 0
        if( (datas & 0x80) == 0)    //判断最高位数据是否为 0
        {
            DS = CLR;               //把数据 0 传递给 P2.5 引脚
        }
        else
        {
            DS = SET;               //把数据 1 传递给 P2.5 引脚
        }
        Datas <<= 1;                //将要显示的 8 位数据左移一位
```

```
        SHCP = SET;                  //将 P2.7 引脚置 1,产生上升沿,将数据送入 74HC595
    }
    STCP = SET;                      //将 P2.6 引脚置 1,产生上升沿,送八位数据
}
```

编写测试函数,通过查询的方式检查是否有按键被按下,如果有则将按键键值送到数码管中显示,按下 S6 键时退出该函数。在初始状态下,4 个数码管显示数字 0。代码实现如下:

```
void keyboard_input()
{
    uchar num = 0;
    P0 = 0xF0;                        //将 P0.4~P0.7 置 1,使 4 个数码管都亮
    ser_inout(table[0]);              //模块初始时让数码管显示 0
    while(1)                          //循环查看是否有按键按下
    {
        num = key_down();             //获取按键键值
        if( num == 6)                 //按 S6 键时退出
            break;
        else
        {
            ser_inout(table[num]);    //让数码管显示按键键值
            delay_us(1000);
        }
    }
}
```

将调试好的程序写入单片机。上电后,当分别按下按键 S1~S5 被时,四个数码管都显示相应键值;当按下 S6 键时,退出此程序。

8.3 点阵 LCD

本节使用 QC12864B 型点阵 LCD 实现显示功能,关于 12864 工作原理的相关介绍可参考 6.4.1 节。

8.3.1 电路介绍

12864 点阵 LCD 的电路原理图如图 8.7 所示。单片机的 P2.5~P2.7 引脚分别与 74HC595 的 DS、ST_CP 和 SH_CP 引脚相连。74HC595 的并行输出引脚 Q0~Q7 与 12864 的数据输入引脚相连。单片机的 P0.3~P0.7 引脚分别与 12864 的 RS、R/W、E、PSB 和 RST 引脚相连。12864 的 VSS 和 LEDK 引脚接地,VDD 和 LEDA 引脚连接电源,剩余引脚悬空。

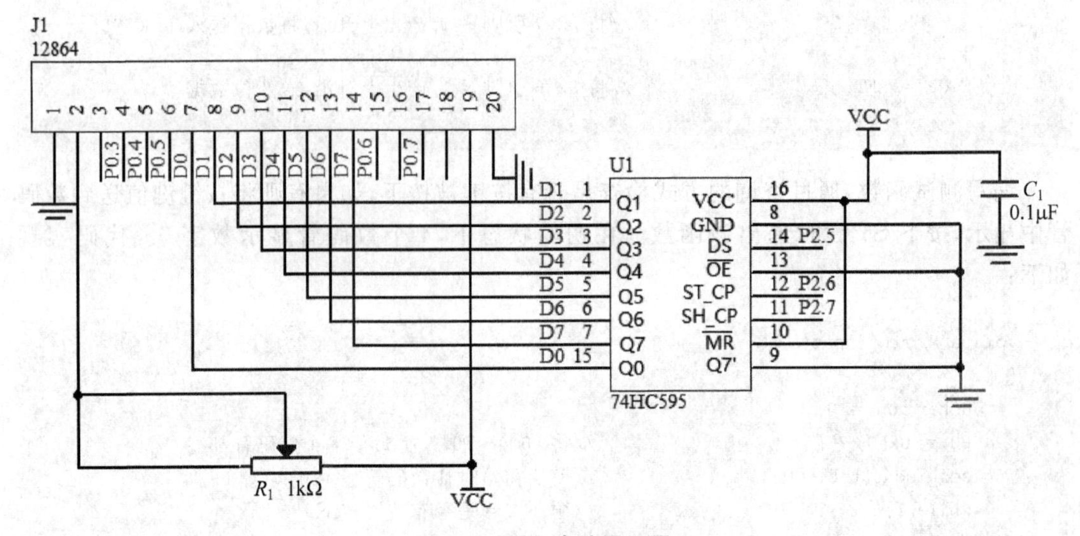

图 8.7 LCD 电路原理图

8.3.2 软件设计

LCD 模块的测试程序流程图如图 8.8 所示。

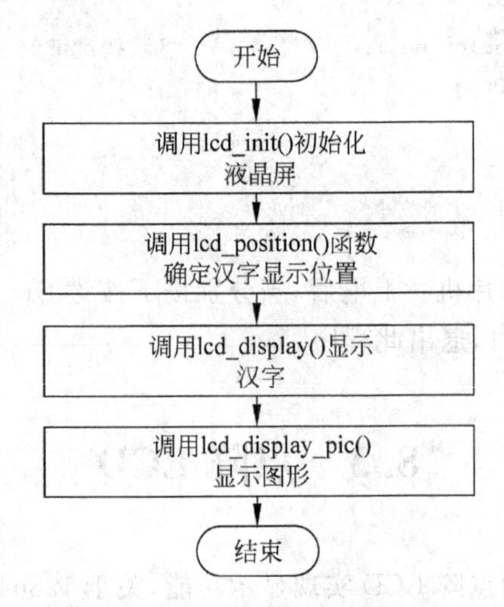

图 8.8 LCD 模块测试程序流程图

下面分析 LCD 模块主要的代码。首先对 LCD 模块中用到的变量进行定义。代码实现如下：

```
sbit RS = P0 ^3;
sbit RW = P0 ^4;
sbit E = P0 ^5;
sbit PSB = P0 ^6;
sbit RST = P0 ^7;
```

编写向 LCD 写入数据或命令函数，首先判断传给 LCD 的是数据还是命令，然后将

R/W 信号置低，将 LCD 设为写模式，最后控制 LCD 使能控制端 E 从高电平变为低电平，从而将数据或命令写入。代码实现如下：

```
void lcd_write(uchar dat_comm,uchar lcd_data)
{
    if(dat_comm)                //如果是数据
        RS = 1;
    else                        //如果是命令
        RS = 0;
    ser_inout(lcd_data);        //利用 74HC595 向 12864 液晶显示器传输数据
    RW = 0;                     //写数据
    E = 1;                      //使能
    delay_us(30);
    E = 0;
}
```

编写 LCD 初始化函数，首先使 LCD 低电平复位，然后进入基本指令集，使液晶显示器清屏并设置光标的显示和移动方向。代码实现如下：

```
void lcd_init()
{
    RST = 0;                    //复位,低电平有效
    delay_us(10);
    RST = 1;                    //复位结束
    lcd_write(COMM,0x30);       //进入基本指令集
    delay_us(30);
    lcd_write(COMM,0x01);       //液晶清屏
    delay_ms(30);
    //进入点设定命令,设定游标移动方式和指定显示位移
    lcd_write(COMM,0x06);
    lcd_write(COMM,0x0c);       //整体显示,关光标
}
```

编写 LCD 设置坐标函数，纵坐标设置为 yy，横坐标设置为 xx。代码实现如下：

```
void lcd_position(uchar xx,uchar yy)     //通过横坐标 xx 选择所在列,通过纵坐标 yy 选择所在行
{
    uint line;
    switch(yy)
    {
        case 0:line = 0x00;break;        //0 行首地址相对于 0x80 的偏移量
        case 1:line = 0x10;break;        //1 行首地址相对于 0x80 的偏移量
        case 2:line = 0x08;break;        //2 行首地址相对于 0x80 的偏移量
        case 3:line = 0x18;break;        //3 行首地址相对于 0x80 的偏移量
        default:break;
    }
    lcd_write(COMM,0x80 + line + xx);    //根据行列值计算显示位置
}
```

编写LCD显示汉字函数，在数据模式下，显示形参str字符数组中的数据。代码实现如下：

```
void lcd_display(uchar * str)
{
    while( * str != '\0')
    {
        lcd_write(DAT, * str);                    //将数据输出到LCD显示
        str++;                                    //指向下一个数据
    }
}
```

编写LCD显示图像函数，首先在命令模式下设置为扩展指令格式，设置纵坐标和横坐标，然后向相应坐标写入图像数据。代码实现如下：

```
void lcd_display_pic(uchar * str)
{
    uintm,n;
    lcd_write(COMM,0x34);                     //扩展指令集,关闭图形显示
    for(m = 0;m < 32;m++)
    {
        for(n = 0;n < 8;n++)
        {
            lcd_write(COMM,0x80 + m);         //计算块内行地址
            lcd_write(COMM,0x80 + n);         //计算块地址
            //连续写两个数据,决定16个点的亮灭
            lcd_write(DAT,str[m * 16 + n * 2]);
            lcd_write(DAT,str[m * 16 + n * 2 + 1]);
        }
    }
    for(m = 32; m < 64; m++)
    {
        for(n = 0; n < 8; n++)
        {
            lcd_write(COMM,0x80 + m - 32);    //计算块内行地址
            lcd_write(COMM,0x88 + n);         //计算块地址
            //连续写两个数据,决定16个点的亮灭
            lcd_write(DAT,str[m * 16 + n * 2]);
            lcd_write(DAT,str[m * 16 + n * 2 + 1]);
        }
    }
    lcd_write(COMM,0x30);                     //进入基本指令
    lcd_write(COMM,0x01);                     //清屏
    delay_ms(30);
    lcd_write(COMM,0x34);                     //扩展指令集,关闭图形显示
    lcd_write(COMM,0x36);                     //扩展指令集,打开图形显示
}
```

编写LCD测试函数,设置坐标,在液晶显示屏上显示数据和图像。代码实现如下:

```
void test()
{
    lcd_position(0,0);                  //LCD 显示文字
    lcd_display(" 基于 51/AVR ");
    lcd_position(0,1);
    lcd_display(" 多核心教学平台");
    delay_ms(1000);
    lcd_position(0,0);
    lcd_display(" RedAnt Lab ");
    lcd_position(0,1);
    lcd_display(" 嵌入式创新 ");
    lcd_position(0,2);
    lcd_display(" 实验室 ");
    delay_ms(1000);
    lcd_display_pic(lcd_num1);          //LCD 显示图片
    delay_ms(500);
    lcd_display_pic(lcd_num2);
}
```

将LCD模块插入相应接口,运行显示程序。LCD分四屏显示,在第一屏的第0行显示"基于51/AVR",第1行显示"多核心教学平台";然后刷新屏幕,在第二屏的第0行显示RedAnt Lab,第1行显示"嵌入式创新",第2行显示"实验室";再刷新屏幕,在第三屏和第四屏中显示自定义图像。

8.4 语音模块

实验平台设计了基于ISD4004的语音模块,可实现声音录放功能。

8.4.1 工作原理

ISD4004系列语音芯片由美国ISD公司推出,采用CMOS技术,集成了振荡器、防混淆滤波器、平滑滤波器、音频放大器、自动静噪和高密度多电平闪烁存储阵列,提供了单芯片录放8～16min的高品质方案,非常适合于手机和其他便携式设备。ISD4004语音芯片特性如下:

- 单芯片语音录放;
- 工作电压为3V;
- 内置SPI或Microwire串行接口;
- 工作电流典型值为:放音15mA、录音25mA、待机1μA,功耗低;
- 单片录放时间为8min、10min、12min、16min;
- 高品质、自然原声再现;
- 具有自动静音功能,可提供背景音静噪;

- 无须研究算法；
- 完全寻址处理多信息；
- 具有非易失性存储功能；
- 信息保存典型值为100年；
- 记录周期典型值为100万次；
- 片上时钟源；
- 支持PDIP、SOIC和TSOP等封装形式；
- 具有扩展温度(－20～＋70℃)和工业温度(－40～＋85℃)两个版本。

ISD4004的引脚定义如表8.2所示。

表8.2 ISD4004引脚定义

引脚名	PDIP封装引脚号	说明
ANA IN＋	17	录音信号的同相输入端
ANA IN－	16	录音信号的反相输入端
AUD OUT	13	音频输出端
$\overline{SS}$	1	为低时向芯片发送指令，两条指令之间为高
MOSI	2	串行输入端
MISO	3	串行输出端
SCLK	28	时钟输入端，由主控制器产生，数据在上升沿锁存、下降沿移出
$\overline{INT}$	25	漏极开路输出端
RAC	24	行地址时钟，每个RAC周期表示存储器操作进行了一行(ISD4004系列中的存储器共2400行)，用于存储管理
XCLK	26	外部时钟，如果不接时钟，则接地
AM CAP	14	自动静噪，常通过1mF电容接地，接Vcca禁止自动静噪
V_{SSD}	4	数字地
V_{SSA}	11、12、23	模拟地
V_{CCD}	27	数字电源
V_{CCA}	18	模拟电源

ISD4004的指令格式如表8.3所示。

表8.3 ISD4004指令格式

指令	操作码	地址码	说明
POWERUP	00100XXX	—	经过器件延时Tpud后，设备将会启动
SETPLAY	11100XXX	<A15～A0>	从固定地址开始放音
PLAY	11110XXX	—	从当前地址放音，至EOM或OVF结束
SETREC	10100XXX	<A15～A10>	从固定地址开始录音
REC	10110XXX	—	从当前地址开始至OVF录音
SETMC	11101XXX	<A15～A0>	从固定地址启动消息提示
MC	11111XXX	—	从当前至EOM或OVF执行消息提示
STOP	0X110XXX	—	停止当前操作
STOPPWRDN	0X01XXXX	—	停止当前操作并进入待机模式
RINT	0X110XXX	—	读取中断标志位：溢出或文件结束

注："—"表示无地址码，EOM代表end of memory，OVF代表overflow。

实验平台采用了 PDIP 封装的 ISD4004-16MP 芯片，可持续录放音 16min，在 4.0kHz 输入采样率、1.7,kHz 典型带宽、512kHz 时钟下工作。

8.4.2　电路介绍

语音模块电路原理图如图 8.9 所示。单片机的 P1.01、P1.12 和 P1.23 引脚分别与 ISD4004 的 $\overline{SS}$、MOSI、MISO 引脚相连，P1.5～P.17 引脚分别与 LCD4004 的 SCLK、$\overline{INT}$、RAC 引脚相连。ISD4004 的 AM CAP 引脚通过 0.1μF 电容 C_{109} 接地；AUD OUT 引脚与 4.7μF 电容 C_{108} 正极相连，电容 C_{108} 负极与放大电路相连；ANA IN+ 和 ANA IN− 引脚分别连接 0.1μF 电容 C_{20}、C_{21}，这两个电容的另一引脚分别与咪头 MK1 的两个引脚相连，可将声音信号转化为电信号，用于录音。

此外，实验平台还包括 LM386 放大电路，LM386 是工作电压为 4～12V 的低压音频集成功率放大器。10kΩ 可调电阻 R_{46} 的两端分别与电容 C_{108} 负极、地相连，滑动端与 LM386 的正输入端 +INPUT 相连，可通过调节滑动电阻改变电路电流大小，从而控制扬声器的音量大小。LM386 的两个 GAIN 引脚通过 1kΩ 电阻 R_{45} 和 10μF 电容 C_{110} 相连，使电路的增益最高可达 200 倍；负输入端 −INPUT 与 GND 接地；Vs 引脚接 VCC；BYPASS 引脚通过 10μF 电解电容 C_{111} 接地，可以滤除噪声；Vout 引脚通过 0.1μF 电容 C_{23} 和 10kΩ 电阻 R_{47} 接地，并通过 100μF 电容 C_{112} 与 J4 的插针 1 相连，用于外接扬声器。

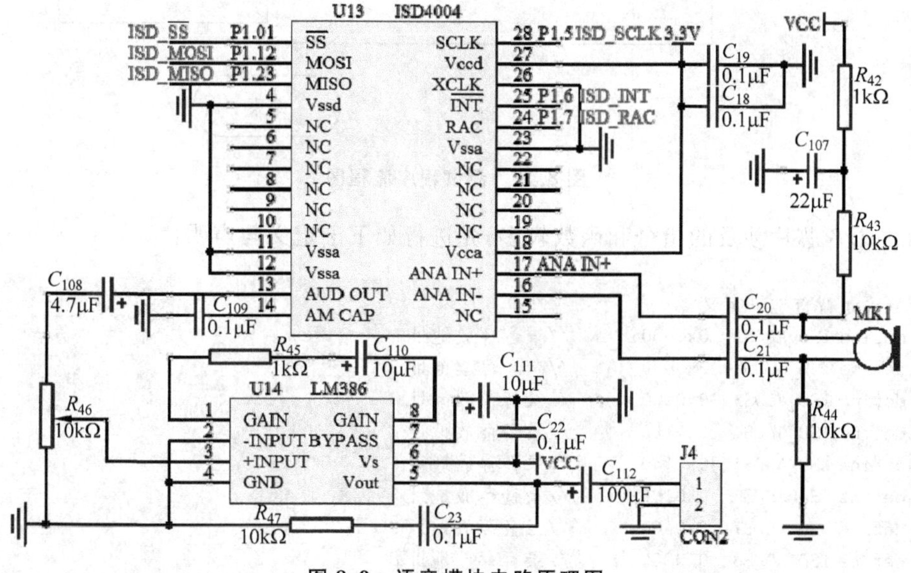

图 8.9　语音模块电路原理图

8.4.3　软件设计

测试程序流程如图 8.10 所示。

程序分为录音和放音两部分。循环检测按键，未按键时一直等待输入，按键后判断键值，如果用户按下 S1 键，则开始录音，然后再次循环检测按键，直至用户按下 S2 键，停止录音；如果用户按下 S3 键，则开始放音，然后再次循环检测按键，直至用户按下 S4 键，停止放音；如果用户按下 S6 键，则退出程序。

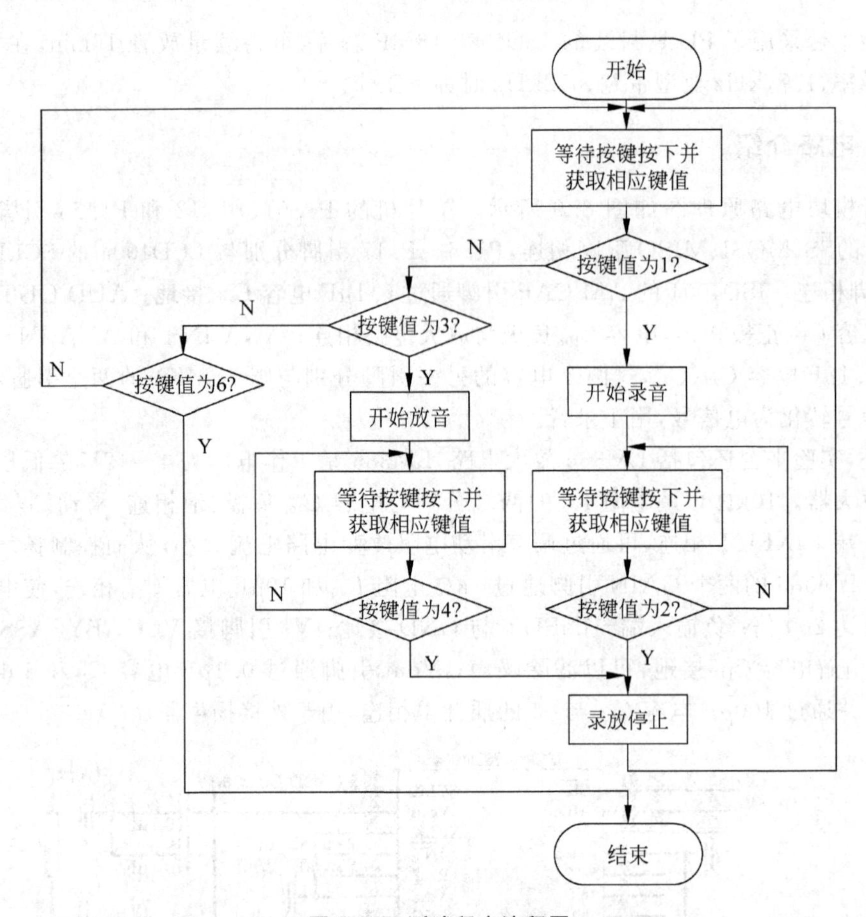

图 8.10　测试程序流程图

由于语音芯片涉及的指令和函数较多，先进行如下宏定义与声明：

```
//分段录音首地址定义
#define ISD_ADDS1    0x0000       //录音存放地址 1
#define ISD_ADDS2    0x0080       //录音存放地址 2
#define ISD_ADDS3    0x00C0       //录音存放地址 3
#define ISD_ADDS4    0x0100       //录音存放地址 4
#define ISD_ADDS5    0x0140       //录音存放地址 5
#define ISD_ADDS6    0x0180       //录音存放地址 6
#define ISD_ADDS7    0x01C0       //录音存放地址 7
#define ISD_ADDS8    0x0200       //录音存放地址 8
#define ISD_ADDS9    0x0240       //录音存放地址 9

//ISD4004 指令定义
#define POWER_UP     0x20         //上电指令
#define SET_PLAY     0xE0         //指定放音指令
#define PLAY         0xF0         //当前放音指令
#define SET_REC      0xA0         //指定录音指令
#define REC          0xB0         //当前录音指令
#define SET_MC       0xE1         //指定快进指令
```

```
#define MC              0xF1            //快进执行指令
#define STOP            0x30            //停止当前操作
#define STOP_WRDN       0xF1            //停止当前操作并掉电
#define RINT            0x30            //读状态:OVF 和 EOM

//ISD4004 -- c51 接口定义
sbit ISD_SS     =   P1^0;               //片选
sbit ISD_MOSI   =   P1^1;               //数据输入
sbit ISD_SCLK   =   P1^5;               //ISD4004 时钟
sbit ISD_INT    =   P1^6;               //溢出中断
sbit ISD_RAC    =   P1^7;               //行地址时钟
sbit ISD_MISO   =   P1^2;               //数据输出

//按键定义
sbit K1 = P3^0 ;                        //录音键
sbit K2 = P3^1;                         //放音键

//SPI 时钟定义
sbit stcp = P2^6;
sbit shcp = P2^7;
sbit ds   = P2^5;
```

编写按键检测函数，当没有按键按下时，采用查询方式等待按键按下；当按键按下时，获取相应键值。代码实现如下：

```
uchar voice_keydown()
{
    uchar index;
    index = key_down();           //调用 keyboard 中的 key_down 函数
    while(index == 0)
    {
        delay_ms(50);
        index = key_down();
    }
    return index;
}
```

编写 8 位数据写函数，通过 SPI 接口串行发送 8 位数据。选中 ISD4004 芯片，从低位到高位依次将 8 位数据写入 ISD4004，代码实现如下：

```
void ISD_SPI_send8(uchar isdx8)
{
    uchar i;
    ISD_SS = 0;                         //选中 ISD4004
    ISD_SCLK = 0;
    //先发低位再发高位，依次发送
    for(i = 0;i < 8;i++)
    {
```

```
        if((isdx8&0x01) == 1)                   //发送最低位
            ISD_MOSI = 1;
        else
            ISD_MOSI = 0;
        isdx8 >>= 1;                            //右移一位
        ISD_SCLK = 1;                           //时钟下降沿发送
        ISD_SCLK = 0;
    }
}
```

编写16位数据写函数,通过SPI接口串行发送16位数据,代码实现如下:

```
void ISD_SPI_send16(uint isdx16)
{
    uchar i;
    ISD_SS = 0;                          //选中 ISD4004
    ISD_SCLK = 0;
    //先发低位再发高位,依次发送
    for(i = 0;i < 16;i++)
    {
        if((isdx16&0x0001) == 1)         //发送最低位
            ISD_MOSI = 1;
        else
            ISD_MOSI = 0;
        isdx16 = isdx16 >> 1;            //右移一位
        ISD_SCLK = 1;                    //时钟下降沿发送
        ISD_SCLK = 0;
    }
}
```

编写发送录音起始地址函数,将录音起始地址和SET_REC指令依次发送给ISD4004芯片,代码实现如下:

```
void ISD_setrec(uint add)
{
    delay_ms(10);
    ISD_SPI_send16(add);            //发送录音起始地址
    ISD_SPI_send8(SET_REC);         //发送 SET_REC 指令字节
    ISD_SS = 1;                     //关闭片选
}
```

编写发送放音起始地址函数,将放音起始地址和SET_PLAY指令依次发送给ISD4004芯片,代码实现如下:

```
void ISD_setplay(uint add)
{
    delay_ms(1);
    ISD_SPI_send16(add);            //发送放音起始地址
```

```
    ISD_SPI_send8(SET_PLAY);          //发送 SET_PLAY 指令字节
    ISD_SS = 1;                       //关闭片选
}
```

编写发送停止指令函数，将 STOP 指令发送给 ISD4004 芯片，代码实现如下：

```
void ISD_stop()
{
    ISD_SPI_send8(STOP);          //发送 STOP 指令字节
    ISD_SS = 1;                   //关闭片选
}
```

编写发送上电指令函数，将上电指令发送给 ISD4004 芯片，代码实现如下：

```
void ISD_powerup()
{
    ISD_SPI_send8(POWER_UP);        //发送 POWER_UP 指令字节
    ISD_SS = 1;                     //关闭片选
}
```

编写发送掉电指令函数，将掉电指令发送给 ISD4004 芯片，代码实现如下：

```
void ISD_powerdown()
{
    ISD_SPI_send8(STOP_WRDN);         //发送 STOP_WRDN 指令字节
    ISD_SS = 1;                       //关闭片选
}
```

编写发送放音指令函数，将放音指令发送给 ISD4004 芯片，代码实现如下：

```
void ISD_Play()
{
    ISD_SPI_Send8(PLAY);         //发送 PLAY 指令字节
    ISD_SS = 1;                  //关闭片选
}
```

编写发送录音指令函数，将录音指令发送给 ISD4004 芯片，代码实现如下：

```
void ISD_rec(void)
{
    ISD_SPI_send8(REC);          //发送 REC 指令字节
    ISD_SS = 1;                  //关闭片选
}
```

编写开始录音函数，首先激活 ISD4004 芯片，然后找到给定的录音地址，最后开始录音，代码实现如下：

```
void rec_now(uchar add_sect)
{
    ISD_powerup();          //发送上电指令,激活芯片
    delay_ms(50);           //稍作延时
    switch (add_sect)       //发送录音起始地址
    {
        case 1: ISD_setrec(ISD_ADDS1);break;
        case 2: ISD_setrec(ISD_ADDS2);break;
        case 3: ISD_setrec(ISD_ADDS3);break;
        case 4: ISD_setrec(ISD_ADDS4);break;
        case 5: ISD_setrec(ISD_ADDS5);break;
        case 6: ISD_setrec(ISD_ADDS6);break;
        case 7: ISD_setrec(ISD_ADDS7);break;
        case 8: ISD_setrec(ISD_ADDS8);break;
        case 9: ISD_setrec(ISD_ADDS9);break;
    }
    ISD_rec();              //发送录音指令
}
```

编写放音函数,首先激活 ISD4004 芯片,然后找到给定的放音地址,最后开始放音,代码实现如下:

```
void play_now(uchar add_sect)
{
    ISD_powerup();              //发送上电指令,激活芯片
    delay_ms(50);               //稍作延时
    switch (add_sect)           //发送放音起始地址
    {
        case 1: ISD_setplay(ISD_ADDS1);break;
        case 2: ISD_setplay(ISD_ADDS2);break;
        case 3: ISD_setplay(ISD_ADDS3);break;
        case 4: ISD_setplay(ISD_ADDS4);break;
        case 5: ISD_setplay(ISD_ADDS5);break;
        case 6: ISD_setplay(ISD_ADDS6);break;
        case 7: ISD_setplay(ISD_ADDS7);break;
        case 8: ISD_setplay(ISD_ADDS8);break;
        case 9: ISD_setplay(ISD_ADDS9);break;
    }
    ISD_play();                 //发送放音指令
}
```

下面是测试函数的实现代码,只需选择 1～9 中任意一个固定录放地址作为参数,即可实现声音录放功能。

```
void voice_fun(uchar VoiceFlag)
{
    uchar keyword;
    keyword = voice_keydown();          //按键检测
```

```
    //录音
    if(keyword == 1)                //K1 键按下,开始录音
    {
        rec_now(VoiceFlag);         //按指定地址段开始录音
        while(1)                    //等待录音完毕
        {
            keyword = voice_keydown();
            if(keyword == 2)
                break;
        }
        ISD_stop();                 //发送停止指令
        ISD_powerdown();
    }

    //放音
    else if(keyword == 3)           //K3 键按下,开始放音
    {
        play_now(VoiceFlag);        //按指定地址段开始放音
        while(1)                    //等待一段放音完毕的 EOM 中断信号
        {
            keyword = voice_keydown();
            if(keyword == 4)
                break;
        }
        ISD_stop();                 //发送停止指令
        ISD_powerdown();
    }

    //退出
    else if(keyword == 6)           //K6 键按下,退出程序
        return;
}
```

将程序写入单片机,连接好实验平台电源和扬声器,按下 S1 键,靠近咪头进行录音；按下 S2 键,结束录音；按下 S3 键,可播放录制的音频信息。

8.5 继 电 器

继电器是一种电子控制器件,具有控制回路和被控回路,通常应用于自动控制电路中,它实际上是一种用较小电流控制较大电流的自动开关,故在电路中常起到自动调节、安全保护等作用。本节介绍了控制继电器触点断开与闭合的功能。

8.5.1 工作原理

继电器按照组成结构可以分为电磁继电器、固态继电器、磁簧继电器、光继电器、热敏干簧继电器等,嵌入式系统中常用的为电磁式继电器,其结构如图 8.11 所示。

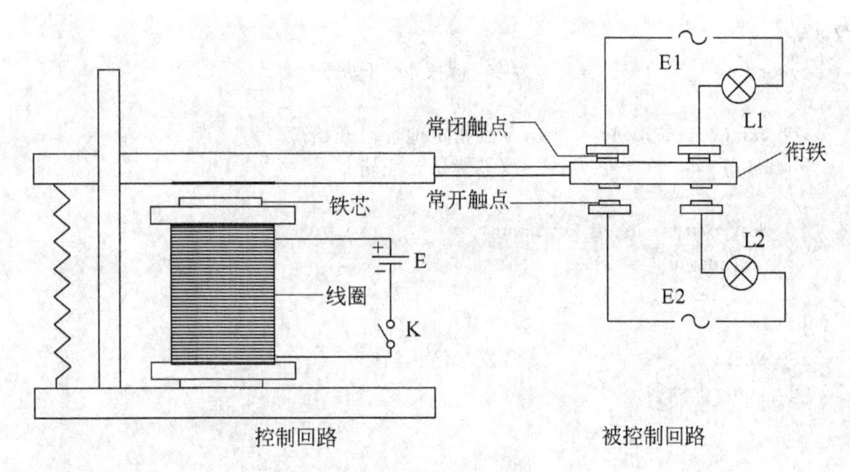

图 8.11　电磁式继电器结构图

电磁式继电器一般由铁芯、线圈、衔铁、触点簧片组成，线圈未通电时，处于断开状态的触点，称为常开触点，处于接通状态的触点称为常闭触点。使用时，在线圈两端加上电压，电流会产生磁场，衔铁会在磁力的作用下克服弹簧的拉力，被吸向铁芯，从而带动衔铁与常开触点接触，使回路导通，常闭触点所在回路断开；线圈断电后，磁力也随之消失，衔铁会在弹簧的作用下返回原来的位置，与常闭触点接触，使其回路导通，常开触点所在回路断开。电磁继电器的这种工作原理，可以达到使用电信号控制电路导通或断开的目的。

8.5.2　电路介绍

继电器电路原理图如图 8.12 所示。NPN 三极管 Q2 起放大电流的作用，基极经由阻值为 10kΩ 电阻 R_{21} 与单片机的 P1.4 引脚相连，发射极接地，集电极连接继电器 5 引脚。继电器的 2 引脚与 VCC 相连，3 引脚与 JP2 的插针 1 相连，6 引脚与 JP2 的插针 2 相连，2、5 引脚之间是线圈。当 P1.4 为低电平时，三极管截止，继电器线圈中无电流，触点 3 和 1 吸合，接口 JP2 的插针 1 和 2 开路；当 P1.4 为高电平时，三极管饱和导通，继电器线圈中有电流，触点 3 和 6 吸合，接口 JP2 的插针 1 和 2 连通。二极管 D1 起到保护三极管 Q2 的作用。

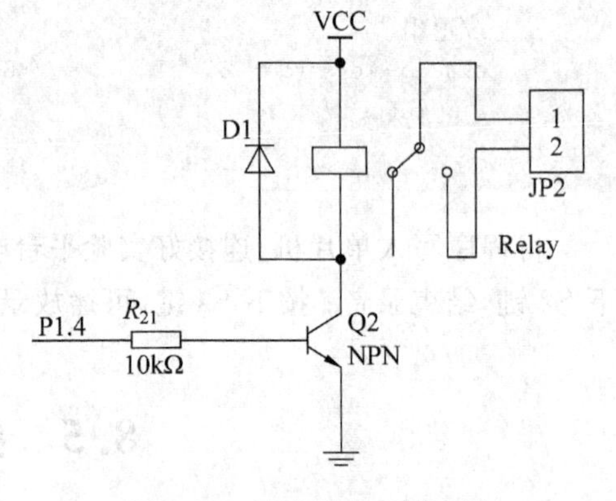

图 8.12　继电器电路原理图

8.5.3　软件设计

首先，需要定义继电器的控制引脚，代码实现如下：

```
sbit RELAY = P1 ^4;
```

编写继电器函数，实现继电器的一次开关，只需依次将控制引脚置 1 及置 0，代码实现如下：

```
void relay_play()
{
    RELAY = 1;
    delay_ms(600);
    RELAY = 0;
    delay_ms(600);
}
```

只需循环调用 relay_play()函数,即可使继电器持续开关。将程序写入单片机并上电后,可听到继电器开关的声响。

8.6 串口模块

本节介绍电脑与实验平台之间的串口通信功能。

8.6.1 工作原理

电脑串口与 AT89S52 串口的电平规范不同,电脑串口使用 RS232C 标准电平,逻辑 0 的电平是+3～+12V,逻辑 1 的电平是−12～−3V;AT89S52 串口使用 TTL 电平,逻辑 0 的电平是 0V,逻辑 1 的电平是 5V。因此,采用 MAX3232 作为串口电平转换芯片,其引脚说明如表 8.4 所示。

表 8.4 MAX3232 引脚说明

引脚	名称	说 明	引脚	名称	说 明
1	C1+	倍压电荷泵电容的正端	9	R1_OUT	TTL/CMOS 接收器输出
2	V+	电荷泵产生的+5.5V	10	T1_IN	TTL/CMOS 发送器输入
3	C1−	倍压电荷泵电容的负端	11	T2_IN	TTL/CMOS 发送器输入
4	C2+	反向电荷泵电容的正端	12	R2_OUT	TTL/CMOS 接收器输出
5	C2−	反向电荷泵电容的负端	13	R2_IN	RS232 接收器输入
6	V−	电荷泵产生的−5.5V	14	T2_OUT	RS232 发送器输出
7	T1_OUT	RS232 发送器输出	15	GND	地
8	R1_IN	RS232 接收器输入	16	VCC	+3.0～+5.5V 供电电源

8.6.2 电路介绍

串口模块的电路原理图如图 8.13 所示。MAX3232 的 R2OUT 引脚与单片机的 P3.0 引脚相连,T2IN 引脚与单片机的 P3.1 引脚相连,T2OUT 和 R2IN 则连接至 9 针 D 型接口。

8.6.3 软件设计

串口模块程序流程如图 8.14 所示,首先初始化串口,然后进入无限循环等待中断。当有中断产生时,根据中断的类型做出相应处理。

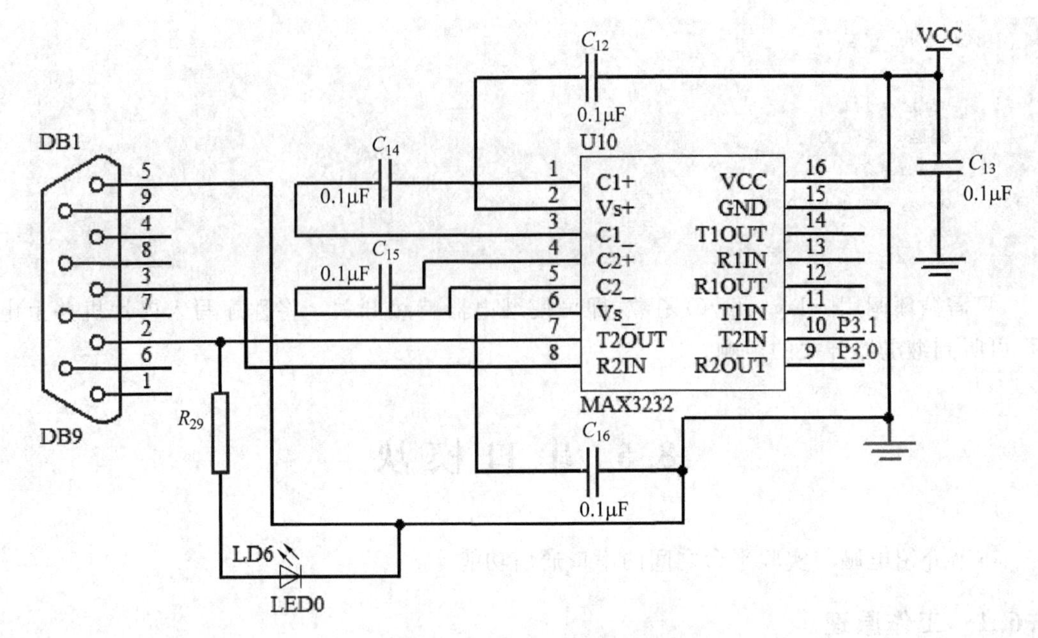

图 8.13 串口模块电路原理图

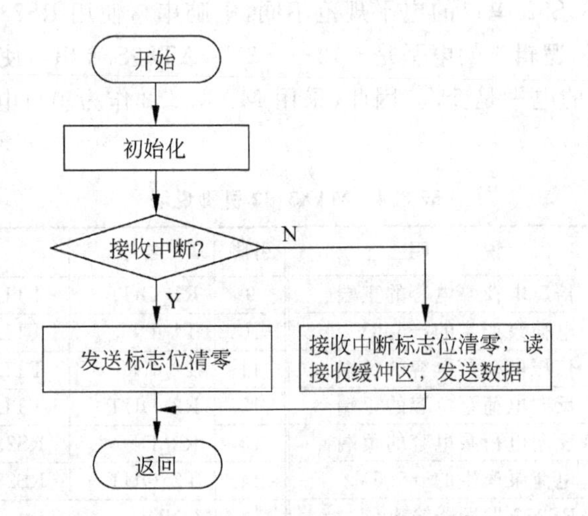

图 8.14 串口模块程序流程图

编写串口初始化函数，将串口工作方式设为 1，定时器 1 工作方式设为 2，波特率设为 9600bps，然后开中断，代码实现如下：

```
void init()
{
    SCON = 0x50;        //设定串行口为工作方式 1,允许串行口接收数据
    TMOD = 0x20;        //定时器 1 设为工作方式 2
    TH1  = 0xFD;        //设定波特率为 9600bps,fosc 为 11.0592MHz
    TR1  = 1;           //启动定时器 1 运行
    EA   = 1;           //打开总中断
    ES   = 1;           //打开串口中断
}
```

编写中断服务程序，当接收中断产生时，将接收中断标志位清零，然后读取接收缓冲区中的数据，最后将读取的数据放入发送缓冲区，再发回给电脑；当发送中断产生时，将发送中断标志位清零。代码实现如下：

```
void UART_SER (void) interrupt 4
{
    unsigned char Temp;             //定义临时变量
    if(RI)                          //判断是否是接收中断
    {
        RI = 0;                     //接收中断标志位清零
        Temp = SBUF;                //读入缓冲区的值
        SBUF = Temp;                //把接收到的值再发回计算机
    }
    else                            //如果是发送中断产生,则将发送中断标志位清零
        TI = 0;
}
```

将程序写入单片机，上电后，在计算机上运行串口助手 AccessPort，设置波特率为 9600bps，数据位为 8，停止位为 1，无校验位，在数据发送窗口发送一个字符，数据接收窗口会收到返回的相同字符。

8.7 蜂 鸣 器

蜂鸣器模块是单片机系统的常用模块，本节介绍蜂鸣器模块的相关内容。

8.7.1 工作原理

蜂鸣器按结构和工作原理可分为压电式和电磁式两种，按其是否内含驱动线路又可分为有源蜂鸣器和无源蜂鸣器两种。

压电式蜂鸣器主要由压电蜂鸣片、多谐振荡器、阻抗匹配器、共鸣箱和外壳组成，压电蜂鸣片由锆钛酸铅或铌镁酸铅压电陶瓷材料制成，多谐振荡器由晶体管或集成电路构成，接通电源后，多谐振荡器起振，阻抗匹配器推动压电蜂鸣片发声。电磁式蜂鸣器由振荡器、电磁线圈、磁铁、振动膜片和外壳组成，接通电源后，振荡器产生的电流信号通过电磁线圈，使电磁线圈产生磁场，振动膜片在电磁线圈和磁铁的相互作用下，周期性地振动发声。

有源蜂鸣器和无源蜂鸣器的主要区别为输入信号不同。前者内部有一个简单的振荡电路，其理想输入信号为直流信号，但某些有源蜂鸣器在特定的交流信号下也可以工作，只是对交流信号的电压和频率要求很高，此种工作方式一般不被采用；后者内部没有驱动电路，工作的理想输入信号是方波信号，如果给予直流信号，蜂鸣器将不能发出声音。

8.7.2 电路介绍

蜂鸣器模块电路原理图如图 8.15 所示。跳线 JP1 的插针 1 与单片机的 P1.3 引脚相连，插针 2 经 10kΩ 限流电阻 R_{20} 连接至 NPN 型三极管 Q1 的基极。当用跳线帽连接 JP1

的 1 和 2 两插针时，P1.3 引脚可以控制 Q1 的导通与截止；当断开 JP1 的 1 和 2 两插针时，蜂鸣器电路开路，不会发出声音。三极管 Q1 工作在开关状态下，发射极接地，集电极连接至蜂鸣器 B1，B1 的另一引脚与 VCC 相连。当 Q1 导通时，蜂鸣器鸣响；当 Q1 截止时，蜂鸣器关闭。

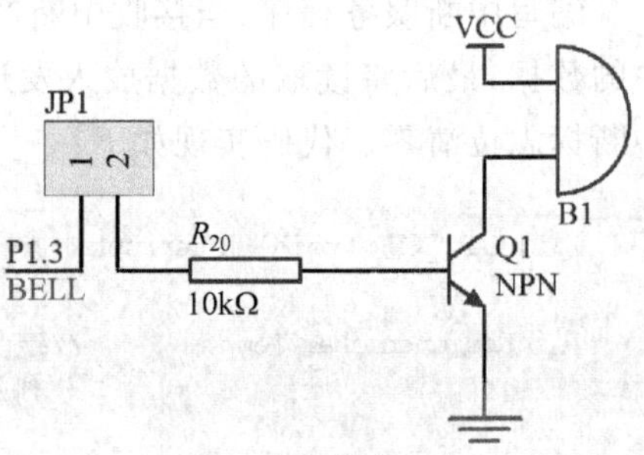

图 8.15 蜂鸣器模块电路原理图

8.7.3 软件设计

可通过控制蜂鸣器的振动频率和时长来播放歌曲，振动频率决定了一个音的音调，可由软件延时实现；振动时长决定了一个音的音长，可由硬件定时器实现。

首先定义蜂鸣器的控制引脚，然后定义全局变量 count 为持续时间计数器，表示当前音调已持续的时长。最后定义音乐数组，数组中存放歌曲《祝你平安》的音乐数据，每两个字节表示一个音符的音调和音长，代码实现如下：

```
sbit SPEAK = P1 ^3; //蜂鸣器控制引脚
uchar count; //持续时间计数器
uchar code song[ ] = //关键词 code 作用：定义的数据放在 ROM 里
{0x26,0x20,0x20,0x20,0x20,0x20,0x26,0x10,0x20,0x10,0x20,0x80,
0x26,0x20,0x30,0x20,0x30,0x20,0x39,0x10,0x30,0x10,0x30,0x80,
0x26,0x20,0x20,0x20,0x20,0x20,0x1c,0x20,0x20,0x80,0x2b,0x20,
0x26,0x20,0x20,0x20,0x2b,0x10,0x26,0x10,0x2b,0x80,0x26,0x20,
0x30,0x20,0x30,0x20,0x39,0x10,0x26,0x10,0x26,0x60,0x40,0x10,
0x39,0x10,0x26,0x20,0x30,0x20,0x30,0x20,0x39,0x10,0x26,0x10,
0x26,0x80,0x26,0x20,0x2b,0x10,0x2b,0x10,0x2b,0x20,0x30,0x10,
0x39,0x10,0x26,0x10,0x2b,0x10,0x2b,0x20,0x2b,0x40,0x40,0x20,
0x20,0x10,0x20,0x10,0x2b,0x10,0x26,0x30,0x30,0x80,0x18,0x20,
0x18,0x20,0x26,0x20,0x20,0x20,0x20,0x40,0x26,0x20,0x2b,0x20,
0x30,0x20,0x30,0x20,0x1c,0x20,0x20,0x20,0x20,0x80,0x1c,0x20,
0x1c,0x20,0x1c,0x20,0x30,0x20,0x30,0x60,0x39,0x10,0x30,0x10,
0x20,0x20,0x2b,0x10,0x26,0x10,0x2b,0x10,0x26,0x10,0x26,0x10,
0x2b,0x10,0x2b,0x80,0x18,0x20,0x18,0x20,0x26,0x20,0x20,0x20,
0x20,0x60,0x26,0x10,0x2b,0x20,0x30,0x20,0x30,0x20,0x1c,0x20,
0x20,0x20,0x20,0x80,0x26,0x20,0x30,0x10,0x30,0x10,0x30,0x20,
0x39,0x20,0x26,0x10,0x2b,0x10,0x2b,0x20,0x2b,0x40,0x40,0x10,
0x40,0x10,0x20,0x10,0x20,0x10,0x2b,0x10,0x26,0x30,0x30,0x80,
0x00};
```

编写歌曲演奏函数，每读入音符的音调时，先要对其进行判断，若为休止符，则停止 count 计数，并延时一个固定时长，蜂鸣器不鸣响；若为终止符，则表示一曲终了，直接返回；其余情况则为普通音符，可进一步获取该音符的音长，并利用延时函数控制蜂鸣器的鸣响间隔，即控制蜂鸣器的振动频率，音调数值越小，振动频率越快，鸣响间隔越短，音调越高。同时，持续时间计数器 count 也在每次定时器中断服务程序中加 1，当 count 数值加到 length 时，说明振动时长已达到这个音符的音长，然后 count 被清零，准备为下一个音符的持续时间计数。代码实现如下：

```
void buzzer_beep()
{
    uchar tone;                         //音调,即振动频率
    uchar length;                       //音长,即振动时长
    uint addr = 0;                      //依次读取歌曲数据
    count = 0;                          //持续时间计数器清 0
    while(1)
    {
        tone = song[addr++];            //获取音调
        //判断音符
        if(tone == 0xFF)                //休止符
        {
            TR0 = 0;                    //定时器停止计数,不需要再读取音长数据
            delay_us(100);              //无音长数据,直接利用软件延时实现
        }
        else if(tone == 0x00)           //歌曲终止符
        {
            return;                     //直接返回
        }
        else                            //普通音符
        {
            length = song[addr++];      //获取音长
            TR0 = 1;                    //启动定时器计数
            while(1)
            {
                SPEAK = ~SPEAK;         //一次振动
                delay_us(tone);         //控制两次发声之间的时间间隔
                if(length == count)     //振动时长已达到该音符的音长
                {
                    count = 0;          //持续时间计数被重新清零
                    break;
                }
            }
        }
    }
}
```

编写定时器 0 初始化函数,将定时器工作模式设置为定时器 0,打开定时器 0 的中断并装入初值 0xEFDB,初值可根据一次定时时长及晶振频率计算得出,代码实现如下：

```
void Time0_Init()
{
    TMOD = 0x01;        //工作模式选择
    IE   = 0x82;        //中断设置
    TH0  = 0xD8;        //装初值
    TL0  = 0xEF;        //10ms
}
```

编写定时器中断服务程序函数，为定时器 0 装入初值，并给持续时间计数器加 1，代码实现如下：

```
void Time0_Int() interrupt 1
{
    TH0 = 0xD8;           //装初值,表示一次定时,作为单位时间
    TL0 = 0xEF;           //音长是定时的整数倍
    count++;              //count + 1
}
```

编写测试函数，初始化定时器 0，再调用函数 buzzer_beep()实现蜂鸣器唱歌，代码实现如下：

```
void buzzer_sing()
{
    Time0_Init();
    buzzer_beep();
}
```

将程序写入单片机，上电后，就可以听到蜂鸣器振动唱歌。

8.8 红外模块

红外传感技术以红外线为介质，广泛应用于工农业生产、家用电器、军事国防、矿产资源、海洋开发等领域。实验平台设计了红外模块，可通过红外遥控器来使用平台资源。

8.8.1 工作原理

1. 红外遥控器介绍

红外遥控器内含红外发射传感器，红外发射传感器可发射经过编码的信号，编码格式如图 8.16 所示。起始码包括 9ms 低电平和 4.5ms 高电平，表示一帧数据的开始。用户码、数据码、数据反码各为 8 位。两次用户码应相同，若不同，表示本帧数据有误应丢弃。数据反码由数据码取反得到，用于对数据的纠错。

9ms 低电平 起始码	4.5ms 高电平 起始码	8位用户码	8位用户码	8位数据码	8位数据反码

图 8.16 红外编码格式

用脉冲时间间隔来区分数据 0 和 1。红外编码位定义如图 8.17 所示，以 0.56ms 高电平、0.565ms 低电平的波形表示数据 0。以 0.56ms 高电平、1.685ms 低电平的波形表示数据 1。

2. 红外接收器介绍

红外接收器一般为集成红外接收电路的一体化红外接收头，接收头内部包括红外监测

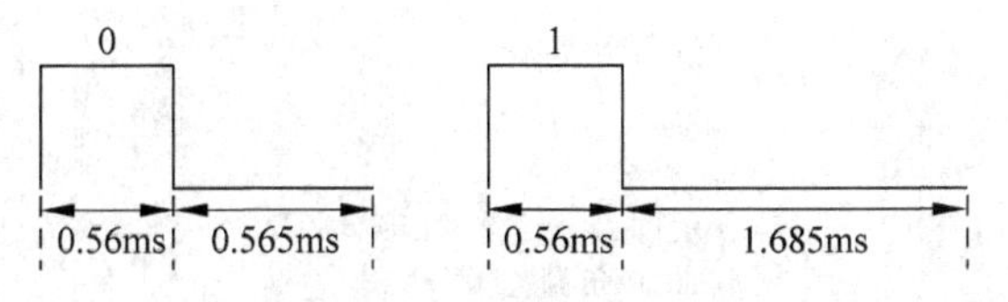

图 8.17　红外编码位定义

二极管、放大器、限幅器、带通滤波器、积分电路、比较器等。通常根据发射端调制载波频率的不同选用相应解调频率的接收头。

实验平台采用 VS1838B 红外接收器，它具有体积小、抗干扰能力强、工作电压低等优点。VS1838B 共有电源、地和信号输出三个引脚，使用时，将信号输出引脚连接到单片机的外部中断，结合定时器判断低电平的持续时间。

8.8.2　电路介绍

红外传感器接口电路如图 8.18 所示。实验平台采用一体化红外接收头接收红外信号，红外接收头的引脚 VDD 接 VCC，引脚 GND 接地，引脚 OUT 与单片机的 P3.2 引脚相连，可将捕获到的红外信号传递给单片机。此外，在红外接收头的引脚上加滤波电容，用于减少接收头内部放大器的干扰。

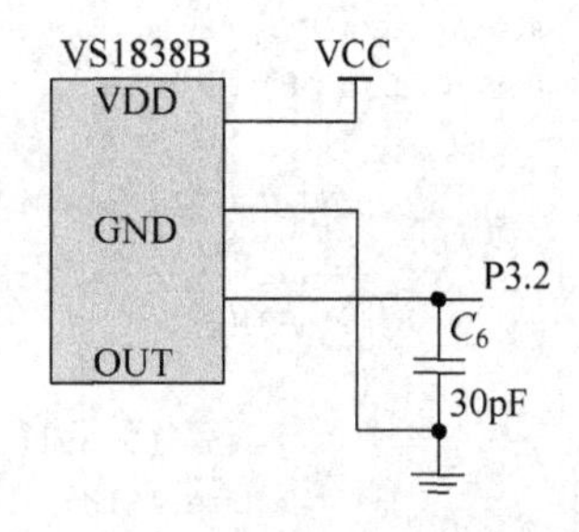

图 8.18　红外传感器接口电路图

8.8.3　软件设计

首先对红外模块中用到的变量进行定义，代码实现如下：

```
sbit IRIN = P3 ^2;          //定义红外数据接收引脚
uchar key_value;            //记录机器码
```

编写 840μs 延时函数，用单片机定时器 1 实现延时，用于红外信号的捕捉，代码实现如下：

```
void delay_840μs(void)              //延时 840μs 程序，利用 51 定时器实现
{
    TL1 = - 774;                    //设置定时器 T1 的低位
    TH1 = (( - 774)>> 8);           //设置定时器 T1 的高位
    TR1 = 1;                        //将定时器 T1 的运行控制位 TR1 设为 1，允许计数
    while(!TF1);                    //当定时器溢出时溢出标志位 TF1 置为 1
    TF1 = 0;                        //重置 TF1
    TR1 = 0;                        //重置 TR1
}
```

同理，编写编写 2400μs 延时函数 delay_2400μs()。

编写红外初始化函数，设定定时器 1 工作方式为 1，外部中断 0 触发方式为负跳变，然后开中断，代码实现如下：

```
void ir_init()                      //红外初始化
{
    IRIN = 1;
    TMOD = 0x10;                    //定时器 1 工作在方式 1
    IT0 = 1;                        //INT0 负跳变触发
    EA = 1;                         //打开总中断
    EX0 = 1;                        //打开外部中断 0
}
```

编写红外解码函数,通过低电平的持续时间来判断当前信号是高电平还是低电平,代码实现如下:

```
uchar get_code()                    //红外解码程序
{
uchar n;
static temp = 0;
for(n = 0;n<8;n++)
    {
        while(!IRIN);               //跳过低电平
        delay_840us();
        if(IRIN)                    //延时过后如果是高电平,则当前电位为 1
        {
            temp = (0x80|(temp>>1));
            while(IRIN);
        }
        else                        //延时过后如果是低电平,则当前电位为 0
            temp = (0x00|(temp>>1));
    }
    return temp;
}
```

编写中断服务程序,判断当前捕捉到的红外信号是否合法,若不合法则忽略当前信号,并在程序中分别识别 9ms 低电平起始码、4.5ms 高电平起始码、连续的用户码和数据码,代码实现如下:

```
void int0_irq(void) interrupt 0                 //外部中断 0 中断子程序
{
    uchar n;
    uchar count = 0;                            //标志位,标志是否正确退出
    uchar addrl,addrh,num1,num2;
    EA = 0;                                     //关中断,防止干扰
    for(n = 10;n>0;n--)                         //检测 9ms 开始码
    {
        delay_840μs();
        if(IRIN)                                //如果在 9ms 内检测到高电平,则数据有误
        {
            count++;
            break;
```

```
        }
    }

    //count 为正说明是非正常退出,程序直接返回,开始下一次捕获
    if(count)
    {
        EA = 1;
        return;
    }
    while(!IRIN);                               //跳过剩余的低电平引导码
    delay_2400μs();                             //跳过 4.5ms 高电平
    if(!IRIN)                                   //如果检测到低电平,则数据有误,直接返回
    {
        EA = 1;
        return;
    }
    delay_2400μs();                             //继续跳过 4.5ms 高电平
    addrl = get_code();                         //获得用户码(即地址码)
    addrh = get_code();                         //获得用户码
    num1 = get_code();                          //获得数据码
    num2 = get_code();                          //获得数据反码

    //数据反码取反后与数据码进行比较,如果不等则数据有误
    if(num1!= ~num2)
    {
        EA = 1;
        return;
    }
    key_value = num2;
    EA = 1;                                     //关中断
}
```

编写获取红外遥控按键值函数,根据红外解码函数解出的编码,返回相应的键值,代码实现如下:

```
uchar ir_getkey()                          //根据红外解码解出的编码,返回相应的数值
{
    if(key_value == 0xf3)                  //当红外编码为 0xf3 时,返回数字 1
        return 1;
    if(key_value == 0xe7)                  //当红外编码为 0xe7 时,返回数字 2
        return 2;
    if(key_value == 0xa1)                  //当红外编码为 0xa1 时,返回数字 3
        return 3;
    if(key_value == 0xf7)                  //当红外编码为 0xf7 时,返回数字 4
        return 4;
    if(key_value == 0xe3)                  //当红外编码为 0xe3 时,返回数字 5
        return 5;
    if(key_value == 0xa5)                  //当红外编码为 0xa5 时,返回数字 6
        return 6;
```

```
    if(key_value == 0xbd)        //当红外编码为 0xbd 时,返回数字 7
        return 7;
    if(key_value == 0xad)        //当红外编码为 0xad 时,返回数字 8
        return 8;
    if(key_value == 0xb5)        //当红外编码为 0xb5 时,返回数字 9
        return 9;
    if(key_value == 0xbb)        //当红外编码为 0xbb 时,返回数字 11,表示向后翻页
        return 11;
    if(key_value == 0xbf)        //当红外编码为 0xbf 时,返回数字 12,表示向前翻页
        return 12;
    if(key_value == 0xbc)        //当红外编码为 0xbc 时,返回数字 13,表示退出
        return 13;
}
```

然后调用数码管显示函数,显示返回的键值。

将调试好的程序写入单片机,上电后,按下红外遥控器的按键,可以观察到在实验平台的数码管上显示出相应按键值。

8.9 步进电机

本节采用永磁式四相步进电机 MP28GA 实现正转、反转、加速和减速等功能,关于其工作原理的相关介绍可参考 6.1 节。

8.9.1 电路介绍

步进电机的接口电路原理图如图 8.19 所示。MC1413 内部有达林顿管,可实现电流放大,1～7 引脚分别与排针 J5 的 1～7 引脚相连,9～16 引脚分别与排针 J6 的 1～8 引脚相连。模块工作时,排针 J5 的 1～4 引脚分别与单片机的 P0.0～P0.3 引脚相连,排针 J6 的 4～8 引脚分别与步进电机 MP28GA 的接地引脚及四个输入引脚相连。

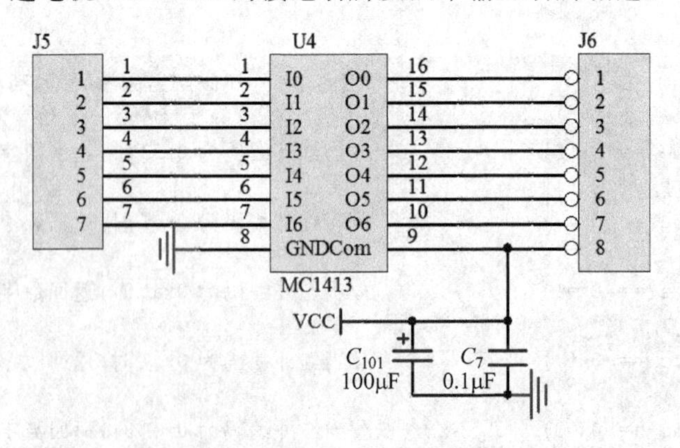

图 8.19 步进电机接口电路原理图

8.9.2　软件设计

步进电机模块程序流程图如图 8.20 所示。

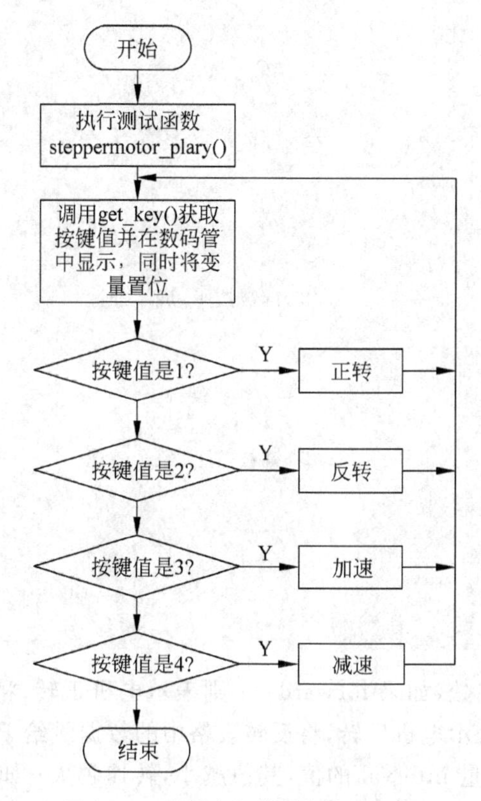

图 8.20　步进电机模块程序流程图

循环检测按键，当按键按下时获取相应键值并在数码管中显示。当键值为 1 时，电机正转；当键值为 2 时，电机反转；当键值为 3 时，电机加速；当键值为 4 时，电机减速。

先做如下定义：

```
uchar table[] = {0x3f,0x06,0x5b,0x4f,0x66,0x6d,0x7d};        //数码管显示的数字
uchar code F_Rotation[4] = {0x01,0x02,0x04,0x08};            //正转表格
uchar code B_Rotation[4] = {0x08,0x04,0x02,0x01};            //反转表格
uint interval = 8000;                                        //时间间隔
uint forward = 0;
uint reverse = 0;
uint up = 0;
uint down = 0;
```

编写按键检测函数，按键被按下时获取相应键值并在数码管中显示，同时将标志电机正转、反转、加速、减速的四个变量赋值，代码实现如下：

```
void get_key()
{
    uchar num;
```

```
        num = key_down();                //获取按键值
        ser_inout(table[num]);           //按键值经过 74HC595 后在数码管中显示
        if(num == 1)                     //S1 键被按下,表示正转
        {
            forward = 1;
            reverse = 0;
        }
        if(num == 2)                     //S2 键被按下,表示反转
        {
            reverse = 1;
            forward = 0;
        }
        if(num == 3)                     //S3 键被按下,表示加速
        {
            up = 1;
            down = 0;
        }
        if(num == 4)                     //S4 键被按下,表示减速
        {
            down = 1;
            up = 0;
        }
    }
```

编写步进电机测试函数,如果 forward=1 则表示电机正转,将正转表格中的数据赋给 P0;如果 reverse=1 则表示电机反转,将反转表格中的数据赋给 P0;如果 up=1 则表示电机加速,减小时间间隔变量 interval 的值,其值越小,转速越大;如果 down=1 则表示电机减速,增加时间间隔变量 interval 的值,其值越大,转速越小。代码实现如下:

```
    void steppermotor_play()
    {
        uchar i;
        while(1)
        {
            get_key();
            if(forward == 1)                 //正转
            {
                for(i = 0;i < 4;i++)         //4 相
                {
                    P0 = F_Rotation[i];
                    delay_us(interval);  //改变时间间隔可调整电机转速,数值越小,转速越大
                }
            }
            if(reverse == 1)                 //反转
            {
                for(i = 0;i < 4;i++)         //4 相
                {
                    P0 = B_Rotation[i];
```

```
                delay_μs(interval);     //改变时间间隔可调整电机转速,数值越小,转速越大
            }
        }
        if(up == 1)                     //加速,数值越小,转速越大
        {
            interval = interval - 50;
            up = 0;
        }
        if(down == 1)                   //减速,数值越大,转速越小
        {
            interval = interval + 50;
            down = 0;
        }
    }
}
```

将程序写入单片机,连接电源,当按下 S1 键时,电机正转；当按下 S2 键时,电机反转；当按下 S3 键时,电机加速；当按下 S4 键时,电机减速。

第 4 篇　嵌入式系统仿真设计

- 基于 Proteus 的嵌入式系统仿真
- 基于 ARM 的嵌入式系统仿真
- 基于单片机的嵌入式系统仿真

第9章　基于Proteus的嵌入式系统仿真

Proteus是英国Labcenter Electronics公司开发的电子设计自动化(Electronic Design Automation,EDA)工具软件。它由智能原理图输入系统(Intelligent Schematic Input System,ISIS)和高级布线和编辑软件(Advanced Routing and Editing Software,ARES)两部分构成,其中ISIS是一款电路分析与实物仿真相结合的软件,通过虚拟仿真模式(Virtual System Mode,VSM)可以仿真、分析各种模拟器件和集成电路。ARES是一款高级PCB布线编辑软件。本章主要对Proteus ISIS集成开发环境和仿真电路设计流程进行介绍。

9.1　Proteus开发环境简介

1. Proteus ISIS *启动界面*

运行ISIS 8 Professional,出现如图9.1所示ISIS 8 Professional启动时的界面。

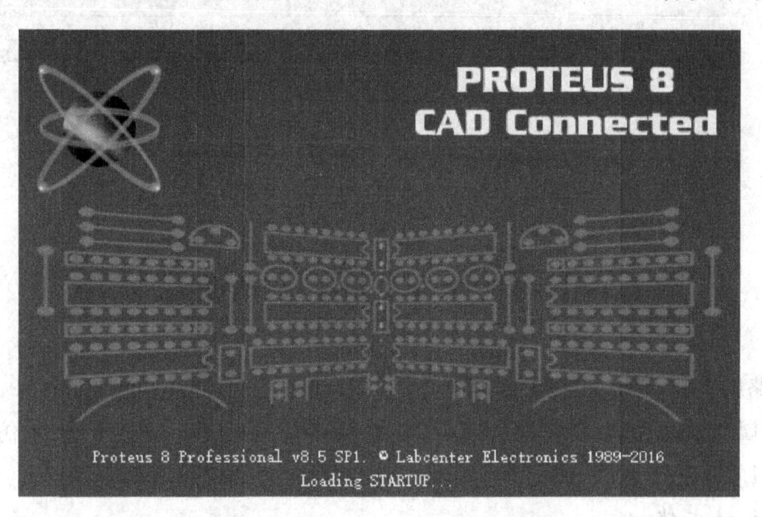

图9.1　ISIS 8 Professional启动界面

2. Proteus ISIS *工作界面*

Proteus ISIS的工作界面如图9.2所示,包括标准工具栏、绘图工具栏、对象选择按钮、仿真进程控制按钮、预览窗口、对象选择器窗口和图形编辑窗口等,各部分功能如下。

- 标准工具栏:工具栏中每一个按钮都对应一个具体的菜单命令,可以快捷方便地使用命令。
- 绘图工具栏:选择对象的类型,包括元器件、终端、总线、网络标号和文本等。
- 对象选择按钮:将元器件从元器件库中拾取到对象选择器窗口。

- 仿真进程控制按钮：用于控制电路的仿真进程。
- 预览窗口：显示电路原理图的缩略图和要放置的对象。
- 对象选择器窗口：显示通过对象选择按钮从元器件库中选择的对象。
- 图形编辑窗口：用于电路原理图的编辑和绘制。

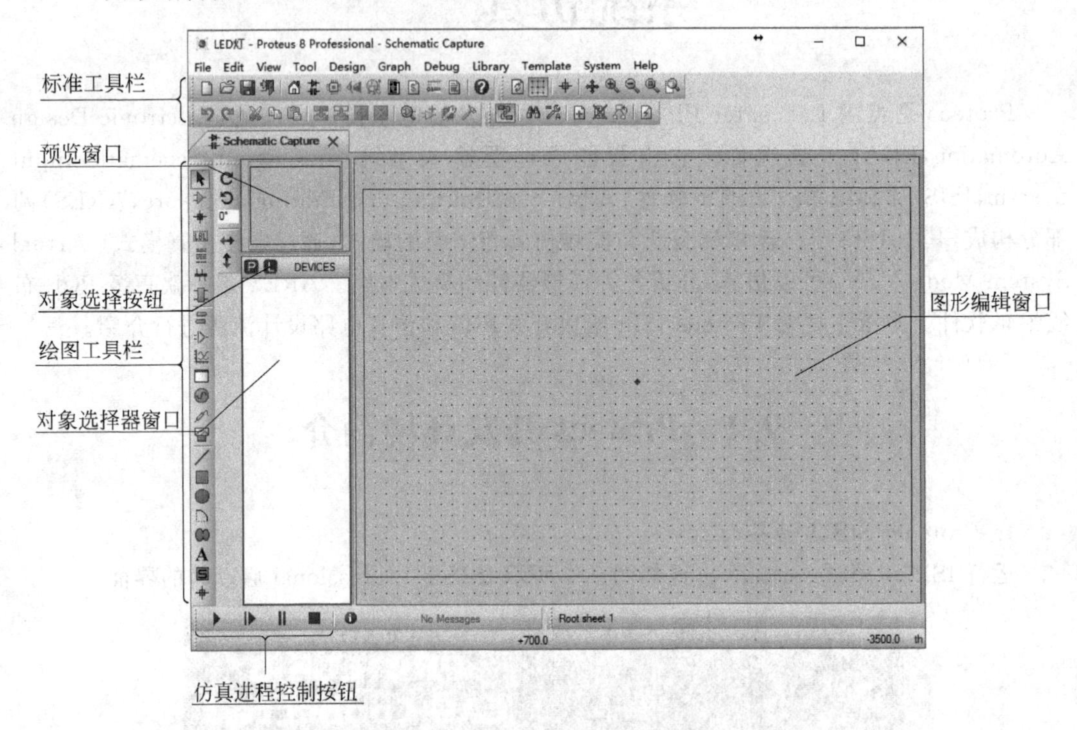

图 9.2　Proteus ISIS 的工作界面

9.2　基于 Proteus 的仿真电路设计流程

仿真电路的具体设计步骤包括新建设计文档、设置工作环境、选择元器件、放置元器件、修改元器件属性、放置电源和地、布线、添加网络标号、检查电气规则和仿真。下面以 LPC2136 的 LED 电路为例，说明基于 Proteus 的仿真电路设计流程。

1. 新建设计文档

(1) 选择 File→New Project 命令，弹出如图 9.3 所示的对话框，输入项目名称，单击 Next 按钮进入下一步，出现如图 9.4 所示的对话框。

(2) 选择 DEFAULT 模板单击 Next 按钮进入下一步，出现如图 9.5 所示的对话框。

(3) 选择 No Firmware Project 选项，单击 Next 按钮进入下一步，然后再单击 Finish 按钮，完成设计文档的创建。

2. 设置工作环境

选择 System→Set Sheet Sizes 命令，根据实际电路的复杂程度来设置图纸的大小。在电路图设计的整个过程中，图纸的大小可以不断地进行调整。

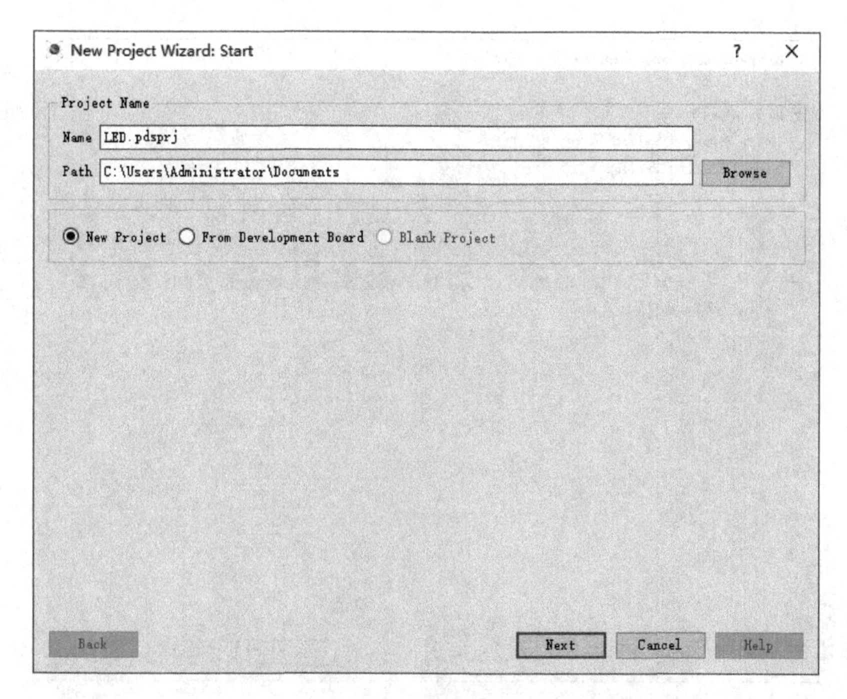

图 9.3　新建设计文档

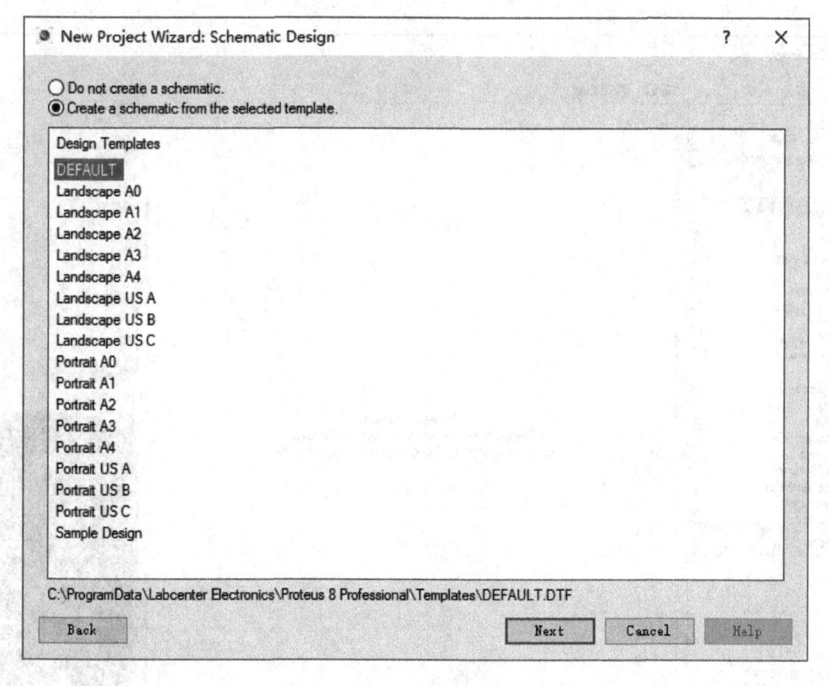

图 9.4　选择模板

3. 选择元器件

根据仿真电路所需要的元器件，列出如表 9.1 所示的元器件清单，将表中的元器件通过下面的方法加入对象选择器窗口。

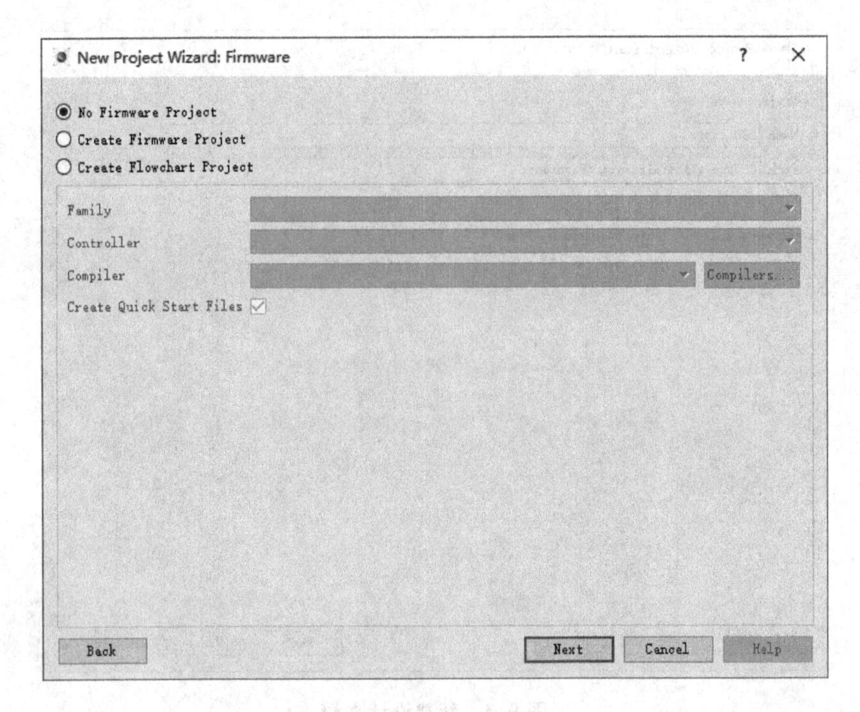

图 9.5　选择固件

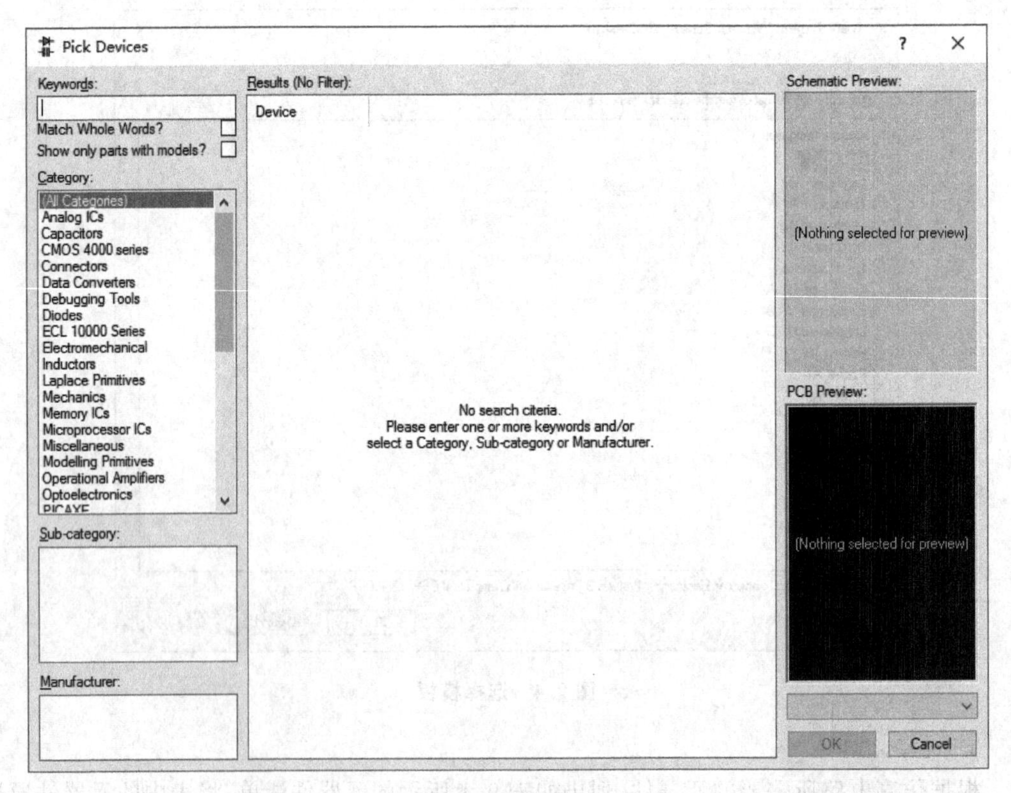

图 9.6　元器件拾取对话框

单击对象选择器按钮 P ,弹出如图 9.6 所示的元器件拾取对话框。在 Keywords 中输入要查找的器件名,系统会在元器件库中进行搜索,并将搜索结果显示在 Results 中。在 Results 的列表框中,双击要选择的元器件,可将该元器件添加至对象选择器窗口。单击 OK 按钮,结束对象选择。

对象选择器窗口列出了选择的元器件对象,选择某个元器件,预览窗口中会显示该元器件的实物图。此时,注意到在绘图工具栏中的元器件按钮 处于选中状态,表示可以拾取元器件。

表 9.1　元器件清单

元器件名称	类	子类	数量
LPC2136	Microprocessor ICs	ARM Family	1
1N4148	Diodes	Switching	1
CAP	Capacitors	Generic	3
CAP-POL	Capacitors	Generic	1
CRYSTAL	Micellaneous	—	1
LED－RED	Optoelectronics	LEDs	3
RES	Resistors	Generic	3

4. 放置元器件

在对象选择器窗口中,选中某个元器件,在图形编辑窗口中,将鼠标置于欲放置该元器件的位置处,单击鼠标左键,完成该器件的放置。

5. 修改元器件属性

在要修改的元器件上双击,弹出如图 9.7 所示的编辑元器件对话框,在此对话框中修改元器件属性。

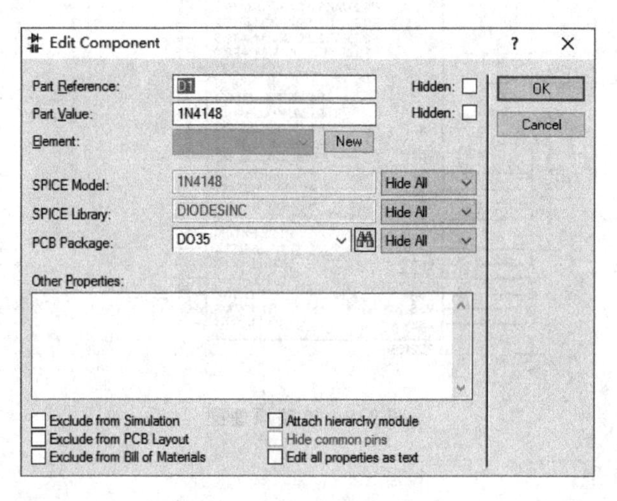

图 9.7　编辑元器件对话框

6. 放置电源和地

单击绘图工具栏中的终端按钮 ,在对象选择器窗口会出现多种终端,从中选择并放置 POWER 和 GROUND 终端,放置方法与放置元器件相同。

7. 布线

Proteus 具有线路自动路径功能（WAR），当选中两个连接点后，WAR 将选择一个合适的路径连线。WAR 可通过标准工具栏里的 WAR 命令按钮 来关闭或打开，也可以在菜单栏的 Tools 下找到该图标。在布线的过程中，可以通过按 Esc 键或单击鼠标右键来放弃画线。此外，单击绘图工具栏中的总线按钮 ，可进行总线的绘制。

布好线的电路原理图如图 9.8 所示。其中，系统晶振通过两个并联的 30pF 电容 C_3 和 C_4 与地相连，XTAL1 和 XTAL2 引脚与系统晶振相连；VBAT 引脚通过二极管 D4 连接到 3.3V 电源，电容 C_7 和 C_8 用于滤波；P0.0～P0.2 引脚分别控制发光二极管 D1～D3，电阻 R_1、R_2 和 R_3 起到限流的作用。

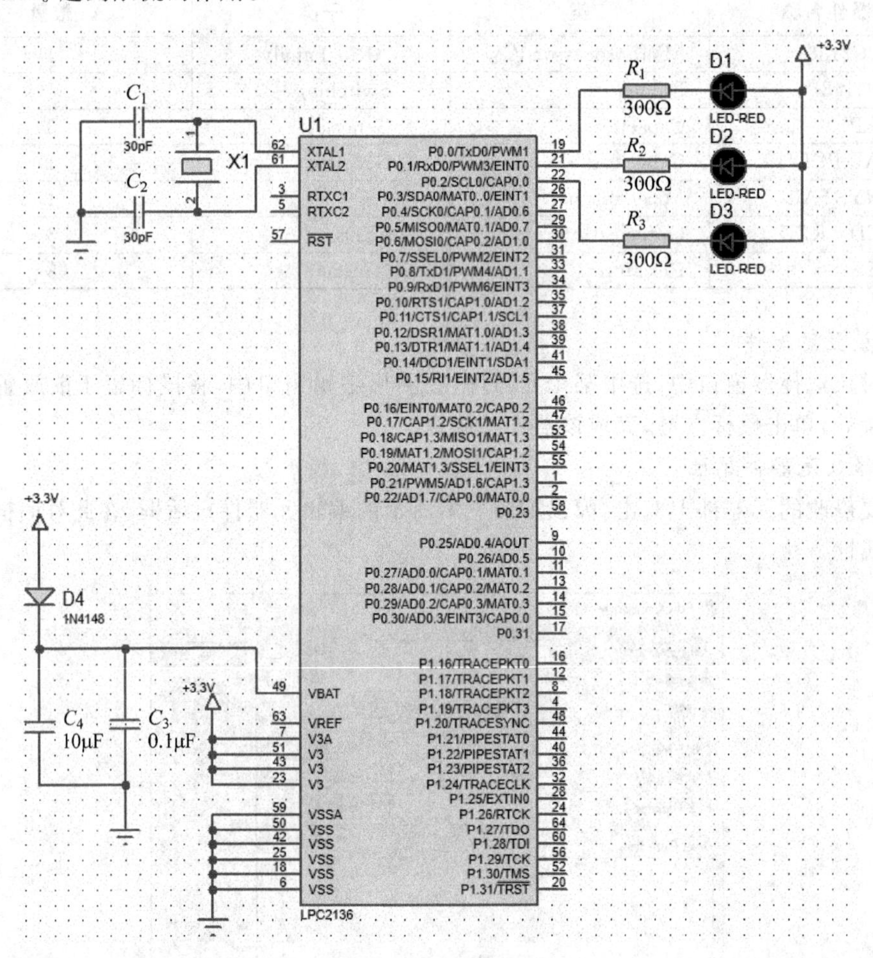

图 9.8 电路原理图

8. 添加网络标号

在电路连接时，可能会遇到导线过长或者线路较为复杂的情况，此时可以添加网络标号。若两条线网络标号相同，则意味着这两条线连接在了一起，添加网络标号可以使电路连接图的条理更加清晰。使用鼠标右键选择需要添加标签的导线，选择 Place Wire Label 选项，弹出如图 9.9 所示的对话框，在 String 中输入网络标号，单击 OK 按钮，即可完成网络标号的添加。

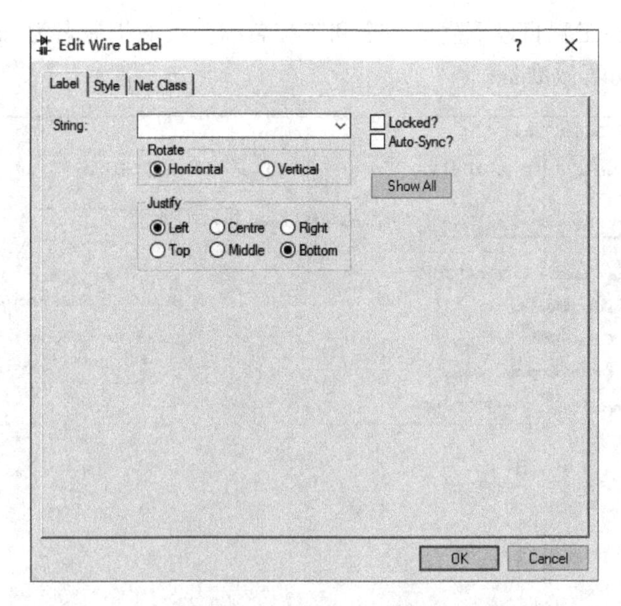

图 9.9　添加网络标号

9. 检查电气规则

选择 Tools→Electrical Rules Check 命令，出现电气规则检测报告单。错误检测包括是否存在同一网络被重复命名；是否有未实际连接的网络标号；是否存在未实际连接的电源或地；是否存在输入引脚浮空和元器件编号重复等。如果电气规则检查没有错误，则在报告单中会给出 Netlist generated OK 和 No ERC errors found 的信息。否则，该软件会给出相应的错误信息，根据这些信息在仿真电路中找到错误并将其更正，然后重复此步骤，直至没有错误出现。

10. 仿真

1) 源程序设计

电路中 LPC2136 处理器的 P0.0～P0.2 引脚分别连接发光二极管 D1～D3，为了控制 LED 的亮灭，须先对 P0.0～P0.2 引脚设置为通用 I/O 口，并将这些引脚设置为输出。当引脚输出为低电平时，相应的 LED 被点亮；当引脚输出为高电平时，相应的 LED 熄灭。

按照 2.3.2 小节中的流程新建项目，并写入如下源程序：

```
#include "LPC21xx.h"
void main()
{
        PINSEL0 &= 0xFFFFFFC0;        //将 P0.0～P0.2 设置为 GPIO
        IO0DIR = IO0DIR | 0x7;        //将 P0.0～P0.2 设置为输出
        IO0CLR = IO0CLR | 0x7;        //将 P0.0～P0.2 清零,将 LED 灯全部点亮
}
```

2) 生成 HEX 文件

在 MDK-ARM 中选择 Project→Options for Target 'Target 1'命令或者单击工具栏中的按钮，弹出如图 9.10 所示对话框。选择 Output 选项卡，选中 Create HEX File 复选

框，这样编译后，会在工程目录下生成一个和工程名称一致的扩展名为.hex 的文件，为后续使用 Proteus 软件仿真做准备。

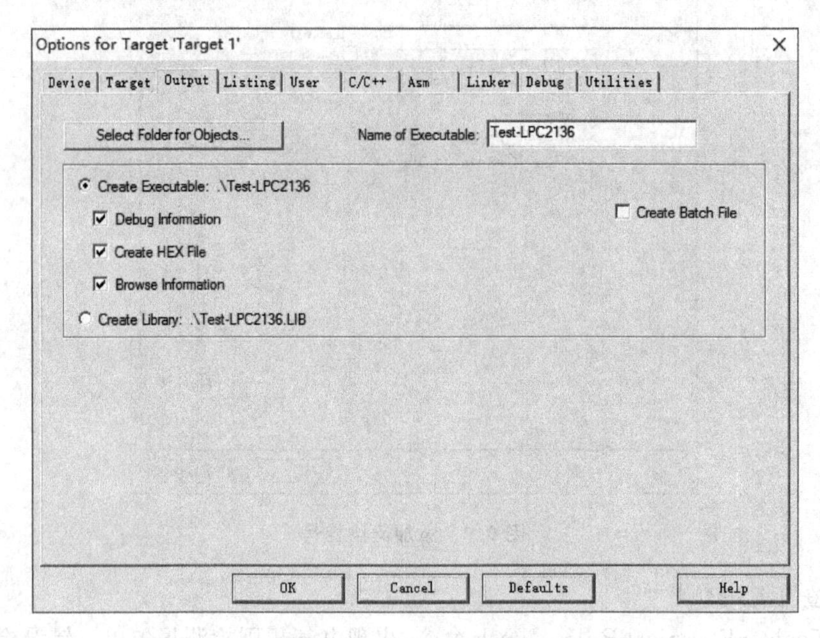

图 9.10　工程配置对话框

3）仿真调试

双击仿真电路中的 LPC2136，弹出如图 9.11 所示的对话框，在 Program File 中添加上一步中生成的 HEX 文件，单击 OK 按钮。然后单击仿真运行开始按钮▶，电路仿真结果如图 9.12 所示。此时，可以清楚地观察到每一个引脚的电平变化，红色代表高电平，蓝色代表低电平。D1～D3 右侧直接连到 3.3V 电源，电平显示为红色，即高电平，当 LPC2136 处理器 P0.0～P0.2 引脚输出低电平时，三个发光二极管正向导通，全部发光。

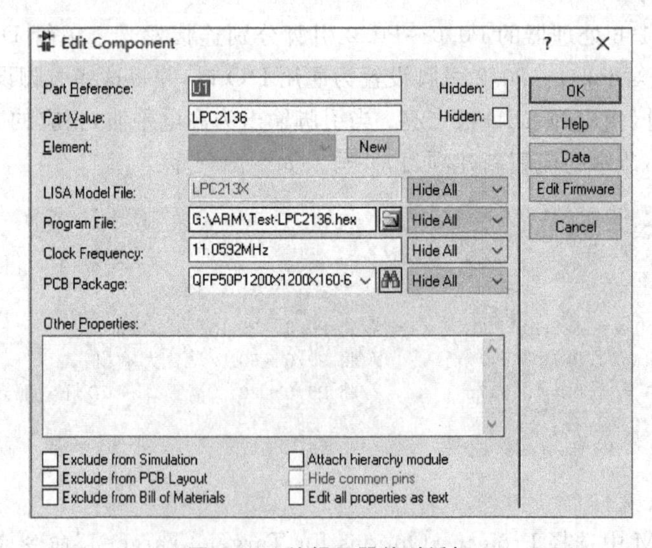

图 9.11　编辑元器件对话框

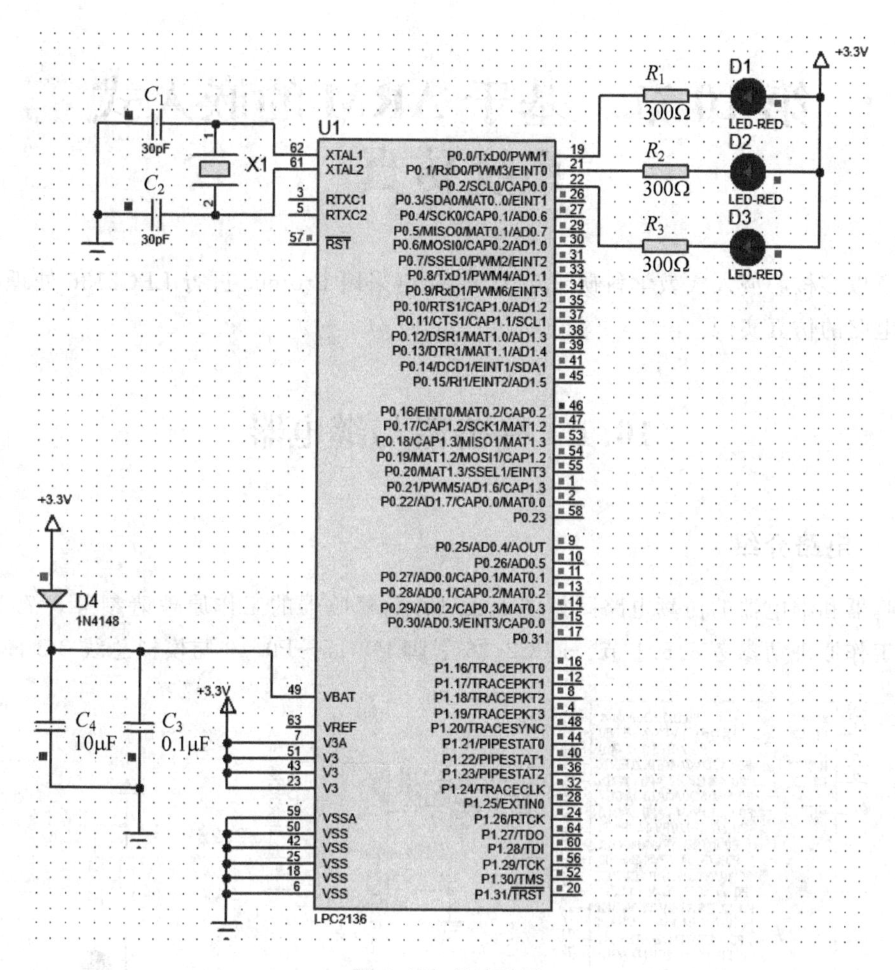

U1
LPC2136
X1
D1
D2
D3
D4
1N4148
LED-RED
300Ω
30pF
10μF
0.1μF
+3.3V

图 9.12　仿真结果

第 10 章　基于 ARM 的嵌入式系统仿真

本章以多核心嵌入式教学科研平台为例，介绍采用 Proteus 进行 LPC2136 处理器及典型外围电路的仿真实例。

10.1　蜂鸣器与继电器

10.1.1　电路介绍

蜂鸣器和继电器的仿真电路图如图 10.1 所示，蜂鸣器的工作原理请参考 8.7.1 节，继电器的工作原理请参考 8.5.1 节。LPC2136 引脚 P0.17～P0.19 与模拟总线 3-8 译码器的

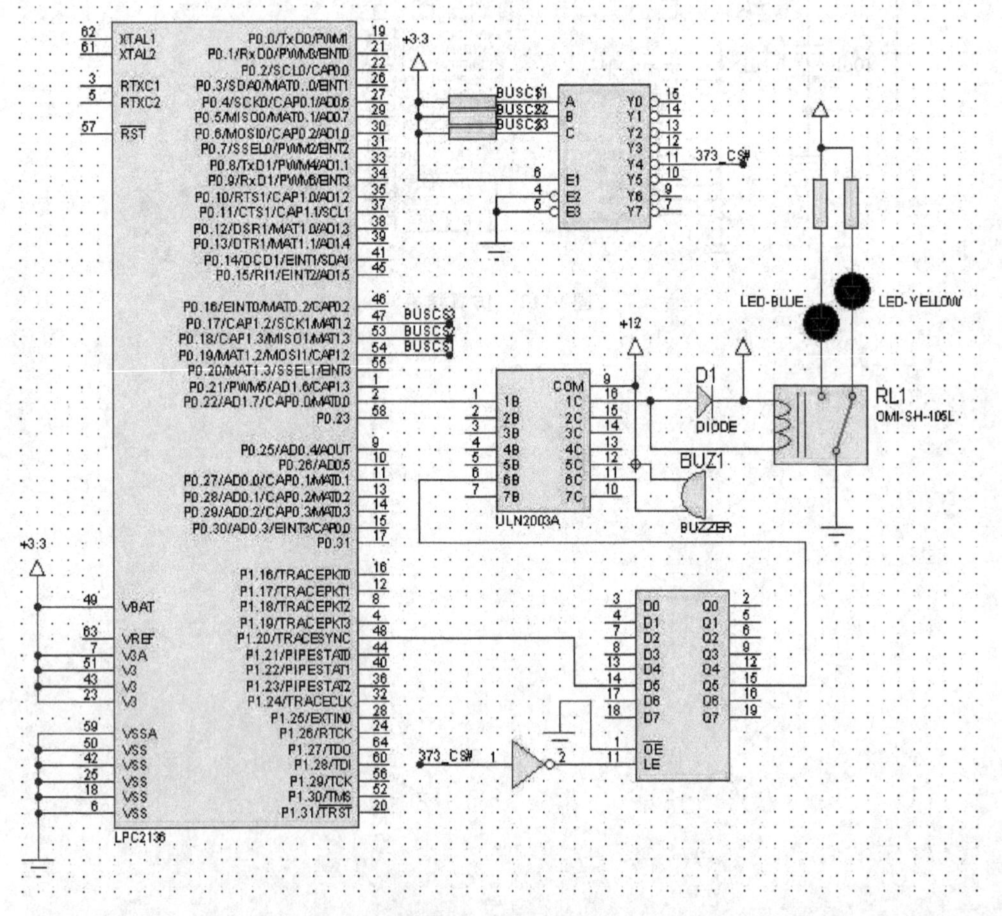

图 10.1　电路连接图

输入端相连,译码器的输出引脚11通过反相器连接74HC373的LE引脚,完成对74HC373的输出/锁存控制;LPC2136引脚P1.20与74HC373的输入引脚14相连,74HC373的输出引脚15与ULN2003的输入引脚6相连,ULN2003的输出引脚11连接蜂鸣器一端,由于Proteus软件提供的蜂鸣器工作电压为10V以上,因此这里将蜂鸣器另一端连接至12V电源,实际电路板连接5V电源,实现对蜂鸣器的控制;LPC2136引脚P0.22与ULN2003的输入引脚1相连,ULN2003的输出引脚16连接继电器线圈的两端,并在其中一端连接电源和二极管,二极管用来控制电流流向,在达林顿管的引脚16输出低电平能够使继电器的线圈导通。为便于观察继电器是否导通,在其常通开关回路中接一个黄色发光二极管,在常断开关回路中接一个蓝色发光二极管。在实际电路连接中,在LPC2136和74HC373之间连接了74HC162245芯片,完成电路中电压转换的工作,由于Proteus软件没有对这一芯片进行封装,因此在仿真电路中未连接该器件。

10.1.2 软件设计

软件编程时,应首先选择LPC2136引脚功能,即设置引脚功能选择寄存器;然后,控制模拟总线3-8译码器选中74HC373的LE引脚,并在P1.20引脚上输出高电平使蜂鸣器鸣叫;最后,在P0.22引脚上输出高电平用以控制继电器由常闭触点所在回路导通状态转变为常开触点所在回路导通状态。

编写初始化函数,设置使用的引脚功能,控制蜂鸣器和继电器用到的引脚均使用GPIO功能,并设置其为输出状态,代码如下:

```
void RelayBuzzerInit()
{
    PINSEL1 |= 0x100;
    PINSEL2 &= ~(0x8);
    IO0DIR |= (1<<22);
    IO1DIR |= (1<<20);
}
```

使模拟总线3-8译码器选中74HC373的LE引脚,为控制蜂鸣器做准备,代码如下:

```
BUSCSSet(1)            //P0.17~P0.19 输出 001,对应译码器输入 100
```

编写测试函数,主要完成控制蜂鸣器间断鸣叫,同时继电器间断导通,代码如下:

```
void test()
{
    while(1)
    {
        IO1CLR = (1<<20);        //关闭蜂鸣器
        IO0CLR = (1<<22);        //继电器常通开关回路导通
```

```
        delay(3);                                   //延时
        IO1SET = (1 << 20);                         //打开蜂鸣器
        IO0SET = (1 << 22);                         //继电器常闭开关回路导通
        delay(3);
    }
}
```

编写主函数，调用各模块初始化函数和测试函数，代码如下：

```
int main()
{
    RelayBuzzerInit();              //设置蜂鸣器继电器使用的引脚
    BUSCSInit();                    //P0.17～P0.19 初始化
    BUSCSSet(1);                    //P0.17～P0.19 输出 001,对应译码器输入 100
    test();
    return 0;
}
```

10.1.3 Proteus 仿真

1. 操作步骤

使用 Proteus 软件对硬件电路仿真的操作步骤如下：

(1) 按照图 10.1 所示电路连接方式连接电路。

(2) 建立工程，编译编写好的代码，生成.hex 文件。

(3) 双击 LPC2136 芯片，导入.hex 文件。

(4) 单击左下角的运行按钮运行仿真电路。

2. 运行结果

单击左下角的运行按钮，能够听见蜂鸣器发出间断的声响，同时看见发光二极管轮流点亮。仿真结果如图 10.2 所示，仿真当前状态为蜂鸣器鸣叫且继电器线圈导通蓝色发光二极管点亮的状态。

在仿真电路运行过程当中，模拟总线 3-8 译码器的 11 引脚为低电平（蓝色），使 74HC373 处于直接输出的状态；LPC2136 引脚 P0.22 先输出低电平（蓝色），使 ULN2003 的引脚 16 输出高电平（红色），继电器线圈未导通，黄色发光二极管点亮；引脚 P1.20 上输出低电平（蓝色），使 ULN2003 的引脚 11 输出高电平（红色），关闭蜂鸣器。然后引脚 P0.22 输出高电平（红色），使 UN2003 的引脚 16 输出低电平（蓝色），继电器线圈导通，蓝色发光二极管点亮；引脚 P1.20 上输出高电平（红色），使 ULN2003 的引脚 11 输出低电平（蓝色），蜂鸣器鸣叫。

若要使该工程运行在实物之上，则需要修改代码中的延时，由于软件仿真指令执行速度较慢，因此要把软件延时调整至仿真时的 20 倍左右才能看到明显的效果。

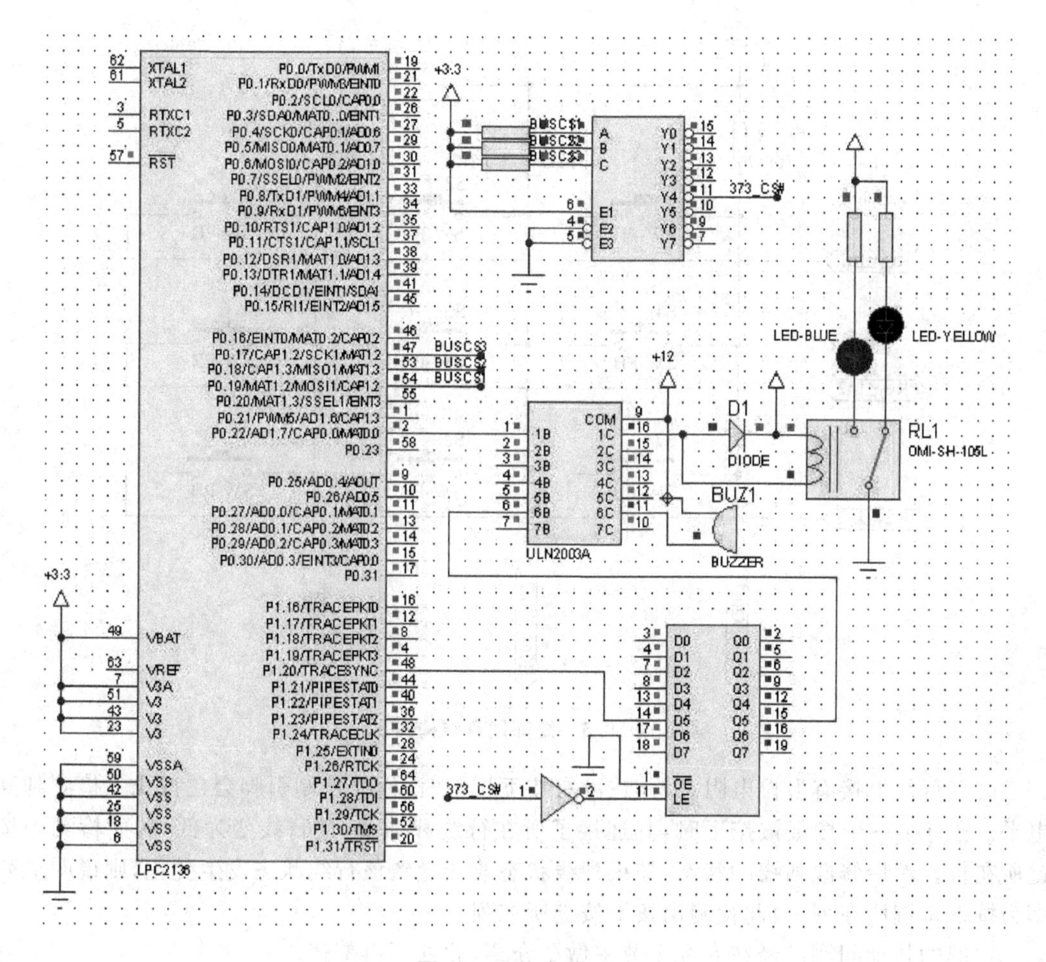

图 10.2　仿真结果图

10.2　键　　盘

10.2.1　工作原理

下面以列线输出、行线输入的 3×3 键盘为例，简要介绍扫描法识别按键的程序流程，键盘的结构如图 10.3 所示。

（1）设置列线控制引脚为输出功能，行线控制引脚为输入功能。

（2）设置列线输出低电平，并不断地检测行线控制引脚状态。

（3）当行线控制引脚上产生低电平时，说明有键按下，且当前为低电平的行线为按下按键所在行，进入识别按下按键所在列程序。

（4）将第 $r(i=1,2,3,\cdots)$ 列的列控制线设置为低电平状态，其余为高电平，同时检测行线输入引脚状态，若不全为高，则说明当前低电平的列即为按下键所在列，若全为高，执行 $i=i+1$ 并重复本步骤。

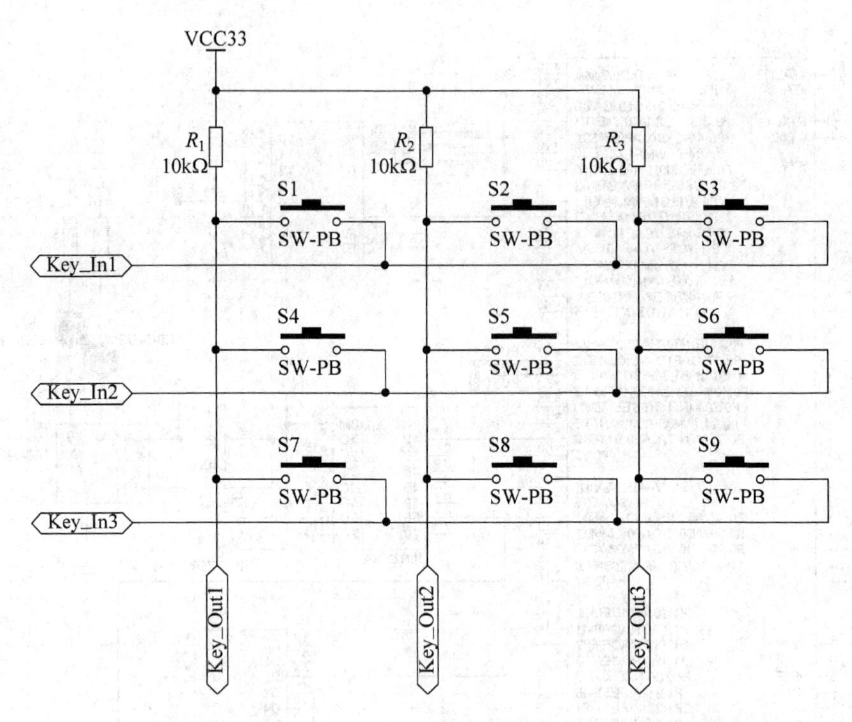

图 10.3 矩阵键盘结构图

由于行线上接有上拉电阻，因此在没有按下按键时，行线控制引脚会在行线上检测到高电平；当有某一个按键被按下时，其连接了所在行线和列线，使行线变为低，从而检测到按键所在行。然后修改列线的状态，如果列线状态改变导致该行线状态发生变化，则说明该列即为按下按键所在列，由此检测出按下按键所在列。

按键的抖动问题已经在 8.2.1 节中做了介绍，此处不再赘述。

10.2.2 电路介绍

完整的键盘控制电路设计如图 10.4 所示。LPC2136 的引脚 P0.11～P0.13 连接 SPI 3-8 译码器的输入端，通过控制译码器选中 595 点亮数码管；引脚 P0.17～P0.19 连接模拟总线 3-8 译码器的输入端，控制该译码器选中 373 使其工作在直接输出的状态；引脚 P0.4 连接 595 的 SH_CP 引脚，为 LPC2136 与 595 进行 SPI 数据传输提供时钟信号；引脚 P0.6 连接 595 的 DS 引脚，LPC2136 通过该引脚向 595 发送数据；引脚 P0.26～P0.28 连接矩阵键盘的行线，获取当前键盘按键的状态；引脚 P1.26～P1.28 连接 373 的输入引脚 D5～D7，通过 373 控制键盘列线的状态。

10.2.3 软件设计

使用数码管观察键盘的输入结果，对按键编号，从左到右、从上到下依次为 1～9，当按下对应按键时，在数码管上显示按下按键的编号。

首先调用函数，控制两个 3-8 译码器的输出，对 595 的控制方式为：首先，取出 IO0PIN 的 11～13 位，即用当前的 P0 端口的状态与(7<<11)相与；然后将得到的结果与(((i)&7)<<11))相或，表示将变量 i 的低三位放入 IO0PIN 的 11～13 位。373 的控制方式与此类

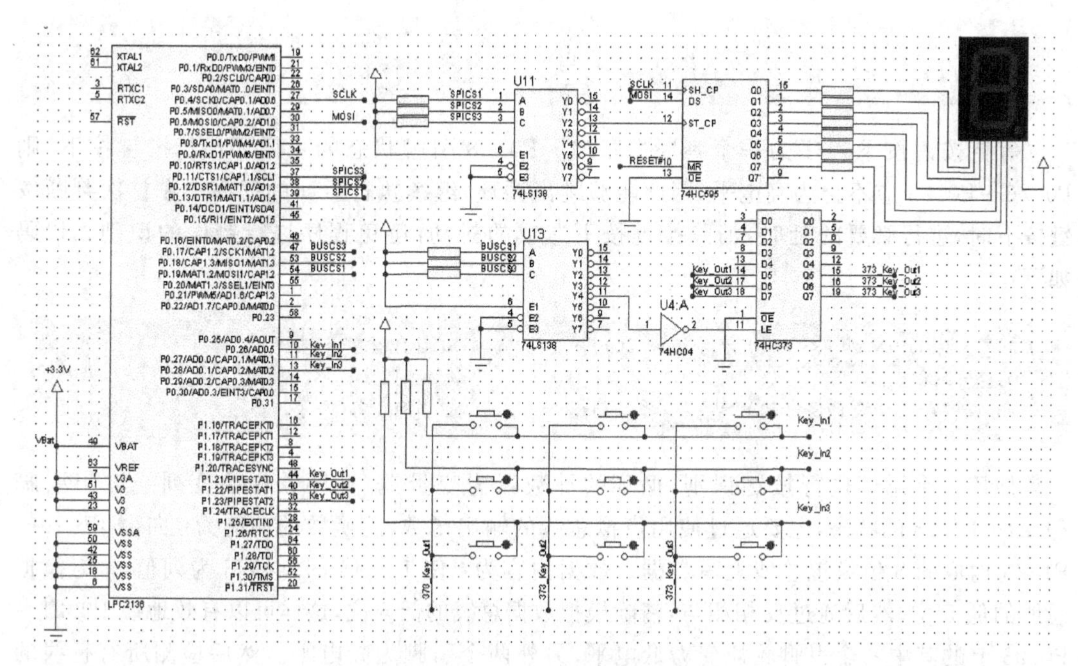

图 10.4　键盘控制电路连接图

同,这里分别使用 SPI.c 和 common.c 文件中的 SPICSSet()函数和 BUSCSSet()函数。这样能够简单地使用函数设置两个译码器的输出值。

编写按键识别程序,首先定义要使用的变量,keys 用来记录识别按下按键时的结果编码,i 为循环的计数器,同时可以表示按下按键所在列,具体请看按键识别程序部分,代码如下:

```
uint32  i,keys;
```

进行必要的初始化,设置所有引脚功能为 GPIO,并设置列线控制引脚 P1.23～P1.25、SPI 3-8 译码器输入引脚 P0.11～P0.13、模拟总线 3-8 译码器输入引脚 P0.17～P0.19 为输出状态,行线控制引脚 P0.26～P0.28 和按键检测引脚 P0.30 为输入状态,然后初始化 SPI 接口,为数码管显示做准备,控制 373 为直接输出状态。这些工作通过调用各模块的初始化函数完成,代码如下:

```
ButtonInit();
BUSInit();
SPICSInit();
BUSCSSet(1);                //控制 373 为直接输出
SPIInit();                  //初始化 SPI 接口
```

编写按键识别部分,按键识别程序应该处于一个无限循环之中,并且不停地检测当前按键的状态,因此在每次识别前,首先清除前次按键识别的结果,即变量 keys 的值,然后使列线控制引脚 P1.21～P1.23 为低电平,从而在有按键按下时,其所在行线变为低电平。代码如下:

```
keys = 0;
IO1CLR |= (7<<21);
```

等待按键按下程序为一个判断 P0.26～P0.28 引脚状态的死循环。若按键按下，则 P0.26～P0.28 应不全为高电平，因此能够跳出循环，继续执行后面的程序。在首次判断按键按下时，进行必要的延时，消除按键按下造成的抖动，避免程序进行错误的识别。代码如下：

```
while((IO0PIN & (7<<26)) == (7<<26));          //当有键按下时
Delay_ms(10);                                   //延时
while((IO0PIN & (7<<26)) == (7<<26));          //当有键按下时
```

使用一个循环进行按键识别，循环的计数器为变量 i。循环首先改变列线输出引脚 P1.21～P1.23 的状态，主要通过使用模拟总线的输出函数，此函数的功能为：向由 P1.16～P1.23 构成的 8 位模拟总线上写数据。数据内容为：使 1 左移 i+5 位，i 为列值，5 为模拟总线的低 5 位，然后通过反相相与，清除模拟数据总线的低 5 位，这样可以有效地使 P0.21～P0.23 上的其中一个引脚轮流变为低电平，另外两个引脚为高电平。然后检测所有行线的状态，若行线上不全是高电平，则说明当前修改的列即为按下按键所在列，记录当前的 i 值，即列值，放入 keys 变量的低三位，并记录当前 P0.26～P0.28 的状态，即行线状态，放入 keys 变量的 5～3 位，为低的行线即为按下按键所在行。代码如下：

```
for(i = 0;i<3; i++)
{
    BUSDBout(0xE0 & ~(1<<(i+5)));
    if((IO0PIN & (7<<26)) != (7<<26))
    {
        keys = ((IO0PIN>>23)&0x38) | (1<<i);
        break;
    }
}
```

输出按键编码至数码管，按键编码记录在 keys 变量中，keys 的 0～2 位为列值，为 1 表示该列有键按下；5～3 位为行值，为 0 表示该行有键按下。例如，按下上数第一行左数第一列的按键，则 keys 的 0～2 位应为 001，5～3 位应为 110，对应的 keys 值为 0x31，应输出数字 1，其他判断方式与此类同。代码如下：

```
switch(keys)
{
    case (0x31): SendData(STR[1]); break;
    case (0x32): SendData(STR[2]); break;
    case (0x34): SendData(STR[3]); break;
    case (0x29): SendData(STR[4]); break;
    case (0x2a): SendData(STR[5]); break;
    case (0x2c): SendData(STR[6]); break;
```

```
        case (0x19): SendData(STR[7]); break;
        case (0x1a): SendData(STR[8]); break;
        case (0x1c): SendData(STR[9]); break;
        default: SendData(STR[0]);break;
    }
```

10.2.4　Proteus 仿真

仿真结果如图 10.5 所示。单击运行按钮，可以看到每一个按键的左侧为低电平（蓝色），右侧为高电平（红色）；模拟总线 3-8 译码器选中 373 的 LE 引脚，使 373 工作在直接输出的状态下；SPI 3-8 译码器未选中 595，可知 LPC2136 与 595 之间并无数据传输；当按下任意按键时，能够看到按下按键的左右两端均变成低电平（蓝色），按键行线输入引脚 P0.26～P0.28 中产生低电平，表明当前有键按下，进入按键识别程序，并且 373 的输入引脚和输出引脚同时发生变化，表明识别程序正在识别按下的按键，SPI 3-8 译码器的输入引脚和 LPC2136 的 SPI 控制引脚 P0.4、P0.6 处电平不断闪烁，数码管上显示出按键编号值，表明 LPC2136 成功地向 595 发送了按键编号数据。

值得注意的是，在仿真电路运行过程中，并不能看到 74HC595 的 DS、SH_CP 和 ST_CP 引脚上红、蓝颜色的变化，即高低电平的变化，这是因为引脚上电平变化速度太快，而人的肉眼存在视觉暂停现象跟不上电平变化速度。但实际上，SH_CP 经过连续 8 次时钟上升沿，会将一个 8 位串行数据移至移位寄存器，然后在 ST_CP 上升沿到来时，74HC595 将移位寄存器中的值锁存，并将这 8 位数据通过引脚 Q0～Q7 并行输出。

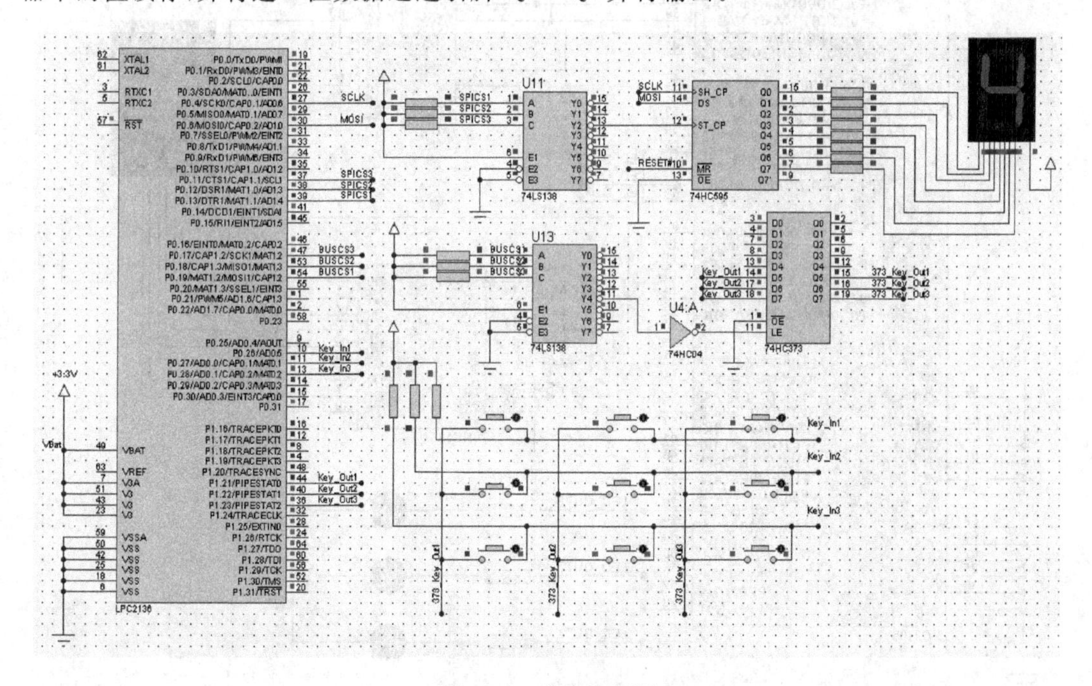

图 10.5　仿真结果图

10.3　LED 与数码管

10.3.1　电路介绍

数码管显示电路用到的器件有 8 位串行输入/输出或并行输出移位寄存器 74HC595、共阳极数码管、反相器 74HC04、3-8 译码器 74HC138、电阻、电容，这里共阳极数码管使用 7SEG-MPX1-CA。

电路原理图如图 10.6 所示。使用 LPC2136 引脚 P0.21～P0.22 的 GPIO 功能分别控制发光二极管 D6、D7、D8(低电平点亮 LED)，构成流水灯，流水灯的工作原理请参考 8.1.1 节。使用 LPC2136 引脚 P0.13、P0.12、P0.11 作为 SPI 3-8 译码器的输入，控制译码器选中 74HC595 的 ST_CP 引脚；处理器引脚 P0.4 连接 74HC595 的 SH_CP 引脚，提供 SPI 时钟信号；处理器引脚 P0.6 连接 74HC595 的 DS，作为 SPI 串行数据输入。

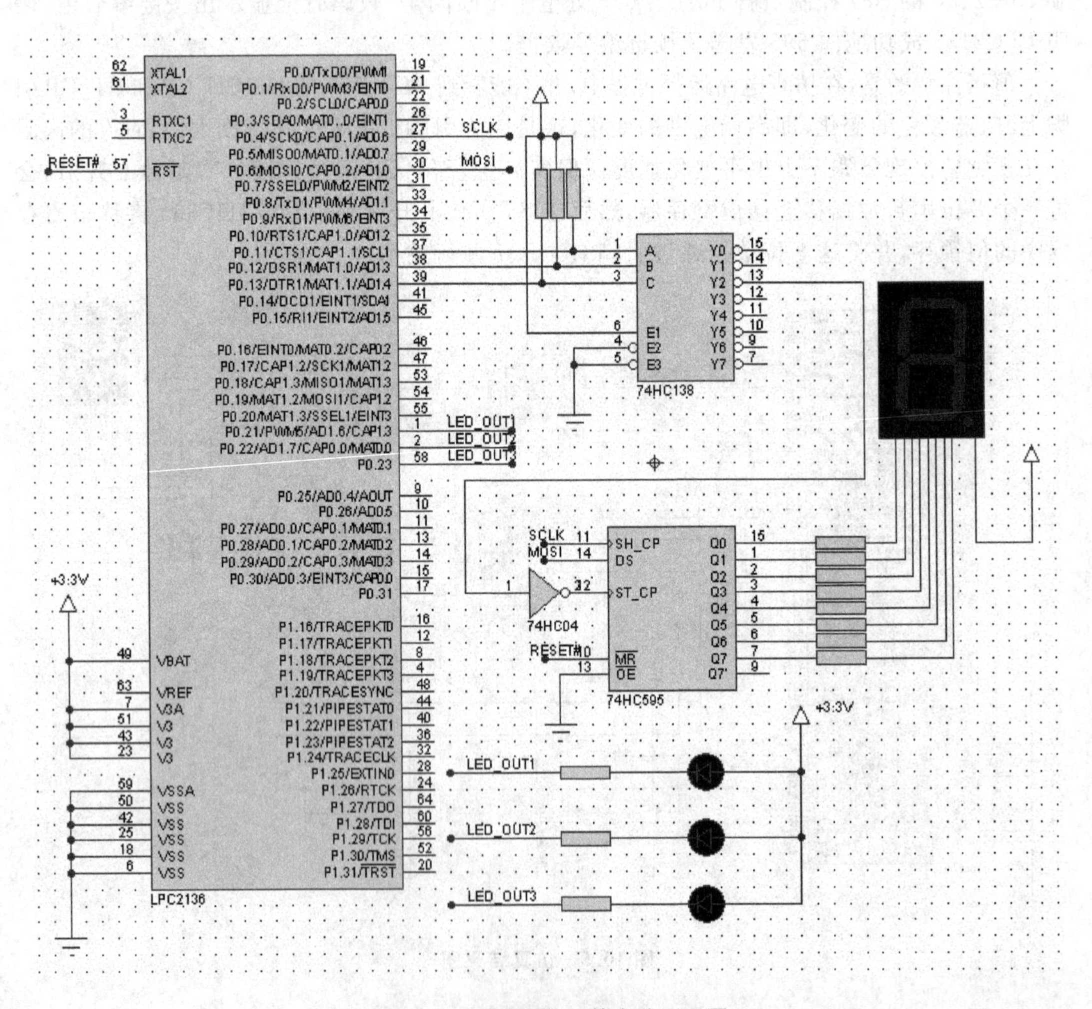

图 10.6　LED 和数码管电路原理图

10.3.2 软件设计

以 LPC2136 SPI 接口的主机模式进行数据传输，其主要操作步骤如下：

(1) 设置 SPCCR，从而获得 SPI 时钟。

(2) 设置 SPCR，控制 SPI 为主机模式，配置 SPI 时钟极性等。

(3) 选择从机，将要发送的数据写入 SPDR。此写操作启动 SPI 数据传输。

(4) 等待 SPSR 中的 SPIF 位置位。

(5) 从 SPDR 中读出接收到的数据。

(6) 判断是否继续进行数据传输，是则跳到第 3 步，否则结束。

LED 点亮和数码管显示主要部分的代码实现如下：

为了使代码简洁易懂，在此采用函数对 SPI 3-8 译码器进行控制。译码器输入端连接到 LPC2136 处理器 P0.11～P0.13 引脚，默认状态下，由于通过上拉电阻连接到电源，其输入全为高电平，Y7 输出低电平（在电路板上 Y7 没有连接到任何一个模块），译码器其他输出引脚输出高电平。对于用户传入参数，取其二进制表示的低三位作为译码器输入信号，从而控制译码器的输出引脚，这里使用 SPI.c 文件中的 SPICSSet 函数。定义共阳极数码管显示字符，为显示做准备。具体代码如下：

```
uint8 const Str[17] =
{
//  0    1    2    3    4    5    6    7    8    9
    0xC0,0xF9,0xA4,0xB0,0x99,0x92,0x82,0xF8, 0x80,0x90,
//  A    b    C    d    E    F    ·
    0x88, 0x83, 0xC6, 0xA1,0x86, 0x8E, 0x7F
};
//LPC2136 字模
//                  L    P    C    2    1    3    6
uint8 const LPC2136[7] = { 0xC7, 0x8C, 0xC6, 0xA4, 0xF9, 0xB0, 0x82};
```

编写发光二极管初始化函数，初始化控制发光二极管的引脚，代码如下：

```
void SPILEDInit()
{
    PINSEL1 &= ~(0x3f << 10);
    IODIR |= (7 << 21);        //设置 P0.21～P0.23 为输出
    IOSET |= (7 << 21);        //设置发光二极管不点亮
}
```

编写测试函数，使 LED 闪烁 3 次，并将数码管显示的相关字符编码循环发送到 SPI 总线上，代码如下：

```
void test()
{
    uint8 i;
    //发光二极管闪烁 3 次
```

```
    for(i = 0;i<3;i++)
    {
        IO0CLR |= (7<<21);
        delay(3);
        IO0SET |= (7<<21);
        delay(3);
    }
    IO0CLR |= (7<<21);                    //数码管保持点亮状态
    while(1)
    {
        //显示 0~F 字模
        for(i=0; i<17; i++)
        {
            SPICSSet(0);
            SPIReadWrite(Str[i]);         //发送显示数据
            SPICSSet(2);
            delay(3);                     //延时
        }
        //显示 LPC2136 字样
        for(i=0; i<7; i++)
        {
            SPICSSet(0);
            SPIReadWrite(LPC2136[i]);     //发送显示数据
            SPICSSet(2);
            delay(3);                     //延时
        }
    }
}
```

编写主函数,首先调用各模块的初始化函数,然后调用测试函数,代码如下:

```
int main (void)
{
    SPILEDInit();
    SPIInit();                  //初始化 SPI 接口
    SPICSInit();
    test();
    return 0;
}
```

10.3.3 Proteus 仿真

仿真电路正确搭建完毕后,单击 play 按钮运行仿真,结果如图 10.7 所示。

运行时,首先在 P0.21~P0.23 引脚上出现低电平和高电平的交替,实现 LED 闪烁。在闪烁 3 次后,处理器开始向数码管传输数据,从数码管的 8 根数据线上能够看到当前 74HC595 的输出电平,其对应共阳极数码管显示相应字符的二进制编码。数码管显示内容为十六进制数字和 LPC2136 字符,显示按照十六进制由小到大,然后 LPC2136 字符的顺序

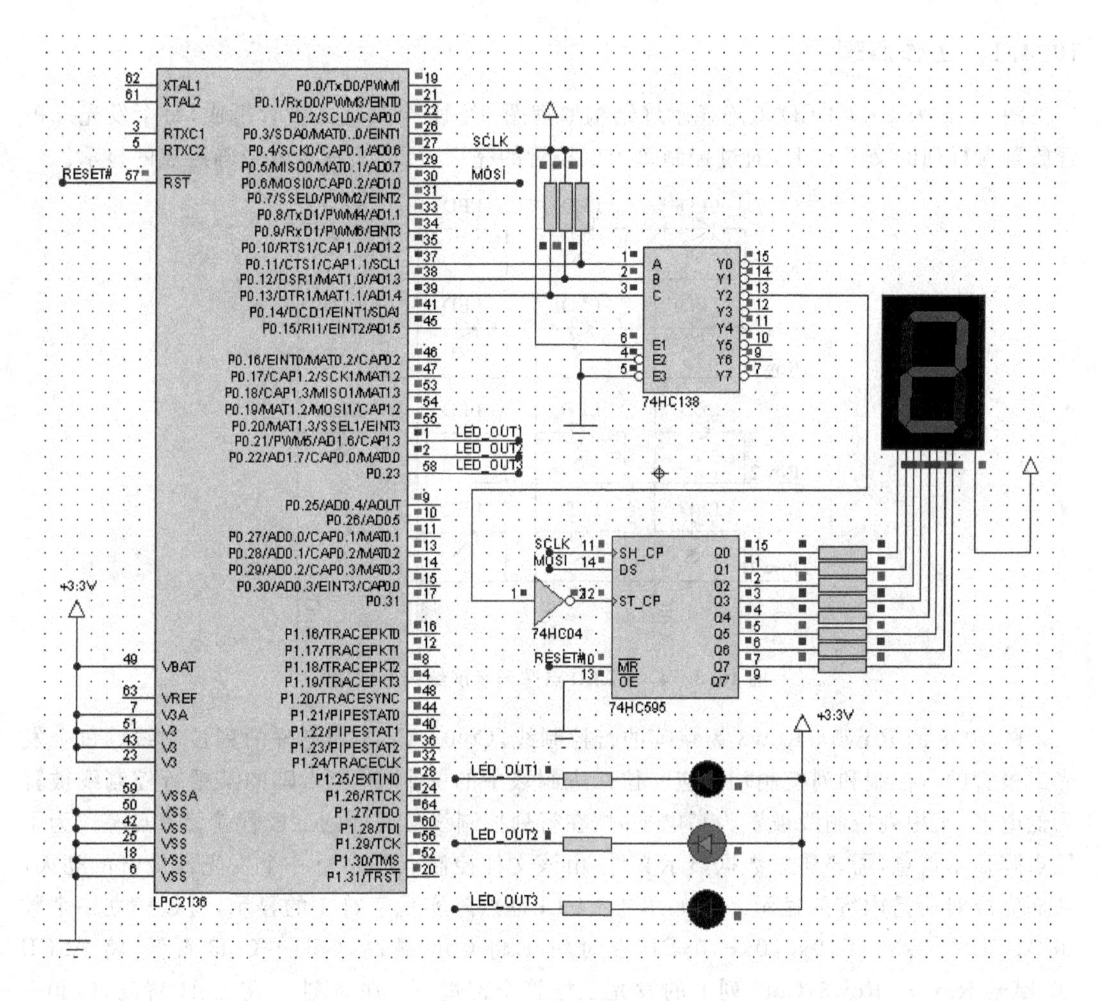

图 10.7　仿真结果图

循环显示。若要使该工程运行在实物上，应修改延时时间为原来的 20 倍左右。

10.4　LED 点阵

LED 点阵显示屏由若干按矩阵排列的发光二极管组成，其显示方式可分为静态显示和动态显示两种。静态显示通过 I/O 口对显示屏内部每个发光二极管的行、列引脚进行控制，实现点阵的显示工作，由于二极管的行、列引脚都分别由不同 I/O 口控制，因此，使用这种显示方式的点阵原理简单、软件控制方便，但硬件接线复杂；动态显示采用扫描方式，先将点阵逐行(列)选通，然后控制选通行(列)中多个发光二极管的亮灭，进而实现点阵的显示工作，此种方式软件控制比采用静态显示的点阵复杂，但硬件连接简单，因此在实际应用中一般采用动态显示方式控制点阵。由于 LED 显示屏具有亮度高、寿命长和性能稳定等优点，因此被广泛应用于汽车报站器、广告屏等大屏幕显示场合。本节将介绍 LED 点阵的基本工作原理，通过本节的学习来掌握 LED 点阵的基本显示技术。

10.4.1 工作原理

图 10.8 为 4×4 LED 点阵显示屏结构原理图，由 16 个发光二极管组成，每个发光二极管放置在行列的交叉点上，通过控制每个二极管的亮灭，可以实现点阵中确定点的显示。

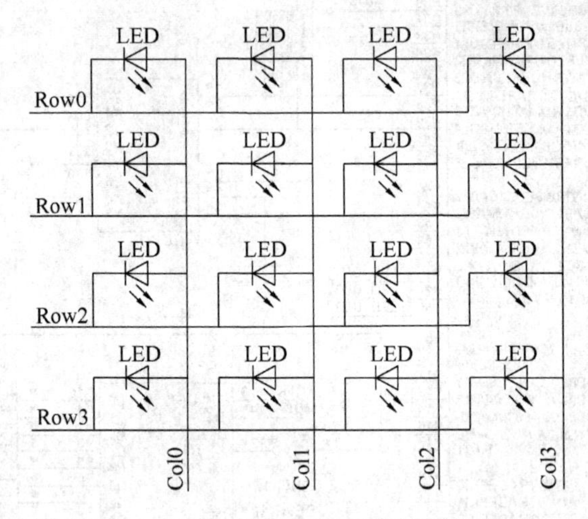

图 10.8 4×4 LED 点阵显示屏结构原理图

图 10.8 的 Row0～Row3 为点阵的行控制线，Col0～Col3 为点阵的列控制线。每个发光二极管的行控制和列控制均对应 4 位二进制数中的一个位，当点阵的某根行控制线被置为低电平、某根列控制线被置为高电平时，在行列控制线交叉处的二极管就会被点亮。为了用点阵显示信息，需要建立数据显示文件，由该文件控制点阵中每一个发光二极管的亮灭，从而完成对所需内容的显示。例如用 4×4 LED 点阵实现字符 1 的显示，可以建立一个数组 ASCII[4]={0xF，0x0，0xF，0xF}，在时刻 0，将 Col0 置高，Col1～Col3 置低，将 ASCII[0]赋给 Row0～Row3，Col0 列上的发光二极管全部熄灭；在时刻 1，将 Col1 置高，Col0～Col3 置低，将 ASCII[1]赋给 Row0～Row3，Col1 列上的发光二极管全部点亮；在时刻 2，将 Col2 置高，Col0～Col3 置低，将 ASCII[2]赋给 Row0～Row3，Col2 列上的发光二极管全部熄灭；在时刻 3，将 Col3 置高，Col0～Col2 置低，将 ASCII[3]赋给 Row0～Row3，Col3 列上的发光二极管全部熄灭。由于点阵扫描速度很快，因此可以显示稳定的字符 1。用点阵方式构成图形或字符时，可以根据实际需要对数据显示文件进行任意组合和变化，只要设计好合适的数据显示文件，就可以得到满意的显示效果。对于字符、数字和汉字的显示，其数据显示文件可以采用现行计算机通用的字库字模。

10.4.2 电路介绍

点阵仿真电路参照多核心嵌入式开发平台中点阵的电路连接进行设计，如图 10.9 所示。

为了使仿真过程更加直观，仿真电路采用了 8×8 LED 点阵显示，电路用到的器件有 8×8 LED 点阵显示屏 MATRIX-8×8-BLUE、8 位串行输入/输出或并行输出移位寄存器 74HC595、反相器 74HC04、3-8 译码器 74HC138 和电阻等。74HC595 和 SPI 的工作原理，前面章节已有讲解，在此不再赘述。

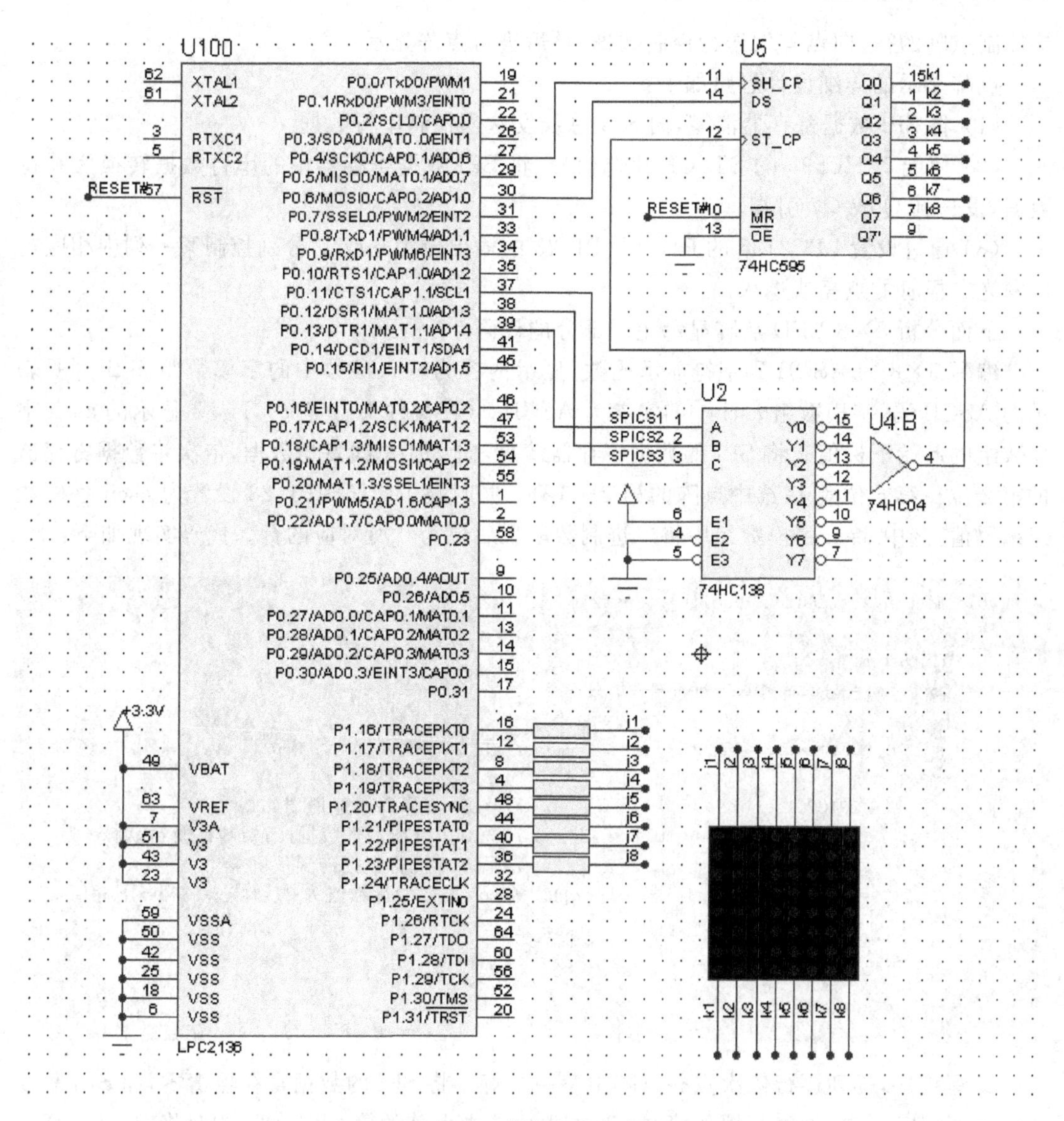

图 10.9　点阵仿真电路图

使用 LPC2136 处理器引脚 P0.11～P0.13 作为 SPI 3-8 译码器的地址端，控制译码器选中 74HC595 的 ST_CP 引脚；LPC2136 处理器引脚 P0.4 连接 74HC595 的 SH_CP 引脚，提供 SPI 时钟信号；LPC2136 处理器引脚 P0.6 连接 74HC595 的 DS，作为 SPI 串行数据输入；处理器引脚 P1.16～P1.23 分别通过连接 300Ω 的限流电阻连接点阵中的行控制引脚 j1～j8；74HC595 的 Q0～Q7 连接点阵中的列控制引脚 k1～k8。

仿真电路与实际电路有一些差别，在仿真电路中，省略了 3-8 译码器地址端 ABC 与上拉电阻的连接和 LPC2136 处理器引脚 P1.16～P1.23 与电平转换芯片 74LVT 162245 的连接。

10.4.3　软件设计

在程序中，首先将 LPC2136 处理器的 SPI 接口设置为主入从出模式，然后设置 3-8 译码器地址端，使能 74HC595 的片选信号，向点阵发送列控制数据，再由 LPC2136 处理器直接控制点阵的行，向点阵发送行控制数据，最后进行点阵显示。

点阵显示的详细设计思路如下：

(1) 将 SPI 数据寄存器清零，向 SPI 总线发送列控制串行数据。

(2) 使能 74HC595 的 ST_CP 片选信号，将 SPI 数据寄存器中的串行数据转换为并行数据，发送到 Q0～Q7 引脚。

(3) 通过设置 LPC2136 的 P1.16～P1.23 的输出位为 0 或 1，分别控制某一列中相应行的发光二极管的点亮或熄灭。

下面分析 8×8 LED 点阵显示主要部分的代码。

编写 5×8 的 ASCII 码字符显示函数，显示内容为输入参数中的字模数组 ascii[]所表示的 ASCII 码，字模数组 ascii[]的实参为 ASCII[]（在文件头已定义），i 为要显示的 ascii 字模数组的起始下标值。将 SPI 的数据寄存器清零，向 SPI 总线发送数据，依次将数据寄存器的第 2 位～第 6 位置 1，选中点阵的第 2～6 列；同时将 P1.16～P1.23 设置为 ascii 字模数组编码值，选中 ascii 字模数组中将二进制数取反后位为 0 所对应的行。代码实现如下：

```
void displayAscii(uint8 ascii[],uint32 i )
{
    uint8 temp,col;
    for(temp = 0;temp < 100;temp++)
    {
        for(col = 2;col < 7;col++)              //在第 2～6 列进行字模的显示
        {
            SPICSClear();                       //将 3 - 8 译码器地址端 ABC 清零
            SPIReadWrite(1 << col);             //向 SPI 总线发送数据,通知其移动到第 col 列
            SPICSSet(2);                        //通知主机将数据传到从机
            BUSWrite(~ascii[i + col - 2]);      //col 的初始计数值为 2,须减 2 来对齐下标值
            delayMicrosecond(100);
        }
    }
}
```

编写程序，逐列逐行依次点亮点阵中每一个灯。将 SPI 的数据寄存器清零，向 SPI 总线发送数据，依次将数据寄存器的第 0～7 位置 1，选中点阵的第 0～7 列；同时将 P1.16～P1.23 依次清零，选中当前列所对应的行。部分代码实现如下：

```
for(i = 0;i < 8;i++)
{
    SPICSClear();                   //将 3 - 8 译码器地址端 ABC 清零
    SPIReadWrite(1 << i);           //向 SPI 总线发送数据,通知其移动到下一列
    SPICSSet(2);                    //通知主机将数据传到从机
    for(j = 0; j < 8;j++)
    {
        BUSWrite(~(1 << j));        //点亮当前列的第 j 个灯
        delay(5);
    }
}
```

编写程序，点亮点阵中全部灯。将 SPI 的数据寄存器清零，向 SPI 总线发送数据，依次

将数据寄存器的第0～7位置1，选中点阵的第0～7列；同时将P1.16～P1.23全部清零，选中当前列全部行。部分代码实现如下：

```
for(j = 0;j < 80;j++)
{
    for(i = 0;i < 8;i++)
    {
        SPICSClear();                        //将3-8译码器地址端ABC清零
        SPIReadWrite (1 << i);               //向SPI总线发送数据，通知其移动到下一列
        SPICSSet(2);                         //通知主机将数据传到从机
        BUSWrite(0x00);                      //将当前列全部点亮
        delayMicrosecond(10);
    }
}
```

编写程序，依次显示所有的ASCII码字符。调用ASCII码字符显示函数，将点阵中的灯全部熄灭。部分代码实现如下：

```
for(i = 0;i < 96;i++)
{
    displayAscii(ASCII,i * 5);                    //调用ASCII码字符显示函数
    delay(40);
    for(j = 0;j < 8;j++)
    {
        SPICSClear();
        SPIReadWrite(1 << j);                     //向SPI总线发送数据，通知其移动到下一列
        SPICSSet(2);                              //通知主机将数据传到从机
        BUSWrite(0xff);                           //将当前列全部熄灭
    }
    delay(5);
}
```

10.4.4 Proteus 仿真

LED点阵仿真结果如图10.10所示。

首先点阵中的每一个灯逐列逐行依次点亮，然后所有灯全部点亮，最后依次显示所有的ASCII码字符。在仿真电路运行过程中，当DS(数据线)为红色(高电平)时，表示接收到从SPI发送的串行数据，当SH_CP(时钟线)为红色时，表示将接收到的串行数据发送到移位寄存器，转换为并行数据。当SPI 3-8译码器的地址端A为蓝色(低电平)、B为红色、C为蓝色时，输出端Y2显示为蓝色，表示Y2为有效的译码输出端，并通过非门输出高电平，可以看到74HC595的ST_CP引脚为红色，表示将转换成的并行数据发送到Q0～Q7引脚，对应控制点阵的列控制引脚，当列控制引脚显示为红色时，表示该列被选中。同时，P1.16～P1.23引脚红蓝色变化显示，对应控制点阵的行控制引脚，观察到在选中的列中，显示为蓝色的行控制引脚所对应的发光二极管点亮。

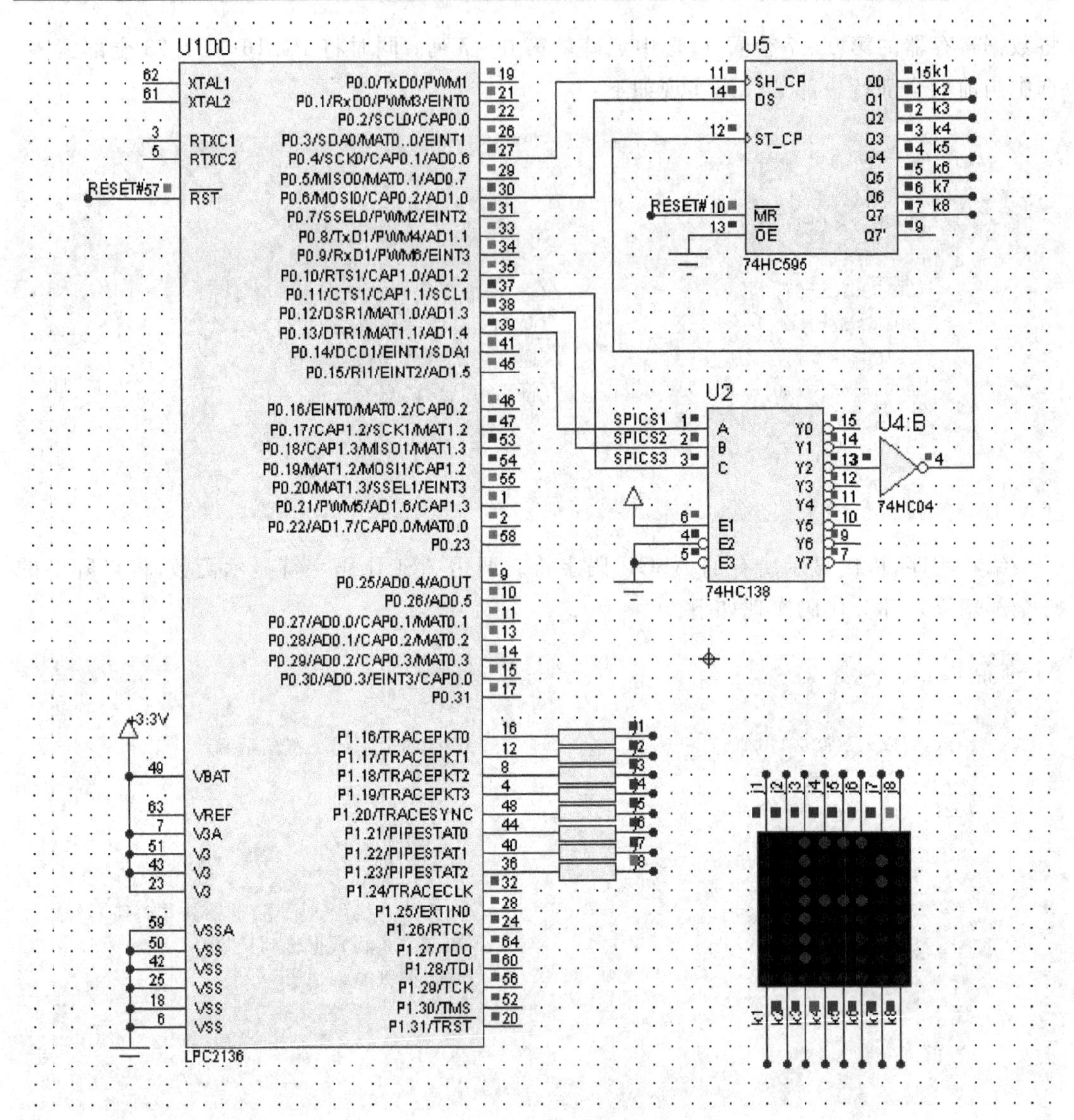

图 10.10 点阵仿真结果图

10.5 字符型 LCD

字符型 LCD 是较为简单的常见的液晶显示器，具有体积小、功耗低、使用简单等优点，在袖珍仪表和低功耗应用系统中得到越来越广泛的应用。1602 是现在嵌入式系统中常见的字符型液晶显示模块，可以显示两行字符，每行 16 个，外围电路配置简单，价格便宜，具有很高的性价比。下面简要介绍 1602 的使用方法。

10.5.1 1602 工作原理

1602 基于 HD44780 液晶控制器芯片，工作原理较为简单。HD44780 内置了显示存储器(Display Data RAM,DDRAM)、默认字模产生器(Character Generator ROM,CGROM)和用户自定义字模产生器(Character Generator RAM,CGRAM)。HD44780 定义了 192 个常用字符的字模,保存在 CGROM 中,另外还有 8 个允许用户自定义的字符产生器,即 CGRAM。DDRAM 用来显示数据,其空间大小为 80B,向其地址空间写入字符数据编码,能够在屏幕上相应位置显示该字符内容。其地址和 1602 屏幕显示字符位置的对应关系如图 10.11 所示,需要注意的是 1602 只使用了地址为 0～10H 和 28～37H 的字节空间,其他内存单元不做显示字符用;显示时字符对应的数据编码要参照字库,其中英文字母部分的编码值同 ASCII 码。例如,若要使显示屏幕第一行的第一个位置显示字幕 A,则需要向 DDRAM 的零地址处写入字符 A 的字符代码(即 65),对应的二进制编码为 01000001。

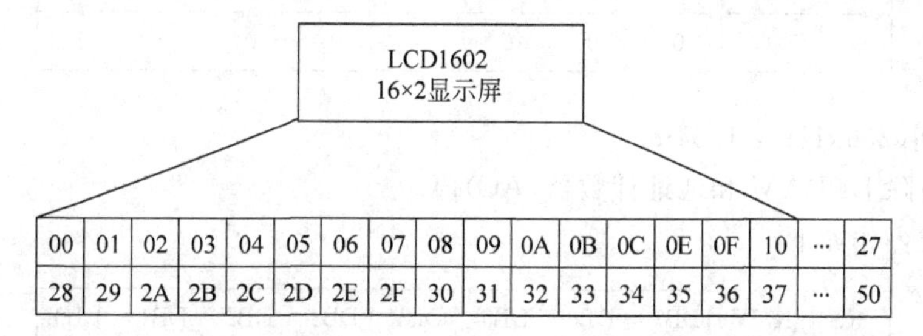

图 10.11　1602 显示字符位置与 HD44780 内置 DDRAM 地址对应关系

10.5.2　1602 工作环境和主要操作

1. 主要参数

1602 的主要参数如表 10.1 所示,其工作电压为 3.3V 或 5V,工作电流 2.0mA,字符尺寸为 2.95mm×4.35mm,可以显示两行,每行容量为 16 个字符。

表 10.1　1602 主要参数

参　数	值
显示容量	16×2 个字符
工作电压/V	3.3 或 5
工作电流/mA	2.0
字符尺寸	2.95mm×4.35mm

2. 引脚说明

1602 的各个引脚名称和功能如表 10.2 所示。

表 10.2　LCD 1602 引脚说明

编号	符号	引 脚 说 明	编号	符号	引 脚 说 明
1	VSS	电源地	6	E	使能信号
2	VDD	电源正极	7	D0	Data I/O
3	VL	液晶显示偏压信号	8	D1	Data I/O
4	RS	数据/命令选择(H/L)	9	D2	Data I/O
5	R/W	读/写选择(H/L)	10	D3	Data I/O

续表

编号	符号	引脚说明	编号	符号	引脚说明
11	D4	Data I/O	14	D7	Data I/O
12	D5	Data I/O	15	BLA	背光源正极
13	D6	Data I/O	16	BLK	背光源负极

3. 基本操作

(1) 清屏操作如下。

RS	R/W	DB7	DB6	DB5	DB4	DB3	DB2	DB1	DB0
0	0	0	0	0	0	0	0	0	1

运行时间(250kHz)：1.64ms；

功能：清除 DDRAM 和地址计数器(AC)值。

(2) 归位操作如下。

RS	R/W	DB7	DB6	DB5	DB4	DB3	DB2	DB1	DB0
0	0	0	0	0	0	0	0	1	*

运行时间(250kHz)：1.64ms；

功能：AC=0，光标、画面回起始位(HOME)。

(3) 输入方式设置如下。

RS	R/W	DB7	DB6	DB5	DB4	DB3	DB2	DB1	DB0
0	0	0	0	0	0	0	1	I/D	S

运行时间(250kHz)：40μs；

功能：设置光标、画面移动方式。

其中，I/D=1：数据读、写操作后，AC 自动增 1；

　　I/D=0：数据读、写操作后，AC 自动减 1；

　　S=1：数据读、写操作，画面平移；

　　S=0：数据读、写操作，画面不动。

(4) 显示开关控制如下。

RS	R/W	DB7	DB6	DB5	DB4	DB3	DB2	DB1	DB0
0	0	0	0	0	0	1	D	C	B

运行时间(250kHz)：40μs；

功能：设置显示、光标及闪烁开、关。

其中，D 表示显示开关：D=1 为开，D=0 为关；

　　C 表示光标开关：C=1 为开，C=0 为关；

B 表示闪烁开关：B=1 为开，B=0 为关。

(5) 光标、画面位移操作如下。

RS	R/W	DB7	DB6	DB5	DB4	DB3	DB2	DB1	DB0
0	0	0	0	0	1	S/C	R/L	*	*

运行时间(250kHz)：40μs；

功能：光标、画面移动，不影响 DDRAM。

其中，S/C=1：画面平移一个字符位；

S/C=0：光标平移一个字符位；

R/L=1：右移；R/L=0：左移。

(6) 功能设置如下。

RS	R/W	DB7	DB6	DB5	DB4	DB3	DB2	DB1	DB0
0	0	0	0	1	DL	N	F	*	*

运行时间(250kHz)：40μs；

功能：工作方式设置(初始化指令)。

其中，DL=1，8 位数据接口；DL=0，四位数据接口；

N=1，两行显示；N=0，一行显示；

F=1，5 ×10 点阵字符；F=0，5 ×7 点阵字符。

(7) CGRAM 地址设置如下。

RS	R/W	DB7	DB6	DB5	DB4	DB3	DB2	DB1	DB0
0	0	0	1	A5	A4	A3	A2	A1	A0

运行时间(250Hz)：40μs；

功能：设置 CGRAM 地址。A5～A0=0～3FH。

(8) DDRAM 地址设置如下。

RS	R/W	DB7	DB6	DB5	DB4	DB3	DB2	DB1	DB0
0	0	1	A6	A5	A4	A3	A2	A1	A0

运行时间(250Hz)：40μs；

功能：设置 DDRAM 地址。

N=0，一行显示 A6～A0=0～4FH；

N=1，两行显示，首行 A6～A0=00H～2FH，

次行 A6～A0=40H～67H。

(9) 读 BF 及 AC 值如下。

RS	R/W	DB7	DB6	DB5	DB4	DB3	DB2	DB1	DB0
0	1	BF	AC6	AC5	AC4	AC3	AC2	AC1	AC0

功能：读 BF 值和地址计数器 AC 值。

其中，BF=1：忙；BF=0：准备好。

此时，AC 值意义为最近一次地址设置(CGRAM 或 DDRAM)定义。

(10) 写数据如下。

RS	R/W	DB7	DB6	DB5	DB4	DB3	DB2	DB1	DB0
1	0	数据							

运行时间(250kHz)：40μs；

功能：根据最近设置的地址性质，数据写入 DDRAM 或 CGRAM 内。

(11) 读数据如下。

RS	R/W	DB7	DB6	DB5	DB4	DB3	DB2	DB1	DB0
1	1	数据							

运行时间(250kHz)：40μs；

功能：根据最近设置的地址性质，从 DDRRAM 或 CGRAM 读出数据。

4. 模式设置

1602 的基本模式设置如表 10.3 所示。在进行软件编码时，首先需要设置 1602 工作在正确的状态下。

表 10.3 显示模式设置

指令码								功能
0	0	1	1	1	0	0	0	16×2 显示，5×7 点阵，8 位数据接口
0	0	0	0	1	D	C	B	D=1：开显示；D=0：关显示。 C=1：显示光标；C=0：不显示光标。 B=1：光标闪烁；B=0：光标不闪烁
0	0	0	0	0	1	N	S	N=1：当读或写一个字符后地址指针加 1，且光标加 1。 N=0：当读或写一个字符后地址指针减 1，且光标减 1。 S=1：当写一个字符后整屏显示左移(N=1)或右移(N=0)，以得到光标不移动而屏幕移动的效果。 S=0：当写一个字符后整屏显示不移动

5. 初始化过程(复位过程)

1602 的初始化过程如下：

(1) 延时 15ms。

(2) 写指令 38H(不检测忙信号)。

(3) 延时 5ms。

(4) 写指令 38H(不检测忙信号)。

(5) 延时 5ms。

(6) 写指令 38H(不检测忙信号)。(以后每次写指令、读/写数据操作之前均须检测忙信号。)

(7) 写指令 38H：显示模式设置。

(8) 写指令 08H：显示关闭。

(9) 写指令 01H：显示清屏。

(10) 写指令 06H：显示光标移动设置。

(11) 写指令 0EH：显示开及光标设置。

其中前 6 步是为使用 1602 进行的准备工作，在第(6)步后，每次写指令、读/写数据操作之前均需要检测忙信号，即当前 D7 引脚的状态，若其数值为 1，则可以进行写指令、读/写数据操作。后面几步为模式设置，应根据具体的使用方式选择工作模式。

10.5.3 电路介绍

1602 电路设计如图 10.12 所示。

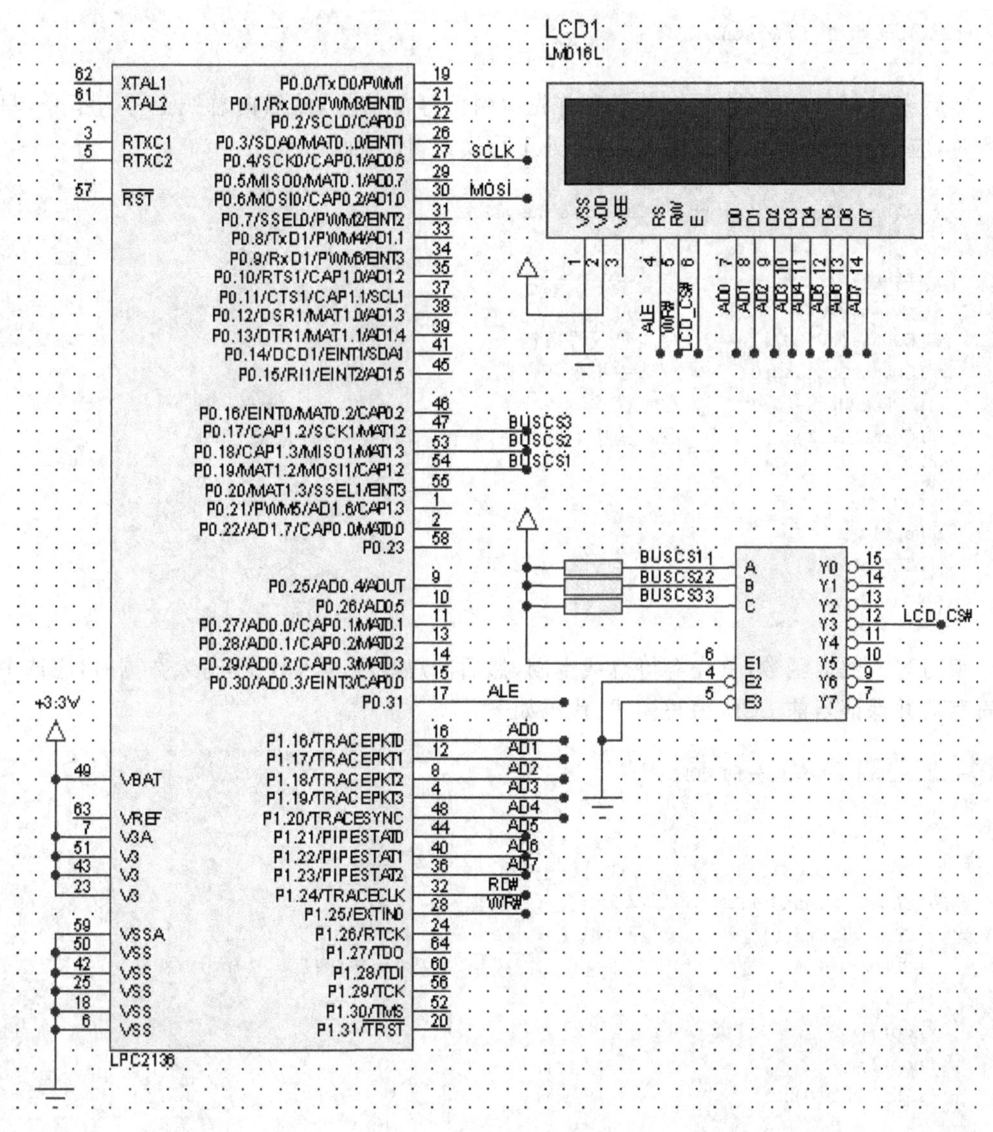

图 10.12　1062 电路设计图

使用 LPC2136 的 P1.16～P1.25 引脚模拟数据总线，分别连接 1602 的 AD0～AD7；使用 LPC2136 的 P0.31 引脚的 GPIO 功能完成数据/命令选择控制，连接 1602 的数据/命令选择引脚 RS；使用 LPC2136 的 P1.25 引脚的 GPIO 功能完成读写控制，连接 1602 的读/写选择引脚 R/W。1602 的使能端连接模拟总线 3-8 译码器的引脚 12，译码器的输入引脚 A、B、C 分别连接 P0.19、P0.18、P0.17，1602 工作时首先需要向 P0.17～P0.19 引脚写入 110，使译码器选中 1602 的使能端。由于 Proteus 中使用的器件 LCD1602 与实际使用的稍有不同，连接方式也稍有不同，引脚 VEE 悬空；LPC2136 的模拟数据线与 LCD1602 数据线之间未使用 74HC162245 进行电压转换，也未连接电阻。

10.5.4 软件设计

1602 液晶显示软件设计首先要包含以下头文件，代码如下：

```
#include "LCD_function.h"
```

然后编写写指令函数，写指令函数首先检测忙等待信号，然后向总线上写入指令，写入指令时，应选中指令寄存器并保证 LCD 处于写模式，代码如下：

```
void LCDWriteCommand(uint8 WCLCM,uint8 BusyC)
{
    if(BusyC)
        LCDWait();
    LCDData(WCLCM);         //向总线写数据
    LCDDataCommand(0);      //选中指令寄存器
    LCDReadWrite(0);        //写模式
    LCDEnable(1);           //不选中 LCD 模块,等待一定时间后再选中 LCD 模块
    nop();
    nop();
    nop();
    LCDEnable(0);
}
```

编写写入数据函数，首先等待总线空闲，然后向总线上写入数据，写入数据时，应选中数据寄存器并保证当前 LCD 为写模式，代码如下：

```
void LCDWriteData(uint8 WDLCM)
{
    LCDWait();              //等待总线空闲
    LCDData(WDLCM);         //向总线上写数据
    LCDDataCommand(1);      //选中数据寄存器
    LCDReadWrite(0);        //写模式
    LCDEnable(1);           //不选中 LCD 模块,等待一定时间后再选中 LCD 模块
    nop();
    nop();
    nop();
    LCDEnable(0);
}
```

编写 LCD 等待函数，其功能为在 LCD 处于等待状态时，不停地检测忙信号，直到其空闲状态时，跳出等待状态。该函数主要在忙信号有效时被调用从而进入等待状态，代码如下：

```
void LCDWait(void)…
{
    LCDEnable(1);                    //不选中 LCD 模块
    LCDDataCommand(0);               //进入 LCD 接收指令模式
    LCDReadWrite(1);                 //读模式
    nop();
    while(BUSRead()&(0x80))
    {
        LCDEnable(0);
        nop();
        nop();
        LCDEnable(1);
        nop();
        nop();
    }
    LCDEnable(0);
}
```

编写 LCD 初始化函数，初始化函数主要工作为启动 LCD，并设置其初始工作状态，代码如下：

```
void LCDInit()
{
    LCDData(0);                      //总线初始化为 0
    delayLCM(15);
    LCDWriteCommand(0x38,0);         //3 次显示模式设置，不检测忙信号
    delayLCM(5);
    LCDWriteCommand(0x38,0);
    delayLCM(5);
    LCDWriteCommand(0x38,0);
    delayLCM(5);

    LCDWriteCommand(0x38,1);         //8b 数据传送，2 行显示，5×7 字形，检测忙信号
    LCDWriteCommand(0x08,1);         //关闭显示，检测忙信号
    LCDWriteCommand(0x01,1);         //清屏，检测忙信号
    LCDWriteCommand(0x06,1);         //显示光标右移设置，检测忙信号
    LCDWriteCommand(0x0e,1);         //显示屏打开，光标不显示，不闪烁，检测忙信号
    LCDWriteCommand(0,0);
}
```

编写单个字符显示函数，该函数有 3 个参数，第 1 个参数为显示字符所在列值，第 2 个参数为显示字符所在行值，第 3 个参数为显示字符的字符编码值。然后通过调用写指令函数和写数据函数完成单个字符显示，代码如下：

```
void displayOneChar(uint8 X,uint8 Y,uint8 DData)
{
    Y& = 1;
    X& = 15;
    if(Y)
        X| = 0x40;              //若 y 为 1(显示第二行),地址码 + 0x40
    X| = 0x80;                  //指令码为地址码 + 0x80
    LCDWriteCommand(X,1);
    LCDWriteData(DData);
}
```

编写字符串显示函数,该函数有 3 个参数,第 1 个参数为显示字符串起始列值,第 2 个参数为显示字符串起始行值,第 3 个参数为显示字符串的字符串指针。显示字符串时,首先要计算出字符串长度,然后根据长度算得要分屏显示的次数,最后通过调用显示字符函数完成显示工作。代码如下:

```
void displayListChar(uint8 X,uint8 Y,uint8 *DData)
{
    uint8 ListLength = 0;
    uint32 count = 0;
    uint32 temp = 0;
    uint32 tempLine = 0;
    uint32 flag = 0;
    Y& = 0x01;
    X& = 0x0f;
    while(DData[count]!= '\0')
      count++;
    tempLine = (count + 1)/16;
    while((tempLine >= 0)&&(ListLength <(count - 1)))
    {
        while(X < 16)
        {
            if((DData[temp]) == '\0')
            {
                displayOneChar(X,Y,' ');
                X++;
                flag = 1;
            }
            else if(flag == 1)
            {
                displayOneChar(X,Y,' ');
                X++;
            }
            else
            {
                displayOneChar(X,Y,DData[ListLength]);
                X++;
            }
```

```
                ListLength++;
                temp++;
            }
            X = 0;
            tempLine--;
            delayLCM(20);
        }
    }
```

编写测试函数,进入一个无限循环,循环内容为不断地显示几个字符串,代码如下:

```
void test()
{
    while(1)
    {
        displayListChar(0,0,"Welcome to RedAnt lab ! this is first line");
        delayLCM(20);
        displayListChar(0,1,"done");
        delayLCM(20);
        displayListChar(0,0,"Dalian University Of Technology ");
        delayLCM(20);
        displayListChar(0,1,"Good job");
        delayLCM(20);
    }
}
```

编写主函数,调用各模块初始化和测试函数,代码如下:

```
int main()
{
    BUSInit();
    LCDInit();              //LCD 初始化
    test();
}
```

首先要设置 LPC2136 引脚的状态,然后通过模拟总线 3-8 译码器选中 1602 的使能端,使其能够正常工作。在经过初始化设置后,每次数据/指令操作均需要检测忙等待信号和设置 1602 的指令/数据引脚、读/写状态引脚状态,数据显示时指明要显示的位置、显示的字符内容等。

1602 在工作时,较常使用读状态、写指令、读数据、写数据 4 项基本操作。当数据/命令选择引脚(RS)为低电平,读/写选择(RW)引脚、使能信号(E)引脚为高电平时,数据引脚(D0～D7)输出当前引脚状态;当 RS 引脚、RW 引脚为低电平时,在 E 引脚出现高脉冲的同时,1602 会从 D0～D7 引脚处读入当前数据线上数值,作为指令码;当 RS 引脚、RW 引脚、E 引脚均为高电平时,D0～D7 输出数据;当 RS 引脚、RW 引脚为低电平时,在 E 引脚出现高脉冲的同时,1602 会从 D0～D7 处会读入数据线上数值,作为当前数据输入。

10.5.5　Proteus 仿真

仿真结果如图 10.13 所示。模拟总线 3-8 译码器的引脚 12 输出低电平（蓝色），使能 LCD1602；LPC2136 的数据引脚 P1.16～P1.23 上的电平不断变化，表明 LPC2136 和 LCD1602 之间进行着数据传输；同时 LCD1602 的屏幕上 Welcome to RedAn、t lab ！ this is、first line、done、Dalian Universit、y Of Technology、Good job 等几个字符串循环显示，这是由于 1602 显示屏宽度有限，将这些字符串拼接起来即为程序输出语句中的字符串。若要使该工程运行在实物上，应修改延时时间为原来的 20 倍左右。

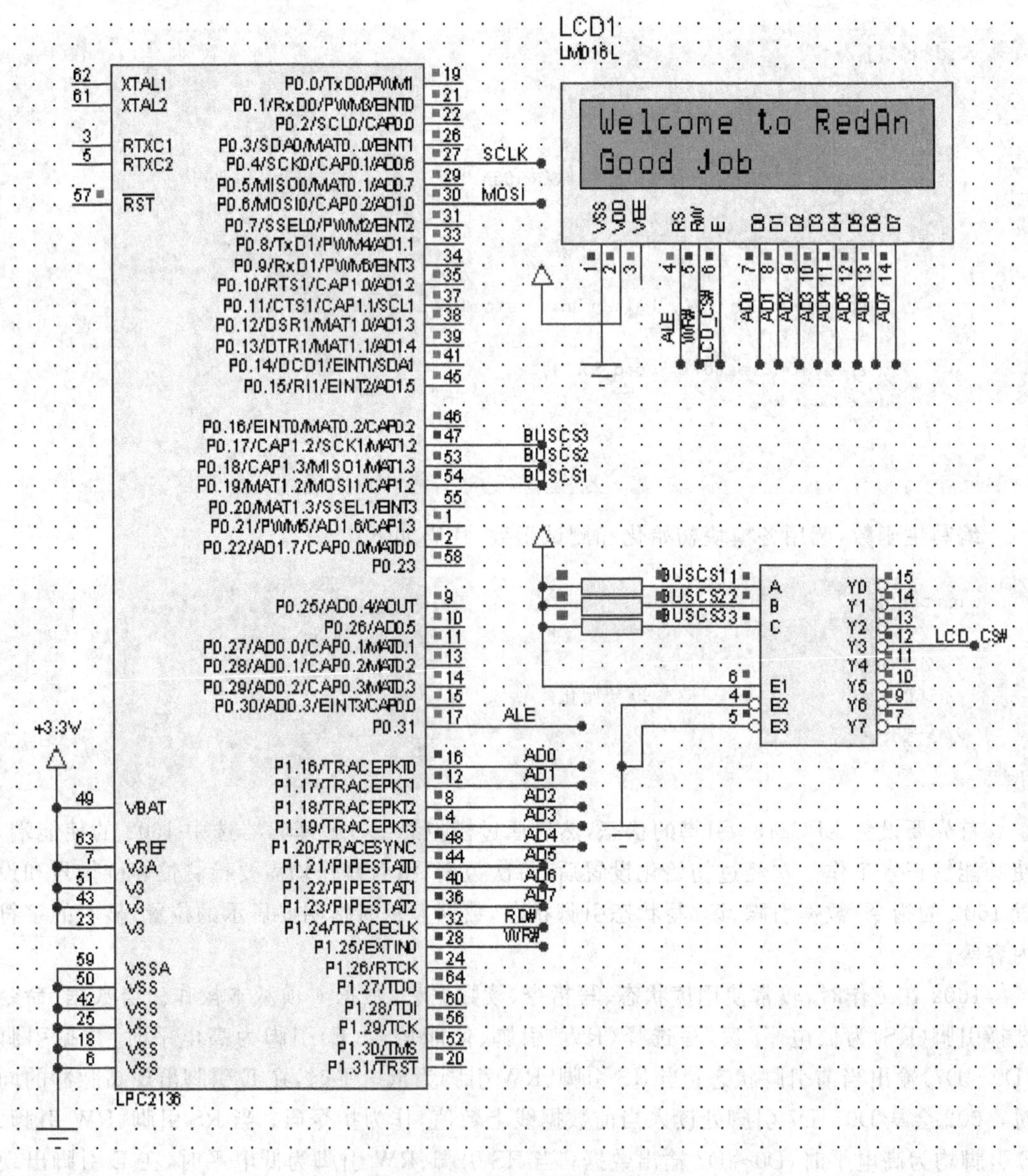

图 10.13　LCD1602 仿真结果

第 11 章 基于单片机的嵌入式系统仿真

本章以多核心单片机教学实验平台为例，介绍采用 Proteus 进行 AT89S52 单片机及典型外围电路的仿真实例。

11.1 CRC 校验码

CRC 校验码(即循环冗余校验码)是存储器读写和计算机通信方面常用的一种纠错检错校验码。本节介绍 CRC 校验码的工作原理及采用 Proteus 的仿真实例。

11.1.1 工作原理

在介绍 CRC 校验码之前，需要先介绍一个预备知识，即模 2 运算规则。

模 2 运算是一种二进制数的运算方法，是 CRC 校验码的工作基础。与算术的四则运算相比，模 2 运算也包括模 2 加、模 2 减、模 2 乘和模 2 除 4 种运算类型，其特点在于运算时不需要考虑进位和借位。模 2 运算的规律如下：

(1) 模 2 加与模 2 减：$0\pm1=1$，$0\pm0=0$，$1\pm0=1$，$1\pm1=0$。

(2) 模 2 乘：按照模 2 加来求部分积之和，得到的结果为模 2 乘的积。

(3) 模 2 除：按照模 2 减来求部分余数，得到模 2 除的商和余数。

由上可知，由于模 2 加与模 2 减不考虑进位和借位，因此二者的结果是一样的，并且模 2 加与模 2 减的运算规则与异或的规则一致。

假设数据发送方要发送一组信息给数据接收方，在发送之前，发送方需对该信息进行 CRC 编码，然后将编码得到的 CRC 校验码发出；数据接收方接收到该编码之后，按照事先约定的方式对编码进行校验，以判断数据传输过程中是否有错误发生，这就是 CRC 校验码的工作原理。

下面介绍 CRC 校验码的生成方式和校验方式。

1. *CRC 校验码的生成方式*

CRC 校验码由原始信息码和校验位两部分组成，原始信息码长度为 K 位，校验位长度为 R 位，整个 CRC 校验码长度为 N 位，因此这种编码也被称为(N,K)码。对于一个确定的(N,K)码，存在一个多项式 $G(x)$，可根据 $G(x)$生成 R 位校验位，其中，$G(x)$称作生成多项式，其最高次幂即为校验位的长度 R。

CRC 校验码的生成规则如下：

(1) 将 K 位原始信息码左移 R 位，右侧空出来的 R 位补 0。

(2) 用左移后的信息码模 2 除以生成多项式 $G(x)$，得到 R 位余数，即为校验位。

(3) 将 R 位校验位拼接到原始信息码右侧，即可得到完整的 CRC 校验码。

2. CRC 校验码的校验方式

数据接收方接收到 CRC 校验码之后，用其除以生成多项式 $G(x)$，如果数据传输过程中没有错误发生，则余数一定为 0；如果有错误发生，则余数不为 0，数据接收方可据此对数据的准确性进行判断，其中，生成多项式 $G(x)$ 与发送方使用的相同。

11.1.2 电路介绍

8.7 节介绍了通过蜂鸣器演奏乐曲的例子。在存储器保持和读写乐曲的过程中，为防止因各种干扰因素造成读写错误，应对乐曲数据进行 CRC 校验。首先对乐曲数据累加求和，保留和的低 8 位，然后求这 8 位数据的 CRC 校验位，并将乐曲数据与校验位一同存储于 Flash 中。在蜂鸣器演奏乐曲之前，对乐曲数据重新求校验和，并将校验和的低 8 位与乐曲数据尾部的校验位拼接成 CRC 校验码，接下来模 2 除以生成多项式进行校验。如果余数为 0，则数据无错，蜂鸣器演奏乐曲；如果余数不为 0，说明数据有错，此时令 4 个数码管全显示数字 0 进行报错，蜂鸣器不鸣响。

仿真电路所需元器件如表 11.1 所示。

表 11.1 元器件清单

元器件名	类	子类	数量
AT89C52	Microprocessor ICs	8051 Family	1
74HC595	TTL 74HC series	Registers	1
CAP	Capacitors	Generic	3
7SEG-MPX4-CC	Optoelectronics	—	1
CRYSTAL	Misellaneous	—	1
BUZZER	Speakers & Sounders	—	1
RES	Resistors	Generic	10
NPN	Transistors	Generic	1

由于 Proteus 的元件库中没有 AT89S52 单片机，因此在仿真电路中实际采用 AT89C52 单片机来代替。二者功能基本相同，与 AT89C52 相比，AT89S52 集成了看门狗定时器并具有 ISP 在线编程功能。仿真电路图如图 11.1 所示，单片机的引脚 P1.3 通过 1kΩ 限流电阻 R_2 与 NPN 型三极管 Q1 的基极相连，通过输出高低电平控制 Q1 导通与截止，进而控制蜂鸣器的是否鸣响。三极管 Q1 工作在开关状态下，发射极接地，集电极连接至蜂鸣器 BUZ1。在 Proteus 中蜂鸣器默认驱动电压为+12V，通过修改蜂鸣器属性将驱动电压改为+5V，以方便实验。单片机的引脚 P0.4～P0.7 分别与数码管的引脚 1～4 相连，用于数码管位选，低电平有效；引脚 P2.5～P2.7 分别与 74HC595 的引脚 DS、ST_CP 和 SH_CP 相连，74HC595 的输出端 Q0～Q7 分别与数码管的段选输入端 A～DP 相连，可使数码管显示数字。

11.1.3 软件设计

首先定义一个数组保存《祝你平安》的部分乐曲数据，然后求所有数组元素的校验和，仅

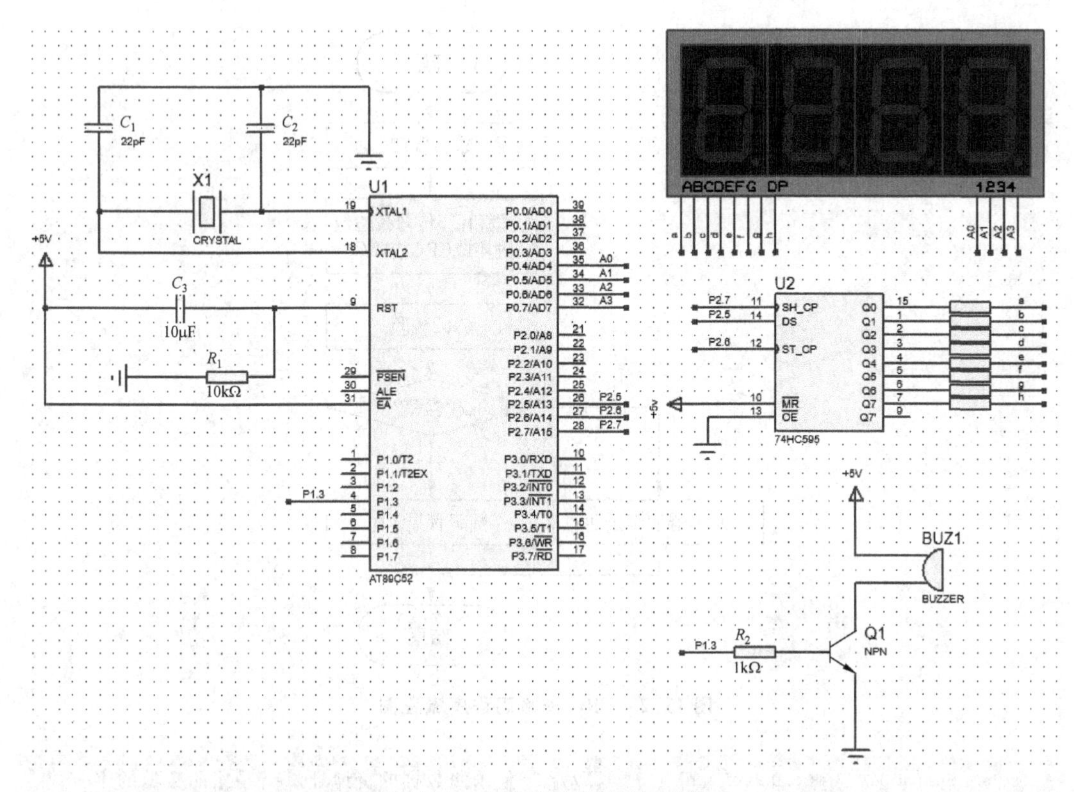

图 11.1　CRC 校验码仿真电路图

保留低 8 位。接下来求这 8 位数据的 CRC 校验位，得到 0x02，并将校验位存储于乐曲数组的尾部，其中生成多项式为 1011。乐曲数组如下所示：

```
//祝你平安的部分乐曲，共 109B，数组的最后一个字节存储 CRC 校验位 0x02
uchar code SONG[110] =
{
0x26,0x20,0x20,0x20,0x20,0x20,0x26,0x10,0x20,0x10,0x20,0x80,0x26,0x20,0x30,0x20,0x30,
0x20,0x39,0x10,0x30,0x10,0x30,0x80,0x26,0x20,0x20,0x20,0x20,0x20,0x1c,0x20,0x20,0x80,
0x2b,0x20,0x26,0x20,0x20,0x20,0x2b,0x10,0x26,0x10,0x2b,0x80,0x26,0x20,0x30,0x20,0x30,
0x20,0x39,0x10,0x26,0x10,0x26,0x60,0x40,0x10,0x39,0x10,0x26,0x20,0x30,0x20,0x30,0x20,
0x39,0x10,0x26,0x10,0x26,0x80,0x26,0x20,0x2b,0x10,0x2b,0x10,0x2b,0x20,0x30,0x10,0x39,
0x10,0x26,0x10,0x2b,0x10,0x2b,0x20,0x2b,0x40,0x40,0x20,0x20,0x10,0x20,0x10,0x2b,0x10,
0x26,0x30,0x30,0x80,0x18,0x20,0x00,0x02
}
```

程序流程图如图 11.2 所示。程序运行时，重新求乐曲数据的校验和，并将该校验和的低 8 位与数组尾部的校验位 0x02 拼接起来作为 CRC 校验码，然后用该 CRC 校验码模 2 除以生成多项式 1011，如果能除尽，则说明数据在保存和读取的过程中没有出错，令蜂鸣器播放乐曲；如果不能除尽，则说明数据在保存和读取的过程中出现错误，4 个数码管显示数字 0 后退出程序。

编写求和函数，对数组中的乐曲数据求和，并返回和的低 8 位数据，代码如下：

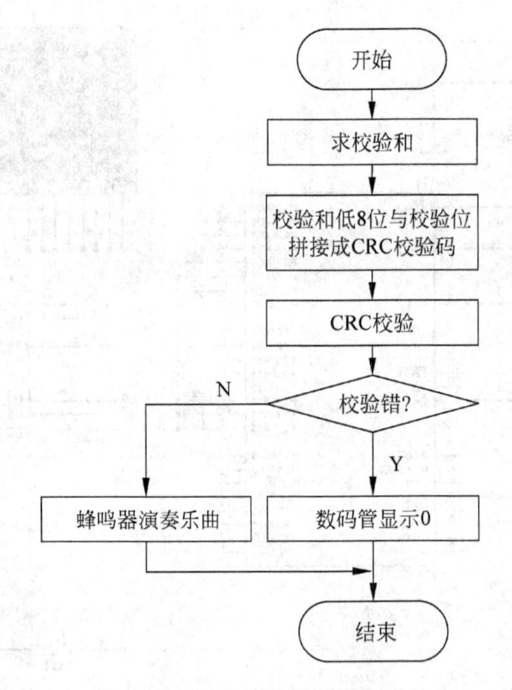

图 11.2 CRC 校验码程序流程图

```
uchar Sum(uchar  * ptr,uchar len)          //ptr 是乐曲数据的首地址,len 是乐曲数据的字节数
{
    uchar sum = 0;                          //sum 用来存储校验和的低 8 位
    while(len-- != 0)
    {
        sum +=  * ptr;                      //求和,并仅保留低 8 位
        ptr++;                              //ptr 加 1
    }
    return sum;                             //返回校验和的低 8 位
}
```

编写 CRC 校验函数,将校验和的低 8 位与校验位 0x02 拼接起来作为 CRC 校验码,用 CRC 校验码除以生成多项式 1011,得到余数,代码如下:

```
uchar _crc(uchar TH, uchar TL)              //用 TH 存储校验和低 8 位,TL 存储余数
{
    uchar i;                                //i 是循环控制变量
    uchar crc;                              //crc 的低 4 位存储模 2 除运算过程中的部分余数
    TL = (TH << 3)|TL;                      //TL 赋值为 CRC 校验码的低 8 位
    TH = TH >> 5;                           //TH 赋值为 CRC 校验码的高 3 位
    crc = TH;                               //把 CRC 校验码的高 3 位赋给变量 crc
    for(i = 0;i < 8;i++)
    {
        crc = (crc << 1)|((TL >>(7 - i)) &0x01); //获取部分余数
        if((crc&0x08) != 0)                      //判断部分余数的最高位是否为 1
```

```
        {
            crc ^ = 0x0B;               //如果为 1,将部分余数与 0x0B 异或
        }
    }
    return crc;                         //返回余数
}
```

编写蜂鸣器演奏函数，当 CRC 校验余数为 0 时，蜂鸣器播放乐曲；当 CRC 校验余数不为 0 时，4 个数码管全显示数字 0，代码如下：

```
void Play_Song()
{
    uchar tone;                                 //音调,即振动频率
    uchar length;                               //音长,即振动时长
    uchar CRC,sum;                              //CRC 存储校验余数,sum 存储乐曲数据校验和
    uint addr = 0;                              //依次读取歌曲数据
    count = 0;                                  //持续时间计数器清 0
    sum  =  Sum(SONG,109);                      //计算乐曲数据校验和,并赋给 sum
    CRC  =  _crc(sum,SONG[109]);                //调用 CRC 校验函数,获取校验余数
    if(CRC  ==  0)                              //如果余数为 0,蜂鸣器演奏乐曲
    {
        while(1)
        {
            tone = song[addr++];                //获取音调
            //判断音符
            if(tone == 0xFF)                    //休止符
            {
                TR0 = 0;                        //定时器停止计数,不需要再读取音长数据
                delay_us(100);                  //无音长数据,直接利用软件延时实现
            }
            else if(tone == 0x00)               //歌曲终止符
            {
                return;                         //直接返回
            }
            else                                //普通音符
            {
                length = song[addr++];          //获取音长
                TR0 = 1;                        //启动定时器计数
                while(1)
                {
                    SPEAK  =  ~SPEAK;           //一次振动
                    delay_us(tone);             //控制两次发声之间的时间间隔
                    if(length == count)         //振动时长已达到该音符的音长
                    {
                        count = 0;              //持续时间计数被重新清零
                        break;
```

```
                    }
                }
            }
        }
    }
    else                                //如果余数不为 0,4 个数码管全显示数字 0
    {
        P0 = P0 &0x0f;                  //将 P0.4～P0.7 置 0,选中 4 个数码管
        ser_inout(0x3f);                //4 个数码管全显示数字 0
    }
}
```

此外,还须编写定时器 0 初始化函数和中断服务程序,具体代码可参考 8.7.3 节。

11.1.4　Proteus 仿真

仿真结果如图 11.3 所示。单击"运行"按钮,如果校验正确,可以看到 P1.3 引脚上出现低电平和高电平的交替,可以听到蜂鸣器演奏《祝你平安》。

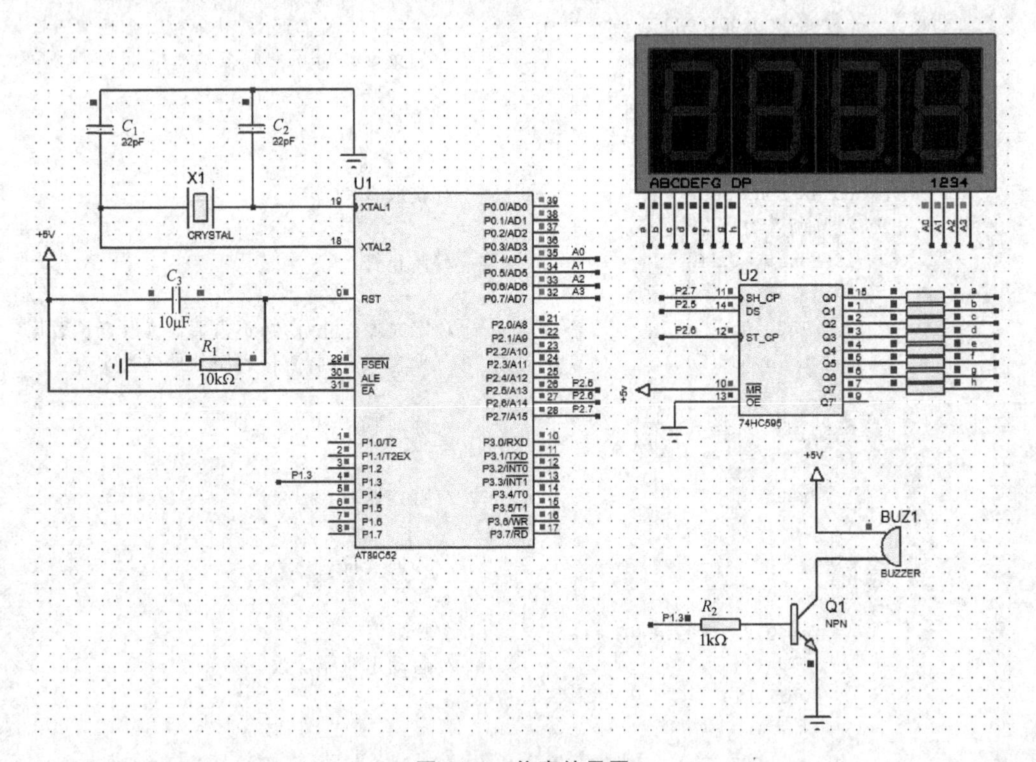

图 11.3　仿真结果图

假设数据存储过程中发生了错误,导致数组元素的第 2 个元素值发生了变化,由 20H 变为了 10H,仿真结果如图 11.4 所示。单击"运行"按钮,可以看到 4 个数码管全都显示数字 0,P1.3 引脚输出低电平,蜂鸣器没有演奏乐曲。

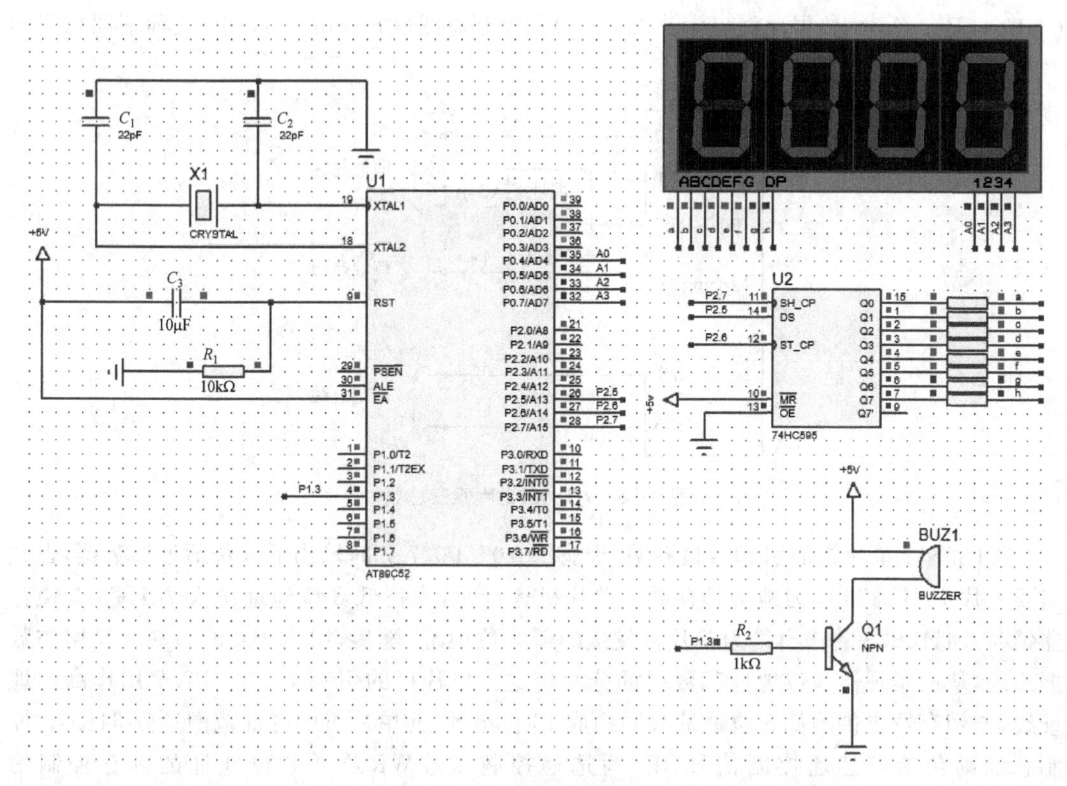

图 11.4　发生错误的仿真结果图

11.2　数据存储器扩展

本节介绍单片机数据存储器扩展的基本原理及仿真实例。

11.2.1　工作原理

下面简要介绍数据存储器扩展的基本原理及 6264 芯片的使用方法。

1. 数据存储器扩展的基本原理

当计算机系统需要较大容量存储器，而设计者手边只有较小容量存储器时，需将多片小容量存储器扩展为一个较大容量存储器，具体的方法有三种。第一种为位扩展，将多片小容量存储器并联在一起，增加字长，而保持总字数不变，例如用两片 4KB 容量存储器构成一个包含 4K 个字，每个字长为 16B 的 8KB 容量存储器；第二种为字扩展，将多片小容量存储器串联在一起，字长不变，但是总字数增加，例如用两片 4KB 容量存储器构成一个包含 8K 个字，每个字长仍为 8B 的 8KB 容量存储器；第三种为字位同时扩展，即从字长和字数两个方面对存储器进行同时扩展，例如用四片 4KB 容量存储器构成一个包含 8K 个字，每个字长为 16B 的 16KB 容量存储器。以上几种方式，都可以增加存储器的总容量，应视系统需求不同而选择合适的形式。

如图 11.5 所示，AT89S52 单片机采用并行总线扩展外部数据存储器，共包括地址总线

(Adress Bus,AB)、数据总线(Data Bus,DB)和控制总线(Control Bus,CB)三种不同功能的系统总线。

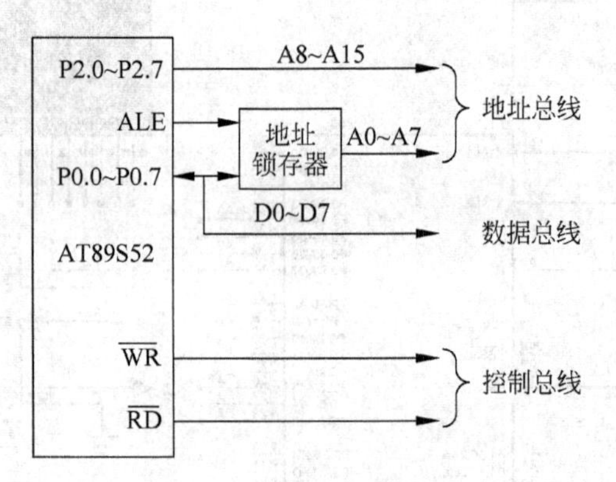

图 11.5　AT89S52 片外三总线

AT89S52 单片机的引脚数目有限,引脚 P0.0～P0.7 分时输出低 8 位地址和数据,因此需要一片 74HC373 作为地址锁存器。单片机运行时,先把低 8 位地址送入 74HC373 锁存器锁存,74HC373 的输出作为单片机发送的低 8 位地址,随后,引脚 P0.0～P0.7 又用作数据总线,从而实现低 8 位地址和数据的分时传送。单片机的引脚 P2.0～P2.7 用作高位地址线,与锁存器提供的低 8 位地址共同构成 16 位地址,使单片机的寻址范围达到 64KB。控制总线则包括读选通控制信号 $\overline{RD}$、写选通控制信号 $\overline{WR}$ 及低 8 位地址的锁存控制信号 ALE。

当需扩展的数据存储器芯片较多时,可用高位地址线经译码后对芯片进行片选,即将译码器的输出作为数据存储器芯片的片选信号,实现字扩展。译码法是一种常用的存储器编址方法,可有效地利用空间。例如用 74HC138 译码器扩展 8 片 8KB 的 RAM 芯片 6264,单片机的引脚 P2.5～P2.7 分别与 74HC138 的输入端 A～C 相连,译码器的输出端 $\overline{Y0}$～$\overline{Y7}$ 分别与 8 片 6264 的片选端相连。如图 11.6 所示,单片机的高 3 位地址实现 8 选 1 的片选,低 13 位地址实现对选中的 6264 芯片中存储单元的选择,从而将 64KB 数据存储空间分成了 8 个 8KB 的空间。图 11.6 的右侧为用十六进制形式表示的每一片 6264 的地址范围。

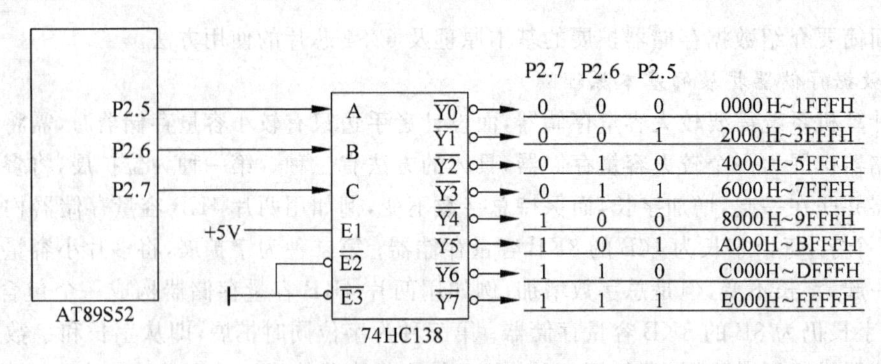

图 11.6　64KB 数据存储器地址分配

2. 6264 芯片简介

6264 是 8KB 的静态随机存储器芯片,采用单一＋5V 电源供电,28 引脚双列直插式封装，如图 11.7 所示。

图 11.7 中各引脚功能为：A0～A12 为地址输入端；D0～D7 为数据输出端；$\overline{CE}$和 CS 均为片端，当 CS 为高电平，且$\overline{CE}$为低电平时才选中该芯片；$\overline{OE}$是读允许信号输入端；$\overline{WE}$是写允许信号输入端；VCC 接＋5V 工作电源；GND 接地。

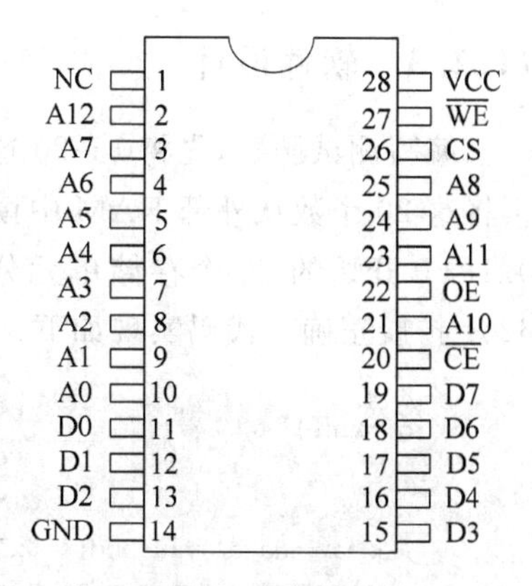

图 11.7　6264 芯片引脚

11.2.2　电路介绍

本例中采用 4 片容量为 8KB 的 6264，将其扩展为容量为 32KB 的存储器，采用字扩展方式，地址范围为 0000H～7FFFH，扩展电路连接图如图 11.8 所示。单片机的引脚 P0.0～P0.7 分别与 74HC373 的输入端 D0～D7 相连，74HC373 的输出端 Q0～Q7 分别与 4 片 6264 的数据输入端 A0～A7 相连，可通过 74HC373 将低 8 位地址送入 6264 芯片。此外，单片机的引脚 P0.0～P0.7 还分别与 4 片 6264 的地址输入端 D0～D7 相连，可向 6264 芯片传送 8 位数据。单片机的引脚 P2.0～P2.4 分别与 4 片 6264 的数据输入端 A8～A12 相连，可向 6264 芯片输入高位地址；引脚 P2.5～P2.7 分别与 74HC138 的输入端 A～C 相连，74HC138 的输出端 Y0～Y3 分别与 4 片 6264 芯片的片选端$\overline{CE}$相连，用于选通 6264；单片机的低 8 位地址锁存允许端 ALE 与 74HC373 的锁存允许端 LE 相连，ALE 的负跳变将 P0.0～P0.7 输出的低 8 位地址锁存到 74HC373 中。单片机的写选通端$\overline{WR}$和读选通端$\overline{RD}$分别与 4 片 6264 芯片的写允许端$\overline{WE}$和读允许端$\overline{OE}$相连，用于读写控制。

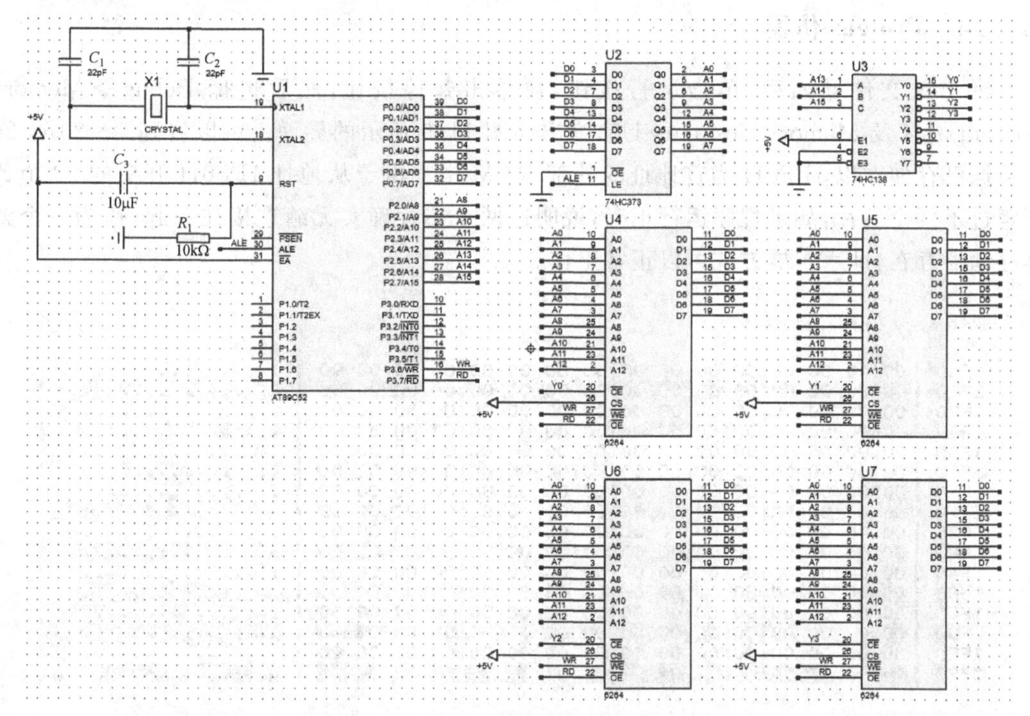

图 11.8　数据存储器扩展电路连接图

11.2.3 软件设计

编写测试函数，先将1～20这20个数保存到以0x1FF0为首地址的外部RAM中，然后再将这20个数从外部RAM中读出，并保存到以0x30为首地址的内部RAM中。由于从0x1FF0开始的20个存储单元分别存在于两片6264中，如果能够正常读写，说明这两片6264扩展正确。代码实现如下：

```
void main()
{
    uchar i;
    uchar idata * in_addr = 0x30;          //定义指向内部RAM的指针 in_addr,并赋初值
    uchar xdata * out_addr = 0x1ff0;       //定义指向外部RAM的指针 in_addr,并赋初值
    //将1～20这20个数保存到以0x1FF0为首地址的外部RAM中
    for(i = 1;i < 21;i++)
    {
        ( * out_addr++) = i;               //将数据存储到外部RAM中
    }
    //将1～20这20个数外部RAM中读出并保存到以0x30为首地址的内部RAM中
    out_addr = 0x1ff0;
    for(i = 1;i < 21;i++)
    {
        * in_addr = * out_addr;            //将外部RAM中的数据存储到内部RAM中
        out_addr++;
        in_addr++;
    }
}
```

11.2.4 Proteus 仿真

将.hex文件导入后，单击运行按钮，再单击暂停按钮，然后选择 Debug→Memory Contents-U4 及 Memory Contents-U5，弹出如图11.9所示的界面。可以看到1～20这20个数据已存储在以1FF0H为首地址的外部RAM中。由于从地址1FF0H开头的20个数据跨过了两个芯片，如果程序运行正确，说明这两个芯片确实无缝连接在一起，作为一个整体存储器存在，即字扩展方式可以正常工作。

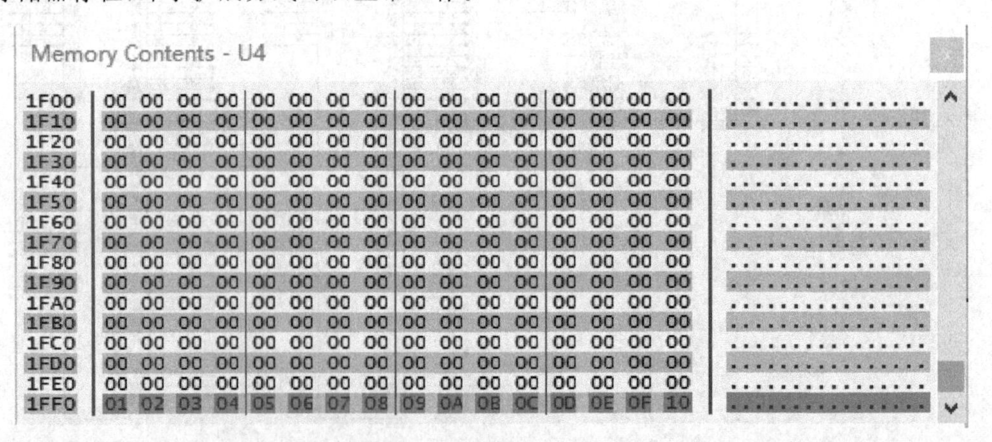

Memory Contents - U4

Addr	0	1	2	3	4	5	6	7	8	9	A	B	C	D	E	F	ASCII
1F00	00	00	00	00	00	00	00	00	00	00	00	00	00	00	00	00	....
1F10	00	00	00	00	00	00	00	00	00	00	00	00	00	00	00	00	....
1F20	00	00	00	00	00	00	00	00	00	00	00	00	00	00	00	00	....
1F30	00	00	00	00	00	00	00	00	00	00	00	00	00	00	00	00	....
1F40	00	00	00	00	00	00	00	00	00	00	00	00	00	00	00	00	....
1F50	00	00	00	00	00	00	00	00	00	00	00	00	00	00	00	00	....
1F60	00	00	00	00	00	00	00	00	00	00	00	00	00	00	00	00	....
1F70	00	00	00	00	00	00	00	00	00	00	00	00	00	00	00	00	....
1F80	00	00	00	00	00	00	00	00	00	00	00	00	00	00	00	00	....
1F90	00	00	00	00	00	00	00	00	00	00	00	00	00	00	00	00	....
1FA0	00	00	00	00	00	00	00	00	00	00	00	00	00	00	00	00	....
1FB0	00	00	00	00	00	00	00	00	00	00	00	00	00	00	00	00	....
1FC0	00	00	00	00	00	00	00	00	00	00	00	00	00	00	00	00	....
1FD0	00	00	00	00	00	00	00	00	00	00	00	00	00	00	00	00	....
1FE0	00	00	00	00	00	00	00	00	00	00	00	00	00	00	00	00	....
1FF0	01	02	03	04	05	06	07	08	09	0A	0B	0C	0D	0E	0F	10	....

图11.9 U4及U5存储内容

Memory Contents - U5

0000	11	12	13	14	00	00	00	00	00	00	00	00	00	00	00	00	....
0010	00	00	00	00	00	00	00	00	00	00	00	00	00	00	00	00	....
0020	00	00	00	00	00	00	00	00	00	00	00	00	00	00	00	00	....
0030	00	00	00	00	00	00	00	00	00	00	00	00	00	00	00	00	....
0040	00	00	00	00	00	00	00	00	00	00	00	00	00	00	00	00	....
0050	00	00	00	00	00	00	00	00	00	00	00	00	00	00	00	00	....
0060	00	00	00	00	00	00	00	00	00	00	00	00	00	00	00	00	....
0070	00	00	00	00	00	00	00	00	00	00	00	00	00	00	00	00	....
0080	00	00	00	00	00	00	00	00	00	00	00	00	00	00	00	00	....
0090	00	00	00	00	00	00	00	00	00	00	00	00	00	00	00	00	....
00A0	00	00	00	00	00	00	00	00	00	00	00	00	00	00	00	00	....
00B0	00	00	00	00	00	00	00	00	00	00	00	00	00	00	00	00	....
00C0	00	00	00	00	00	00	00	00	00	00	00	00	00	00	00	00	....
00D0	00	00	00	00	00	00	00	00	00	00	00	00	00	00	00	00	....
00E0	00	00	00	00	00	00	00	00	00	00	00	00	00	00	00	00	....
00F0	00	00	00	00	00	00	00	00	00	00	00	00	00	00	00	00	....

图 11.9 （续）

再选择 Debug→8051 CPU→Internal(IDATA)Memory-U1，会弹出如图 11.10 所示的界面，可以看到 1～20 这 20 个数已存储在以 30H 为首地址的内部 RAM 中。

8051 CPU Internal (IDATA) Memory - U1

00	43	00	20	00	20	04	15	44	C. . ..D
08	00	00	00	00	00	00	00	00	....
10	00	00	00	00	00	00	00	00	....
18	00	00	00	00	00	00	00	00	....
20	00	00	00	00	00	00	00	00	....
28	00	00	00	00	00	00	00	00	....
30	01	02	03	04	05	06	07	08	....
38	09	0A	0B	0C	0D	0E	0F	10	....
40	11	12	13	14	00	00	00	00	....
48	00	00	00	00	00	00	00	00	....
50	00	00	00	00	00	00	00	00	....
58	00	00	00	00	00	00	00	00	....
60	00	00	00	00	00	00	00	00	....
68	00	00	00	00	00	00	00	00	....
70	00	00	00	00	00	00	00	00	....
78	00	00	00	00	00	00	00	00	....

图 11.10 U1 存储内容

11.3 中断式按键

本节介绍中断式按键的仿真实例。

11.3.1 电路介绍

中断式按键仿真电路如图 11.11 所示。单片机的引脚 P0.4～P0.7 分别与数码管的片选端 1～4 相连，低电平有效；引脚 P2.5～P2.7 分别与 74HC595 的引脚 DS、ST_CP 和 SH_CP 相连，74HC595 的输出端 Q0～Q7 分别与数码管的段选输入端 A～DP 相连，可使数码管显示数字。单片机的外部中断 1 输入端 $\overline{\text{INT1}}$ 与按键的列线相连，低电平时，触发中断；引脚 P3.6 和 P3.7 分别与两个按键的行线相连。

仿真电路运行时，先将单片机的引脚 P3.6 和 P3.7 置为低电平，外部中断 1 输入端 $\overline{\text{INT1}}$ 置为高电平，当按键 1 或 2 被按下时，$\overline{\text{INT1}}$ 变为低电平，触发中断。然后在中断服务程序中将引脚 P3.6 和 P3.7 同时置为高电平，$\overline{\text{INT1}}$ 置为低电平，并检查 P3.6 和 P3.7 哪个变为低电平，当引脚 P3.6 变为低电平时，表示按键 2 被按下；当引脚 P3.7 变为低电平时，表示按键 1 被按下。最后，使 4 个数码管显示相应键值，并将 P3.6 和 P3.7 置为低电平，$\overline{\text{INT1}}$置为高电平，等待下一个按键被按下。

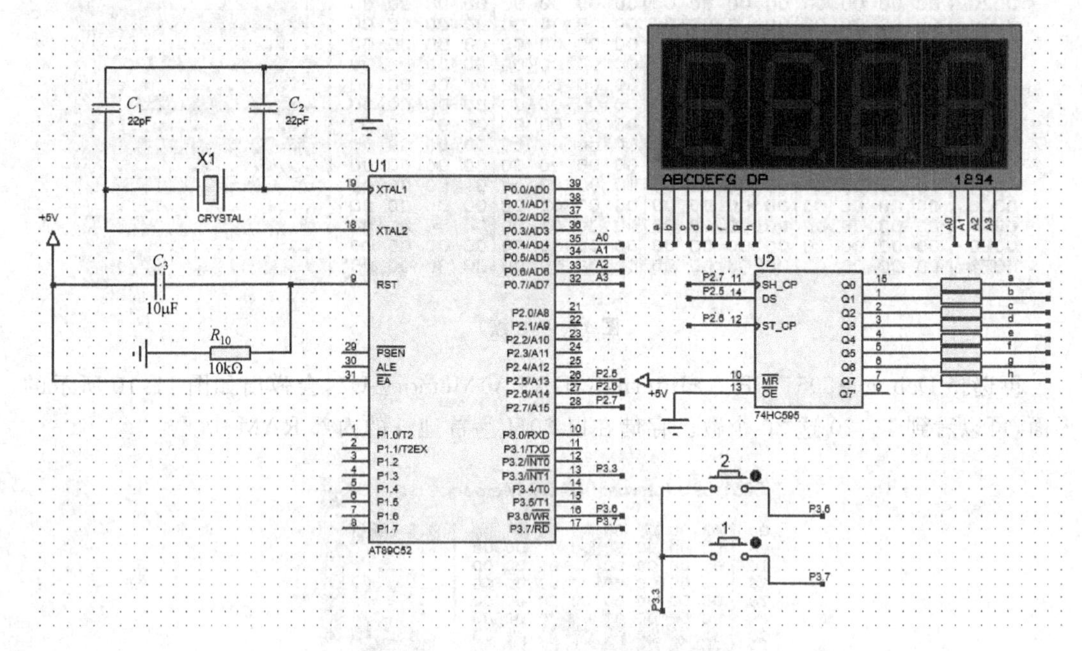

图 11.11　中断式按键仿真电路图

11.3.2　软件设计

首先定义控制引脚及相关数组，代码实现如下：

```
sbit DS = P2^5;
sbit STCP = P2^6;
sbit SHCP = P2^7;
uchar table[] = {0x3f,0x06,0x5b};        //共阴极数码管显示 0～2 时输入的数据
```

编写按键中断函数，以外部中断 1 作为中断源，当按键按下时，判断按键值，并使 4 个数码管显示相应键值，代码实现如下：

```
void Key_INT1() interrupt 2              //外部中断 1 作为中断源
{
    uchar num = 0;
    P3 = 0xc0;                           //将 P3.6 和 P3.7 置为 1,INT1置 0,判断哪一个按键被按下
    if(P3 == 0x40)                       //若 P3.7 变为 0,表示按键 1 被按下
    {
        num = 1;
    }
    else if(P3 == 0x80)                  //若 P3.6 变为 0,表示按键 2 被按下
    {
        num = 2;
    }
```

```
        ser_inout(table[num]);                  //数码管显示按键值
        delay_ms(1000);
        P3 = 0x08;                              //将 P3.6 和 P3.7 置为 0,INT1置 1,等待下一个按键被按下
    }
```

编写测试函数，位选选中 4 个数码管，并进行中断初始化，等待按键按下，代码实现如下：

```
    void main()
    {
        P0 = P0&0x0f;                   //P0.4～P0.7 置 0,位选选中 4 个数码管
        P3 = 0x08;                      //P3.6 和 P3.7 置 0,INT1置 1
        EA = 1;                         //打开总中断
        EX1 = 1;                        //打开外部中断 1
        while(1)                        //无限循环,等待按键按下
        {
            ser_inout(table[0]);        //数码管显示数字 0
        }
    }
```

当按键按下时，中断被触发，4 个数码管上显示相应按键值；没有按键按下时，4 个数码管则显示数字 0。

11.3.3　Proteus 仿真

将.hex 文件导入后，单击运行按钮，可以看到 4 个数码管全显示数字 0，仿真结果如图 11.12 所示。

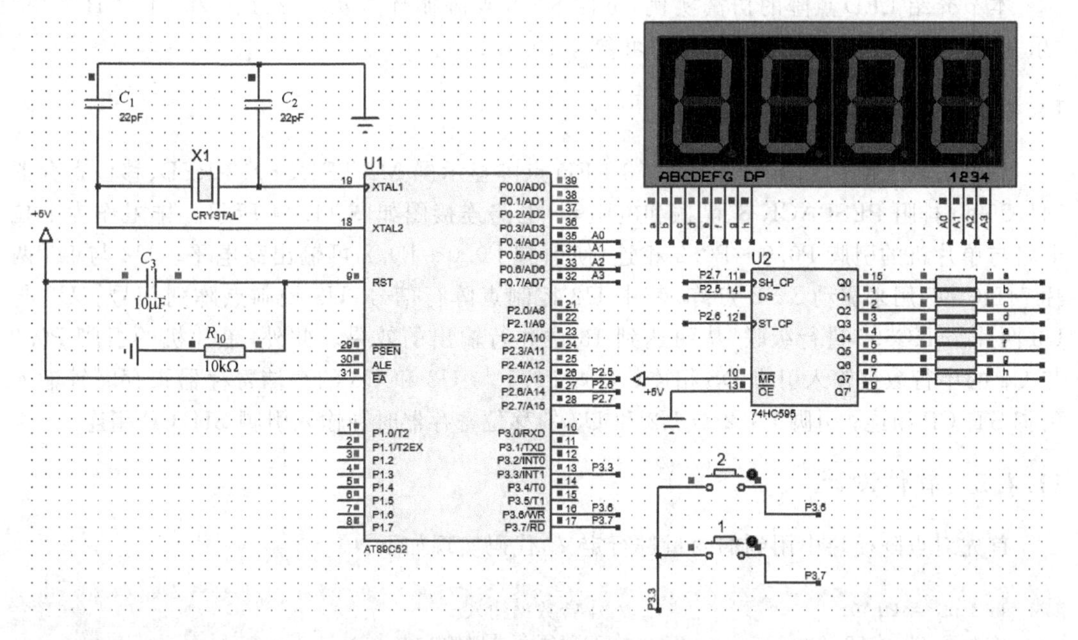

图 11.12　未按下按键时仿真结果

接着按下 2 号键，可以看到 P3.3 引脚变为低电平，4 个数码管显示按键值 2，仿真结果如图 11.13 所示。

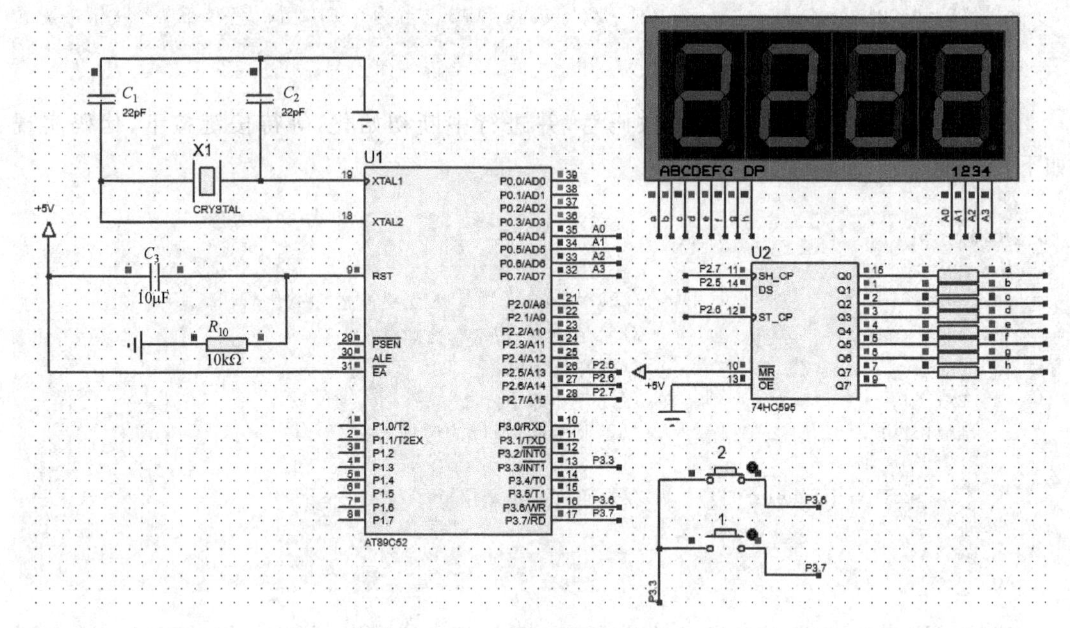

图 11.13　按下按键时仿真结果

11.4　LED 点阵

本节介绍 LED 点阵的仿真实例，可使 8×8 点阵循环显示 3、2、1、0 和“生”“日”“快”“乐”的字样，关于其工作原理的介绍可参考 10.4.1 节。

11.4.1　电路介绍

点阵仿真电路用到的器件有 8×8 LED 点阵显示屏 MATRIX-8×8-RED、移位寄存器 74HC595、排阻 PESPACK-8、晶振和电阻等，电路连接图如图 11.14 所示。排阻作为上拉电阻与单片机的引脚 P0.0～P0.2 相连，使引脚 P0.0～P0.2 可输出高电平。U2 与 U3 两片 74HC595 用来驱动 8×8 点阵，其中 U2 控制点阵行信号，U3 控制点阵列信号。U2 与 U3 两片 74HC595 进行级联，从而达到 16 位并行输出的效果。此外，单片机的引脚 P0.0 与 U2 的串行数据输入引脚 DS 相连；引脚 P0.1 与 U2 和 U3 的存储寄存器锁存时钟输入引脚 ST_CP 相连；引脚 P0.2 与 U2 和 U3 的移位寄存器时钟输入引脚 SH_CP 相连。

11.4.2　软件设计

首先对点阵模块中用到的变量进行定义，代码实现如下：

```
sbit DS = P0^0;                    //串行数据输入
sbit ST_CP = P0^1;                 //存储寄存器时钟输入
```

```
sbit SH_CP = P0^2;                                  //移位寄存器时钟输入
uint time_count;                                    //时间计数器
uchar column_count;                                 //列计数器
uchar display_count;                                //点阵字符显示计数器

//列扫描数组,用来选通相应的列
uchar code column_tab[] = {0xfe,0xfd,0xfb,0xf7,0xef,0xdf,0xbf,0x7f};

/* 点阵字符编码表,采用逐列式逆向扫描的编码方式.字符编码表的一行代表一个字符,在该行中,
每个元素代表 8×8 点阵一列的信息.例如 0x7F,其二进制编码为 0111 1111。因为采用的是逆向扫
描的方式,所以相应列第 0～6 行的点被点亮 */
uchar code digit_tab[8][8] =
{
{0x00,0x00,0x22,0x49,0x49,0x36,0x00,0x00},          //显示 3
{0x00,0x00,0x62,0x51,0x49,0x46,0x00,0x00},          //显示 2
{0x00,0x00,0x42,0x7F,0x40,0x00,0x00,0x00},          //显示 1
{0x00,0x00,0x3E,0x41,0x41,0x3E,0x00,0x00},          //显示 0
{0x08,0x84,0x96,0x94,0x0FF,0x94,0x94,0x80},         //显示"生"
{0x00,0x0FF,0x89,0x89,0x89,0x89,0x0FF,0x00},        //显示"日"
{0x18,0x0FF,0x88,0x54,0x3F,0x54,0x9C,0x10},         //显示"快"
{0x00,0x4C,0x2A,0x49,0x0FD,0x08,0x28,0x48},         //显示"乐"
};
```

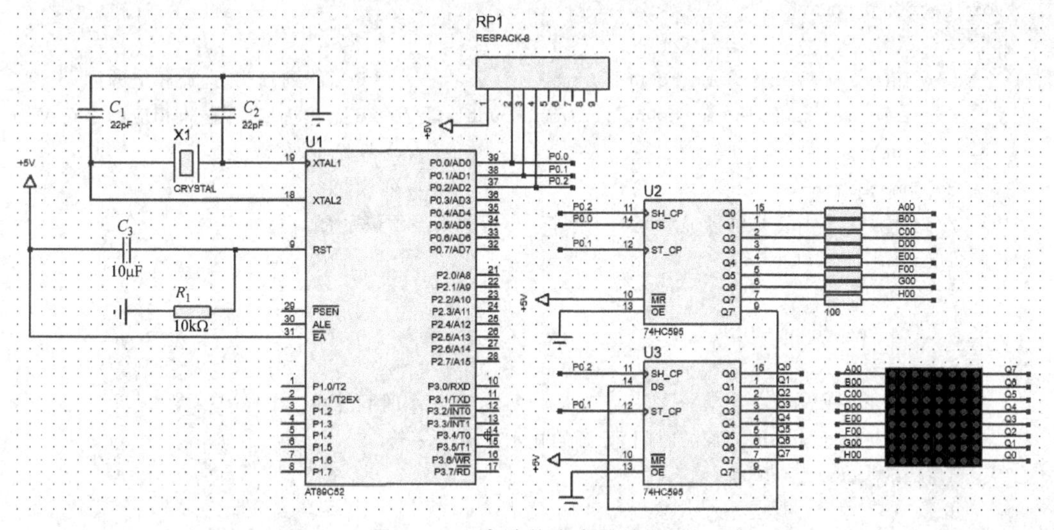

图 11.14　点阵仿真电路连接图

编写串行数据输入函数,在 P0.2 产生一个上升沿时,将输入数据的最高位送入 74HC595,然后将数据左移一位,如此循环 8 次,将 8 位数据送入 74HC595,代码实现如下:

```
void ser_in(uchar input_data)                   //串行数据输入
{
    uchar i;
    for(i = 0; i < 8; i++)
    {
```

```
        SH_CP = 0;                                  //将 P0.2 置 0
        DS = input_data& 0x80;                      //读取输入数据的最高位
        input_data <<= 1;                           //输入数据左移一位,读取下一位
        SH_CP = 1;                                  //将 P0.2 置 1,产生上升沿
    }
};
```

编写并行数据输出函数,让 P0.1 产生一个上升沿,使 Q0~Q7 输出并行数据,代码实现如下:

```
void par_out(void)              //并行数据输出
{
    ST_CP = 0;                  //P0.1 产生上升沿, Q0~Q7 输出并行数据
    ST_CP = 1;
}
```

编写点阵显示函数,首先调用串行数据输入函数 ser_in()进行列扫描和行扫描,然后进行动态显示,每次只显示一列,因为视觉暂留效应,会产生 8 列同时显示的效果。当每个字符显示一段时间后,开始显示下一个字符。代码实现如下:

```
void matrix_display()
{
    ser_in(column_tab[column_count]);                      //8×8 点阵列扫描,选通相应的列
    ser_in(digit_tab[display_count][column_count]); //8×8 点阵行扫描,输入相应的字符编码
    par_out();                                             //点阵显示,每次显示一列
    column_count++;                                        //列计数
    //列计数为 8 则表明已经显示完一个字符,开始从头显示该字符
    if(column_count == 8)
    {
        column_count = 0;
    }
    time_count++;                                          //时间计数
    //每个字符皆显示足够长的时间后,开始显示下一个字符
    if(time_count == 800)
    {
        time_count = 0;
        display_count++;
        //字符表中的 8 个字符都显示完后,开始重新显示字符表
        if(display_count == 8)
        {
            display_count = 0;
        }
    }
}
```

11.4.3 Proteus 仿真

仿真结果如图 11.15 所示，单击“运行”按钮，可以看到点阵循环显示 3、2、1、0 和“生”“日”“快”“乐”的字样。在仿真电路运行过程中，当 74HC595 的串行数据输入端 DS 为红色时，表示接收到串行数据；当移位寄存器时钟输入端 SH_CP 为红色时，表示将接收到的串行数据发送到移位寄存器，转换为并行数据；当存储寄存器时钟输入端 ST_CP 为红色时，表示将移位寄存器中的内容送入存储寄存器并输出到 Q0～Q7 引脚上，实现数据并行输出。U3 将转换后的并行数据发送到点阵的列控制引脚，当列控制引脚显示为蓝色时，表示该列被选中。同时，U2 将转换后的并行数据发送到点阵的行控制引脚，显示为红色的行控制引脚所对应的发光二极管点亮。

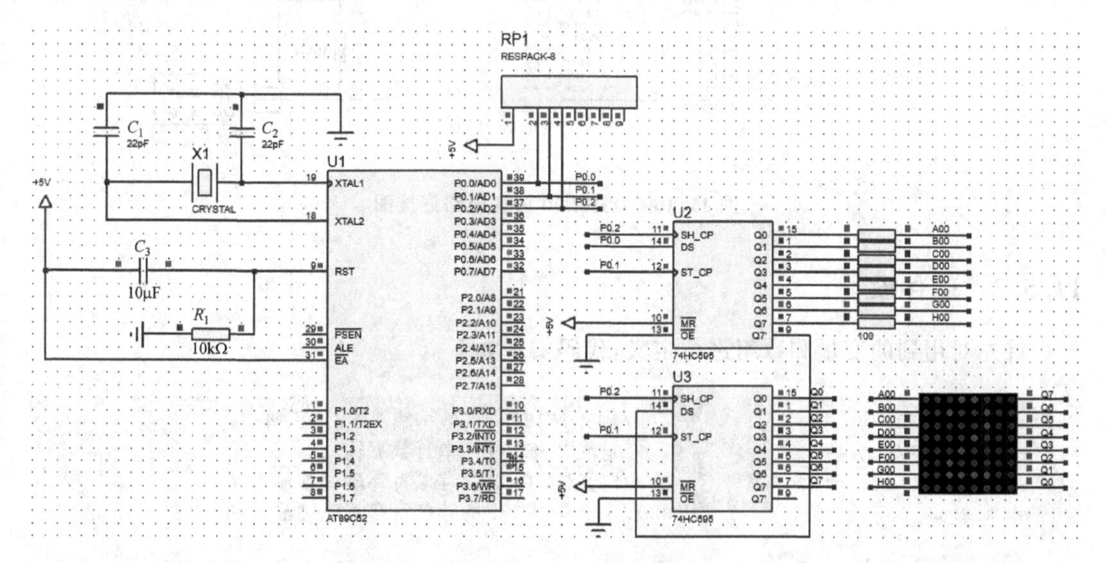

图 11.15　仿真结果图

11.5 温度传感器

本节介绍采用 DS18B20 温度传感器来测量温度的仿真实例，关于其工作原理的相关介绍可参考 6.6.1 节。

11.5.1 电路介绍

DS18B20 仿真电路连接如图 11.16 所示，单片机的引脚 P0.4～P0.7 与数码管的位选端 1～4 相连，低电平有效；引脚 P2.4 与 DS18B20 的数据输入/输出端 DQ 相连，并连接 10kΩ 的上拉电阻 R_{11}，当 DQ 闲置时其状态为高电平；引脚 P2.5～P2.7 分别与 74HC595 的引脚 DS、ST_CP 和 SH_CP 相连，74HC595 的输出端 Q0～Q7 分别与数码管的段选输入端 A～DP 相连，可将串行数据转换为并行数据输入到数码管中。

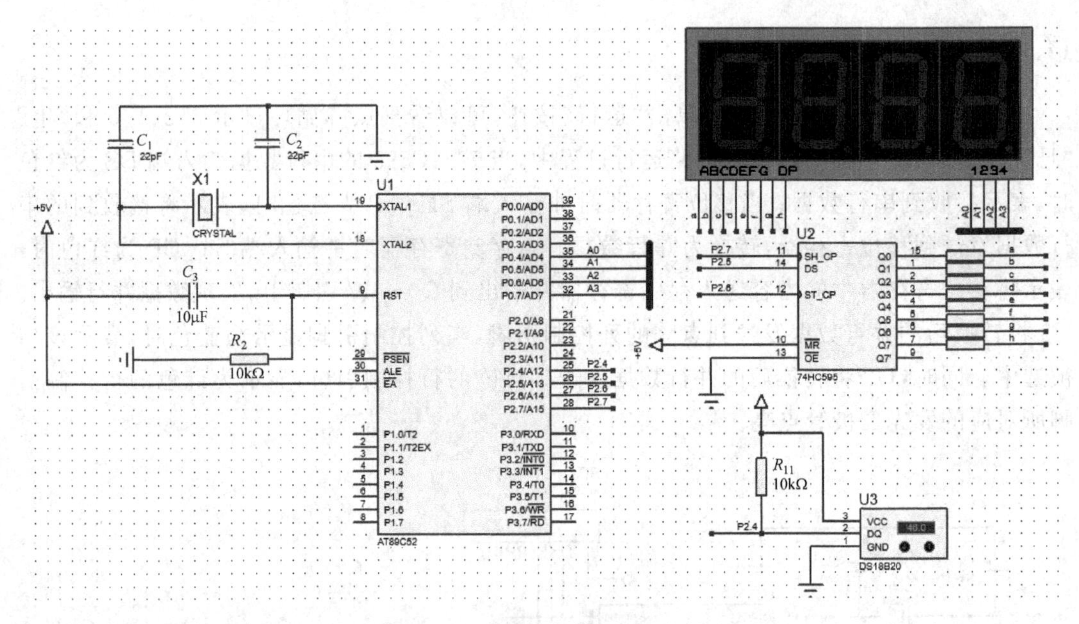

图 11.16 DS18B20 仿真电路连接图

11.5.2 软件设计

首先对用到的变量和数组进行定义，代码实现如下：

```
sbit DQ = P2^4;                  //定义 DS18B20 的数据输入/输出引脚
sbit DS = P2^5;                  //定义 74HC595 的串行数据输入端
sbit ST_CP = P2^6;               //定义 74HC595 的存储寄存器时钟输入端
sbit SH_CP = P2^7;               //定义 74HC595 的移位寄存器时钟输入端

sbit wx0 = P0^4;                 //位选第 1 位数码管,低电平有效
sbit wx1 = P0^5;                 //位选第 2 位数码管,低电平有效
sbit wx2 = P0^6;                 //位选第 3 位数码管,低电平有效
sbit wx3 = P0^7;                 //位选第 4 位数码管,低电平有效

uint temp_integer;               //定义变量 temp_integer 用来存储温度整数部分
uint temp_decimal;               //定义变量 temp_decimal 用来存储温度小数部分

//共阴极数码管显示 0～15 时的数据
uchar table[] =
{0x3f,0x06,0x5b,0x4f,0x66,0x6d,0x7d,0x07,0x7f,0x6f,0x77,0x7c,0x39,0x5e,0x79,0x71};
```

编写 DS18B20 初始化函数，代码实现如下所示，所用延时函数可参考 8.1.3 节。

```
bit Init_DS18B20()
{
    bit x = 0;           //初始化判断变量,用来判断初始化是否成功
    DQ = 1;              //总线复位,总线高电平是空闲状态
    delay_us(8);         //稍作延时
    DQ = 0;              //单片机拉低总线,向 DS18B20 发出复位脉冲
```

```
    delay_us(80);                   //复位脉冲应持续 480～960μs
    DQ = 1;                         //释放总线
    delay_us(3);                    //稍作延时
    x = DQ;                         //如果 x = 0,表示 DS18B20 发出存在脉冲,初始化成功
                                    //如果 x = 1,则初始化失败
    delay_us(20);                   //延时足够长时间,等待存在脉冲输出完毕
    return(x);                      //返回初始化判断变量
}
```

编写读字节数据函数，从 DS18B20 读取一个字节数据，将数据输入/输出引脚 DQ 的值从高位到低位依次读到变量 dat 中，代码实现如下：

```
uchar ReadOneChar()                 //读取 1B 的数据
{
    uchar i = 0;
    uchar dat = 0;                  //定义变量 dat 用来存储字节数据
    for (i = 8; i>0; i--)           //循环 8 次,将 1B 数据依次按位读出
    {
        DQ = 0;                     //单片机将总线由高电平拉成低电平,读周期开始
        dat >>= 1;                  //右移 1b,让从总线上读到的数据,依次从高位移到低位
        DQ = 1;                     //释放总线,此后 DS18B20 会控制总线,把数据传输到总线上去
        if(DQ)                      //若总线为 1,则 DQ 为 1,则把 dat 的最高位置 1
        {                           //若为 0,则不作处理
            dat |= 0x80;
        }
        delay_us(4);                //两个读周期之间必须有大于 1μs 的恢复期
    }
    return dat;                     //返回读出的数据
}
```

编写写字节数据函数，向 DS18B20 写一个字节数据，将要写入的数据 dat 从低位到高位依次传送给 DS18B20 的数据输入/输出引脚 DQ，代码实现如下：

```
void WriteOneChar(uchar dat)              //写 1B 的数据
{
    uchar i = 0;
    for (i = 8; i>0; i--)                 //循环 8 次,将 1B 数据依次按位写入 DS18B20
    {
        DQ = 0;                           //将总线拉低,写周期开始
        DQ = dat&0x01;                    //数据的最低位先写入
        delay_us(5);                      //延时约 60μs
        DQ = 1;                           //写完后,必须释放总线
        dat >>= 1;                        //dat 右移一位,实现从低位到高位依次传入数据
    }
}
```

编写读取温度函数，读取当前温度。该函数先初始化 DS18B20，初始化失败则令 4 个数码管全显示数字 0；初始化成功则依次向 DS18B20 写入忽略 ROM 指令和温度转换指令，DS18B20 开始温度转换。然后再次初始化 DS18B20，初始化失败则令 4 个数码管全显示数字 1；初始化成功则依次向 DS18B20 写入忽略 ROM 指令和读取温度数据指令，并调

用读字节数据函数读取当前温度值。代码实现如下：

```
int ReadTemperature()
{
    uchar TL;                          //定义变量 TL,存储温度数据的低 8 位
    uchar TH;                          //定义变量 TH,存储温度数据的高 8 位
    uint t;                            //定义中间变量 t

    if(Init_DS18B20())                 //DS18B20 初始化并判断初始化是否成功
    {                                  //返回值为 0,初始化成功;返回值为 1,则初始化失败
        P0 = P0&0x0f;                  //置 P0.4~P0.7 为 0,使 4 个数码管都亮
        ser_inout(table[0]);           //使 4 个数码管都显示数字 0
        delay_ms(1000);                //延时 1s
        P0 = P0|0xf0;                  //置 P0.4~P0.7 为 1,关闭 4 个数码管
        return 0;                      //返回 0
    }
    WriteOneChar(0xCC);                //写入忽略 ROM 指令
    WriteOneChar(0x44);                //写入温度转换指令
    delay_us(5);                       //稍作延时
    if(Init_DS18B20())                 //DS18B20 初始化并判断初始化是否成功
    {                                  //返回值为 0,初始化成功;返回值为 1,则初始化失败
        P0 = P0&0x0f;                  //置 P0.4~P0.7 为 0,使 4 个数码管都亮
        ser_inout(table[1]);           //使 4 个数码管都显示数字 1
        delay_ms(1000);                //延时 1s
        P0 = P0|0xf0;                  //置 P0.4~P0.7 为 1,关闭 4 个数码管
        return 0;                      //返回 0
    }
    WriteOneChar(0xCC);                //写入忽略 ROM 指令
    WriteOneChar(0xBE);                //写入读取温度数据
    delay_us(5);                       //稍作延时
    TL = ReadOneChar();                //读取温度值低 8 位
    TH = ReadOneChar();                //读取温度值高 8 位
    temp_integer = ((TH * 256 + TL)>> 4);//获取温度整数部分
    t = TL&0x0f;                       //获取温度值的低 4 位
    /* 得到真实的十进制温度值,DS18B20 可精确到 0.0625 度,所以读回的最低位代表 0.0625 */
    temp_decimal = t * 0.0625 * 10;    //获取温度小数部分,保留一位小数
    return 1;                          //返回 1
}
```

编写测试函数,使 4 位数码管动态显示温度值,数码管显示函数 ser_inout()可参考 8.2.3 节,代码实现如下：

```
void main()
{
    if(ReadTemperature())              //若成功读取 DS18B20 温度数据
    {
        delay_ms(750);                 //需要延时 750ms 才能读到正确温度数据
        while(ReadTemperature())       //无限循环,读取温度值并动态显示温度值
        {
            //将十位上数据送入数码管
            ser_inout(table[temp_integer/10]);
            wx0 = 0;                   //选中第一个数码管,低电平有效
```

```
            delay_ms(1);               //延时 1ms
            wx0 = 1;                   //取消位选

            //将个位上数据送入数码管,加上 0x80 可以显示小数点
            ser_inout(table[temp_integer % 10] + 0x80);
            wx1 = 0;                   //选中第二个数码管,低电平有效
            delay_ms(1);               //延时 1ms
            wx1 = 1;                   //取消位选

            //将小数数据送入数码管
            ser_inout(table[temp_decimal % 10]);
            wx2 = 0;                   //选中第三个数码管,低电平有效
            delay_ms(1);               //延时 1ms
            wx2 = 1;                   //取消位选

            //将度数符号位送入数码管
            ser_inout(table[12]);
            wx3 = 0;                   //选中第四个数码管,低电平有效
            delay_ms(1);               //延时 1ms
            wx3 = 1;                   //取消位选
        }
    }
}
```

11.5.3　Proteus 仿真

仿真结果如图 11.17 所示。单击运行按钮,可以看到,P2.4 引脚上交替出现低电平和高电平,表示单片机和 DS18B20 之间正在进行数据传送。数码管上动态显示 DS18B20 当前温度值,单击 DS18B20 模块的温度上升按钮,数码管显示温度也随之上升;单击 DS18B20 的温度下降按钮,数码管显示温度也随之下降。

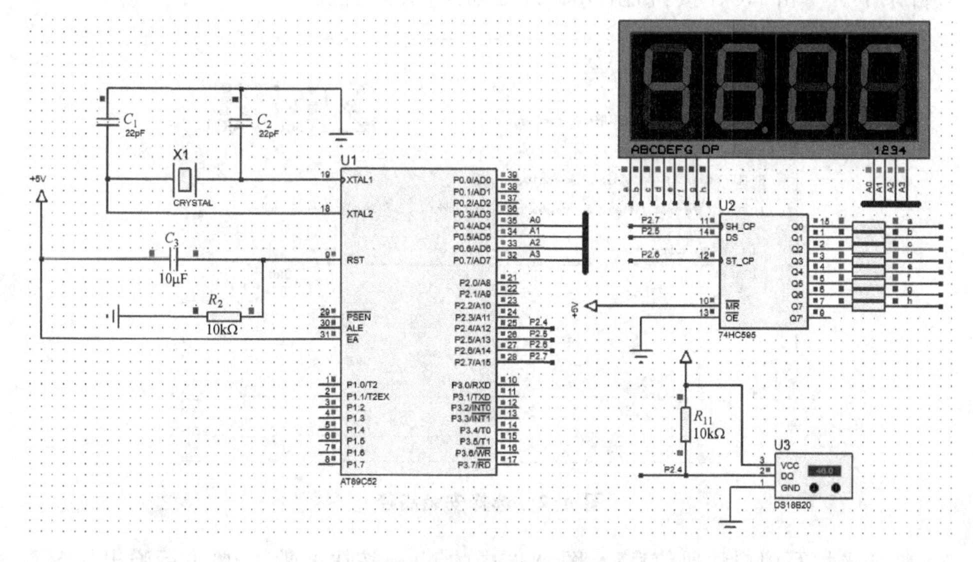

图 11.17　仿真结果图

附录A　Keil安装简介

Keil同时支持8051单片机开发和ARM处理器开发，Keil C51和MDK-ARM的安装流程基本一致，下面以MDK-ARM为例介绍其安装。首先需要在Keil公司的官方网站(http://www.keil.com)上下载该版本的MDK-ARM软件安装包，然后开始安装过程。

(1) 双击Keil安装软件的可执行文件，出现图A.1所示界面。

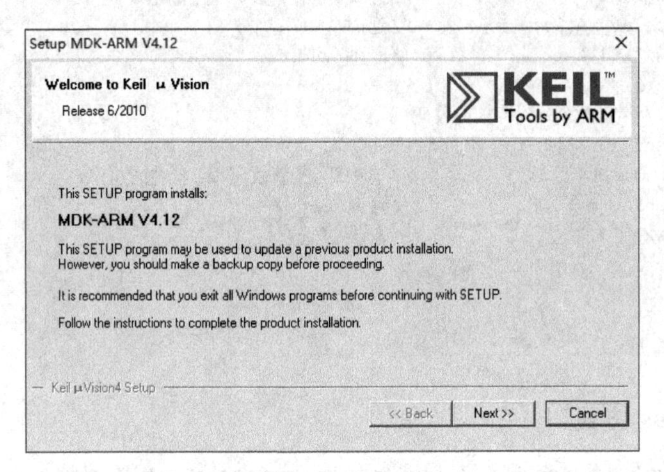

图A.1　开始安装

(2) 单击Next按钮，会询问是否接受该软件的使用协议。按照提示，接受协议，单击Next按钮。弹出如图A.2所示的对话框，单击Browse按钮，可以设置安装路径，默认安装在C盘目录下。单击Next按钮，出现图A.3所示的对话框。

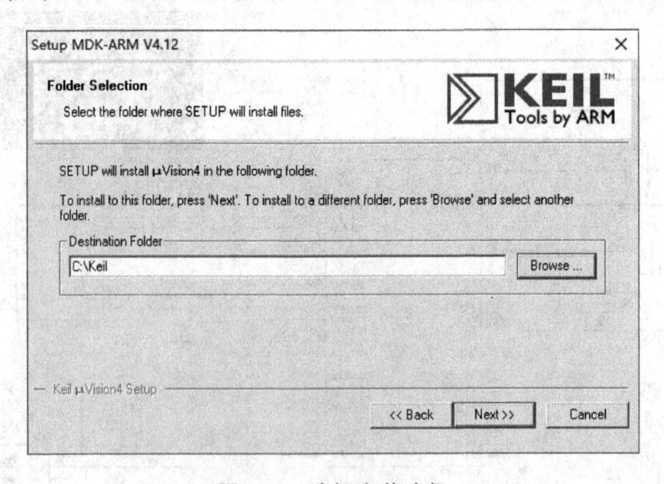

图A.2　选择安装路径

(3) 按要求填写用户注册信息后，图A.3中的Next按钮被激活，单击后弹出如图A.4所示对话框，继续进行安装。

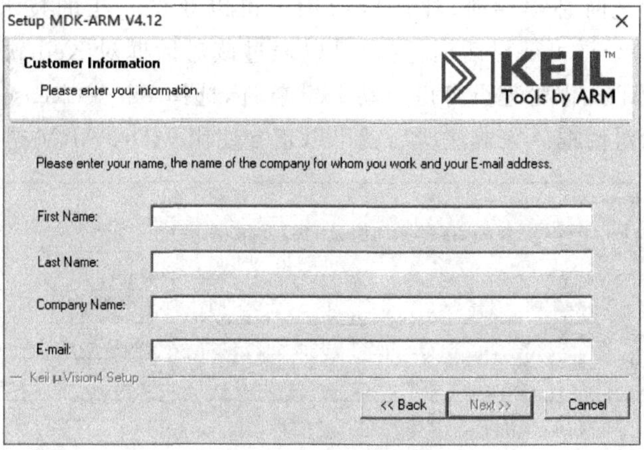

Setup MDK-ARM V4.12

Customer Information

Please enter your information.

KEIL Tools by ARM

Please enter your name, the name of the company for whom you work and your E-mail address.

First Name:

Last Name:

Company Name:

E-mail:

Keil μVision4 Setup

<< Back Next >> Cancel

图 A.3 填写用户信息

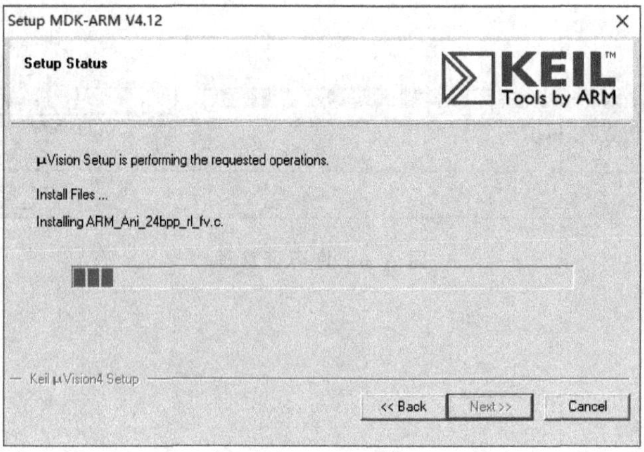

Setup MDK-ARM V4.12

Setup Status

KEIL Tools by ARM

μVision Setup is performing the requested operations.

Install Files ...

Installing ARM_Ani_24bpp_rl_fv.c.

Keil μVision4 Setup

<< Back Next >> Cancel

图 A.4 开始安装

(4) 完成后单击 Next 按钮,出现最后安装对话框如图 A.5 所示,单击 Finish 按钮,完成 Keil 软件的安装。

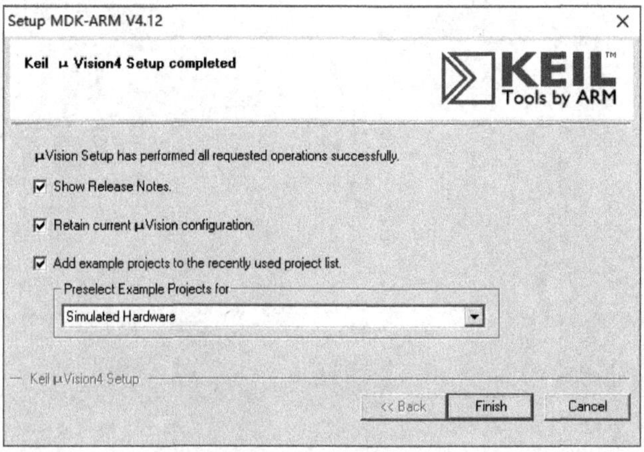

Setup MDK-ARM V4.12

Keil μ Vision4 Setup completed

KEIL Tools by ARM

μVision Setup has performed all requested operations successfully.

Show Release Notes.

Retain current μVision configuration.

Add example projects to the recently used project list.

Preselect Example Projects for

Simulated Hardware

Keil μVision4 Setup

<< Back Finish Cancel

图 A.5 完成安装

使用 Keil 软件之前必须注册，注册以后用户可以获得一年的技术支持及系统维护。μVision IDE 包含一个许可证对话框，用户可以通过该对话框对 Keil 软件进行注册。双击 MDK-ARM 的快捷图标，以管理员身份启动 Keil 软件，选择 File→License Management 命令，打开如图 A.6 所示对话框。完成注册后就可以正常使用 MDK-ARM 进行嵌入式开发了。

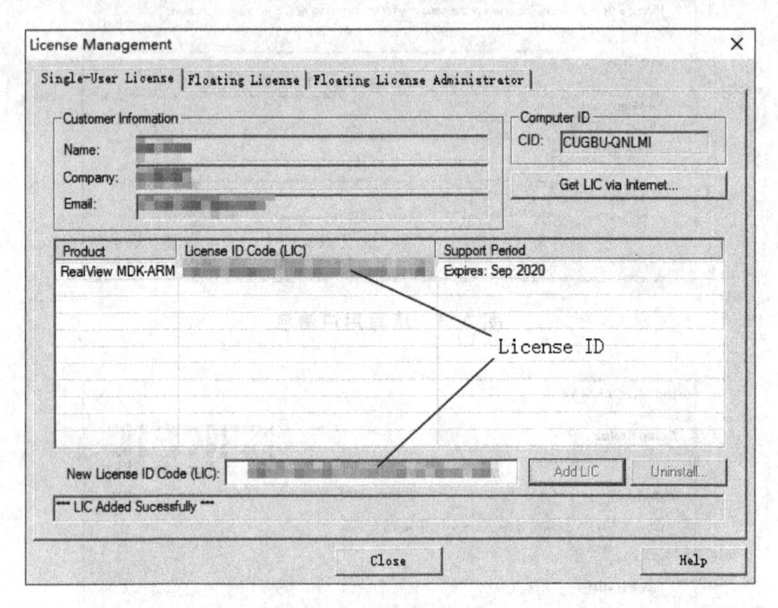

图 A.6　许可证管理

附录B　Altium Designer 安装简介

首先到 Altium 公司的官方网站下载所需的安装包，在安装过程中需要添加的 User Name、Password 和 License，用户可通过购买该系统或使用该系统的评估版等途径获得（评估版在使用时间和功能上有所限制）。下面介绍 Altium Designer 的安装过程。

(1) 双击 Altium Designer 安装包，会出现如图 B.1 所示的界面。

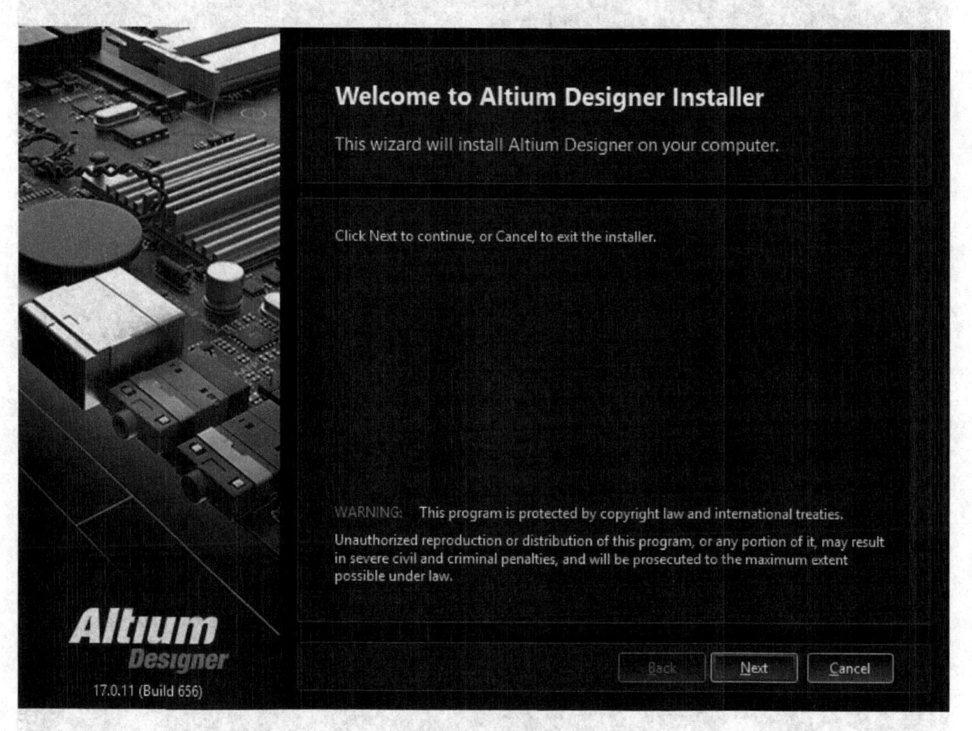

图 B.1　开始安装界面

(2) 单击 Next 按钮，会询问是否接受该软件的使用协议，选择接受，进入下一步，出现如图 B.2 所示的输入账户名及密码界面。

(3) 填入 User Name 和 Password，此处的 User Name 和 Password 是通过前面提到的途径获得的。然后单击 Login 按钮，弹出如图 B.3 所示的安装组件选择界面。

(4) 在图 B.3 中选择要安装的组件，在此采用默认设置。单击 Next 按钮，进入到图 B.4 所示安装路径界面。

(5) 在图 B.4 中单击 Default 按钮可以更改 Altium Designer 的安装路径，在此采用默认安装路径。单击 Next 按钮，再次单击 Next 按钮，出现安装界面如图 B.5 所示。

(6) 安装完成之后会弹出如图 B.6 所示的界面。

(7) 选中 Run Altium Designer 复选框，然后单击 Finish 按钮，会出现如图 B.7 所示输入许可证界面。

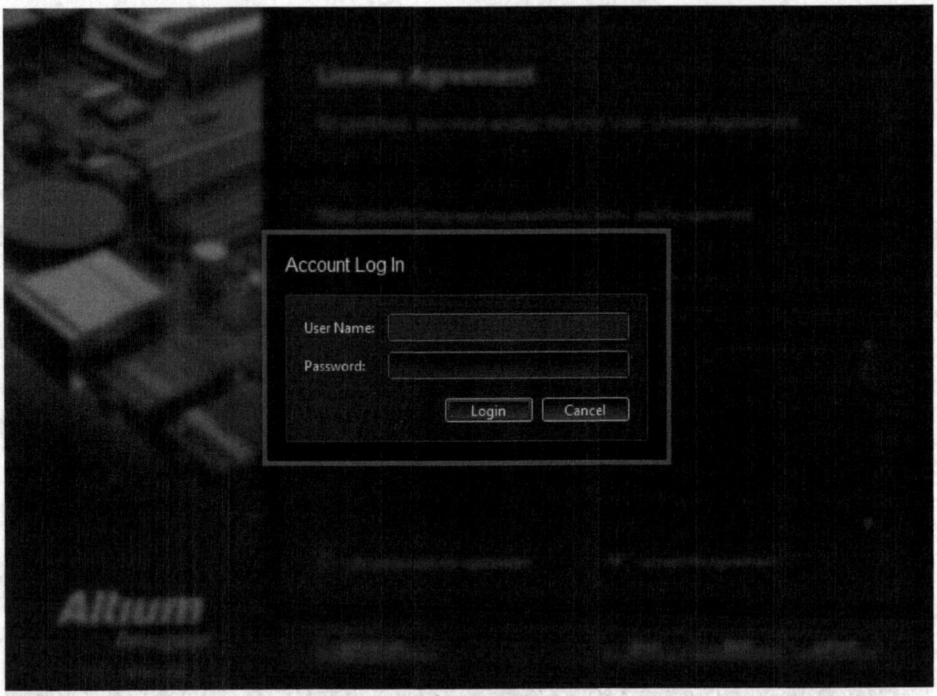

Account Log In
User Name:
Password:
Login Cancel

图 B.2 输入账户名及密码界面

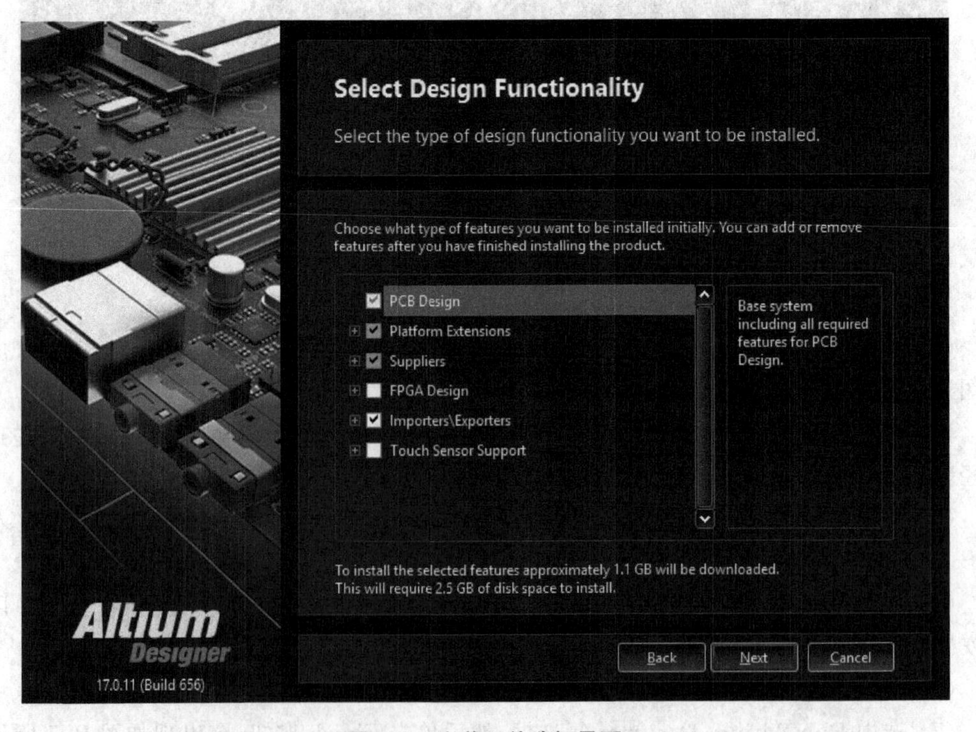

图 B.3 安装组件选择界面

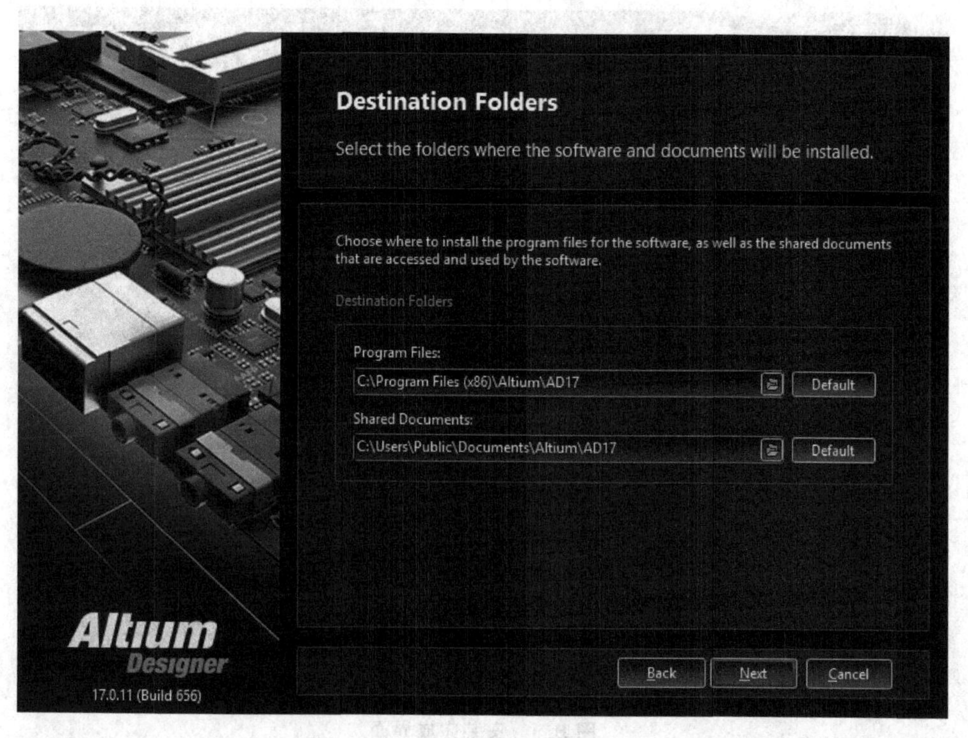

图 B.4　安装路径界面

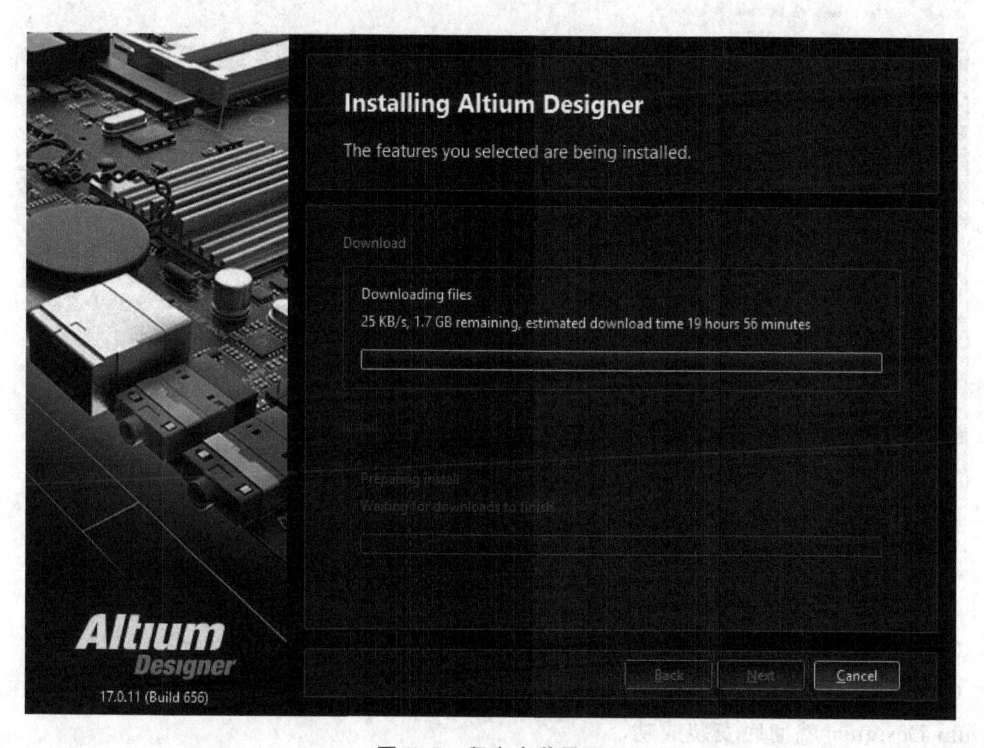

图 B.5　程序安装界面

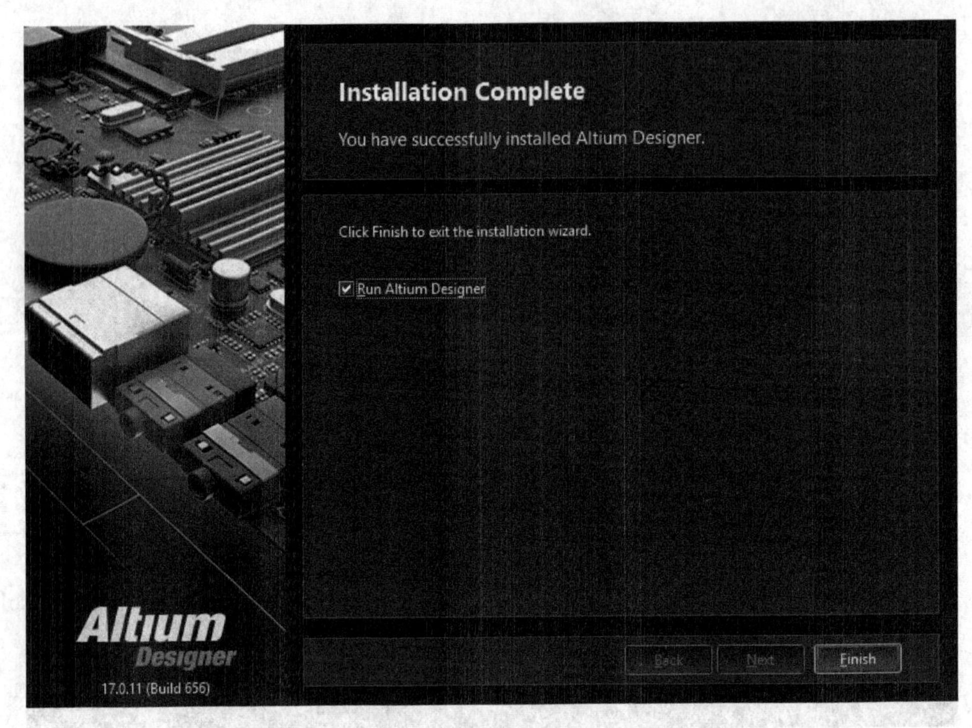

图 B.6 安装完成界面

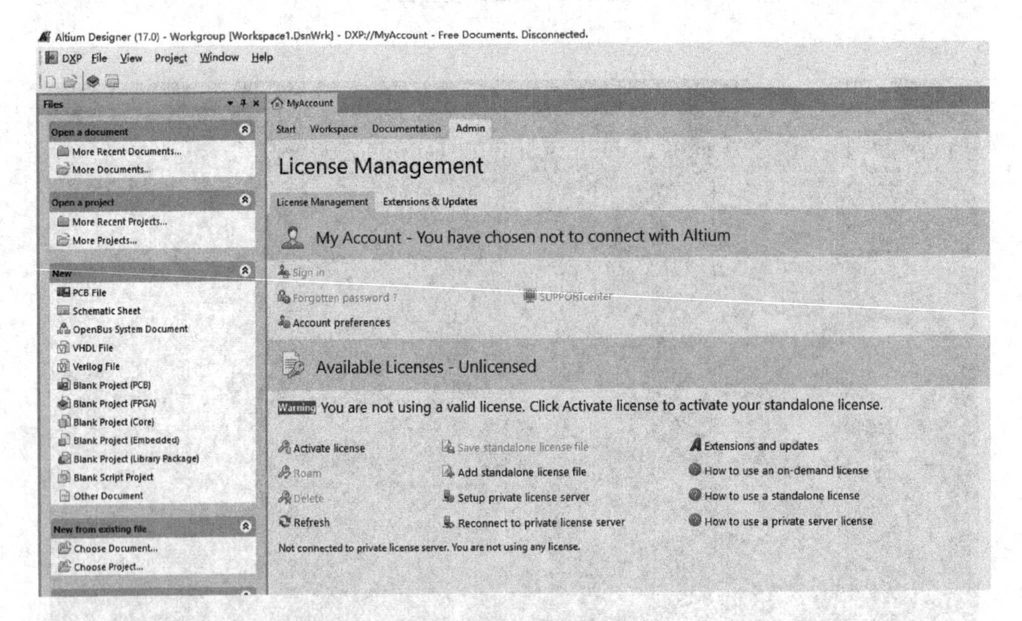

图 B.7 输入许可证界面

(8) 选择 Add standalone license file，添加许可证，界面如图 B.8 所示。

(9) 选择许可证后，单击【打开】按钮，出现如图 B.9 所示界面，许可证添加完成。至此，Altium Designer 就彻底安装成功。

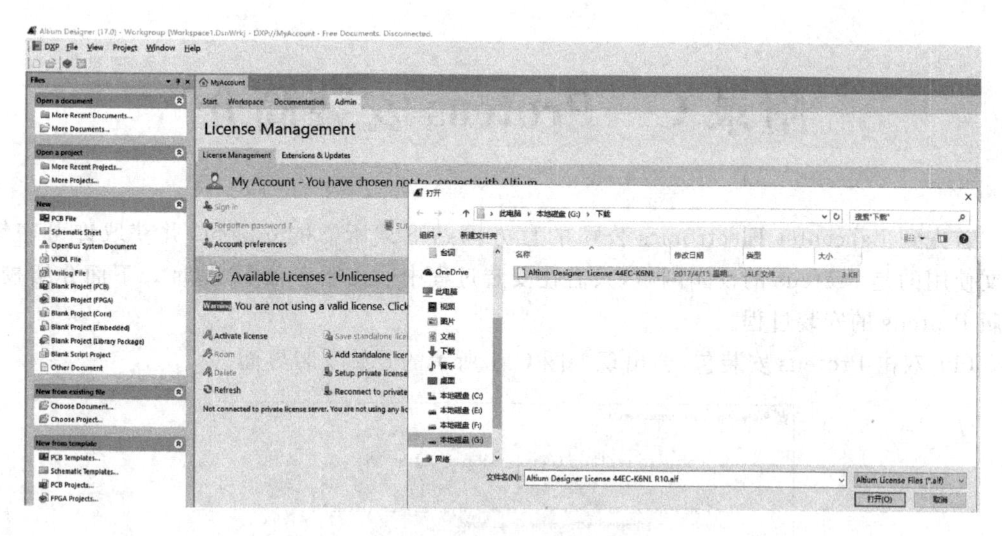

图 B.8　选择许可证界面

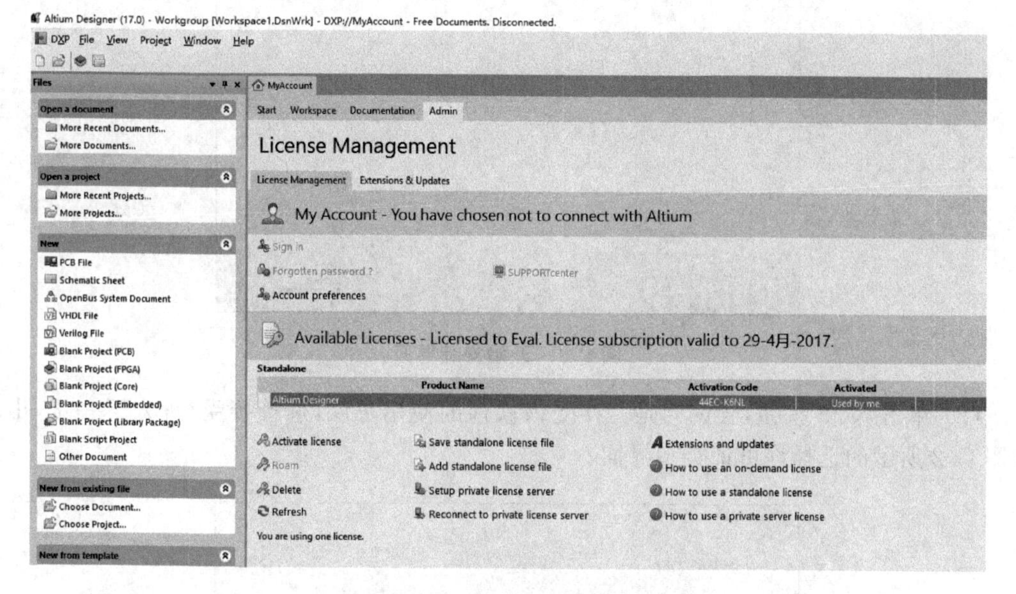

图 B.9　许可证添加完成界面

附录 C Proteus 安装简介

首先到 Labcenter Electronics 公司的官方网站下载所需的安装包，并获取许可密钥。本文使用的是 Proteus 的校园网版，只需在安装过程中输入服务器 IP 地址。下面介绍校园网版 Proteus 的安装过程。

（1）双击 Proteus 安装包，会出现如图 C.1 所示的开始安装界面。

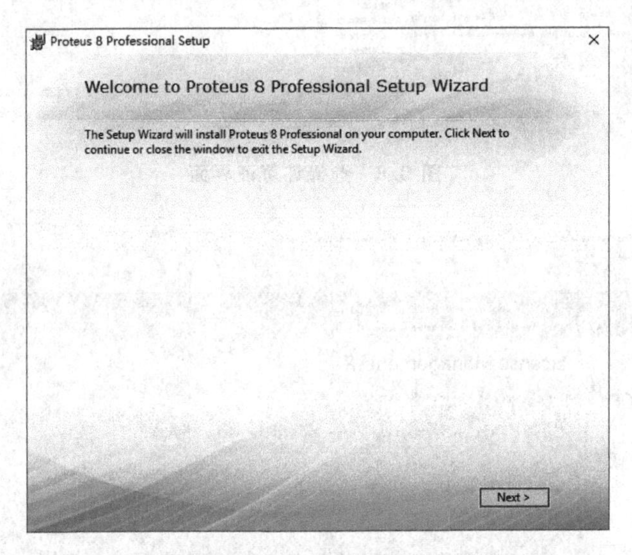

图 C.1 开始安装界面

（2）单击 Next 按钮，会询问是否接受该软件的使用协议，选择接受，进入下一步，出现如图 C.2 所示的选择许可证类型界面。

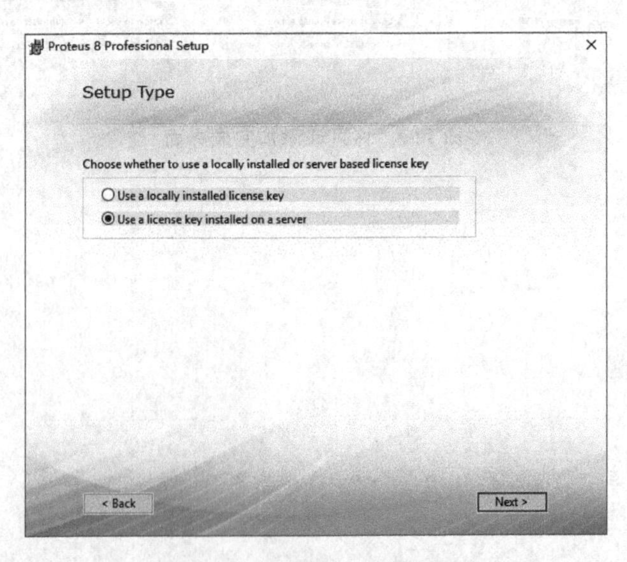

图 C.2 选择许可证类型界面

(3) 本文使用的是该软件的校园网版，此处选第二个选项 Use a license key installed on a server，然后单击 Next 按钮弹出如图 C.3 所示的输入服务器 IP 地址界面。

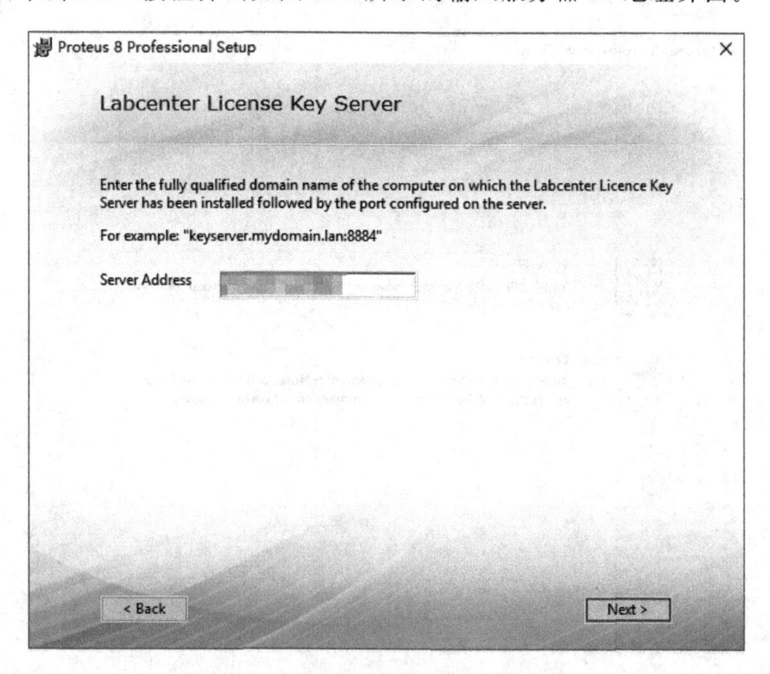

图 C.3　输入服务器 IP 地址界面

(4) 在 Server Address 中输入服务器的 IP 地址，然后单击 Next 按钮，进行下一步，进入到图 C.4 所示导入旧版的图纸风格、模板和用户库界面。

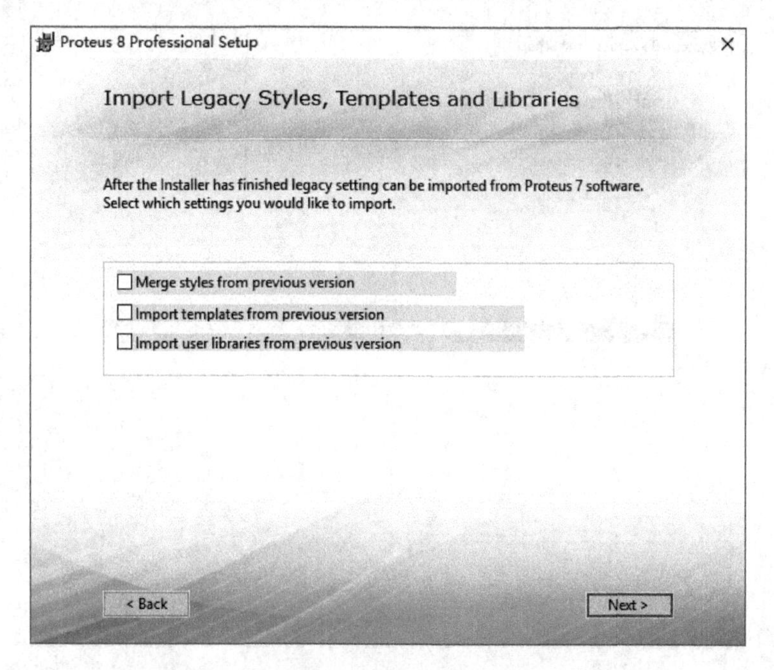

图 C.4　导入旧版的图纸风格、模板和用户库

(5) 在图 C.4 中可选择是否导入旧版的图纸风格、模板和用户库，在此采用默认设置。单击 Next 按钮，会弹出如图 C.5 所示选择安装类型界面。

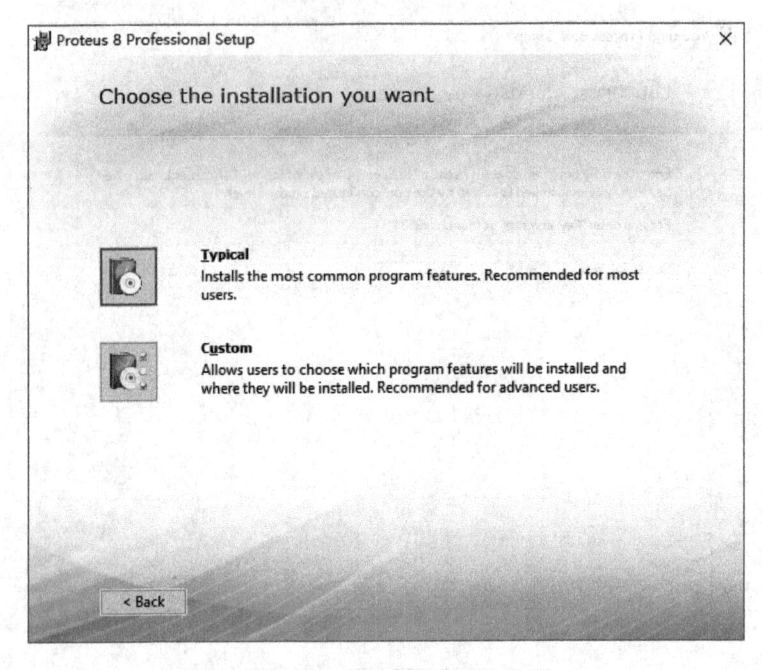

图 C.5 选择安装类型界面

(6) 作为 Proteus 的初学者，建议选择 Typical 选项，使用默认参数进行安装。选择 Typical 后，会进行程序安装，安装界面如图 C.6 所示。

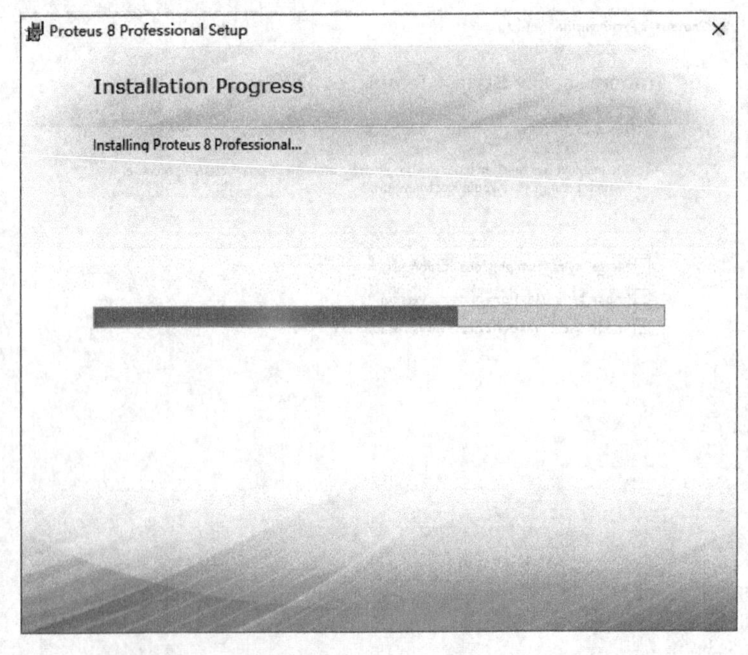

图 C.6 安装界面

(7) 等待图 C.6 中的进度条完成后，会出现如图 C.7 所示安装完成界面，单击 Close 按钮，完成安装。

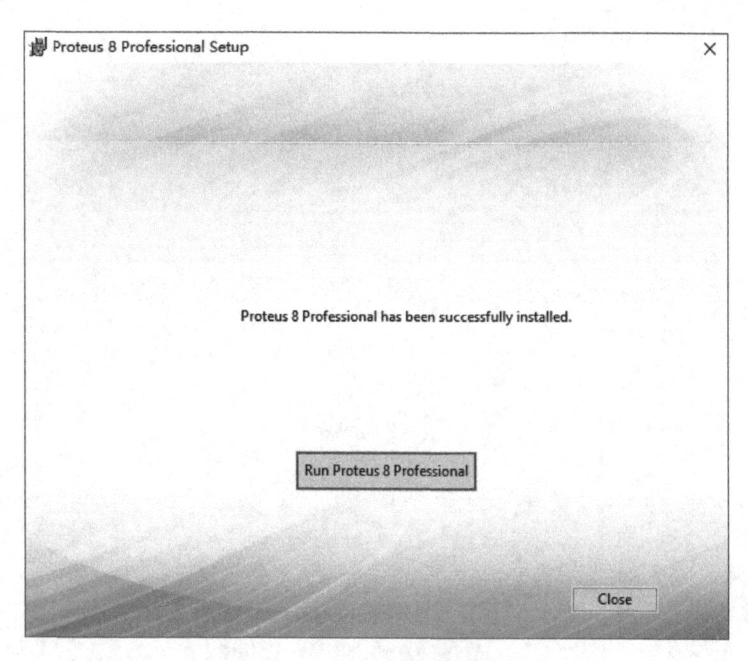

图 C.7　安装完成界面

(8) 如图 C.8 所示，打开管理员命令提示符，并输入以下两条命令，即可完成校园网版 Proteus 的安装。

CD C:\Program Files (x86)\Labcenter Electronics\Proteus 8 Professional\BIN

LICENCE. EXE "-WANPASS=> password >" "/VERSION=Proteus 8 Professional"

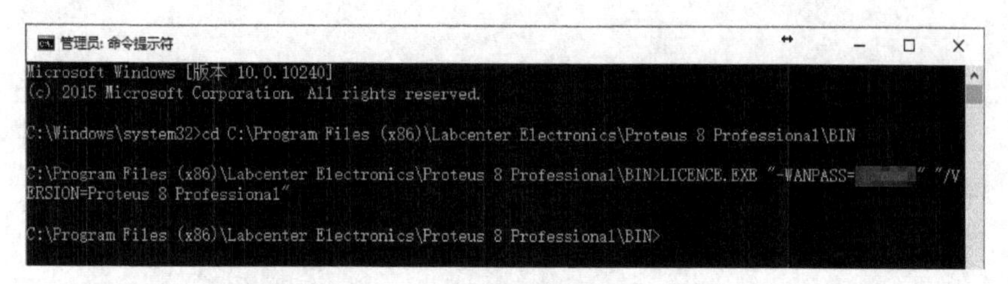

图 C.8　管理员命令提示符